HANGKONGHANGTIANYONG XIANJIN CAILIAO

航空航天用先进材料

李红英　汪冰峰　等编著

李　周　郑子樵　主　审

化学工业出版社

·北京·

《航空航天用先进材料》注重先进性与实用性，详细介绍了航空航天用的高性能铝合金、钛合金、高温合金和复合材料的设计、制造与性能，并对材料的成形、构件制造、性能表征和失效分析做了简要介绍。

本书适宜从事航空航天的专业技术人士参考，也可作为航空航天和材料相关专业的本科教材。

图书在版编目（CIP）数据

航空航天用先进材料/李红英等编著. —北京：化学
工业出版社，2019.1
ISBN 978-7-122-33241-7

Ⅰ.①航… Ⅱ.①李… Ⅲ.①航空材料②航天材料
Ⅳ.①V25

中国版本图书馆 CIP 数据核字（2018）第 248355 号

责任编辑：邢　涛　　　　　　　　　　文字编辑：陈　雨
责任校对：王素芹　　　　　　　　　　装帧设计：韩　飞

出版发行：化学工业出版社（北京市东城区青年湖南街 13 号　邮政编码 100011）
印　　装：北京科印技术咨询服务有限公司数码印刷分部
787mm×1092mm　1/16　印张 21　字数 518 千字　2019 年 5 月北京第 1 版第 1 次印刷

购书咨询：010-64518888　　　　　　　售后服务：010-64518899
网　　址：http://www.cip.com.cn
凡购买本书，如有缺损质量问题，本社销售中心负责调换。

定　　价：118.00 元

序

航空航天已经成为 21 世纪最活跃和最具影响的领域，航空航天活动的发展水平标志着人类进步和科学技术发展的程度，航空航天产业的发达程度代表一个国家经济发展和国防建设的现代化水平。近年来，中国在航空航天领域取得了卓越成就，设计制造的歼 20、运 20、空警-500、轰-6k、ARJ21 已经在天空翱翔，C919、AG600 水陆两用飞机均已试飞成功。中国北斗卫星导航系统正式服务全球，嫦娥四号成功在月球背面着陆并展开了地质探测，2 名航天员驻留"天宫二号"30 天并开展了系列试验，天舟一号货运飞船对天宫二号进行了推进剂在轨补加，计划在 2020 年建成 60t 的空间站，2022 年完成测试并投入正常运营，届时将成为唯一在轨的空间站。

材料是人类生活及科学技术赖以发展的物质基础，是国防建设和国民经济发展的先导，随着航空航天领域科学技术水平的发展，飞行器的服役环境越来越恶劣，对材料的要求也越来越苛刻。一代材料，一代装备，高性能材料是航空航天工程实现高可靠性、长寿命和低成本的保障，先进材料的出现促进了新型飞机、运载火箭、导弹、卫星、载人航天器的研制成功和投入使用，而航空航天高技术领域的需求也推动了先进材料及材料科学技术的发展。

随着社会发展和科学技术的进步，用人单位对人才的需求已经从单一技术人才转变为复合型人才，要求具有较高的综合解决实际问题的能力，能适应不同领域、胜任不同岗位。该书紧扣航空航天发展对材料的需求，对材料的组成与性能表征、铝合金、钛合金、高温合金、复合材料及其材料成形技术和飞行器构件制造方法进行了系统阐述。该书实现了先进性、实用性相结合，兼顾了航空航天和材料科学与工程两个领域的科研人员、工程技术人员、研究生和本科生的需求，既可作为两个专业的选用教材，也可作为非材料专业大学通识教育基础课程的参考教材。

中国工程院院士

2019 年 2 月

航空航天是 21 世纪最具影响的领域，航空航天活动的发展标志着人类进步的程度，广泛影响政治、经济、军事、科学技术、社会生活等各个方面。航空航天产业凝聚了大量科学研究和工程技术的最新成果，拥有优秀人才及先进装备和软件，其发达程度体现了一个国家的科学技术和国防建设的现代化水平。人类文明和社会进步与材料的发展密切相关，石器时代、青铜器时代、铁器时代等早期人类历史均打下了材料发展的烙印，当今，材料是国民经济建设和科学技术发展的先导。航空航天飞行器要在超高温、超低温、高真空、高应力、强腐蚀等极端条件下工作，除了靠优化结构设计外，更依赖于材料所具有的优异特性和功能，材料在航空航天领域有着极其重要的地位和作用。高性能材料是航空航天工程实现高可靠性、长寿命和低成本的保障，先进材料的出现促进了新型飞机、运载火箭、导弹、卫星、载人航天器的研制成功和投入使用。

本书共分 5 章，紧扣航空航天发展对材料的需求，系统对材料的组成与性能表征及失效分析、材料成形技术和飞行器构件制造方法进行了阐述。第 1 章为航空航天材料概述，主要对材料的分类、组成、性能表征、失效分析及航空航天应用进行了介绍。第 2 章为航空航天用铝及铝合金材料，概述了铝及铝合金的性质和特点、分类及牌号和状态、发展历程及航空航天应用，重点介绍了 2 系铝合金、7 系铝合金和铝锂合金，系统介绍了航空航天用铝合金的熔炼铸造、材料成形及热处理、零件及构件成形。第 3 章为航空航天用钛及钛合金材料，概述了钛的性质、钛的合金化、钛合金的分类及航空航天应用，系统介绍了钛及钛合金的制备及组织特征、不同组织的钛合金、不同性能的钛合金。第 4 章为航空航天用高温合金，概述了高温合金的分类及牌号、合金元素及析出相、国内外发展及航空航天应用，系统介绍了铸造高温合金、变形高温合金、粉末高温合金、新型高熵高温合金。第 5 章为航空航天用复合材料，概述了复合材料的分类、优势、不足及航空航天应用，系统介绍了聚合物基复合材料、金属基复合材料、陶瓷基复合材料、碳/碳复合材料。

本书注重先进性与实用性相结合，力求通俗易懂，并兼顾航空航天和材料科学与工程两个领域的技术人员的需求，既可作为型号设计、材料研发等技术人员参考书，也可作为航空航天类专业和材料类专业的教材。

本书第 1～3 章由李红英编写；第 4 章由汪冰峰编写，赵辉协助编写；第 5 章第 1～3 节由赵守鑫编写，第 4 节由李红英编写，第 5 节由靳东编写，第 6 节由刘蛟蛟编写。全书由李周和郑子樵教授主审。本书得到了中南大学、中国铝业集团公司、轻质高强结构材料国家级重点实验室、有色金属先进结构材料与制造协同创新中心的支持。中国铝业集团公司的王国军首席工程师参与了第 2 章的技术审校工作并提出了许多宝贵意见，中南大学的岳建岭参与了第 1 章和第 2 章的校核工作，王岩、刘会群参与了第 3 章的校核工作，岳建岭、陈卓、王国军参与了第 5 章的校核工作，研究生韩茂盛、尹浩、蒋浩帆、鲁晓超、苏雄杰、高兆和参与了部分章节的资料收集工作，赵辉承担了全书的绘图工作，在此一并表示衷心感谢。

由于航空航天材料日新月异，加之编著者水平所限，难免有不妥之处，恳请专家和读者批评指正。

最后，对本书编写过程中所参考和引用文献资料的作者致以诚挚的谢意。

李红英

2018 年 10 月于长沙

第4章　航空航天用高温合金　　205

第5章　航空航天用复合材料　　248

第1章 航空航天材料概述

材料是所有工程和产品的物质基础，已经实现批量生产并大量应用的材料称为传统材料或基础材料，新出现或正在发展中并具有传统材料所不具备的优异性能、特殊功能及应用前景的材料称为新材料或先进材料。一代材料，一代装备，高性能材料是航空航天工程实现高可靠性、长寿命和低成本的保障，先进材料的出现促进了新型飞机、运载火箭、导弹、卫星、载人航天器的研制成功和投入使用。

1.1 材料的分类

1.1.1 根据属性分类

根据属性，材料可分金属材料、无机非金属材料、有机非金属材料、复合材料。

金属包括黑色金属和有色金属，铁、铬、锰为黑色金属，其他金属均为有色金属，通常分为轻金属、重金属、贵金属、稀有金属。单一组元的金属为纯金属，1种金属元素与其他元素形成的具有金属特性的物质称为合金。

传统无机非金属材料包括以硅酸盐为主要成分的材料及生产工艺相近的非硅酸盐材料，又称为硅酸盐材料或陶瓷材料。先进无机非金属材料是由氧化物、碳化物、氮化物、硼化物、硫化物、硅化物及各种非金属化合物经先进工艺制成的新型材料。

有机非金属材料包括塑料、橡胶、纤维、涂料、木材、纸张、皮革等，分子量通常在10000以上的，又称为高分子材料。以煤、石油、天然气等为起始原料制得分子量在500以下的低分子化合物，再经聚合反应制成的合成高分子材料称为聚合物或高聚物材料。根据其主链结构，聚合物可分为碳链聚合物、杂链聚合物、元素有机聚合物；根据其大分子链的几何结构，聚合物可分为线型聚合物和体型聚合物；根据其热行为，聚合物可分为热塑性聚合物和热固性聚合物。

复合材料是由2种或2种以上化学性质不同的材料组合成性能优势互补的材料。航空航天领域应用的复合材料，可采用金属、聚合物、陶瓷、碳等连续相材料作为基体，相应称为金属基复合材料、聚合物基复合材料、陶瓷基复合材料、碳/碳复合材料等，可采用颗粒、晶须、纤维、织物、片材等作为增强体，相应称为颗粒增强复合材料、纤维增强复合材料、层状复合材料等。

1.1.2 根据结构分类

根据质点（原子、离子或分子）的聚集状态，固态物质可分为晶体、非晶体和准晶。晶体具有长程有序的结构特征，原子（离子或分子）在三维空间有规则地周期性重复排列，按结合键类型分为金属晶体（铝，钛等）、共价晶体（金刚石，二氧化硅等）、离子晶体（氯化钠，氯化铯等）、分子晶体（干冰，雪花等）、混合型晶体（石墨等）。非晶体中的原子（离子或分子）混乱排列。准晶是介于晶体和非晶体之间的结构，具有与晶体相似的长程有序原子排列，但是，不具备晶体的平移对称性。

在熔点以上温度，物质表现为完全无序和流动的液体状态，随着外场变化可转变为有序的晶态或无序的非晶态。金属及其合金、大多数无机非金属材料、少数聚合物材料属于低分子材料，容易结晶为晶体，但是，当冷却速率快到足以抑制结晶时，过冷液态金属的原子排列方式保留至固态，可得到非晶态金属和合金（金属玻璃）。玻璃等少数无机材料、大多数聚合物（橡胶、热固性塑料及分子结构比较复杂的材料）为部分晶态或完全非晶态。在多元强、弱化学键共存的体系中，存在一种特殊的物质状态，材料体系表现为"部分晶态-部分无序"和"部分晶态-部分液体"的半晶状态，某些亚晶格保持着明显晶态和有序性，其他亚晶格在外场诱导下表现出无序或融化现象。由于制备条件不同，相同或相近化学组成的物质可以形成晶态材料也可以形成非晶态材料，以 SiO_2 熔体为例，缓慢冷却时生成石英晶体，急冷时形成石英玻璃，在 Na_2SiO_3 溶液中加酸经 24h 静置陈化可制备石英凝胶，经热水洗涤和低温烘干后得到多孔性硅胶。

在凝固点附近的熔体黏度和冷却条件是影响结晶度的主要因素，通过控制成型过程中熔体的冷凝速率可以调节结晶速率和结晶度，进而调控材料的性能。结晶度较高时，材料的熔点和玻璃化温度、密度、弹性模量、强度较高；结晶度较低时，材料的柔软性、透明性和耐折性较好。新型非晶态材料具有许多优异特性，可作为光通信材料、激光材料、新型太阳能电池材料、高效磁性材料、输电和输能材料。准晶材料具有较低的密度和熔点、异常低的热导率和电导率、负的温度系数、低的表面能和摩擦系数、高的弹性模量和抗压强度，具有良好的抗磁性、抗氧化性和表面不粘性，室温脆性大，但有较好的高温塑性，可用于制备航空发动机内壁的涂层、热障膜、选择吸收太阳光膜、储氢材料、复合材料等。

1.1.3 根据应用分类

根据应用目的，材料可分为结构材料和功能材料。结构材料主要用于制造构造整体、实现运动和传递动力的结构件，如飞机机身、发动机构件等，要具有抵抗外场作用而保持自身形状结构不变的能力，一般以力学性能指标来评价，有时会提出光泽、热导率、抗辐照、抗腐蚀、抗氧化等物理性能或化学性能要求，可根据性能指标细分为高强材料、高韧材料、高温材料、耐磨材料、耐蚀材料等。功能材料主要利用其对外部环境的敏感反应来实现信息处理和功能转换，具有电学、磁学、光学、声学、化学、透波、吸波、隐身、屏蔽、阻尼、隔热、形状记忆、信息记录等功能，一般以声、光、电、磁、热等物理性能指标来评价，有时也会提出一定的力学性能要求。功能复合材料、梯度功能材料、智能功能材料是航空航天领域应用的新型功能材料。具有多元功能体（或增强体）的功能复合材料可以产生多种功能，还可能由于复合效应而产生新的功能。梯度功能材料集各种组分（性质不同的金属、陶瓷、聚合物等）于一体，其组分、微观结构和性能可随构件位置呈连续变化，以适应不同部位的服役要求，如航天飞行器往返大气层时，不同部位服役温度相差很大，采用梯度功能材料。智能材料（又称机敏材料）能够灵敏地对电、光、热、应力、应变、化学、核辐射等的刺激做出恰当响应，可在航空航天恶劣环境下进行自我诊断、自动阻止或修复损伤和功能退化，从而防止灾难性事故发生，如将细小的光纤嵌入高性能复合材料中，制成机翼用智能材料，光纤能像神经那样感受机翼承受的压力，光纤断裂时，光传输中断，发出事故警告。

根据应用领域，材料可分为航空航天材料、信息材料、能源材料、生物医用材料、汽车材料、建筑材料、包装材料等。航空航天材料包括先进金属材料（铝合金，钛合金，高温合金等）、新型陶瓷材料、新型高分子材料、新型复合材料等，按照功能分为烧蚀防热材料、隔热材料、阻尼材料、透明材料、密封材料、吸波材料、透波材料等。航空航天材料的发展趋势是高性能化、多功能化、复合化、精细化、智能化等。

1.2　材料的组成

组成材料最基本的、独立的物质称为组元，组元可以是金属元素、非金属元素、稳定化合物。材料可由纯金属、Al_2O_3 晶体等单一组元组成，也可由多种组元组成。化学成分相同、晶体结构相同、聚集状态和性质均相同的均匀连续组成部分称为相，不同相之间由界面分隔开，固态纯金属、聚乙烯等为单相，合金、普通陶瓷、共聚物等为多相。

1.2.1　金属材料的组成

金属材料包括纯金属和合金，合金是由 2 种或 2 种以上的金属或非金属，经过熔炼、烧结或其他方法组合而成并具有金属特性的物质。大多数情况下，金属材料的组元就是元素，合金中既不分解也不发生化学反应的稳定化合物也可视为组元，组元间会产生复杂的物理、化学作用。组元种类相同，但含量（成分）不同的合金构成一个合金系，根据组元数目分别称为二元系、三元系、n 元系合金。

在一定外界条件下，一定成分的合金可以由若干不同的相组成，根据合金相的多少分为单相合金、两相合金、多相合金。根据晶体结构，可以将合金相分为固溶体和化合物两类，以含量较多的金属组元作溶剂，加入含量较少的溶质原子，通过溶解形成与溶剂晶体结构相同的固相为固溶体，组元相互作用形成晶格类型不同于任一组元的新相为化合物。元素间形成固溶体还是化合物，主要取决于原子尺寸、晶格类型、电子结构、电子浓度（价电子数与原子数之比）、电负性（从其他原子夺取电子变成负离子的能力）等因素。溶质原子（元素）溶入固溶体的数量称为固溶体浓度，可在一定范围内变化，溶质可以任意比例溶入的固溶体称为无限固溶体，反之称为有限固溶体。溶质原子在固溶体中的最大含量称为极限溶解度或固溶度，元素间的电负性差值增加，有利于增大固溶度。溶质原子含量超过其极限溶解度时，就会形成其他相，原子间电负性相差越大，越易形成较稳定的化合物。金属和非金属间形成的化合物为普通化合物，主要通过离子键结合或含有一定比例的共价键，具有典型的非金属性质。拥有相当程度的金属键及金属特性的化合物为金属间化合物，大多数金属间化合物由不同的金属或金属与亚金属组成。图1-1为Mg-Si二元合金相图，Mg_2Si为金属间化合物，在相图中呈现1根垂直线，如果形成了以化合物为溶剂的固溶体，相图中会出现一定成分范围的单相区，也称中间相。

1.2.2　无机材料的组成

硅酸盐、二氧化硅是重要的无机非金属原料，广泛用于玻璃、陶瓷、光导纤维、耐火材料、冶金材料及熔剂。新型无机材料的化学组成不局限于硅酸盐，还包括氧化物、碳与碳化物、氮化物、硼化物、氟化物、硅化物、硫系化合物（包括硫化物、硒化物及碲化物）和钛酸盐、铝酸盐、磷酸盐等含氧酸盐。

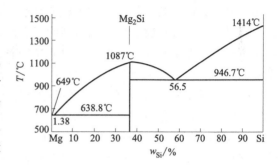

图1-1　Mg-Si二元合金相图

陶瓷一般由结晶相、玻璃相、气相（气孔）交织而成，微观组织由各种形状（颗粒状、针状、片状、纤维状）的晶粒、晶界、气孔、包裹体组成。陶瓷可以只含1种结晶相，也可以含有多种结晶相，通常以主晶相来命名陶瓷，如以刚玉（$\alpha-Al_2O_3$）为主晶相的称为刚玉陶瓷。玻璃相为非晶态低熔物，对陶瓷的机械强度、耐热性和绝缘性能不利，固相烧结的瓷料中几乎不含玻璃相，有液相参与烧结的陶瓷中存在较多玻璃相，其主要作用是把分散的结晶相黏结在一起、抑制晶体长大、阻止多晶转变、填充气孔空隙、促使坯体致密化、降低烧成温度。陶瓷坯料存在很多气孔，烧结后通常还有5%～10%（体积分数）的残留气孔率，气孔的含量、形状、分布会影响陶瓷材料的性能，透明陶瓷要严格控制气孔率，要求密度小、绝热性能好的陶瓷，应含有尽可能多的、大小一致的、分布均匀的气孔。

玻璃的结构及性质与其化学组成密切相关，可以通过成分和微观组织结构设计来满足不同性能要求。以SiO_2为主要成分的玻璃统称为硅酸盐玻璃，但是纯SiO_2的熔点高达1730℃，用熔融法制作困难，在SiO_2中加入Na_2O、CaO等网络修饰体（调整剂）可降低熔点。添加Al_2O_3、B_2O_3可制作耐热玻璃，添加AgI、Ag_2O可以使P_2O_5、MgO系玻璃在室温有高的电导率，而且其非晶态要比结晶态导电性能好。

玻璃陶瓷由玻璃相基体和大量均匀弥散分布的微小晶体（通常小于$1\mu m$）组成，又称微晶玻璃，其结构致密，基本无气孔，为了促进微晶的成核和适度长大，通常在配料中加入一些成核剂。

1.2.3　聚合物材料的组成

聚合物是以有机高分子化合物为主要组分的材料，其高分子化合物是由结构相同、组成相同的低分子化合物聚合而成的分子量很高的化合物。如果不是由简单结构单元（单体）重复连接而成，分子量很高的化合物也不能称为聚合物。如果聚合物的重复单元数量不大，增减几个单元会对其物理性质产生较大影响，这类聚合物为低聚物；如果重复单元数量很大，增减几个单元并不影响其物理性质，这类聚合物为高聚物。聚合物通常指的是高聚物。

单体通过聚合反应转变成大分子的结构单元，聚合反应主要有缩聚反应和加聚反应。缩聚反应由一种或几种单体相互混合而连接成聚合物，同时析出（缩去）水、氨、醇、卤化氢等低分子物质，生成物称为缩聚物，其成分与单体不同。大多数聚合物是利用加聚反应合成的，由一种或几种单体相互加成而形成聚合物，生成物称为加聚物（X—A—A—A—…—A—A—A—Y，简写为 X$\{A\}_n$Y 或者 $\{A\}_n$），与单体具有相同的成分，没有副产物生成。聚乙烯就是由很多乙烯分子加聚反应合成的。图 1-2 为聚乙烯及其单体和链节，1 个乙烯分子 $CH_2=CH_2$ 就是组成聚乙烯的单体，如图 1-2（a）所示；单体的碳原子以不饱和的双键共价结合，还与 2 个 H 原子结合构成稳定的 8 电子层；结构单元—CH_2—CH_2—为链节，如图 1-2（b）所示，在碳原子的两端有自由基；由于价电子不满足，链节趋于与其他链节结合，形成图 1-2（c）所示的聚乙烯大分子链，结构式为 $\{CH_2-CH_2\}_n$，其中 n 为聚合度。

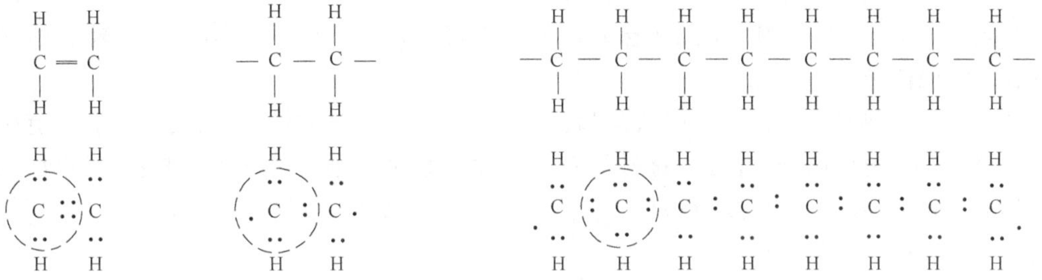

(a) 单体   (b) 链节   (c) 聚乙烯

图 1-2　聚乙烯及其单体和链节

单体是稳定的，并不能自动发生聚合反应，通常加入引发剂破坏双键，以形成不稳定的链节。以引发剂 H_2O_2 为例，过氧化氢可分解为 2 个 OH 基团，破坏碳碳双键，其中 1 个 OH 基团附在乙烯链节上，加聚反应开始发生，如果反应放出的能量大于破坏双键需要的能量，加聚过程可以自发进行下去，一个个链节连接在引发后的乙烯碳键的自由基端，当单体的供应耗竭或链的活性端遇到 OH 基团时，或 2 个生长链相遇并连接时，反应终止。

大多数聚合物材料还需加入其他辅助组分，起到改善制品性能或加工性能的作用。塑料要加入增塑剂、稳定剂、填料、增强剂、颜料、润滑剂、增韧剂等，橡胶要加入硫化剂、促进剂、防老剂、补强剂、填料、软化剂等，涂料要加颜料、催干剂、增塑剂、润湿剂、悬浮剂、稳定剂等。

1.3　材料的性能

材料的性能是一种参量，用于表征材料在给定外界条件（温度、载荷、电场、磁场、化学介质等）下的行为，通过测试和表征材料在不同条件下的行为便可得到不同的性能指标。材料的性能可分为简单性能和复杂性能，简单性能包括力学性能、化学性能，复杂性能包括复合性能、工艺性能和服役性能。对于航空航天结构材料，其热学性能、力学性能和耐久性能比较重要。

1.3.1　热学性能

航空航天材料通常在极端温度环境下服役，航天器中储存液氮、液氧的容器必须承受很低的温度，航天飞行器重返大气层时要承受很高的温度，而发动机涡轮叶片的温度也非常高。材料在不同温度会表现出不同的热物理性能，称为热学性能，包括熔点、软化点、热容、导热性、热膨胀系数、抗热震性等。

1.3.1.1 熔点和软化点

晶体材料的各种热学性能的物理本质均与其质点热振动相关，而质点热振动的剧烈程度与温度有关。在低温时，参与低频振动的质点较多，随着温度升高，参与高频振动的质点逐渐增多，当温度高于一个特征温度（德拜温度 Θ_D）时，几乎所有质点都以最大频率 ω_m 振动。当加热至一定温度时，原子的振幅达到使晶格破坏的数值，固态转变为液态，相应温度称为熔点 T_m（反之为凝固点）。纯金属有固定的熔点，而合金的晶体组织有较多的缺陷，常常在一个温度范围内熔化。

非晶材料加热时表现出不同的状态和性能，温度低于玻璃化温度 T_g 时，材料具有刚性、脆性、透明性；温度高于 T_g 时，材料具有可塑性、黏性、弹性。玻璃、橡胶、塑料、耐火材料等非晶材料在加热时会逐渐软化，使性能发生急剧变化的温度称为软化点 T_f，非晶材料的服役温度应低于软化点。

1.3.1.2 热容

在没有相变和化学反应的条件下，物质温度升高（或降低）1K 所吸收（或放出）的热量称为该物质的热容，通常以大写的英文字母 C 表示。热容与物质系统的质量成正比，单位质量物质的热容称为比热容（质量热容），通常以小写的英文字母 c 表示。不同材料的比热容不同，不同物态的同种材料的比热容也不同，水的比热容最大，材料的含水率越大，比热容越大。热容与温度有关，工程上通常用单位质量的材料从温度 T_1 升高到 T_2 所吸收的热量的平均值表示其比热容，称为平均比热容。若温度变化时物质的压力不变，相应热容和比热容为定压热容 C_p、定压比热容 c_p，若温度变化时物质的体积不变，相应热容和比热容为定容热容 C_V、定容比热容 c_V，通常 $C_p > C_V$，$c_p > c_V$。由于温度变化总会导致体积变化，C_p、c_p 可通过实测获得，C_V、c_V 则通过计算获得。

1.3.1.3 导热性

导热性可用热导率 λ 表示，在单位温度梯度下，单位时间内通过单位面积和单位厚度均质材料传导的热量为 λ。导热性好的材料有利于散热，可用于制造航空发动机燃气轮机叶片等高温环境下服役的部件；导热性差的材料有利于保温或绝热，可用于制造航天飞行器挡热板、低温燃料储箱等。

金属拥有大量质量很小的自由电子，可以迅速实现热量的传递，导热性能较好。晶体缺陷和振动质点是影响热传导的主要因素，产生缺陷热阻和声子热阻。纯金属的热阻主要为声子热阻，按照 T^2 的规律上升，其热导率随温度升高而下降；合金的热阻主要为缺陷热阻，按照 T^{-1} 规律下降，其热导率随温度升高而增大。由于异类原子的作用，合金的热导率明显低于纯金属，对于固溶体来说，溶质的结构及质量与溶剂相差越大，固溶后结合力改变越大，晶格畸变产生的散射作用越大，对热导率的影响越大。金属热导率 λ 与电导率 σ 间遵从 Wiedeman-Franz 定律，许多金属在室温的 λ/σ 比值几乎相同，与温度 T 成正比，引入 Lorenz 常数 L，如式（1-1）所示。

$$L = \frac{\lambda}{\sigma T} = \frac{\pi^2}{3} \times \left(\frac{k_B}{e}\right)^2 \tag{1-1}$$

式中，k_B 为玻尔兹曼常数；e 为电子电量。当 T 为 0℃以上较高温度时，L 近似为常数，因此可以通过测量电导率来评估金属的热导率。

主要依靠质点振动的格波实现传热的非金属材料，其热导率受结合键及邻近原子的振动、结合的基团及分子间结合力的影响。无机非金属材料主要依靠声子和光子导热，石英、金刚石等由强力共价键键合的非金属晶体材料也是良好的导热体，在较低温度下的导热性可以与金属相提并论。但是，无机非金属材料的热导率还受表观密度、含水率及孔隙率、孔隙尺寸、孔隙特征等的影响。有机材料的热导率通常低于无机材料，结晶聚合物的热导率稍高一些，呈现远程无序结构的非晶聚合物的热导率较低，沿大分子链进行热传递比在分子间进行热传递更为容易，因此，非晶聚合物的热导率随分子增大而升高，加入低分子的增塑剂会使热导率下降。

1.3.1.4 热膨胀系数

材料的体积或长度随温度升高而增大的现象称为热膨胀，温度 T 升高 1K 导致体积和线尺寸的相对变化量，分别称为体膨胀系数（β）和线膨胀系数（α）。通常采用线膨胀系数 α 来表征热膨胀，对于各向同性材料，$\beta \approx 3\alpha$；对于各向异性材料，用 α_1、α_2、α_3 分别表示 3 个方向的线膨胀系数。固体材料的线膨胀系数随温度而变化，其变化规律与热容随温度的变化规律相似。在产品选材、加工、装配方面，热膨胀系数是很重要的材料性能指标。在温度变化较大环境中工作的构件，要采用线膨胀系数较小的材料；焊接两种材料，其热膨胀系数不能相差过大。一般用平均线膨胀系数表示材料的热膨胀特性，常用材料的平均线膨胀系数可以从相关手册查得。

1.3.1.5 抗热震性

抗热震性是材料承受急剧温度变化（热冲击）而不致破坏的能力，又称为耐急冷急热性。一般无机材料和其他脆性材料，在环境温度急剧起伏的热冲击下产生热应力，当内应力超过材料的强度极限时，容易发生突然的开裂或断裂，称为热冲击断裂。材料抗热冲击断裂性能指标以其能够抵抗热冲击断裂的最大温差 ΔT_{max} 表征，ΔT_{max} 值越大，说明材料能承受的温度变化越大。对于一些多孔材料和非均质的金属陶瓷，会在热冲击循环作用下发生热疲劳，导致材料表面开裂，裂纹扩展可能受到微孔、晶界或金属相抑制，使材料不会发生瞬时的完全断裂，只是开裂、剥落并不断发展至碎裂或变质，称为热冲击损伤。

在不同工况和服役环境下，对材料的抗热震性要求也不同，火箭喷嘴要求材料能承受温差为 3000～4000K 的热冲击。

1.3.2 力学性能

力学性能表征材料在载荷作用下抵抗变形和破坏的能力，既是材料自身固有的性质，也受载荷性质、应力状态、温度、环境介质等外在因素的影响。国际标准化组织规定，主要采用拉伸试验、硬度试验、韧性试验、疲劳试验测定材料的力学性能指标。当应变速率小于 $10^{-2} s^{-1}$ 时，可视为静载作用，在室温静载条件下的力学性质称为常规力学性能，包括弹性、塑性、刚度、强度、硬度等。冲击载荷、交变载荷、摩擦载荷等为动载，冲击韧性、断裂韧性、疲劳强度、耐磨性等为动载荷作用下的力学性能，会随加载速率变化而变化。

1.3.2.1 硬度

硬度表征材料的软硬程度，是综合体现材料弹性、塑性、强度、韧性等的力学性能指标。采用不同测试方法得到不同的硬度指标，压入法得到的是布氏硬度、洛氏硬度、维氏硬度，弹性回跳法得到的是肖氏硬度，划痕法得到的是莫氏硬度，其中压入法应用最多，试验力的单位是 kgf（1kgf＝9.80665N）。

以一定直径的硬质合金球为压头，施加一定的试验力将其压入试样表面，保持一定时间后卸载，测量试样表面残留压痕的平均直径，试验力除以压痕面积便得到布氏硬度值。布氏硬度可用硬度值、HBW、球直径、试验力、试验力保持时间（10～15s 不标注）表示，后 3 项间依次用斜线隔开，如 300HBW10/1000/30 表示用 10mm 直径的硬质合金球，在 1000kgf 载荷作用下保持 30s 测得的布氏硬度值为 300。布氏硬度测试一般采用直径较大的压头球，所得的压痕面积较大，试验数据稳定、重复性高，特别适合测量具有晶粒或组成相的金属材料的硬度，但是，测量操作麻烦，针对不同材料的布氏硬度试验需要更换不同直径的压头球并改变试验力，压痕直径测量也比较麻烦。此外，由于压痕直径较大，不宜对成品进行试验。

洛氏硬度测试方法与布氏硬度测试方法相似，压头可以是锥角为 120° 的金刚石圆锥体或一定直径（1.588mm，3.175mm）的小淬火钢球、硬质合金球，加载、保压、卸载后，测量试样的压痕深度，以一常数值减去压痕深度来表征硬度值。洛氏硬度的表示方法为：硬度值、HR、标尺字母，字母 A、B、C、D、E、F、G、H、K 分别对应 9 种洛氏硬度标尺，其中 HRA、HRB、HRC 较为常用，70HRC 表示用 C 标尺测得的洛氏硬度为 70。表面洛氏硬度的表示方法为：硬度值、HR、总试验力、标尺字母，有 N、T、W、X、Y 等 15 个标尺字母，如 70HR30N 表示用 30kgf 总试验力的 N 标尺测得的表面洛氏硬度值为 70。洛氏硬度测试操作简便、迅速，硬度值可直接读出，采用不同标尺可测定各种硬度和各种厚度的试样，广泛用于热处理质量检验，由于压痕较小，可检测成品、小件、薄件。但是，由于压痕较小，代表性较差，如果材料中有偏析及组织不均匀等缺陷，所测硬度重复性差、分散度大。此外，用不同标尺测得的硬度值彼此没有联系，不能直接进行比较。

维氏硬度测试压头是两相对面间夹角为 136° 的金刚石四棱锥体，通过测量出压痕对角线平均长度来计算压痕表面积，试验力除以压痕面积便得到维氏硬度值。维氏硬度可用硬度值、HV、试验力、试验力保持时间（10～15s 不标注）表示，650HV30 表示在 30kgf 载荷作用下保持 10～15s 测得的维氏硬度值为 650。维氏硬度的试验力可任意选择，而且压痕测量精度较高，硬度值较为准确，选择较小的测试力，可用于表面硬化层和薄片材料的硬度测试。

对于测量材料极小范围内（晶粒、组成相、夹杂物）的硬度、测量陶瓷材料等脆性材料的硬度，或研究扩散层组织、偏析相、硬化层深度等，上述 3 种硬度测试方法就不适用了，必须采用显微硬度测试方法。通常，显微硬度测试的测试载荷小于 2N，常用的有显微维氏硬度和努氏硬度。显微维氏硬度测试可测量金属箔、极薄表面层的硬度和合金中各组成相的硬度，测试原理与维氏硬度试验相同，仍可用 HV 表示，但是测试结果必须注明载荷大小，如 350HV0.1 表示用 0.1kgf 的载荷测得的显微维氏硬度为 350。努氏硬度试验方法是维氏硬度试验方法的发展，采用金刚石长棱形压头，如图 1-3 所示，两长棱夹角为 172.5°，两短

棱夹角为130°，在试样上得到的是长、短对
角线长度比为7.11的棱形压痕。努氏硬度用
HK表示，以单位压痕投影面积上所承受的
力来定义，由于压痕浅而细长，更适于测量
极薄层（表面淬火层或化学热处理渗层）、极
薄零件，丝、带等细长件，以及玻璃、玛瑙
等硬而脆的材料，其测量精度高，对表面状
况的敏感程度也高。

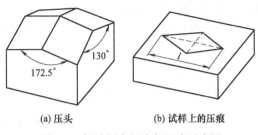

(a) 压头   (b) 试样上的压痕

图 1-3 努氏硬度压头与压痕示意图

1.3.2.2 常规力学性能

材料在外力作用下发生形变，外力去除后能恢复原来大小和形状的性质称为弹性。弹性
模量 E、剪切模量 G、泊松比 μ 是表征材料弹性的 3 个常数，$E=2(1+\mu)G$，对于各向同
性材料，根据其中两个常数可算出另一个常数。材料产生单位弹性变形所需载荷的大小称为
刚度，为承载截面积与材料弹性模量之积，对于截面积一定的构件，其刚度取决于材料的弹
性模量。材料在载荷作用下产生塑性变形而不破坏的能力称为塑性，以断后伸长率（延伸
率）A 和断面收缩率 Z 表示。对于单一拉伸条件下工作的长形构件，一般用 A 表征其塑性，
通常认为 $A>5\%$ 的材料为塑性材料；对于非长形构件，如果拉伸时形成缩颈，则采用 Z 表
征其塑性，Z 值对冶金因素和组织变化更为敏感。材料在载荷作用下抵抗变形和断裂的能力
称为强度，通常指在拉伸、压缩、剪切、弯曲等静载荷作用下的强度，相应有抗拉强度、抗
压强度、抗剪强度、抗弯强度。此外，表征材料强度的指标还有断裂强度、剥离强度、冲击
强度、疲劳强度等。

通过静载拉伸试验可以获得弹性极限、弹性模量、屈服强度、抗拉强度、塑性等常规力
学性能指标。一般按标准将材料加工成圆棒状或片状拉伸试样进行常规拉伸试验，试验机缓
慢对试样施加均匀的轴向拉力，并自动记录载荷-伸长（拉伸）曲线，拉伸曲线的纵坐标和
横坐标分别除以试样的原始截面积 S_0、原始标距长度 L_0，得到工程应力-应变曲线。由于
小试样包含的冶金缺陷较少，用小试样测得的强度和塑性往往高于大尺寸构件的性能指标，
为了使不同尺寸试样得到相同的断后伸长率（A），要求应用比例试样，圆柱形试样的尺寸
为 $L_0=5d_0$ 或 $L_0=10d_0$，分别称为短比例试样和长比例试样，相应断后伸长率分别为 A_5
和 A_{10}。大多数韧性金属材料的集中塑性变形量大于均匀塑性变形量，比例试样的尺寸越
短，其断后伸长率越大，即 $A_5>A_{10}$。

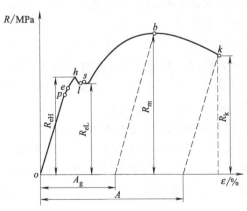

图 1-4 静载拉伸的工程应力-应变曲线

图 1-4 为典型的工程应力-应变曲线，其形
状与拉伸曲线相似，纵坐标为工程应力 R，由
拉伸载荷 F 除以原始截面积 S_0 得到，横坐标
为工程应变 ε，表示相对伸长量，由试样的绝
对伸长 ΔL 除以试样标距长度 L_0 得到。工程应
力-应变曲线一般包括弹性变形、屈服变形、均
匀塑性变形、不均匀塑性变形、断裂 5 个阶段，
op 段对应弹性变形阶段，应力应变关系为线性
关系，比例常数为弹性模量 E，试样单位面积
所能承受的最大应力为弹性极限；pe 对应滞弹

性变形阶段，应力应变关系非线性，具有滞后性；eh 对应微塑性变形阶段；hls 对应屈服阶段，塑性变形急剧增加；sb 对应应变硬化阶段，发生均匀连续的塑性变形；bk 对应缩颈阶段，发生集中变形，k 点断裂。

我国制定的金属室温拉伸试验标准（GB/T 228.1—2010）的主要技术内容与国际标准（ISO 6892-1：2009）完全相同，定义了 12 种可测拉伸性能，如表 1-1 所示。

表 1-1　可测拉伸性能指标

强度指标	R_{eH}	上屈服强度，试样发生屈服而力首次下降前的最高应力（h 点）
	R_{eL}	下屈服强度，屈服期间的最低应力（l 点）
	R_p	规定塑性延伸强度，规定塑性延伸率对应的应力，当材料无明显屈服时，通常测定规定塑性延伸强度 $R_{p0.2}$，在代表伸长的横坐标上取 0.2% 的规定伸长量，作一条与弹性线段平行的直线与曲线相交，过交点作水平线与力轴相交，交点所对应的应力即为 $R_{p0.2}$
	R_t	规定总延伸强度，规定总延伸率对应的应力，在代表伸长的横坐标上取 0.7% 的规定伸长量，平行于力轴作直线与曲线相交，过交点作水平线与力轴相交，交点所对应的应力即为规定总延伸强度 $R_{t0.7}$
	R_r	规定残余延伸强度
	R_m	抗拉强度，最大力点所对应的应力（b 点）
塑性指标	A_e	屈服点延伸率，从屈服开始至均匀硬化开始之间的延伸率
	A_{gt}	最大力总延伸率，过 b 点作垂线，横坐标原点与交点长度对应的总伸长率（包括弹性伸长率和塑性伸长率）
	A_g	最大力塑性延伸率，过 b 点作平行于弹性段的直线，横坐标原点与交点对应的伸长率
	A_t	断裂总延伸率，断裂时刻的总伸长率（k 点）
	A	断后伸长率
	Z	断面收缩率

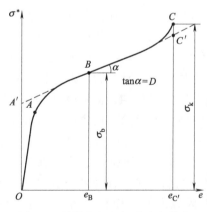

图 1-5　材料的真应力-真应变曲线

实际上，在拉伸过程中，试样截面积是逐渐变小的，真实应力和真实应变的计算应该采用瞬时截面积和瞬时长度，图 1-5 为真应力-真应变曲线，OA 段为弹性变形部分，AB 段是均匀变形部分，其斜率 D 为材料的形变强化模数，随变形增加而减小，自 B 点开始产生缩颈，BC 段为局部变形阶段，其斜率 D 为常数，表示形变强化趋势稳定，曲线最后一段上翘是因为缩颈发展到一定程度后，三向应力不利于变形而导致的。均匀变形阶段，在双对数坐标下的真应力-真应变曲线是一条直线，在直角坐标中可以用 $S = ke^n$ 表示，其中 n 称为应变硬化指数，k 为强度系数，表征在均匀变形阶段材料的形变强化能力。

对于淬火钢、硬质合金、陶瓷等硬脆材料，可采用弯曲试验测定其断裂强度，用最大弯曲挠度表征其塑性。弯曲试样有圆柱和方形两种形状，包括三点弯曲和四点弯曲两种加载方式，载荷（或弯矩）与试样最大挠度的关系曲线称为弯曲图，由弯曲图可以确定材料在弯曲载荷下的力学性能，得到抗弯强度、弯曲弹性模量、最大弯曲挠度。弯曲试验还可用来比较和检验表面处理的质量及材料表面的性能。

1.3.2.3　韧性

韧性是材料断裂前吸收塑性变形功和断裂功的能力，通常以裂纹萌生及扩展的能量消耗或裂纹扩展抗力来表征材料的韧性。静力韧度 U_T 是反映材料强度和塑性的综合指标，其大小取决于静载拉伸的真应力-真应变曲线所包围的面积，对于韧性材料，可以根据 $U_T = R_m A$ 或 $U_T = (R_{p0.2} + R_m)A/2$ 计算获得近似的静力韧度。

（1）冲击韧性

冲击韧性是材料抵抗冲击破坏的能力，反映材料在冲击载荷作用下吸收塑性变形功和断裂功的能力。火箭发射、飞机起飞和降落时会受到冲击载荷作用，为了评定材料承受冲击载荷的能力，主要进行缺口试样一次冲击弯曲试验和小能量多次冲击试验。一次冲击弯曲试验通常采用摆锤式冲击试验机，摆锤刀刃半径有 2mm 和 8mm 两种，将待测材料加工成标准试样，如图 1-6 所示，放在试验机的机架上，试样缺口背向摆锤冲击方向，将具有一定重量 W 的摆锤举至一定高度 H_1，使其具有势能 WH_1，然后摆锤落下冲击试样，试样断裂后摆锤上摆到 H_2 高度，在忽略摩擦和阻尼等条件下，摆锤冲断试样所做的功即为冲击吸收功，用 A_K 表示，$A_K = W(H_1 - H_2)$。

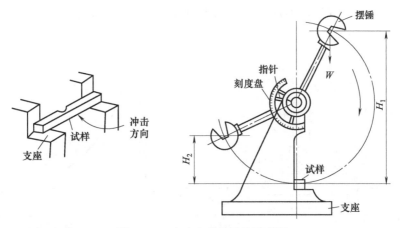

图 1-6　一次冲击弯曲试验示意图

《金属材料夏比摆锤冲击试验方法》（GB/T 229—2007）规定，采用夏比 U 形或 V 形两种缺口试样，如图 1-7 所示，测得的冲击功分别为 A_{KU}、A_{KV}。冲击试样主要有全尺寸（10mm×10mm×55mm）和半尺寸（5mm×10mm×55mm）两种规格，测量脆性材料的冲击功可以采用无缺口的全尺寸试样。

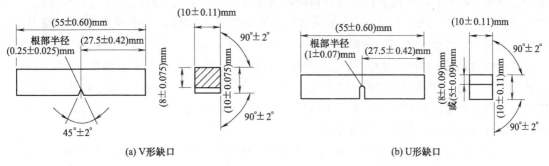

(a) V形缺口　　　　　　　　　　　　(b) U形缺口

图 1-7　标准夏比冲击试样尺寸示意图

冲击功取决于材料本身及其状态，同时与试样的形状、尺寸有关。同种材料的试样，缺口越深、越尖锐，缺口处的应力集中程度越大，越容易产生变形和断裂，冲击功越小，材料表现出的脆性越大。因此，对不同类型材料和尺寸的试样，其冲击韧性或冲击功不能直接比较，同一种材料在相同试验条件下，A_{KU}明显大于A_{KV}。

冲击功A_K与冲断截面积之比为冲击韧度α_K，冲击韧度值越大，材料的冲击韧性越好。但是，上述冲击韧度α_K是大能量一次冲击条件下测得的冲击抗力指标，而绝大多数构件承受的是小能量多次冲击，通常要采用多次冲击试验评价材料的冲击抗力。图1-8为多次冲击试验示意图，将具有双冲点的冲头以一定的冲击能量、冲击频率和冲击速度打击旋转的试样，在每一个冲击能量A下可得到一个冲断周次N，从而得到试样断裂后冲击功和冲断周次的关系曲线，一般用冲击能量A下的冲断周次N，或用要求的冲击工作寿命N对应的冲断能量A来表示材料的多冲抗力。多冲抗力是取决于材料强度和塑性的综合力学性能指标，随着条件的变化，其强度和塑性的作用及要求不同，冲击能量高时，材料的多冲抗力主要取决于塑性；冲击能量低时，材料的多冲抗力主要取决于强度。航空航天零部件要求的冲击周次N在数万甚至数百万以上，属于小能量多次冲击，其多冲抗力主要取决于强度，在选材时应尽量发挥材料的强度，而不应过高追求塑性和冲击值α_K。在中、低强度范围，α_K对多冲抗力影响不大，在高强度范围内，提高α_K值可明显提高多冲抗力，这对选用高强度材料具有重要的指导意义。

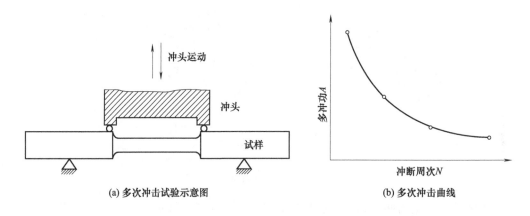

(a) 多次冲击试验示意图　　　　(b) 多次冲击曲线

图1-8　多次冲击试验及多次冲击曲线

材料的冲击韧度还与试验温度有关，如果材料的A_K值或α_K值在某个温度点附近急剧下降，如图1-9所示，则这个温度为材料的韧脆转变温度。可用系列温度冲击试验法测量材料的韧脆转变温度，图1-10为一种高强钢的系列温度冲击曲线，其中横坐标为试验温度，纵坐标表示冲击吸收功和脆性断面率。GB/T 229—2007规定了4种测定韧脆转变温度的方法，常用的有两种，其中一种方法规定脆性断口面积率为50％所对应的温度$FATT_{50}$为韧脆转变温度，另一种方法以冲击吸收功达到上下平台区间的50％来判定韧脆转变温度ETT_{50}。结合上述两种判定方法确定韧脆转变温度，$FATT_{50}$为$-38℃$，ETT_{50}为$-36.5℃$，两种判定方法确定的韧脆转变温度相近。

应变速率对材料的塑性变形、断裂及有关的力学性能有显著的影响，当应变速率大于$10^{-2}s^{-1}$时，应变速率增大导致的力学性能变化不可忽视，提高应变速率将导致材料的脆化倾向增大。

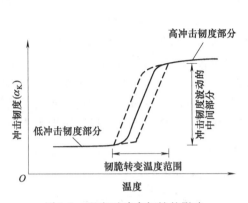

图 1-9 温度对冲击韧性的影响

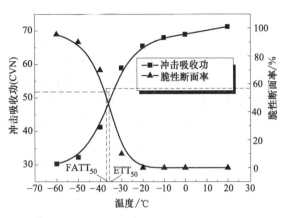

图 1-10 一种高强度钢的系列温度冲击曲线

（2）断裂韧性

根据外加应力与裂纹扩展面的位向关系，裂纹扩展分为张开型（Ⅰ）、滑开型（Ⅱ）、撕开型（Ⅲ）3 种基本型式，如图 1-11 所示，实际裂纹扩展可能是 3 种型式的组合。当拉应力垂直作用于裂纹扩展面时，如图 1-11（a）所示，发生张开型扩展；当切应力平行作用于裂纹扩展面且与

(a) 张开型(Ⅰ)   (b) 滑开型(Ⅱ)   (c) 撕开型(Ⅲ)

图 1-11 裂纹扩展的基本型式

裂纹线垂直时，如图 1-11（b）所示；发生滑开型扩展；当切应力平行作用于裂纹面且与裂纹线平行时，如图 1-11（c）所示，发生撕开型扩展。

如果存在半长度为 a 的裂纹，裂纹尖端的应力场是裂纹扩展的动力，Ⅰ、Ⅱ、Ⅲ 型裂纹尖端应力场可分别用力学参量 $K_Ⅰ$、$K_Ⅱ$、$K_Ⅲ$ 表征，相应称为 Ⅰ、Ⅱ、Ⅲ 型裂纹的应力场强度因子，可用式（1-2）～式（1-4）计算。

$$K_Ⅰ = Y\sigma\sqrt{a} \tag{1-2}$$

$$K_Ⅱ = Y\sigma\tau\sqrt{a} \tag{1-3}$$

$$K_Ⅲ = Y\sigma\tau\sqrt{a} \tag{1-4}$$

式中，σ 为拉应力；τ 为切应力；a 为裂纹半长度，mm；Y 为裂纹形状系数（无量纲系数），与裂纹几何形状及加载方式有关，一般 $Y = 1 \sim 2$。

Ⅰ 型裂纹扩展容易导致脆性断裂，因此多以 Ⅰ 型裂纹扩展为研究对象。在动态加载中，当应力场 σ 逐渐加大时，应力场强度因子 $K_Ⅰ$ 和裂纹尖端各应力分量随之增大，裂纹 a 逐渐扩展，当 $K_Ⅰ$ 增大到临界值 K_c 或 $K_{Ⅰc}$ 时，裂纹失稳扩展而导致材料断裂。K_c 为平面应力断裂韧度，表征平面应力条件下材料抵抗裂纹失稳扩展的能力，当试样厚度增加，裂纹尖端达到平面应变状态时，断裂韧度趋于稳定的最低值 $K_{Ⅰc}$。$K_{Ⅰc}$ 为平面应变断裂韧度，是与试样尺寸无关的材料常数，表征平面应变条件下材料抵抗裂纹失稳扩展的能力，可用式（1-5）计算，式中 a_c 为临界裂纹尺寸，σ_c 为临界状态对应的平均应力，称为断裂应力或裂纹体断裂强度。

$$K_{Ic} = Y\sigma_c\sqrt{a_c} \tag{1-5}$$

K_I和σ对应，都是力学参量，与载荷及试样尺寸有关，而与材料无关；K_{Ic}和σ_c对应，都是力学性能指标，只与材料成分及组织结构有关，而与载荷和试样尺寸无关。

断裂韧性是材料抵抗裂纹扩展和断裂的能力，反映材料对微裂纹等缺陷的敏感性，通常用材料在平面应变和小范围屈服条件下的应力强度因子K_I的临界值K_{Ic}来表征，称为断裂韧度。《金属材料 准静态断裂韧度的统一试验方法》（GB/T 21143—2014）规定了测量K_{Ic}的4种试样，分别为标准三点弯曲试样、紧凑拉伸试样、C形拉伸试样、圆形紧凑拉伸试样。图1-12为两种最常用的断裂韧度试样示意图。

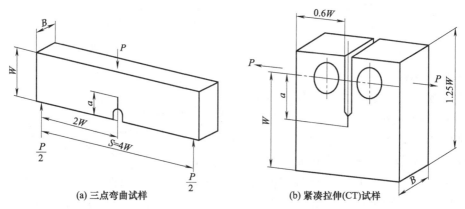

(a) 三点弯曲试样   (b) 紧凑拉伸(CT)试样

图1-12　两种最常用的断裂韧度试样

三点弯曲试样较为简单，使用较多，在确定试样尺寸时，应预估材料的屈服强度和K_{Ic}值，国标规定了试样厚度B、裂纹长度a及韧带宽度（$W-a$）尺寸。预制裂纹可在高频疲劳试验机上进行，疲劳裂纹长度应不小于$0.025W$，a/W控制在$0.45\sim0.55$范围内，$K_{max}\leqslant0.7K_{Ic}$。对于中低强度高韧性材料，可用弹塑性断裂力学的临界J积分（J_c）、裂纹顶端张开位移COD的临界值δ_c等指标来表征断裂韧性，δ_c是裂纹顶端塑性应变程度的度量，δ_c越高，断裂韧性越好。

航空航天构件中不可避免地存在裂纹或类似的缺陷，根据含有预制裂纹的试样测出的断裂韧性比较符合实际情况。断裂韧性的表达式和断裂强度相关，既是强度指标也是韧性指标，如果知道了所用材料的断裂韧度K_{Ic}值，就可以根据公式算出含有某种尺寸裂纹a的构件断裂时的临界应力，从而可确定构件所能承受的最大载荷。当载荷大于构件的实际承载能力时，构件中的裂纹就有扩展和断裂的可能，当知道构件实际承受的载荷时，就可计算构件允许存在的最大裂纹尺寸。

1.3.2.4　超塑性

超塑性是指材料在一定内部条件和外部条件下表现出异常高的流变性能，流变抗力和加工硬化异常小，均匀变形而不出现宏观缩颈，延伸率δ可达百分之几百，甚至百分之几千。根据实施超塑性的条件，超塑性可以分为三类：第一类超塑性为组织超塑性，又称恒温超塑性；第二类超塑性为相变超塑性，又称变态超塑性；第三类超塑性为短暂超塑性。一般超塑性多属于组织超塑性，具有超细等轴晶粒（晶粒尺寸在$0.5\sim5\mu m$）的材料，在一定温度和一定应变速率条件下呈现超塑性。相变超塑性不要求有超细晶粒，在一定温度和外加载荷条件下，经过多次循环相变或同素异构转变获得大的延伸率。非超塑性材料在一定条件下快速成形时，会呈现短暂的超塑性现象。

非晶态固体或玻璃一般都具备超塑性，玻璃在高温条件下通过黏滞性流变可以被拉长很多而不发生缩颈。金属及合金在正常状态没有超塑性，具有超细晶组织的金属材料在较高变形温度 $[T=(0.5\sim0.65)T_m，T_m$ 为熔点的热力学温度] 和较低变形速率（$\dot{\varepsilon}=10^{-4}\sim10^{-2}s^{-1}$）条件下会出现超塑性，表现出特别大的均匀塑性变形而不产生缩颈，延伸率可达到 $500\%\sim2000\%$。式（1-6）为超塑性的状态方程。

$$\sigma=K\dot{\varepsilon}^m \tag{1-6}$$

式中，σ 为应力；K 为由材料决定的常数；$\dot{\varepsilon}$ 为应变速率；m 为应变速率敏感性指数，$m=\mathrm{d}\lg\sigma/\mathrm{d}\lg\dot{\varepsilon}$。

晶粒尺寸对流动应力 σ、m 值、伸长率均有很大影响微细晶组织的 m 值较高。材料拉伸时均匀流动应力 σ 对应变速率很敏感，其 $\lg\sigma$-$\lg\dot{\varepsilon}$ 关系曲线呈现 S 形，S 形曲线的斜率为 m 值，如图 1-13 所示，可将 S 形曲线分为三个区域。Ⅰ区和Ⅲ区的 m 值均很低，Ⅰ区相当于蠕变的低应变速率区，σ 值随着 $\dot{\varepsilon}$ 值增加而缓慢上升，近似于蠕变曲线；Ⅲ区相当于一般塑性加工的高应变速率区，σ 值的变化近似于一般拉伸曲线。Ⅱ区为呈现超塑性的区域，m 值较大且变化较大，m 的取值范围通常为 $0.3\sim0.7$。m 值是评定材料潜在超塑性的重要参数，反映材料拉伸时的抗缩颈能力，间接反映超塑性的组织要求。

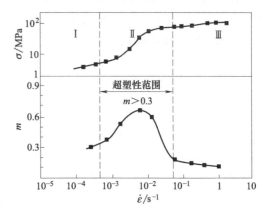

图 1-13 金属及合金的 σ 和 m 与应变速率的关系

具有超塑性的合金，其晶粒在热变形过程中不能长大或长大很慢，采用较高的温度以发生扩散和蠕变，采用较低的应变速率以保证晶界滑动和扩散蠕变的充分进行，航空航天用的铝合金、钛合金、高温合金等在一定变形条件下均会出现超塑性，合金的流动性和填充性好，容易成形，能极大地发挥变形材料的塑性潜力，有利于复杂零件的精确成形。

1.3.3 耐久性能

1.3.3.1 耐疲劳性能

在循环加载下，材料、零件和构件的某点或某些点产生局部的永久性损伤，并在一定循环次数后形成裂纹或使裂纹进一步扩展直到完全断裂的现象，称为疲劳。根据应力状态，可将疲劳分为弯曲疲劳、扭转疲劳、拉压疲劳、复合疲劳等；根据环境和接触情况，可将疲劳分为大气疲劳、腐蚀疲劳、高温疲劳、接触疲劳等；根据应力高低和破坏前所经受的循环次数，可将疲劳分为高周疲劳（HCF）和低周疲劳（LCF）。常见疲劳多属高周疲劳，断裂前

的循环次数 N_f 大于 10^5，疲劳寿命主要由裂纹扩展寿命组成，所承受的交变应力远低于材料的屈服强度，甚至只有屈服极限的 $1/3$，也称低应力疲劳。低周疲劳断裂前的循环周次为 $10^2 \sim 10^5$，所承受的应力高于屈服极限，每次循环都发生了塑性变形，疲劳断裂是塑性变形累积的结果，也称高应力疲劳或应变（塑性）疲劳。

经过无穷多次应力循环而不发生破坏的最大应力值称为疲劳极限，又称为持久极限，是材料承受疲劳的能力，一般采用标准试样（光滑小尺寸试样）进行疲劳试验获得。利用超声波振动疲劳试验机可以测试循环次数大于 10^7 的超高周疲劳，一般钛合金为 10^7，铝合金和高强度钢均为 10^8。图 1-14 为通过疲劳试验获得的疲劳应力与疲劳寿命（S-N）曲线，主要用于确定疲劳极限和估计疲劳寿命，其中纵坐标 S 为循环应力的最大应力或应力幅，横坐标 N 为疲劳破坏前的循环周次。对于具有应变时效硬化的金属材料，当循环应力水平降低到一临界值时，低应力段趋于水平，表明试样可以经历无限次应力循环而不发生疲劳破坏，对应的应力 σ_{-1} 称为疲劳极限；对于不存在应变时效硬化的材料，S-N 曲线没有水平部分，疲劳破坏前循环次数随着应力降低持续增加，即使循环应力值降到很低，经一定次数循环后材料也会断裂，不存在真正意义上的疲劳极限。因此，规定循环 10^7 周次不发生断裂的最大应力为条件疲劳极限或疲劳强度 σ_{-1}，通常，σ_{-1} 低于 $R_{p0.2}$，大多数金属的 $\sigma_{-1} = (0.4 \sim 0.5)R_m$。

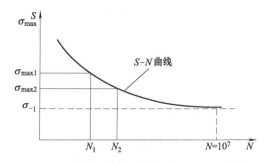

图 1-14　疲劳应力与疲劳寿命（S-N）曲线

低周疲劳一般通过拉-压疲劳试验获得的 ε-N 曲线来描述，对于存在较大塑性变形的低周疲劳，采用以塑性应变幅为参量的疲劳寿命描述方法，这种基于循环应变的表征方法被广泛用于估计疲劳寿命。

材料的疲劳极限既是材料固有的性质，也受循环特征、变形形式、环境等的影响。同一材料在不同应力状态测得的疲劳极限不同，常用的疲劳载荷有对称弯曲、对称扭转、对称拉压等，相应的疲劳极限分别标记为 σ_{-1}、τ_{-1}、σ_{-1P}，手册上给出的通常是对称弯曲疲劳 σ_{-1}。

采用带预置裂纹的标准试样，如紧凑拉伸（CT）试样、中间裂纹拉伸（CCT）试样、三点弯曲（SEB）试样，在给定载荷条件下进行恒幅疲劳试验可以获得 a-N 曲线，如图 1-15（a）所示，其中横坐标为疲劳载荷循环次数 N，纵坐标为对应循环次数的裂纹长度 a，a-N 曲线前端接近水平的部分为裂纹萌生阶段，循环次数的多少可以大致反映材料抗疲劳载荷的能力。通常用裂纹长度 a 随着循环周次 N 的变化率 da/dN 表征疲劳裂纹扩展的快慢，称为疲劳裂纹扩展速率，将 $(da/dN)_i$、$(\Delta K)_i$ 画在双对数坐标系中，得到 1-15（b）所示的 da/dN-ΔK 曲线，表征疲劳裂纹扩展速率与应力强度因子幅值 ΔK 的关系。

金属材料的 da/dN-ΔK 曲线可分为 3 个区域（Ⅰ区、Ⅱ区、Ⅲ区），如图 1-16 所示。

Ⅰ区是低速率区，随着应力强度因子幅值 ΔK 的降低，裂纹扩展速率迅速下降，当 ΔK 趋近 ΔK_{th} 时，裂纹扩展速率趋近于零。ΔK_{th} 为疲劳裂纹扩展的门槛应力强度因子幅值，称为疲劳门槛值，是表征材料疲劳裂纹扩展性能的重要参数，当 $\Delta K < \Delta K_{th}$ 时，疲劳裂纹不发生扩展。与疲劳极限 σ_{-1} 相似，ΔK_{th} 受材料成分和组织、载荷条件、环境因素的影响，但是，σ_{-1} 为光滑试样的无限寿命疲劳性能，用于传统的疲劳强度设计和校核，ΔK_{th} 为裂纹

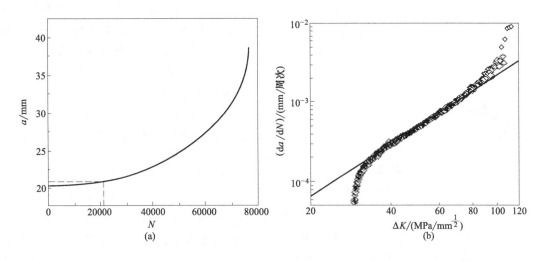

图 1-15　实测的 a-N 曲线（a）和 $\mathrm{d}a/\mathrm{d}N$-ΔK 曲线（b）

试样的无限寿命疲劳性能，适用于裂纹件的强度设计和校核。测定材料的 ΔK_{th} 时，很难做到 $\mathrm{d}a/\mathrm{d}N=0$，一般规定平面应变条件下 $\mathrm{d}a/\mathrm{d}N \leqslant 10^{-7}\,\mathrm{mm}/$ 周次所对应的 ΔK 为 ΔK_{th}，称为条件（工程）疲劳门槛值，工程金属材料的 ΔK_{th} 为 $(5\% \sim 10\%)K_{Ic}$。

Ⅱ区为中速率区，$\mathrm{d}a/\mathrm{d}N$ 与 ΔK 呈线性关系，可用 Paris 公式表达，如式 (1-7) 所示。

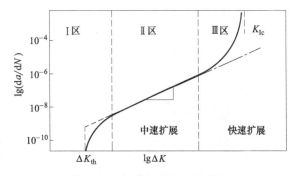

图 1-16　典型 $\mathrm{d}a/\mathrm{d}N$-ΔK 曲线

$$\frac{\mathrm{d}a}{\mathrm{d}N}=C(\Delta K)^m \tag{1-7}$$

式中，C 是与加载条件及试验相关的常数；m 为材料常数；ΔK 为应力强度因子幅度。根据 $\lg(\mathrm{d}a/\mathrm{d}N)$-$\lg(\Delta K)$ 曲线的截距和斜率可求得 C、m，绝大多数金属材料的 m 参数在 $2 \sim 4$，铝合金的 $\mathrm{d}a/\mathrm{d}N$ 分散度较大，$m=2 \sim 7$。

对疲劳寿命估算最有用的是区域Ⅱ的 $\mathrm{d}a/\mathrm{d}N$-ΔK 关系和区域Ⅰ的门槛值 ΔK_{th}、疲劳断裂韧度 K_{Ic}。根据疲劳断裂韧度 K_{Ic}、疲劳门槛值 ΔK_{th}、疲劳裂纹扩展速率 $\mathrm{d}a/\mathrm{d}N$ 可定量估算构件材料的剩余寿命，预防疲劳断裂。

1.3.3.2　抗蠕变性能

在一定温度和载荷长期作用下，随着时间推移，工件变形不断增加的现象称为蠕变。对于航空发动机涡轮盘、叶片等在高温和载荷长时间作用下的构件，要求材料具有一定的蠕变极限和高温持久强度。图 1-17 为通过静态蠕变试验（温度和载荷恒定）获得的典型蠕变曲线，ε_0 为加载瞬间产生的普通变形（并非蠕变），如果应力超过该温度下的屈服强度，ε_0 包括弹性变形和塑性变形两部分，否则，仅为弹性变形。蠕变曲线可以分为 3 个阶段，Ⅰ为减速蠕变（过渡蠕变）阶段，变形随着加载时间延长而持续发生，但蠕变速率随时间延长而降

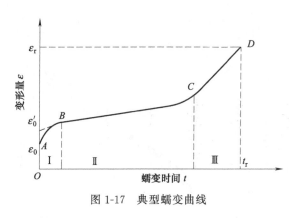

图 1-17　典型蠕变曲线

低，到 B 点，蠕变速率达到最小值；Ⅱ为恒定蠕变（稳态蠕变）阶段，对应的 BC 段为线性段，蠕变速率保持恒定，且为最小蠕变速率，称为稳态蠕变速率；Ⅲ为加速蠕变阶段，蠕变速率随着时间延长逐渐增加，最后产生蠕变断裂，D 点对应的 t_r、ε_r 分别为蠕变断裂时间和总蠕变量。陶瓷的典型蠕变曲线与金属类似，也可分为 3 个阶段，曲线的形状除受应力、温度、环境条件影响外，还受晶粒尺寸、气孔率等自身条件的影响。

温度和应力对蠕变过程影响较大，图 1-18 为不同温度和应力条件下的蠕变曲线。在低温（$<0.3T_m$）或低应力条件下，蠕变第Ⅱ阶段持续时间较长，蠕变速率接近于零，甚至可能不出现第Ⅲ阶段；相反，在高温（$>0.8T_m$）或高应力条件下，蠕变第Ⅱ阶段很短，甚至完全消失，很快出现断裂。

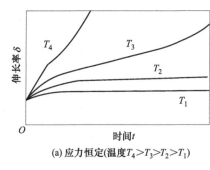

(a) 应力恒定(温度 $T_4 > T_3 > T_2 > T_1$)

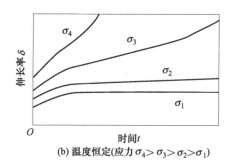

(b) 温度恒定(应力 $\sigma_4 > \sigma_3 > \sigma_2 > \sigma_1$)

图 1-18　不同温度和应力条件下的蠕变曲线

材料在规定蠕变条件（一定温度和时间内，蠕变变形量或蠕变速度达到规定值）下不失效的最大承载应力称为蠕变极限，也称蠕变强度。实际应用中采用失效应力表征蠕变极限，通常以 $\sigma_{\varepsilon/t}^T$ 或 $\sigma_{\dot\varepsilon}^T$ 表示，其中，T 表示测试温度，℃；ε 表示变形量，％；t 表示持续时间，h；$\dot\varepsilon$ 为稳态蠕变速率，％/h。如 $\sigma_{1/10000}^{600}=100$MPa 表示在 600℃和 10000h 内产生 1％ 的应变量的蠕变极限为 100MPa，$\sigma_{10^{-5}}^{500}=200$MPa 表示在 500℃、稳态蠕变速率达到 10^{-5}％/h 的蠕变极限为 200MPa。这种表示方法通常用于受蠕变变形控制的运行时间较长的构件，蠕变第二阶段很明显，最小蠕变速率容易测量。

持久强度是高温和载荷长时间作用下的蠕变断裂判据，有时也用蠕变断裂寿命（在一定应力下产生断裂所需的时间）衡量材料抗蠕变能力的高低。材料在规定温度（T）达到规定持续时间（t）而不发生断裂的最大应力称为高温持久强度，以 σ_t^T（MPa）表示，$\sigma_{10000}^{500}=200$MPa 表示材料在 500℃工作 10000h 的持久强度为 200MPa，当 $\sigma<200$MPa 或 $t<10000$h 时，材料不发生蠕变断裂。持久强度试验通常在恒定的温度和载荷下进行，比蠕变试验简单，只需测定试样在规定温度和应力作用下的断裂时间。规定持续时间通常根据设计寿命确定，一般战斗机喷气发动机为上千小时，而气轮机机组的设计寿命为数十万小时，要进行这么长时间的试验比较困难，通常根据一些应力较大、断裂时间较短（数百或数千小时）的试

验数据，将其在 $\lg\sigma$-$\lg t$ 双对数坐标系中回归成直线，用外推法求出数万甚至数十万小时的持久强度。为了保证外推结果的可靠性，外推时间一般不得超过试验时间的 10 倍。

持久强度对于高温工作部件，如发动机的叶片、涡轮盘等的意义特别重大，近年来发展出变温变载的持久强度试验方法，为接近使用条件下构件持久强度性能测试开拓出新途径。

1.3.3.3 松弛稳定性

对于容易产生应力松弛的结构件，选材时要考虑材料抵抗应力松弛的能力，即松弛稳定性，可通过应力松弛试验测得应力松弛曲线来评价材料的松弛稳定性。图 1-19 为典型松弛曲线，在给定温度和总变形量下的应力随时间而降低的曲线，分为加速松弛阶段（Ⅰ）和缓慢松弛阶段（Ⅱ）。第Ⅰ阶段持续时间较短，σ_0 为初始应力，随着时间延长，应力急剧下降，松弛速率较大，对应过渡蠕变。第Ⅱ阶段持续时间较长，松弛速率较小，对应稳态蠕变，σ_{sh}、σ_{s0} 分别为任一时间试样的剩余应力和松弛应力。通常以规定时间后的剩余应力 σ_{sh} 作为表征材料应力松弛稳定性的指标，对于不同材料或经不同热处理的同一材料，在相同试验温度和初始应力下，经过规定时间后，剩余应力 σ_{sh} 越高者，其松弛稳定性越好。

在高温工作的燃气轮机的紧固件特别容易发生应力松弛，其初始紧固应力随着时间延长而不断下降，通常要进行不同温度和不同初始应力下的应力松弛试验，以确定紧固件在高温长期使用时保持足够紧固力所需要的初始应力。应力松弛试验还可用来预测密封垫密封度的减小、弹簧弹力的降低，以及判明锻件、铸件和焊接件消除残余应力所需要的热处理条件。

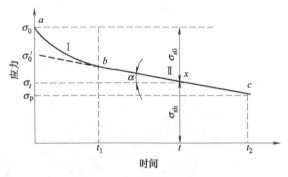

图 1-19 典型松弛曲线

1.3.3.4 耐腐蚀性能

耐腐蚀性能是材料抵抗酸、碱、盐、水、空气、溶液、润滑油等介质腐蚀的能力，金属材料的耐腐蚀性能往往不如非金属材料。

（1）腐蚀试验

现场暴露腐蚀试验是测试材料腐蚀性能最简单、可靠的试验方法，其特点是腐蚀环境与实际服役情况相同，但是，由于试验周期长，不利于材料耐蚀性能的快速评定，而且试验结果与所处地域有关，使其难以得到推广和应用。在与现场暴露试验有较好相关性的基础上，加速模拟腐蚀试验可用于预测材料长时间的腐蚀行为，进而估算材料在服役环境中的腐蚀寿命，可以辅助或部分替代现场暴露试验。常见的加速模拟腐蚀试验主要有加速老化试验、盐雾试验、循环喷雾腐蚀试验、全浸试验、交替浸泡试验、多因子循环试验等。

加速老化试验包括人工气候试验、热老化试验、UV 荧光紫外光老化试验、氙灯老化试验、高压加速老化试验等，通过提高温度、湿度、压强等环境因素来加速试验过程，能有效测试材料在高温、高压、高湿度等严酷环境中的耐腐蚀性能。

盐雾试验主要用于评估产品或考核材料在盐雾环境中的耐腐蚀性能，通常采用 NaCl 溶液作为中性盐雾腐蚀溶液，NaCl＋适量冰醋酸溶液作为酸性盐雾腐蚀溶液。设置腐蚀试验温度为（35±2）℃，盐雾的沉降率设置在 1～2mL/h，将试样（根据实际要求确定类型、数量、形状和尺寸）放置在腐蚀试样箱的支架上，可将试样水平放置，也可将试样与垂直方向成45°倾斜放置，试验时间根据实际需要确定。

静态全浸泡腐蚀试验主要用于研究试样的电化学腐蚀行为和机理。将试样浸泡在特定的试验溶液（定时更换）中，隔一定时间将试样取出，记载试验后的外观、去除腐蚀产物后的外观、腐蚀缺陷（如点蚀、裂纹、气泡等的分布和数量）、开始出现腐蚀的时间。

（2）耐蚀性能评价

评价工程材料的耐腐蚀性能主要采用重量法、形貌观察法、电化学测试法、恒应力法。

① 重量法　重量法是用试样腐蚀前后的重量差表征材料的腐蚀速率，分为增重法和失重法，增重法是腐蚀后连同全部腐蚀产物一起称重，失重法是清除全部腐蚀产物后称重。对于腐蚀产物疏松、容易脱落且易于清除的情况，通常采用失重法；对于腐蚀产物致密、附着力好且难于清除的情况，通常采用增重法。

② 形貌观察法　形貌观察法分为宏观观察和显微观测，宏观观察是用肉眼对腐蚀前后的试样、腐蚀产物、腐蚀液进行观察分析，显微观测是对腐蚀试样进行金相检查或断口分析，或者用扫描电镜、透射电镜、电子探针等做微观组织结构和相成分的分析。形貌观察法，特别是局部腐蚀形貌观察，通常既要观察表面腐蚀形貌，也要观察截面腐蚀形貌。图1-20为2297铝锂合金剥落腐蚀样品的表面和截面的金相照片。

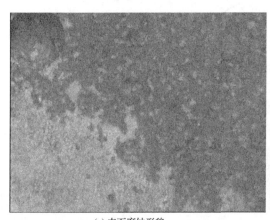 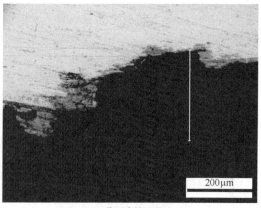

(a) 表面腐蚀形貌　　　　　　　　　　　　　(b) 截面腐蚀形貌

图 1-20　剥落腐蚀样品的表面和截面的金相照片

③ 电化学测试法　根据体系状态，电化学测试可以分为稳态测试和暂态测试。在规定时间范围内，电极电位及电流、电极表面状态及浓度分布等电化学系统参量变化甚微（或基本不随时间变化）的状态称为稳态，在体系达到稳态进行的电化学测试称为稳态法（静态法）。从开始极化至达到稳态的电极过程中，体系的参量随时间而发生变化，相应的状态称为暂态，在暂态进行的电化学测试称为暂态法（动态法），动态法可以自动测绘，扫描速率可控，因而测量结果重现性好，适用于对比实验。根据外加信号，电化学测试可以分为直流测试和交流测试，直流测试包括动电位极化曲线、线性极化法、循环极化法、循环伏安法、恒电流/恒电位法等，交流测试包括阻抗测试和电容测试。

利用电化学工作站测试动电位极化曲线和交流阻抗谱（EIS）是应用最广泛的腐蚀性能测试方法，图1-21为典型的三电极电化学测试系统，参比电极（RE）为饱和甘汞电极（SCE），辅助电极（CE）为高纯Pt片，工作电极（WE）为待测试样。

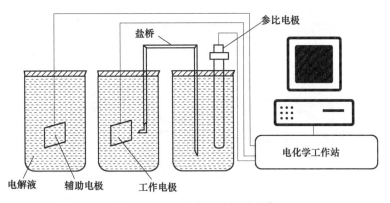

图 1-21 三电极电化学测试系统

图 1-22 为电化学测试样品示意图，在一侧钻孔并用带有绝缘层的铜质导线进行连接，保证两者之间导电正常，在试样中部预留出 10mm×10mm 区域作为待测区域（工作面），四周边沿及背面的非测试面、试样小孔与导线连接处均用松香进行涂覆，严格保证 1cm² 的工作面，而非工作面绝缘、密封。

根据 GB/T 24196—2009《金属和合金的腐蚀 电化学试验方法 恒电位和动电位极化测量导则》，将试样、Pt 电极、饱和甘汞电极连接成三电极体系，浸泡入腐蚀溶液（腐蚀溶液和浸泡时间根据实际需要确定）中，待测试体系电位稳定后开始测试，测试温度为 25℃，每次测试重复 2～3 次，以保证实验结果的可重复性。极化动电位扫描范围根据需要测试的扫描区间进行调整，一般选取 −1000～+1000mV，扫描速率根据需要测试的精度进行调整，通常在 0.5～2mV/s，扫描速率越慢，测试点越多，时间越长。

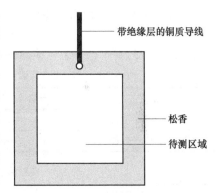

带绝缘层的铜质导线

松香

待测区域

图 1-22 电化学测试样品示意图

图 1-23 为一种 Al-Cu-Mg 合金在不同溶液中浸泡及浸泡不同时间的动电位极化曲线，浸泡溶液分别为 5%NaCl、0.2%NaHSO₃+5%NaCl。表 1-2 为实验合金在 5%NaCl 溶液、0.2%NaHSO₃+5%NaCl 溶液中的动电位极化曲线的拟合结果，结果显示实验合金在 0.2%NaHSO₃+5%NaCl 溶液中的自腐蚀电位更负、自腐蚀电流较大。自腐蚀电位决定合金的腐蚀倾向，自腐蚀电位越负，腐蚀倾向越大，自腐蚀电流决定合金的腐蚀程度，自腐蚀电流越大，腐蚀程度越严重，说明含硫的腐蚀介质显著促进合金的腐蚀过程。由图 1-23（a）可以看出，在 5%NaCl 溶液中，实验合金表现出明显的钝化现象，而在 0.2%NaHSO₃+5%NaCl 溶液中，实验合金表面维持钝化的区间明显变窄，且阴极电流密度要高于 5%NaCl 溶液中的阴极电流密度，说明加入 NaHSO₃ 会显著降低合金表面钝化膜的稳定性，而 HSO_3^- 水解导致腐蚀介质中有较高的 H^+ 浓度，促进了阴极反应过程，使阴极电流密度增大。

图 1-23（b）为实验合金在 0.2%NaHSO₃+5%NaCl 溶液中浸泡腐蚀 0h、48h、96h、192h 后的动电位极化曲线，表 1-3 为通过 Tafel 外延法得到曲线对应的自腐蚀电位（E_{corr}）和自腐蚀电流密度（I_{corr}）。由图 1-23（b）和表 1-3 可以看出，随着浸泡时间延长，腐蚀电位负移，说明合金的腐蚀倾向增加；浸泡 48h 的腐蚀电流密度最高，为 $5.62×10^{-3} A/cm^2$，

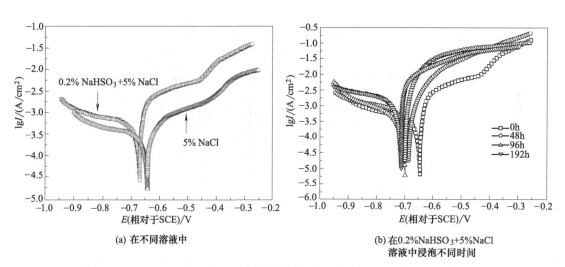

(a) 在不同溶液中 (b) 在0.2%NaHSO₃+5%NaCl
溶液中浸泡不同时间

图 1-23　Al-Cu-Mg 合金在不同溶液中浸泡及浸泡不同时间的动电位极化曲线

浸泡 96h 的腐蚀电流密度下降为 2.49×10^{-3} A/cm²，浸泡 192h 的腐蚀电流密度上升为 3.58×10^{-3} A/cm²。随着浸泡时间延长，一方面，形成的腐蚀产物阻碍腐蚀过程，造成腐蚀速率下降；另一方面，因腐蚀产物剥落造成新鲜基体暴露，会加快腐蚀过程，在腐蚀后期出现腐蚀产物的剥落、开裂，使腐蚀速率呈现先降后升的趋势。

表 1-2　实验合金在不同溶液中的极化曲线拟合结果

溶液	自腐蚀电位/V	自腐蚀电流密度/(A/cm²)	维钝区间/mV
5%NaCl	−0.635	8.69×10^{-4}	246
0.2%NaHSO₃+5%NaCl	−0.659	1.32×10^{-3}	219

表 1-3　实验合金浸泡不同时间的极化曲线拟合结果

浸泡时间/h	自腐蚀电位/V	自腐蚀电流密度/(A/cm²)
0	−0.659	1.32×10^{-3}
48	−0.687	5.62×10^{-3}
96	−0.713	2.49×10^{-3}
192	−0.734	3.58×10^{-3}

对于稳定的线性系统 M，将 1 个角频率为 ω 的正弦波扰动电信号 X（电压或电流）输入其中，该系统相应输出 1 个角频率为 ω 的正弦波电信号 Y（电流或电压），其中 $Y=G(\omega)X$。如果 X 为正弦波电流信号，Y 为正弦波电压信号，则 $G(\omega)$ 为系统 M 的阻抗，以 G_Z 表示；如果 X 为正弦波电压信号，Y 为正弦波电流信号，则 $G(\omega)$ 为系统 M 的导纳，以 G_Y 表示。阻抗和导纳合称阻纳，是一个当扰动与响应都是电信号且分别为电流信号和电压信号时的频响函数，对于稳定的线性系统，当响应与扰动之间存在唯一的因果性时，G_Z 和 G_Y 都取决于系统的内部结构，存在唯一的对应关系（$G_Z=1/G_Y$）。

在系列不同角频率下测得的一组频响函数值就是电极系统的电化学阻抗谱。电化学阻抗谱技术就是测定不同频率 $\omega(f)$ 的扰动信号 X 和响应信号 Y 的比值，得到不同频率下阻抗的实部 Z'、虚部 Z''、模值 Z_{mode}、相位角，并绘制成曲线（电化学阻抗，EIS）。测量电化学阻抗谱应具有稳定性、因果性、线性三个前提条件，即扰动不会引起系统内部结构发生变化,扰动信号与响应信号之间具有因果关系且呈线性关系。给电化学系统施加不同频率的小振幅正弦波电位（或电流），对系统微扰且作用时间短，可以近似认为满足稳定性条件。若系统的内部结构是线性的稳定结构，则响应信号就是扰动信号的线性函数，因此，可以认为EIS系统的扰动信号与响应信号是近似线性关系，测量结果的数学处理较简化。EIS是一种频率域测量方法，可测定的频率范围很宽，可比常规电化学方法得到更多的动力学信息及电极界面结构信息。通常，电化学交流阻抗谱测试在开路电位下测定，施加振幅为$10mV$的正弦交流电流作为激励信号。

图1-24为一种Al-Cu-Mg合金在$0.2\%NaHSO_3+5\%NaCl$溶液中浸泡不同时间的电化学阻抗谱，浸泡时间分别为0h、48h、96h、192h，扫描频率的范围为$0.01Hz\sim100kHz$，采用Origin8.5软件处理实验数据绘制交流阻抗谱，通过Nova2.1软件进行拟合分析。Nyqusit图第一象限的半圆形弧为容抗弧，在低频处存在收缩现象，若容抗弧在低频处偏离了第一象限，出现在了第四象限，则为感抗弧。容抗弧的大小代表耐腐蚀性能优劣，容抗弧越大，耐腐蚀性能越好；容抗弧的个数代表时间常数的多少，一个容抗弧代表腐蚀过程存在一个时间常数，两个容抗弧则代表两个时间常数。由图1-24（a）所示的Nyquist图可以看出，未经浸泡腐蚀的样品容抗弧半径最大；浸泡48h的容抗弧半径明显下降；浸泡96h的容抗弧半径比浸泡48h大，在低频段出现了Warburg阻抗；浸泡腐蚀192h的容抗弧半径复减小，合金表面阻抗值降低；其变化规律与腐蚀电流密度的变化规律一致。在腐蚀过程中，表

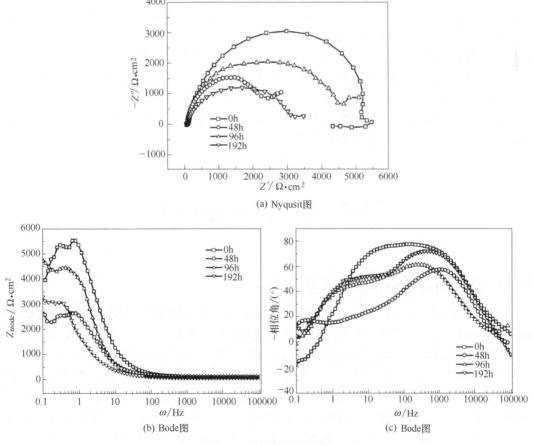

(a) Nyqusit图

(b) Bode图

(c) Bode图

图1-24 电化学阻抗谱

面氧化膜发生破损会导致阻抗值明显降低，而表面堆积的腐蚀产物会阻碍试样与腐蚀介质之间的电荷交换，导致阻抗值有所回升，随着浸泡时间进一步延长，表面的腐蚀产物破损严重并有部分剥落，实验合金与腐蚀介质之间的电荷交换通道增加，导致表面阻抗下降，耐蚀性变差。图 1-24（b）、图 1-24（c）为浸泡不同时间样品的交流阻抗 Bode 图，其中图 1-24（b）为扫描频率与阻抗模值的关系图，高频时为近似水平直线，由低频到高频的直线的斜率为 −1，由斜线与高频水平线延长线的交点可确定特征频率；图 1-24（c）为扫描频率与相位角图，根据存在的峰值个数可确定时间常数。

④ 恒应力法　应力腐蚀对航空航天结构件具有普遍性，以铝材为例，除纯铝、Al-Mn 和 Al-Mg-Si 合金未发现应力腐蚀开裂现象外，其他铝合金都有不同程度的应力腐蚀开裂敏感性，而且强度越高，应力腐蚀开裂倾向越大。评价材料的抗应力腐蚀性能对保证航空航天器的安全可靠至关重要。通常采用慢应变速率应力腐蚀试验（又称慢应变拉伸试验）、恒应力腐蚀试验、应力腐蚀疲劳试验等获得断裂寿命或断裂时间来评价材料在应力作用下的腐蚀行为，用临界应力强度因子 K_{ISCC}、K_{th}、裂纹扩展速率 da/dt 等指标表征材料抵抗应力腐蚀开裂（SCC）及氢脆（HE）断裂的能力。

恒应力腐蚀试验是最常用的应力腐蚀性能测试方法，主要有单轴拉伸和 C 型环加载两种试验方法，对应标准为 GB/T 15970.4—2000《金属和合金的腐蚀　应力腐蚀试验　第 4 部分：单轴加载拉伸试样的制备和应用》和 GB/T 15970.5—1998《金属和合金的腐蚀　应力腐蚀试验　第 5 部分：C 型环试样的制备和应用》。在试样的工作区段安装腐蚀溶液槽，在槽内注入腐蚀溶液（推荐为 3.5%NaCl 溶液，也可根据具体要求进行配比），按照设定的加载力（一般设定为材料屈服强度的百分比，如屈服强度的 60%～75%）对试样加载，加载时间可根据具体情况设定（推荐为 720h）。在加载过程中应定期观察试样及腐蚀溶液状况，若试样断裂，则记录断裂时间，取下并用流动水冲洗、干燥；若超过设定的加载时间试样仍未断裂，则用丙酮清洗试样表面，并用放大镜观察是否存在裂纹。腐蚀实验结束后，在拉伸机上测试用于对比的空白试样剩余强度，未断裂的加载试样也进行腐蚀后的拉伸实验，计算其强度损失，并对断口进行观察分析。

1.4　航空航天材料的应用

1.4.1　航空航天材料的服役环境

除了经受高应力、惯性力外，航空飞行器还要经受起飞和降落、发动机振动、转动件的高速旋转、机动飞行、突风等因素导致的冲击载荷和交变载荷。发动机燃气以及太阳辐照导致航空器处于高温环境，随着飞行速度提高，气动加热效应凸显，产生"热障"。此外，还要经受交变温度，在同温层以亚音速飞行时，表面温度会降到 −50℃ 左右，极圈以内地域的严冬环境温度会低于 −40℃，金属构件或橡胶轮胎容易产生脆化现象。汽油、煤油等燃料和各种润滑剂、液压油，多数对金属材料产生腐蚀作用、对非金属材料产生溶胀作用，而太阳辐照、风雨侵蚀、地下潮湿环境长期储存产生的霉菌会加速高分子材料的老化过程。

宇宙的严酷环境对人类提出了严峻挑战。随着离地距离增加，大气压、大气密度、地球引力逐渐下降，强宇宙射线辐射逐渐增强，在高真空环境，互相接触的金属材料会出现"冷焊"现象，在高真空和宇宙射线辐照下，非金属材料会加速挥发和老化。对于航天器，低温推进剂、发动机燃气、空气动力加热、太阳辐照导致表面温度出现大范围的交变。液体火箭发动机使用液氧和液氢作为推进剂，其沸点很低，部分金属材料和绝大多数高分子材料在如此低的温度环境都会变脆。航天器进入太空或者返回大气层时会产生气动加热，其表面会产生上千摄氏度乃至上万摄氏度的高温，返回舱、弹道导弹弹头再入大气层时会出现热障现象，到达离地面 $60\sim70km$ 时，速度仍然保持在声速的 20 多倍，处于严重的气动加热环境中，温度急剧升高至 $10000℃$ 以上，必须采取特别措施来克服气动加热导致的"热障"。火箭发动机燃气温度达 $3000℃$ 以上，喷射速度达 10 余个马赫数，固体火箭燃气中还夹杂有固体粒子，飞行器要经受高温高速气流和粒子冲刷。四氧化二氮、肼类等火箭推进剂以及各种润滑剂、液压油，多数对金属有强烈的腐蚀作用，对非金属材料有溶胀作用。

1.4.2 航空航天材料的失效分析

在极端环境（超高温，超低温，高真空，高应力，强腐蚀介质）、交变载荷和交变温度联合作用下，航空航天材料容易出现磨损、变形、开裂、腐蚀、疲劳、蠕变和应力松弛等行为，导致零件、构件、仪器、装置、系统等出现功能衰退或失效，使飞行器失去可靠性和安全性。

1.4.2.1 磨损

相互接触的一对表面发生相对运动（滑动和/或滚动）时，接触表面微小部分分离出来，导致质量不断损耗和接触面尺寸不断变化，这种现象称为磨损。磨损可分为黏着磨损、磨料磨损、表面疲劳磨损、冲刷磨损、腐蚀磨损等基本类型，实际服役中往往存在多种磨损类型的复合状态，产生复合磨损失效。在局部高压下，两个金属表面的微凸部分产生局部黏着，称为黏着磨损，主要特征是材料从一个表面转移到另一个表面，或撕下作为磨料留在表面之间，严重时产生"咬合"现象，完全丧失滑动能力。因外来硬颗粒或表面微凸体的作用，导致相对运动的配合表面损伤，称为磨粒（料）磨损，主要特征是表面被犁削形成沟漕。滚动或滚动滑动复合摩擦的接触表面，在交变接触压力作用下，因材料表面疲劳而产生的磨损，称为表面疲劳磨损，主要特征是表面小片脱落而形成麻坑。含有固态粒子的流体冲刷表面而导致的磨损为冲刷磨损，固体粒子的运动方向与被冲刷表面平行时为研磨冲刷，固体粒子的运动方向与被冲刷表面近似垂直时为碰撞冲刷。金属在摩擦过程中与周围介质发生化学或电化学反应，产生表层金属的损失或迁移，称为腐蚀磨损，化学反应增加了磨损。

磨损为动态过程，相互作用的耦合件表面形貌、成分、结构和性能都随时间推移而发生变化，与此同时，磨损亚表层（表面下相当厚度的一层金属）也会因磨损发生变化，产生变形和加工硬化及软化，形成绝热剪切层、超细晶层、非晶态层等。磨损失效分析主要包括磨损表面形貌分析、磨损亚表层分析、磨损产物（磨屑）分析，根据磨损表面的宏观形貌可初步判断磨损类型、磨损程度及原因；根据磨损微观形貌分析可以了解磨损过程及工况条件对磨损过程的影响，分析磨损机理；通过磨屑形貌观察，配合磨损表面形貌及亚表层特征分析，可判断磨屑的类型（切削屑，变形屑，脆断屑）。为了深入了解磨损失效的细节，可根据磨损件的运行规律和工况条件进行磨损的强化模拟试验，分析各种类型材料的磨损特性。

1.4.2.2 变形

结构件在外力作用下会发生变形，外力较小时发生弹性变形，卸载后变形恢复，外力较大时发生塑性变形，为不可逆和永久性的变形，当承受的载荷过大时就会发生断裂。

晶体材料的弹性变形是因原子在力作用下偏离其平衡位置而产生微小位移所致，高分子材料的弹性变形是因分子链沿受力方向伸展所致，外力去除后原子和分子链回归到原来的位置，弹性变形消失。金属、陶瓷、结晶态高分子材料的弹性变形量较小，应力应变保持线性关系，橡胶态高分子材料的弹性变形量较大，应力应变不遵循线性关系。

金属材料的塑性变形主要是因应力迫使晶粒内部及晶粒间产生滑移和转动所致，滑移是晶体的一部分沿一定晶面（原子密排晶面）和晶向（原子密排晶向）相对于另一部分产生位移，滑移前后晶体结构和晶格位向均未改变。晶体还可能以孪生方式产生塑性畸变，晶体的一部分沿着一定晶面（孪生面）相对于另一部分产生一定角度的切变，发生切变的部分称为孪生带，简称孪晶，孪晶的晶格位向已发生改变，但晶体结构没有变化。陶瓷材料的塑性变形通常是晶相滑移所致，只有少数具有简单晶体结构的陶瓷在室温下产生塑性畸变，非晶态陶瓷材料的塑性畸变是分子位置交换所致，属于黏性流动变形机制，在一定剪切应力作用下，材料以一定变形速度流动而产生不能恢复的变形。结晶态高分子材料的塑性畸变是因薄晶体转变成沿应力方向排列的微纤维束所致；非晶态高分子材料的塑性畸变，一是在正应力作用下形成银纹，二是无取向分子链在切应力作用下转变为规则排列的纤维束。

弹性变形主要受工件形状尺寸、材料的弹性模量、服役环境和载荷大小影响，与强度无关。除了导致弹性变形的因素外，导致塑性变形的因素还有材质缺陷、使用不当、设计失误等。材质缺陷包括冶金缺陷和热加工缺陷，较为常见的是热处理不良造成的缺陷，热处理未能使工件达到所需的硬度和屈服强度。实际上，在制造和装配过程中会产生机械应力、热应力、组织应力、装配应力，造成不均匀塑性变形而导致残余应力，应力集中和残余拉应力会导致早期疲劳断裂、应力腐蚀断裂和低应力脆断，残余应力的重新分布会导致工件发生变形。

1.4.2.3 断裂

断裂是结构件最危险的失效形式。材料内部缺陷引起的微裂纹，在外力或外力与环境（腐蚀、温度、辐照等）联合作用下，扩展到大于临界尺寸后失稳而快速扩展，导致结构件断裂，被分成两个或几个部分。

（1）裂纹分析

按形成的先后次序，裂纹可分为主裂纹和二次裂纹，主裂纹通常扩展较快。按扩展途径，裂纹可分为沿晶裂纹和穿晶裂纹。按产生原因，裂纹可分为使用裂纹和工艺裂纹，疲劳裂纹、应力腐蚀裂纹、氢脆等为使用裂纹，加工过程中产生的裂纹为工艺裂纹。

裂纹源总是在构件承受应力最大（应力集中）处和薄弱环节（材料缺陷）处，通常在裂纹源处都能找到缺陷，在裂纹扩展的转折处也能找到缺陷。微观裂纹扩展的方向可能穿晶、沿晶或二者混合，如图 1-25 所示。当晶界强度大于晶内强度时，裂纹穿晶扩展；应力腐蚀、氢脆、过烧等的晶界为薄弱环节，裂纹沿晶扩展。

根据应力场强度因子与断裂韧度的相对大小，可以建立裂纹失稳扩展断裂的 K 判据，如式（1-8）所示，由于平面应变断裂最危险，通常以 K_{Ic} 为临界值。

$$K_I \geqslant K_{Ic} \qquad (1\text{-}8)$$

裂纹体受力时，如果 $K_I \geqslant K_{Ic}$，裂纹扩展发生脆断；如果 $Y\sigma\sqrt{a} < K_{Ic}$，即使存在裂纹也不会发生断裂，称为破损安全。材料的 K_{Ic} 越高，裂纹体的断裂应力或临界裂纹尺寸越大，因此可以用 K_{Ic} 表征材料抵抗断裂的能力。对于高强度脆性材料，利用 K 判据可以估算裂纹体的最大承载能力 σ、允许的裂纹尺寸 a，可用于分析评价带伤工件的安全性和寿命，也可用于选材、优化工艺等。

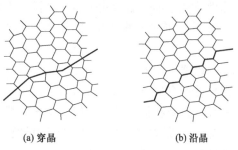

(a) 穿晶　　　　(b) 沿晶

图 1-25　裂纹穿晶扩展和沿晶扩展

裂纹分析包括裂纹部位的宏观分析、裂纹的微观分析、材质的检验，首先采用 X 射线、磁粉、超声波、荧光等探伤方法检测裂纹的存在，然后通过观察裂纹的形态、大小、颜色、产生部位及走向确定主裂纹和裂纹源，并在取样前进行宏观形态拍照。

确定主次裂纹主要采用 T 型法、分叉法、变形法、氧化颜色法、疲劳裂纹长度法等方法。通常，脆性断裂可用 T 型法或分叉法判别主次裂纹；韧性断裂则可用变形法来判别主次裂纹；环境断裂可根据氧化或腐蚀程度及颜色深浅来区分主次裂纹；疲劳断裂通常利用断口的宏观、微观特征形貌加以区分。当断裂成 2 块或 2 块以上碎片时，如图 1-26 所示，可将其合拢起来，其裂纹如构成 T 型，则横贯裂纹为主裂纹，其他裂纹为二次裂纹。图 1-27 为判别主次裂纹的分叉法示意图，通常裂纹的分叉或分支方向为裂纹扩展方向，相反方向为裂纹的起始方向，即分支或分叉裂纹为二次裂纹，汇合裂纹为主裂纹。

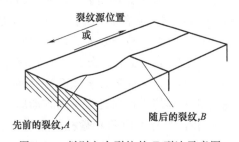

图 1-26　判别主次裂纹的 T 型法示意图

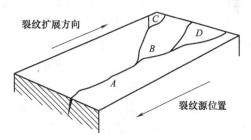

图 1-27　判别主次裂纹的分叉法示意图

当构件在断裂过程中产生变形并断裂成几块时，可根据各碎块不同方向上的变形量大小来确定主次裂纹，变形量大的部位为主裂纹，其他裂纹为二次裂纹。对于在环境介质与温度作用下的断裂，颜色较深的为主裂纹部位，颜色较浅的为二次裂纹部位。疲劳断裂可根据疲劳裂纹扩展区的长度、疲劳弧线或疲劳条带间距的疏密来判别主次裂纹，疲劳裂纹长、疲劳弧线或条带间距密者为主裂纹，反之为二次裂纹。

（2）断裂分析

根据受力状态，断裂可分为静载断裂（拉伸断裂，扭转断裂，剪切断裂等）、冲击断裂、疲劳断裂。根据断裂面取向，断裂可分为正断型断裂和切断型断裂，塑性变形受到较大约束时发生正断型断裂，塑性变形不受约束或受约束较小时发生切断型断裂。根据断裂前的塑性变形量，断裂可分为韧性断裂和脆性断裂。根据裂纹扩展路径，晶体材料的断裂可分为穿晶断裂和沿晶断裂。根据微观断裂机理，断裂可分为解理断裂和剪切断裂。断裂类型会随环境变化而改变，如低温冷脆断裂、高温蠕变断裂、应力腐蚀断裂和氢脆断裂。

① 韧性断裂和脆性断裂　产生了明显塑性变形的断裂称为韧性断裂，一般为缓慢撕裂，断口呈暗灰色、纤维状。没有明显塑性变形的断裂称为脆性断裂，通常规定光滑拉伸试样的断面收缩率小于 5% 的为脆性断裂，断口齐平光亮，呈放射状或结晶状。室温静载拉伸时，塑性较好的金属材料和聚合物材料发生韧性断裂，陶瓷、玻璃等无机非金属材料通常发生脆性断裂，金属在韧脆转变温度以下发生脆性断裂，聚合物在玻璃化温度以下发生脆性断裂。

② 沿晶断裂和穿晶断裂　穿晶断裂的特征是裂纹穿过晶粒内部扩展，可以是韧性断裂或脆性断裂。金属在室温通常产生穿晶韧性断裂或混晶断裂，在其韧脆转变温度以下通常产生穿晶脆性断裂，而离子键晶体以穿晶解理断裂为主。沿晶断裂的特征是裂纹在晶界形成并沿晶界扩展，多为脆性断裂，但是，高温蠕变会产生沿晶韧性断裂。共价键陶瓷和晶界较弱（包括高温导致晶界弱化）的金属材料通常产生沿晶断裂，当晶粒特别粗大时，沿晶断裂形成石块或冰糖状断口；当晶粒较细时，沿晶断裂形成结晶状断口，比解理断裂的结晶状断口的反光能力稍差，颜色黯淡。偏聚于晶界的杂质元素、脆性第二相和夹杂物等会弱化晶界结合力，当晶界受到损伤并形成晶界开裂时，裂纹沿晶界扩展的阻力最小，容易产生沿晶断裂。材料在热加工过程中，因加热温度过高，造成晶界熔化，严重减弱了晶界结合力和晶界处的强度，受载时会产生早期的低应力沿晶断裂。环境因素与晶界相互作用造成的晶界弱化或脆化，如高温蠕变条件下的晶界弱化，应力腐蚀条件下晶界易于优先腐蚀等，均促使沿晶断裂产生。因此，将金属进行提纯、净化晶界、防止杂质原子在晶界偏聚、防止第二相在晶界析出、改善环境因素等，均可降低金属发生沿晶脆性断裂的倾向。

③ 解理断裂和剪切断裂　在正应力作用或低温条件下，原子间的结合键被破坏，致使材料沿特定晶面以极快速率发生的穿晶断裂，称为解理断裂，属于脆性断裂，但脆性断裂不一定是解理断裂。解理断裂具有明显的结晶学性质，裂纹沿着一定结晶方向 〈uvw〉 扩展，断裂面为解理面 {hkl}，解理面是原子键合力最弱、在正应力下容易开裂的晶面，通常为低指数晶面或表面能最低的晶面。体心立方、密排六方金属及合金处于低温、冲击载荷作用下，通常会发生解理断裂，体心立方的解理面为 {100} 面，六方晶系的解理面为 {0001}。对于面心立方金属，通常不发生解理断裂，但在非常苛刻的环境下也可能发生解理断裂。剪切断裂是材料在切应力作用下沿滑移面分离而造成的断裂，又分为滑断和微孔聚合型断裂。滑断为纯剪切断裂，用肉眼观察断口可以看到很多直线状的滑移痕迹。微孔聚合型断裂是材料韧性断裂的普遍形式，宏观断口一般呈现暗灰色、纤维状，微观断口分布大量韧窝。在外力作用下，在夹杂物、第二相粒子与基体的界面处，或在晶界、孪晶带、相界、大量位错塞积处形成微裂纹，因相邻微裂纹的聚合产生可见的微孔，微孔不断增殖、长大和聚合，沿晶界聚合发生沿晶断裂，在晶内聚合发生穿晶断裂。

（3）断口分析

断口包含很多与断裂有关的信息，通过断口分析可以找到裂纹源、了解裂纹扩展途径和发展过程，分析断裂原因、性质、机理及影响因素。

① 宏观断口分析　宏观断口分析是用肉眼、放大镜及 100 倍以下的显微镜对断口进行观察，具有可全面观察断口形貌的优点。根据断口颜色、形貌特征和变形等信息，可以判断载荷类型、加载方式和断裂类型，可以确定裂纹源的位置和裂纹扩展方向，判断材料的冶金质量和热处理质量，分析材料的强度水平、构件的应力集中情况、工作温度和环境等。解理断裂的断口表面光滑平整、光亮有金属光泽；脆性沿晶断裂的断口为结晶状和反光的小刻

面；韧性断裂的断口表面的纤维区粗糙不平、颜色灰暗而无金属光泽；应力腐蚀断裂的断口表面无金属光泽，其裂纹区及亚临界扩展区因介质作用呈黑色或灰黑色；氢脆断裂的断口比较平齐、较光亮、无腐蚀产物。

根据破断面的形貌，大致可以将宏观断口分为三类。第一类为杯锥状断口，破断面与拉伸轴呈90°，即断口垂直试样的轴线，有明显的剪切唇，表明材料抗剪切屈服强度较低，在外加切应力作用下发生塑性变形，表现出较好的塑韧性。第一类拉伸断口的典型形貌由纤维区、辐射区、剪切唇区组成，如图1-28所示，纤维区一般位于试样中部且呈粗糙状，其面积大小和粗糙度反映裂纹形成前材料变形的大小程度，变形越大，纤维区面积越大、越粗糙、越发灰；辐射区有放射状条纹，是中心裂纹达到临界尺寸后发生快速撕裂的痕迹；剪切唇区在最后形成，与拉应力方向呈45°。第二类断口的破断面也与拉伸轴呈90°，基本观察不到剪切唇，没有明显的塑性变形，中部的纤维区很小，断口的放射线汇集于启裂点，表现为脆性断口。第三类断口的破断面与拉伸轴呈45°，且可以观察到剪切唇，表明材料切断抗力较低，失效前先发生塑性变形，且在切应力作用下形成裂纹、断裂。

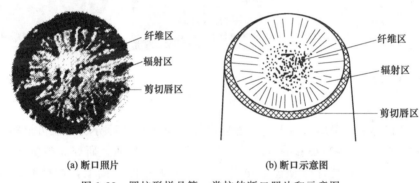

(a) 断口照片　　　　　　　(b) 断口示意图

图1-28　圆柱形样品第一类拉伸断口照片和示意图

与圆柱形样品不同，片状样品在拉伸时处于平面应力状态，对于韧性材料，切断抗力比正断抗力弱很多，通常在最大剪应力作用下撕裂，而最大剪应力与轴线近似呈45°，断口面往往与拉伸轴45°，如图1-29所示，断口也分为三个区域，心部的纤维区变为椭圆形，辐射区变为人字形花样，花样的尖端指向裂纹源，最后的破断区仍为剪切唇区。

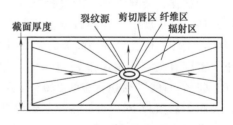

(a) 断口照片　　　　　　　(b) 断口示意图

图1-29　片状样品宏观拉伸断口照片和示意图

当断口粗糙度较低（表面光亮）、辐射区面积较大，而纤维区与剪切唇区面积较少，表明材料强度较高而塑性、韧性较低。脆性断口放射条纹的收敛处、韧性断口纤维区的中央、疲劳断口弧形贝纹线的圆心位置通常为断裂裂纹源。受到轴向拉伸载荷的圆柱形工件，裂纹源如果不在中心区域，表明其材料本身有缺陷、存在附加应力或残余应力。放射条纹的发散方向、疲劳贝纹线弧形的法线方向等为裂纹扩展方向，当裂纹扩展到接近表面时，裂纹尖端由平面应变状态转为平面应力状态，呈现斜断面，最后形成剪切唇区。多数情况下，宏观断口存在放射线，如图 1-30（a）、（b）所示，其汇集区便是裂纹源（或起裂点）区，放射线越细韧性越差，如果观察不到放射线，可能为沿晶断裂或解理断裂。图 1-30（c）所示断口也存在放射条纹，但在断口找不到明显的汇集区，其左边较平坦区域是应力较小的裂纹开始扩展区域，凹凸不平区域是塑性变形较大的区域，裂纹失稳扩展区域、剪切唇区是最后断裂区域。

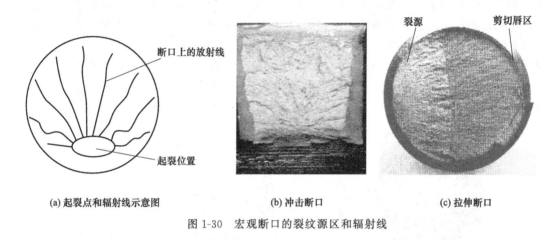

(a) 起裂点和辐射线示意图　　(b) 冲击断口　　(c) 拉伸断口

图 1-30　宏观断口的裂纹源区和辐射线

② 微观断口分析　采用扫描电镜、透射电镜和电子探针等分析手段可进行断口的微观分析，高倍观察断口形貌特征和分析微区成分，确定断裂性质、研究断裂机理和断裂原因。微观断口分析必须要有统计学概念，在大面积范围观察的基础上，选择有代表性的断口拍照。

韧性断裂的微观断口通常存在大量韧窝，主要有拉伸型等轴状、剪切型伸长状、拉伸撕裂型伸长状等形状，其形状取决于微区的应力状态和加载方式。当裂纹扩展方向垂直于最大主应力 σ_{max} 且 σ_{max} 均匀分布于断裂平面时，产生颈缩的拉伸试样的中心部分呈现拉伸型等轴状韧窝，边缘部分呈现剪切型伸长韧窝，韧窝很大，上下断面的韧窝方向相反。表面有缺口或裂纹的试样，会导致 σ_{max} 沿截面非均匀分布，在边缘部分应力很大，裂纹由表面逐渐向内部延伸，且扩展快，其断口常呈现拉伸撕裂型伸长韧窝，韧窝小而浅，宏观表现为脆断，因此，不能把微孔聚合型断裂的微观机制都归为韧断。韧窝的大小和密度与第二相质点的大小及密度有关，韧窝深度则与基体的塑性变形能力相关。图 1-31 为 T6（160℃/44h）态和 T8（5%＋160℃/28h）态的 2297 合金的拉伸断口的 SEM 照片，均为沿晶和穿晶混合型断口。图 1-31（a）对应 T6 态，主要为沿晶断裂，少部分穿晶断裂，可以观察到光滑的晶界和少量较浅的小韧窝；图 1-31（b）对应 T8 态，主要为穿晶断裂，韧窝数量相对较多，尺寸也较大和较深。

解理裂纹沿着一簇相互平行但高度不同的晶面扩展，不同高度的解理面之间存在台阶，众多台阶汇合成河流状花样并形成扇面向四周扩展，裂纹源在解理扇的扇柄处，河流上游许多较小的台阶汇合成较大的台阶，河流下游较大台阶又汇合成更大的台阶，根据河流花样的流向，可以判断解理裂纹在微观区域内的扩展方向。解理裂纹与孪晶相遇时可沿孪晶面形成局部裂纹，发展到一定程度后与解理面的裂纹相连通，形成似躺在解理面上的舌状裂面，

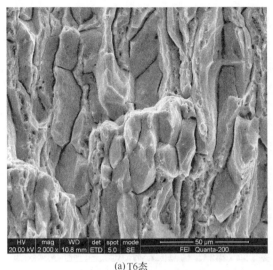
(a) T6态

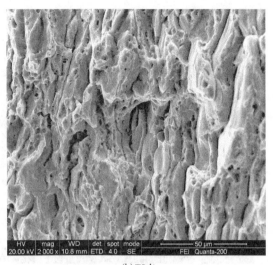
(b) T8态

图 1-31　2297 铝合金不同时效状态试样的拉伸断口照片

舌状花样容易在低温高速加载条件下出现。

准解理断裂属于解理和微孔聚合的混合机制。与解理断裂相同，准解理断裂也是穿晶断裂，也有小解理面、台阶或撕裂棱及河流状花样，但是，准解理小刻面不是晶体学解理面，而且准解理裂纹也不是源于晶界，而是源于晶内硬质点，形成从晶内某点发源的放射状河流花样。准解理断裂的另一特征是断裂面显现有较大的塑性变形，断口存在几个地方的小裂纹分别扩展相遇发生塑性撕裂而形成的撕裂岭。图 1-32 为不同回火程度的高强度钢在不同温度冲击的断口 SEM 照片，图 1-32（a）和图 1-32（b）为充分回火试样在韧脆转变点上下温度冲击的断口照片，韧脆转变温度为 $-37℃$；图 1-32（c）和图 1-32（d）为未充分回火试样在韧脆转变点上下温度冲击的断口照片，韧脆转变温度为 $-2℃$。图 1-32（a）对应试样的冲击温度为 $-20℃$，呈现混合型断裂特征，以穿晶断裂为主，基体塑性变形能力强，韧窝深，第二相较少、分布不均匀，韧窝大小和分布不均。图 1-32（b）对应试样的冲击温度为 $-40℃$，稍低于韧脆转变点，断口形貌以解理花样为主，由许多与晶粒大小相当的解理刻面集合而成。图 1-32（c）对应试样的冲击温度稍高于韧脆转变点，具有较少的韧窝和准解理特征，微观形态类似于解理河流花样，但裂纹不是严格沿着一定晶面扩展，其刻面不是晶体学解理面。图 1-32（d）对应试样的冲击温度远低于韧脆转变点，断口呈现解理断裂特征。

此外，应力腐蚀、氢脆、腐蚀疲劳、热疲劳、微动磨损疲劳等断口均有其特有的微观形貌特征。借助图像自动分析仪和定量断口分析软件，可以定量研究导致断裂的因素及各因素之间的关系，诸如韧窝尺寸、深度、形状与第二相质点的数量、形态、分布之间的关系，疲劳条带间距与交变应力幅、应力强度因子之间的关系。

1.4.2.4　疲劳失效

疲劳断裂是航空航天结构件最常见的失效形式，约占断裂失效的 $80\%\sim90\%$。直升机的旋翼、发动机的轴和叶片、齿轮、弹簧等在服役中要承受反复交变载荷，经受一定循环周次的交变载荷后，由于累积损伤，即使应力远低于静载下的强度极限也有可能发生突然断裂，称为疲劳失效。疲劳是一种潜在的突发性脆性断裂，不管是脆性材料还是韧性材料，断

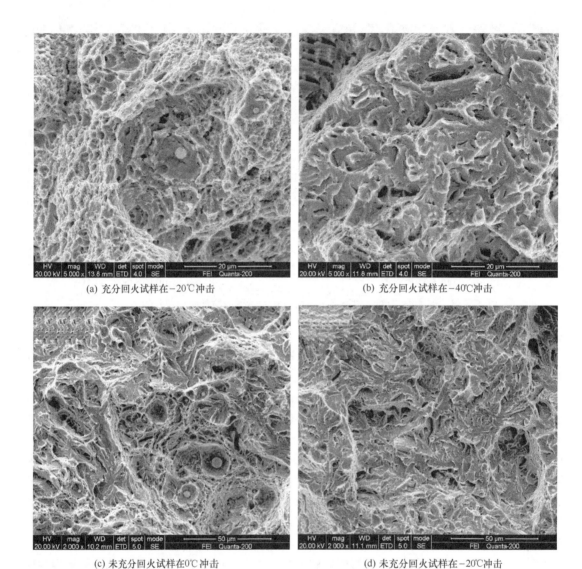

(a) 充分回火试样在−20℃冲击

(b) 充分回火试样在−40℃冲击

(c) 未充分回火试样在0℃冲击

(d) 未充分回火试样在−20℃冲击

图 1-32　不同回火程度的高强度钢在不同温度冲击的断口照片（SEM）

裂前均不会发生塑性变形或没有明显的形变预兆，因而具有很大的危害性。

　　疲劳可以分为两个阶段：第一阶段在整个寿命中所占的时间较短，一般为总寿命的10%，材料在交变载荷作用下形成裂纹；第二阶段，裂纹沿着与载荷垂直的方向扩展，又可分为微观扩展（$a < 0.05$mm）和宏观扩展（$a > 0.05$mm）两个阶段。疲劳裂纹扩展行为受材料内部及外界环境的影响，其中显微组织、加载频率、应力比、温度、环境因素等对裂纹扩展速率影响较大。

　　疲劳对组织缺陷、缺口和裂纹十分敏感，缺陷降低材料的强度，缺口和裂纹因应力集中加大材料的损伤，促进疲劳破坏开始和发展。疲劳裂纹往往萌生于材料表面和内部缺陷处，表面滑移带开裂、第二相及其界面或夹杂物及其界面开裂、晶界或亚晶界开裂等显微裂纹是主要的疲劳源，经过裂纹萌生、亚稳扩展、失稳扩展导致疲劳断裂。典型的疲劳断口由裂纹产生区（疲劳源区）、裂纹扩展区、瞬断区组成。疲劳源区光滑细腻，裂纹扩展区较光滑且分布有贝纹线花样，有时还有裂纹扩展台阶，近疲劳源区贝纹线较细密，表明裂纹扩展较慢，远疲劳源区贝纹线较稀疏粗糙，表明裂纹扩展较快。图 1-33 为疲劳断口的 SEM 照片，疲劳辉纹（条纹）是疲劳断口的主要特征，为一系列相互平行又略带弯曲的水波形条纹，垂直于局部裂纹扩展方向，裂纹扩展方向朝向波纹凸出一侧。

疲劳裂纹的形成及扩展与交变载荷的关系密切，如图 1-34 所示，交变载荷导致不均匀滑移而产生裂纹源，由于裂纹尖端应力集中，尽管施加的应力小于材料的屈服极限，每次循环均会产生局部的塑性变形，只不过裂纹在每次循环扩展的距离很小，与之对应的疲劳条纹很小，随着裂纹不断扩展，剩余的有效面积不断减少，剩余断面的局部应力不断增加，当应力达到一定极限后，裂纹快速扩展产生瞬时断裂。

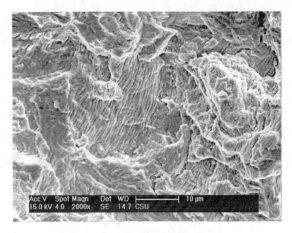

图 1-33 疲劳断口的 SEM 照片

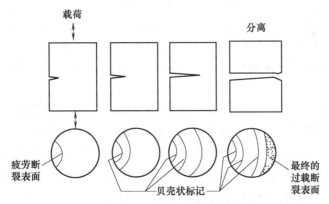

图 1-34 疲劳裂纹的形成及扩展与断裂示意图

通过疲劳断口裂纹扩展区的微观分析可以反推断裂条件和裂纹扩展速率，具有疲劳条纹特征断口对应较慢的裂纹扩展速率，而沿晶断裂断口对应较快的裂纹扩展速率。图 1-35 为 2297 合金稳态扩展区（$\Delta K = 18\text{MPa} \cdot \text{m}^{1/2}$）和瞬断区的 SEM 照片，稳态扩展区分布有大面积带明显疲劳辉纹的裂纹扩展平面，且疲劳辉纹较细密和规则，瞬断区形貌特征与拉伸断口形貌相似。

瞬断区断口比疲劳裂纹扩展区粗糙，脆性材料断口呈结晶状，韧性材料断口呈纤维状，在心部平面应变区呈放射状或人字纹状，边缘平面应力区则有剪切唇区存在。可以根据疲劳裂纹扩展区与瞬断区所占面积的相对比例估计所受应力高低及应力集中程度，所受应力小且无大的应力集中时，疲劳裂纹扩展区大，反之则小。

1.4.2.5 蠕变和松弛

（1）蠕变

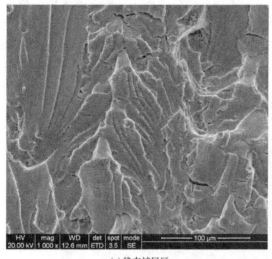 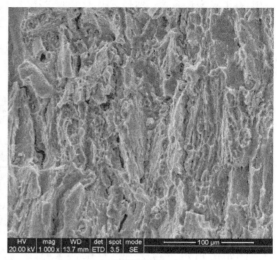

(a) 稳态扩展区　　　　　　　　　　(b) 瞬断区

图 1-35　2297 合金的稳态扩展区（a）和瞬断区（b）的 SEM 照片

蠕变是材料受温度和外力持续作用而发生的缓慢塑性流变，温度和应力的作用方式可以是恒定的，也可以是变动的，常规蠕变通常指静态蠕变，温度和压力恒定。蠕变通常包括滞弹性蠕变、低温（对数）蠕变、扩散蠕变、高温（或回复）蠕变 4 种类型。外加应力远低于弹性极限时发生滞弹性蠕变或微蠕变；在极低温度下，外加应力大于屈服强度时产生低温（对数）蠕变；在高温极低应力下，应力梯度引起原子定向扩散流动而产生扩散蠕变；在较高温度下发生高温蠕变或回复蠕变，不但产生加工硬化，还发生回复软化，工程材料的蠕变多属此类。

蠕变速度和蠕变量取决于材料性能、服役温度、应力。从极低温度到熔点 T_m，材料都有可能产生蠕变，多数蠕变在 $(0.3\sim0.7)T_m$ 温度区间发生，温度越高，蠕变越快，蠕变量越大。当温度高于 $(0.3\sim0.4)T_m$ 时，金属材料产生明显的蠕变；当温度高于 $(0.4\sim0.5)T_m$ 时，陶瓷材料会产生蠕变；聚合物发生蠕变的温度受玻璃化温度 T_g 影响，许多聚合物在室温就可观察到明显的蠕变。蠕变的应变速率很小（$10^{-10}\sim10^{-8}\,s^{-1}$），应变量不仅与应力有关，还与应力作用的时间有关，当应力超过某一极限值时，随着时间延长，蠕变不断发展，最后导致材料破坏，称为蠕变断裂或静载延滞断裂。蠕变断裂不是因为载荷过大导致，而是因为温度和时间对塑性变形产生了影响，即使应力小于屈服强度，材料也会发生蠕变，在持续的温度和应力作用下，蠕变逐渐累积而导致断裂。

（2）应力松弛

材料或元件在固定载荷长期作用下会发生应力松弛现象，储存的弹性功逐渐转变为热散发出去，导致初始弹性应变逐步向非弹性应变转化，宏观表现为在恒应变条件下应力随时间延续逐渐降低。应力松弛是机械弹簧、精密仪器仪表中弹性元件的主要失效形式，高温环境工作的紧固件特别容易发生应力松弛，其初始紧固应力随着时间延长而不断下降。

应力松弛是在温度和总应变量不变的情况下，由于弹性变形不断转变为塑性变形，应力随时间增长而减小，可看作应力不断降低条件下的蠕变过程，归于广义蠕变。金属材料的应力松弛与位错的热激活有关，施加足以使位错移动的应力就会发生松弛，减少可动位错数目、增加钉扎位错的数目是抑制应力松弛的关键。与回复过程相似，松弛过程中位错重新排列，虽然平均位错密度未变，但可动位错数量减少，使组织结构更为稳定。密封管道的法兰橡胶垫，时间长了产生渗漏现象，是由聚合物大分子链在外力作用下产生位错和构象改变引起应力松弛所致。

1.4.2.6 腐蚀

腐蚀和老化是一种自然现象，是材料受外部因素或环境介质作用而破坏、变质的现象。外部因素主要有化学、生物、物理、机械等方面因素，化学因素包括各种酸、碱、盐及其水溶液、腐蚀性气体等，生物因素包括菌类、昆虫等产生的腐朽和虫蛀等，物理因素包括光、热、电、温度差、湿度差、干湿循环、冻融循环等，机械因素包括冲击、交变载荷、磨损等。工程材料往往同时受到两种以上的外部因素作用，金属材料常因化学和电化学作用而导致腐蚀，无机非金属材料常因化学作用、溶解、冻融、风蚀、温差、湿差、摩擦等因素而导致破坏，有机材料常因生物作用、溶解、化学腐蚀、光、热、电等作用而导致破坏。腐蚀会严重影响航空航天器结构的完整性、可靠性、适航性、安全性、耐久性，处于严酷海洋腐蚀环境的舰载机的寿命不及陆上的20%。

（1）金属腐蚀

金属材料在干燥气体或无电解质存在环境中发生化学反应而导致的腐蚀称为化学腐蚀，腐蚀过程中无电流产生，在氧气、二氧化硫、硫化氢、氯化氢等气体作用下，金属表面形成氧化物、硫化物、氯化物等腐蚀产物，表面致密的氧化膜能降低金属与介质的反应速率，一定程度抑制金属的进一步腐蚀。大多数金属腐蚀为电化学腐蚀，存在电位差的不同金属或金属的不同部位，处于相连通的电解质溶液或潮湿空气中，且不同电位金属间有导体相连时，通常形成原电池或微电池并产生电流，其中较活泼的金属电位较低，不断被溶解，其腐蚀速率比化学腐蚀快得多，量也大得多。

根据腐蚀环境，腐蚀可分为自然环境腐蚀和工业环境腐蚀，前者可细分为大气、土壤、海水、微生物腐蚀等，后者可分为熔融金属、酸、碱、盐介质腐蚀及航空、航天、化工、石油等工业环境腐蚀。在潮湿空气中，水蒸气在金属表面凝聚，金属在极薄的水膜下发生破坏，空气中的二氧化碳、二氧化硫、硫化氢、氯化氢等溶于水膜中形成电解液，加剧金属的腐蚀，水膜越薄，空气中的氧越容易通过，金属越易腐蚀。在干燥气体中的金属也可能产生腐蚀，空气中的二氧化硫会降低临界湿度，当空气相对湿度增加到一临界值时，金属腐蚀急剧加大，大气中的氧、海洋盐雾、尘埃、微粒、工业烟尘等均会加速腐蚀。

根据腐蚀形态，腐蚀可分为全面腐蚀、局部腐蚀、应力腐蚀。当被腐蚀的金属表面具有均匀的化学成分和显微组织，且腐蚀环境均匀而不受限制的包围金属表面时，腐蚀会在整个金属表面均匀发生，称为全面腐蚀或均匀腐蚀，如图1-36（a）所示，主要在大气、液体、土壤里发生。局部腐蚀缘于电化学因素不均匀而形成的局部腐蚀原电池，洁净表面的纯化膜局部受到破坏或局部地方的防蚀剂被破坏、金属材料成分或组织结构不均匀、应力或温度差异都会引起局部腐蚀。局部腐蚀主要有电偶腐蚀、点蚀、晶间腐蚀、剥落腐蚀等类型。异种金属彼此接触或通过其他导体连通并处于同一介质中，由于腐蚀电位不同，造成异种金属接触部位的局部腐蚀，称为电偶腐蚀。金属表面受破坏处和未受破坏处形成"局部电池"，受破坏处为阳极，未受破坏处为阴极，两极的面积差造成相应的电流密度差，具有很小面积的阳极电流密度很大，腐蚀电流从阳极流向周围的阴极，周围部分受到阴极保护，而阳极处很快形成腐蚀坑或小孔，称为点蚀，如图1-36（b）所示，小孔逐渐被腐蚀，呈尖锐小孔向纵深发展成孔穴甚至穿透形成孔蚀。晶界原子排列较为疏松而紊乱，易于富集杂质原子、发生晶界沉淀，导致晶界处化学成分不均匀，形成"局部电池"而产生晶间腐蚀，如图1-36（c）所示，晶间腐蚀发生在晶粒边界及其近旁。剥落腐蚀又称层状腐蚀，一般发生在晶界处，腐蚀产物从金属本体脱离，如图1-36（d）所示，从而产生一种层状外观。多数构件处于应力和环境介质的联合作用下，会发生应力腐蚀、腐蚀疲劳、冲击腐蚀（或湍流腐蚀）、微动（振）腐蚀等，如图1-36（e）～图1-36（h）所示，这些腐蚀导致的破坏均集中在材料局部，通常归于广义局部腐蚀范畴。

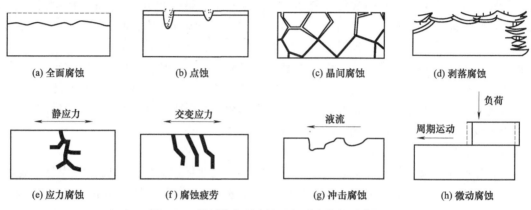

(a) 全面腐蚀　　　　(b) 点蚀　　　　(c) 晶间腐蚀　　　　(d) 剥落腐蚀

(e) 应力腐蚀　　　　(f) 腐蚀疲劳　　　　(g) 冲击腐蚀　　　　(h) 微动腐蚀

图1-36　材料的主要腐蚀破坏形态特征示意图

几乎所有类型的腐蚀损伤在航空航天器上都有发现，最常碰到和危害性最大是电偶腐蚀、缝隙腐蚀、点蚀、晶间腐蚀、剥落腐蚀、应力腐蚀等局部腐蚀，腐蚀的金属量少且相对集中而不易察觉，发生的部位和时间具有随机性而难以预测和防止，对结构危害比全面腐蚀严重得多。

航空航天器由许多部件和构件组装而成，在两种金属或金属与非金属导体相互接触的边缘附近发生电偶腐蚀的可能性很大，图1-37为铝合金与不锈钢连接后的电偶腐蚀，亦称接触腐蚀或双金属腐蚀。在飞行器结构中，小阳极和大阴极的电偶腐蚀是非常危险的，用铝合金铆钉铆接钛合金板就属于此类，如图1-38所示，铝合金铆钉迅速破坏，如果用钛合金铆钉铆接铝合金板，组成大阳极小阴极，铝合金板受到的破坏和危险性较前者小，但是，由于钛合金与铝合金在电偶序中相距较远，飞机结构件要尽量避免这种情况出现，新型飞机结构中采用真空等离子镀铝的钛合金紧固件，力求接触部分电位一致。由于金属存在杂质或其他成分，会引起金属表面电化学不均匀性而导致腐蚀微电池形成，即使未与其他金属相接触也会产生电偶腐蚀，美军F16战斗机曾因发动机油路控制阀门的电子连接器电偶腐蚀造成一个编队7架飞机失效。

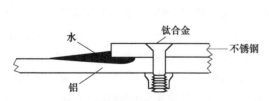

图1-37　铝合金与不锈钢连接后的电偶腐蚀

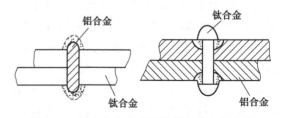

图1-38　铝合金与钛合金接触后的电偶腐蚀

构件间存在很多窄小缝隙，电解质溶液进入并滞留其中，导致构件产生缝隙腐蚀，铝合金特别容易遭受缝隙腐蚀，几乎所有含水介质都会使其发生缝隙腐蚀。点蚀是造成航空航天飞行器腐蚀损伤比例最高的腐蚀类型，对飞行器的安全可靠性威胁最大，腐蚀小孔还经常成为应力腐蚀开裂、腐蚀疲劳和机械疲劳的裂纹源区，使结构提前破坏。剥落腐蚀是铝合金形变材料的一种特殊的晶间腐蚀形式，也是飞机构件腐蚀的主要形式之一，将导致材料强度、塑性以及疲劳性能大幅度下降，从而降低材料的使用寿命。

图 1-39 为 2A97 合金在 NaCl(4mol/L)＋KNO$_3$(0.5mol/L)＋HNO$_3$(0.1mol/L) 溶液中浸泡不同时间后的点蚀和剥落腐蚀形貌。浸泡 7h 后，如图 1-39 (a) 所示，有很多细小点蚀坑；浸泡 27h 后，如图 1-39 (b) 所示，点蚀坑扩大；浸泡 96h 后，发生了严重的剥落腐蚀，图 1-39 (c) 和图 1-39 (d) 分别为剥落腐蚀表面形貌和横截面形貌。在表面个别点或微小区域内通常出现点蚀向纵深方向发展，产生孔蚀，由于蚀孔很小且孔口常被腐蚀产物覆盖，很难查出，航空航天飞行器的压力容器和管道系统一旦腐蚀穿孔，轻则引起"跑、冒、滴、漏"问题，重则造成失火或爆炸事故。

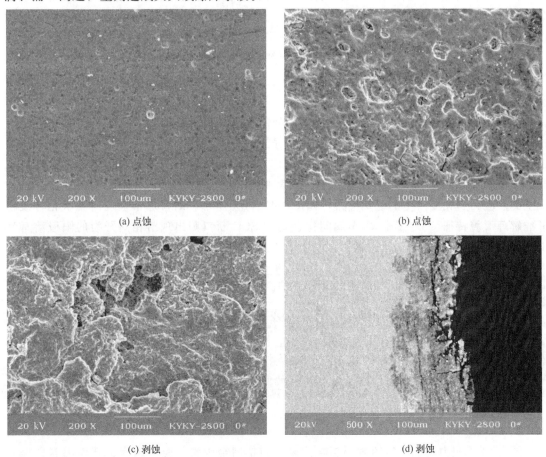

(a) 点蚀

(b) 点蚀

(c) 剥蚀

(d) 剥蚀

图 1-39　2A97 合金的点蚀和剥落腐蚀形貌

晶间腐蚀通常从材料表面开始，沿着晶界向内部发展，是危害性较大的局部腐蚀。图 1-40 (a) 为 2297 铝合金的晶间腐蚀形貌，图 (b) 为未经稳定化处理的 304 不锈钢的晶间腐蚀形貌，出现了晶粒脱落现象。晶间腐蚀导致晶粒间结合力显著降低，严重时可使力学强度完全丧失，只要轻轻敲打就可破碎，而外观并未发生明显变化，不易发现，常常导致飞机结构和设备突发性的腐蚀破坏。

(a) 2297铝合金　　　　　　　　　　　　　　(b) 304不锈钢

图 1-40　2297 铝合金和 304 不锈钢晶间腐蚀形貌

在应力和腐蚀介质共同作用下，表面的氧化膜容易被腐蚀，破坏的表面和未破坏的表面分别形成阳极、阴极，阳极处的金属成为离子而被溶解，产生电流流向阴极，由于阳极面积比阴极面积小得多，阳极电流密度很大，进一步腐蚀已破坏表面，拉应力促使破坏处形成裂纹、逐渐扩展直到断裂。应力腐蚀分为阳极溶解和氢致开裂，裂纹可以沿着金属晶粒边界发展，还能穿过晶粒发展，往往导致构件在工作应力远小于许用应力、外表并无任何预兆的情况下突然断裂。图 1-41 为几种航空用材的应力腐蚀（SCC）微观断口形貌。超高强度钢在含 Cl^- 的水溶液中乃至纯水中都能表现出很高的 SCC 敏感性，其 SCC 过程以氢脆机制为主，如图 1-41 (a) 所示，断口为冰糖块状沿晶脆性断口。铝合金容易在氯化钠水溶液、海水、水蒸气、含 SO_2 大气、熔融氯化钠、含 Br^- 和 I^- 的水溶液中产生应力腐蚀，拉伸应力分量可能是外加载荷引起的工作应力，或者是加工和装配过程中产生的残余应力，或是温差产生的热应力、相变产生的组织应力，如图 1-41 (b) 所示，断口通常呈现河流状花样或扇形准解理形貌特征。Ti_3Al+Nb 金属间化合物的 SCC 断口则出现沿相间开裂的阳极溶解型 SCC 形态特征，如图 1-41 (c) 所示，既不同于沿晶型开裂，也不同于穿晶型开裂。

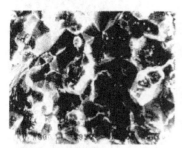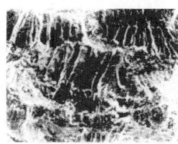

(a) 超高强度钢　　　　　　　　(b) 铝合金　　　　　　　　(c) Ti_3Al+Nb 金属间化合物

图 1-41　几种航空用材的应力腐蚀微观断口形貌

图 1-42 为应力腐蚀开裂的主要影响因素，包括冶金因素、应力因素、环境因素。提高冶金质量和通过加工及热处理改善组织，通过优化结构设计减少局部应力集中、尽量避免缝隙和可能造成腐蚀液残留的死角，这些措施均可降低材料及其结构件的应力腐蚀敏感性。

在一定温度范围内，金属及合金在与某些低熔点金属接触且同时承受张应力时，其断裂强度和塑性指标显著降低，这种现象称为低熔点金属致脆（MIE），也是航空航天工程结构的重要破坏隐患。当低熔点金属处于液相时，称为液态金属致脆（LMIE），归于液态金属

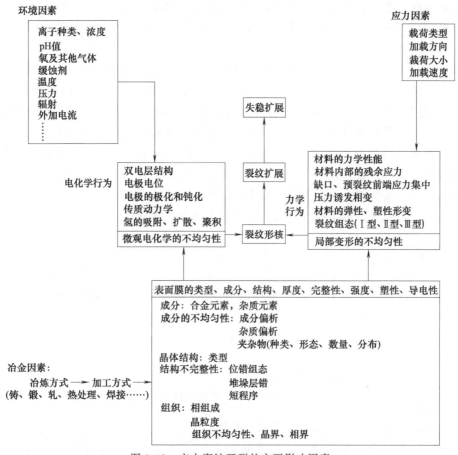

图 1-42　应力腐蚀开裂的主要影响因素

腐蚀范畴，当低熔点金属处于固相时，称为固态金属致脆（SMIE）。

对于腐蚀的鉴定可以采用目测、专用工具或无损探伤技术。目测可以识别全面腐蚀、点蚀、缝隙腐蚀，用专用检测工具可以识别冲击腐蚀、空泡腐蚀、晶间腐蚀，显微检测可以识别剥落腐蚀、应力腐蚀开裂、腐蚀疲劳。在无损探伤技术中，辐射照相法适于点状腐蚀、腐蚀疲劳的鉴定，超声法适于鉴别晶间腐蚀、应力腐蚀裂纹、氢脆裂纹，涡流电流法适于鉴别点状腐蚀、晶间腐蚀、腐蚀疲劳、应力腐蚀裂纹、氢脆裂纹，磁性微粒和染料渗透法可用于腐蚀疲劳、应力腐蚀裂纹、氢脆裂纹的检测。

采用改善金属表面的化学成分、在金属表面覆盖镀层、阳极保护法等措施可减少或避免腐蚀。此外，还可通过改善工作环境来降低腐蚀，如将周围气体干燥或将工件密封。

（2）非金属的腐蚀

非金属材料也存在由各种环境介质导致的腐蚀失效问题，其腐蚀机理与金属有所不同，通常以化学、物理、生物作用导致材料性能退化为主，聚苯烯等塑料也有应力腐蚀，石墨等非金属材料与金属材料接触会产生电偶腐蚀。

① 高聚物的腐蚀　在物理、化学、生物因素作用下，聚合物也会发生腐蚀，其实质是高分子的降解、交联及物理过程引起的次价键破坏等，导致性能逐渐退化，俗称老化。如果老化使分子量下降，会导致聚合物变黏、变软，力学性能大为劣化；如果老化使分子链发生交联，会导致聚合物变硬、变脆、开裂、丧失弹性，其他性能也随之劣化。

高聚物的腐蚀受材料自身因素（配方、化学结构、聚集态结构）和环境因素的影响，环境因素包括物理因素（光、紫外线或其他辐射等）、化学因素（空气中的氧、臭氧、水、酸、碱、盐、有机溶剂等）、生物因素（微生物、海洋生物）及加工成型时的热和机械力。根据其与环境介质的反应过程及反应机理，聚合物的腐蚀可分为溶解腐蚀、化学侵蚀、降解、应力腐蚀（环境应力开裂）、生物腐蚀、辐照腐蚀、热氧化分解、光氧化分解、溶胀溶解等。

图 1-43 为高聚物在大气及水介质环境中的主要腐蚀破坏形式，主要有物理腐蚀、化学腐蚀、应力腐蚀，导致物理性能、力学性能、介电性能下降。介质向高聚物内部扩散渗透，一方面引起高聚物的溶剂化过程，产生溶胀等物理腐蚀；另一方面，介质与高聚物发生氧化、水解等化学反应，破坏化学键，发生分解等化学腐蚀；存在应力、温度突变时，会产生应力腐蚀。此外，增塑剂、稳定剂等组分会由高聚物内部向外扩散迁移进入介质中，发生材料组分的溶出，有时还生成溶胀性物质，使表面形态和色泽改变。

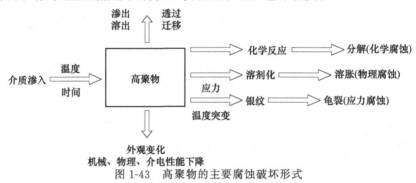

图 1-43　高聚物的主要腐蚀破坏形式

在应力和某些介质（如表面活性介质）共同作用下，不少高聚物会出现银纹（发亮的条纹），由高聚物细丝及贯穿其中的空洞组成，如图 1-44 所示，大分子链沿应力方向取向，介质向空洞渗透和应力的作用，使银纹进一步发展成裂纹，裂纹不断发展而导致脆性断裂。

(a) 银纹　　　(b) 裂缝

图 1-44　银纹和裂缝示意图

塑料的耐腐蚀性能优良，但也存在化学侵蚀、溶解、渗透、老化等破坏过程。化学侵蚀导致聚合物分子键的不可逆断开，溶解使塑料性质发生变化，但不会改变聚合物链状结构的化学组成，渗透是因为吸收液体、气体、蒸汽使材料溶胀而导致性能变化。

② 无机非金属材料的腐蚀　玻璃和陶瓷在使用过程中会遭受液体介质、气体介质等周围介质的腐蚀破坏，主要有水解、酸侵蚀、碱侵蚀、风化、选择性腐蚀、应力腐蚀。对于陶瓷材料中的晶体相，可能受到的腐蚀性液体环境有熔融玻璃、熔融盐、熔融金属和水介质，而玻璃体或陶瓷中的玻璃相则受水介质腐蚀的情况更为普遍。在空气中，某些无机非金属材料会因为物理和化学作用而发生风化变质，在冻融循环和干湿循环作用下，多孔材料会发生体积变化，导致性能下降。在常压下，气体和液体都可通过扩散渗透浸入硅酸盐玻璃，通过化学反应破坏硅氧骨架，而玻璃组分中的某些阳离子也通过迁移扩散与外界进行交换，导致玻璃的化学腐蚀。当材料的孔隙率（特别是开口孔隙率）较大时，其耐久性往往较差；当材料的组成易与水、其他液体或其他物质发生化学反应时，其耐水性、耐化学腐蚀性较差。

（3）复合材料的腐蚀

复合材料的腐蚀主要表现在环境介质腐蚀、生物腐蚀、雨蚀及复合材料对其他飞机结构材料的电偶腐蚀,其中环境介质的腐蚀包括基体的腐蚀、增强体的腐蚀、界面的腐蚀、应力腐蚀及腐蚀疲劳。

① 金属基复合材料的腐蚀 金属基复合材料保持了金属基体的高强度、良好的塑性和韧性、高耐热性、良好的导热和导电性能等。但是,由于存在合金元素在增强体/基体界面处偏析、围绕增强体产生残余应力、在增强体周围基体中位错密度升高、增强体/基体界面处产生空洞、基体与增强体发生反应而导致活性界面层、界面层电偶效应等因素,耐蚀性通常比金属基体差。以铝基复合材料为例,不同类型增强体会使铝基体的腐蚀速率大不相同,如碳纤维在电解质中的电位较高,碳纤维/铝复合材料有明显的电偶腐蚀倾向,耐蚀性比铝基体差很多,而碳化硅/铝复合材料的耐蚀性则与铝基体相差不大。

② 非金属基复合材料的腐蚀 聚合物基复合材料在介质作用下的腐蚀主要通过浸蚀基体、增强纤维及其界面等途径表现出来,强碱和硝酸、浓硫酸等强氧化性腐蚀介质对大多数树脂基体都有较严重的腐蚀作用。介质经扩散、渗透、吸附或吸收进入基体内部而导致物理腐蚀,引起聚合物的溶胀与溶解、溶出,介质与基体发生化学反应而导致化学腐蚀,水解及氧化等反应引起断键、降解或生成新的化合物等,从而改变树脂基体的性质。介质与增强体作用会使其与基体界面的黏结劣化,温度越高,基体链段的松弛运动越快,介质中的水分子扩散速率越大,时间越长,基体吸水及渗入界面的水越多,从而使得界面结合力下降越多。应力腐蚀和生物腐蚀也会对聚合物基复合材料的服役性能产生较大影响,拉应力会加速介质和基体中有关组分的相互扩散与渗透,导致基体溶胀、裂纹产生及扩展,引起纤维/树脂脱粘等。

陶瓷基复合材料在耐高温、耐腐蚀、抗氧化方面比金属基复合材料和聚合物基复合材料好得多,导致材料失效往往是高温下的氧化问题。陶瓷基复合材料的腐蚀除受环境影响外,主要受基体、增强体、界面区的结构及成分的影响,基体材料必须与增强材料相容,尤其是基体和增强体的热膨胀系数应基本匹配,避免在界面处产生过高的残余应力和裂纹。

1.4.3 航空航天材料的选择及应用

飞行器长期在大气层或外层空间运行,在极端环境服役还要有极高可靠性和安全性、优良的飞行性和机动性,除了优化结构满足气动需求、工艺性要求和使用维护要求外,更有赖于材料的优异特性和功能。

1.4.3.1 选材原则

结构件在服役中要承受各种形式的外力作用,要求材料在规定期限内不超过允许的变形量和不破断,而航空航天结构还要尽量缩小结构尺寸、降低重量,早期航空航天构件采用静强度设计,不考虑或很少考虑塑韧性,导致出现了灾难性事故。

为了保证结构安全并充分利用材料的性能,航空航天结构件的设计由"强度设计原则"转变为"损伤容限设计原则",并逐步过渡到"全寿命周期设计原则",在设计阶段就考虑到产品寿命历程的所有环节,所有相关因素在产品设计阶段就得到综合规划和优化。要求材料不仅具有高的比强度、比刚度,还要有一定的断裂韧性和冲击韧性、抗疲劳性能、耐高温性能、耐低温性能、耐腐蚀性能、耐老化性能和抗霉菌性能,并有针对性地强化一些性能指标。此外,不同等级的载荷区采用不同的选材判据,根据部件的具体要求选择与之匹配的材料,大载荷区采用强度判据,选用高强材料;中载荷区采用刚度判据,选用高弹性模量材料;轻载荷区主要考虑尺寸稳定性,确保构件尺寸大于最小临界尺寸。

选择和评价结构材料时，要根据服役条件和应力状态，选择合适的力学性能（拉伸、压缩、冲击、疲劳、低温系列冲击）测试方法，针对不同的断裂方式（韧断、脆断、应力疲劳、应变疲劳、应力腐蚀、氢脆、中子辐照脆化等），综合考虑材料强度与塑性、韧性的合理配合。承受拉伸载荷的构件，表层及心部应力分布均匀，所选材料应具有均一组织和性能，大型构件应有良好的淬透性。承受弯曲及扭转载荷的构件，表层及心部应力相差较大，可用淬透性较低的材料。承受交变载荷的构件，疲劳极限、缺口敏感性为选材的重要考核指标。在腐蚀介质中服役的构件，抗腐蚀能力、氢脆敏感性、应力腐蚀开裂倾向、腐蚀疲劳强度等为选材的重要考核指标。高温服役材料还要考虑组织稳定性，低温服役材料还要考虑低温性能。

减重对提高飞行器的安全性、增加有效载荷和续航距离、提高机动性能及射程、降低燃料或推进剂消耗和飞行成本具有实际意义，飞行器速度越快，减重意义越大。战斗机重量减轻15%，则可缩短飞机滑跑距离15%，增加航程20%，提高有效载荷30%。对于导弹或运载火箭等短时间一次性使用的飞行器，要以最小体积和质量发挥等效功能，力求把材料性能发挥到极限程度，选取尽可能小的安全余量而达到绝对可靠的安全寿命。

1.4.3.2　主要航空航天材料

对于减轻结构质量，密度降低30%，比强度提高50%的作用还大。铝合金、钛合金、复合材料是主要的航空航天结构材料，具有较高的比强度和比刚度，可提高飞行器的有效载荷、机动性、续航距离，同时降低飞行成本。

超高强度钢（屈服强度>1380MPa）在航空航天工程中的用量不会超过10%。对于超声速歼击机等现代飞行器，超高强度钢用量稳定在5%～10%，其抗拉强度在600～1850MPa，有时高达到1950MPa，断裂韧性$K_{Ic}=78～91MPa\cdot m^{1/2}$。在活性腐蚀介质中使用的机身承力结构件，一般要采用高强度耐蚀钢，装备氢燃料发动机的飞机要选用无碳耐蚀钢作为在液氢和氢气介质中服役的构件材料。

21世纪的飞行器机身结构材料还是以铝合金为主，包括2×××系、7××××及铝锂合金。在铝合金中加入锂，可在提高强度的同时降低密度，实现提高构件的比强度和比刚度的目标。铝锂合金已用于大型运输机、战斗机、战略导弹、航天飞机、运载火箭，主要用于头部壳体、承力构件、液氢液氧储箱、管道、有效载荷转接器等，被誉为极具发展前景的航空航天材料。第三代和正在发展的第四代铝锂合金不再片面追求低密度，有较好的综合性能，在裂纹扩展速率、疲劳性能、腐蚀性能、弹性模量等与第三代铝锂合金相当的条件下，第四代铝锂合金有更高的静强度（尤其屈服强度）和更高的断裂韧性。

钛合金的比强度高于铝合金，已应用于飞机框架、襟翼导轨和支架、发动机底座和起落架构件等，还可用于排气罩和隔火板等受热部分。$Ma>2.5$的超声速飞机表面温度可达到200～350℃，可采用钛合金作蒙皮。采用快速凝固/粉末冶金方法制备的高纯度高致密度的钛合金，有较好的热稳定性，在700℃的强度与室温相同，开发的高强度高韧性的β型钛合金已被NASA定为SiC/Ti复合材料的基体材料，用来制造飞机的机身和机翼壁板。钛合金在航空器中的应用比例逐渐增加，在民航机身中的使用量将达20%，在军机机身中的使用量将高达50%。

金属基复合材料、高温树脂基复合材料、陶瓷基复合材料、碳/碳复合材料已在航空航天领域扮演越来越重要的角色。碳/碳复合材料综合了碳的难熔性与碳纤维的高强度、高刚性，具有优越的热稳定性和极好的热传导性，在2500℃的高温下仍具有相当高的强度和韧性，且密度只有高温合金的1/4。混合型复合材料得到了越来越多的关注，如在碳纤维复合材料中添加玻璃纤维可以改善其冲击性能，而玻璃纤维增强塑料中加入碳纤维可以增加其刚度。

此外，层状复合材料在航空航天工程中的应用越来越广泛，如A380采用了3%的GLARE，为新型的层压板。层压板是通过压力使两种不同种类的材料层叠在一起的复合材料，通常由上面板、上胶合层、芯材、下胶合层、下面板构成，其强度和刚度要高于单独的面板材料或芯材，已应用于运输机和战斗机。GLARE层压板是通过压力（或热压罐）把多层薄铝板和单向性玻璃纤维预浸料（浸渍环氧黏合剂）叠接热压而成的，如图1-45所示。铝板要经过适当的预处理，使其更容易与纤维预浸料层粘在一起。表1-4为可商业化生产的GLARE层压板类型，可根据需要制成不同厚度的板，纤维可以是2层、3层、4层等，纤维含量和方向符合表中规定即可，每类GLARE层压板可以有不同形式，可根据具体需要进行调整。

表1-4 可商业化生产的GLARE层压板类型

层压板	铝层		纤维层		典型密度/(g/cm³)
	铝材	单层厚度/mm	方向	单层厚度/mm	
GLARE1	7475-T76	0.3~0.4	单向	0.25	2.52
GLARE2	2024-T3	0.2~0.5	单向	0.25	2.52
GLARE3	2024-T3	0.2~0.5	0°/90°正交	0.25	2.52
GLARE4	2024-T3	0.2~0.5	0°/90°/0°正交	0.375	2.45
GLARE5	2024-T3	0.2~0.5	0°/90°/90°/0°正交	0.5	2.38
GLARE6	2024-T3	0.2~0.5	+45°/−45°正交	0.25	2.52

GLARE层压板的拼接技术解决了铝板宽度有限的问题，如图1-46所示，拼接时，同层铝板间有一条窄缝，不同层铝板间的接缝在不同位置，这些接缝可以通过纤维层和其他层铝板连接起来，使得大型机身壁板或整体蒙皮制造成为可能，并具有出色的抗疲劳、抗腐蚀和阻燃性能，从而消除了铆钉孔及由此引发的应力集中。为了确保载荷的安全传递，可在拼接处增加一个补强层，即增铺一层金属板或一层玻璃纤维预浸料。

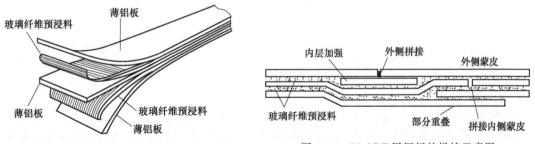

图1-45 GLARE层压板示意图　　　　图1-46 GLARE层压板的拼接示意图

蜂窝夹层复合材料由夹层和蒙皮（面板）复合而成，蒙皮可以是铝、碳/环氧复合材料等，夹层形似蜂窝，是由金属材料、玻璃纤维或复合材料制成的一系列六边形、四边形及其他形状的孔格，在夹层的上下两面再胶接（或钎焊）上较薄的面板。铝蜂窝夹芯复合材料的芯材由铝箔以不同方式胶接，通过拉伸而制成不同规格的蜂窝，芯材的性能主要通过铝箔的厚度和孔格大小来控制，具有比强度和比刚度高、抗冲击性能好、减振、透微波、可设计性强等优点，与铆接结构相比，结构效率可提高 15%～30%。蜂窝夹层结构材料可用来制作各种壁板，用于翼面、舱面、舱盖、地板、发动机护罩、消声板、隔热板、卫星星体外壳、抛物面天线、火箭推进剂储箱箱底等。但是，蜂窝夹层结构复合材料在某些环境中易腐蚀，受冲击时，蜂窝夹层会发生永久变形，使蜂窝夹层与蒙皮发生分离。

1.4.3.3　飞行器用材分析

表 1-5 为美国军机用结构材料的百分比，总的变化趋势是复合材料和钛合金的用量逐渐增多，铝合金的用量有所下降。

表 1-5　美国军机用结构材料的百分比　　　　　　　　　　　　%

机　型	F-16	F-18A/B	F-18C/D	F-18E/F	F-22	F-35	F117	B-1	B-2	C17
钢	5	15	16	14	5	—	9	6	12.3
铝合金	83	50	50	31	16	—	20	41	19	69.3
钛合金	2	12	13	21	41	27	25	21	26	10.3
复合材料	3	9.5	10	23	24	36	10	29	38	8.1

表 1-6 为典型干线飞机用材比例，B787 的复合材料占 50%，A350 的复合材料占 52%，大量应用复合材料将成为航空航天领域的发展趋势。复合材料减重效果好，耐损伤、抗腐蚀、耐久性好，适合机敏结构，但是，复合材料成本很高，抗冲击性能差，无塑性，技术难度增加，可维修性差、再生利用性差。因此，A320neo 和 B737MAX 的复合材料用量并未比A320 和 B737 增加。

表 1-6　典型干线飞机用材比例　　　　　　　　　　　　%

机型	铝合金	钢铁	钛合金	复合材料	其他
B737	79	12	5	3	1
B747	79	13	4	3	1
B757	78	12	6	3	1
B767	80	14	2	3	1
B777	70	11	7	11	1
B787	20	10	15	50	5
A300	76	13	4	5	2
A310	74	8	5	6	7
A320	66	6	5	15	8
A330/A340	66	5	5	16	8
A380	61	5	5	22	7
A350	20	7	14	52	7
MD-82	74.5	12	6	7.5	—
MS-21	33	5	19	38	5
C919	63	8	8	21	—

人造地球卫星与空间探测器的结构材料大多采用铝合金，要求高强度的零部件则采用钛合金和不锈钢，要求高比刚度的结构主要采用高模量石墨纤维增强的复合材料，卫星体和仪器设备表面常覆有温控涂层，利用热辐射或热吸收特性来调节温度。卫星体内还使用多层材料、工程塑料、玻璃纤维树脂基复合材料等作为隔热材料，用二硫化钼固体润滑剂等作为运动部件的润滑材料，用硅橡胶等作为舱室的密封材料。大面积太阳翼可采用以石墨纤维复合材料作面板的铝蜂窝夹芯结构，更先进的轻型太阳翼则以石墨纤维复合材料作框架，蒙上聚

酰胺薄膜，面积更大的柔性太阳翼全部由薄膜材料制成。大型抛物面天线是现代卫星的重要组成部分，指向精度要求高的天线，要采用热膨胀系数极小的轻质材料，石墨和芳纶在一定的温度范围内具有负膨胀系数，可通过材料的铺层设计制造出膨胀系数接近于零的复合材料。超大型天线需制成可展开的伞状，其骨架由铝合金或复合材料制成，反射面为涂有特殊涂层的聚酯纤维网或镍-铬金属丝网。

载人飞船各舱段的结构材料大多是铝合金、钛合金、复合材料，如航天飞机的轨道器大部分用铝合金制造，支承主发动机的推力结构用钛合金制造，中机身的部分主框采用以硼纤维增强铝合金的金属基复合材料，货舱舱门采用特制纸蜂窝夹层结构，以石墨纤维增强环氧树脂复合材料作面板。导弹头部、航天器再入舱外表面和火箭发动机内表面，要采用烧蚀材料，在热流作用下，烧蚀材料能发生分解、熔化、蒸发、升华、侵蚀等物理和化学变化，材料表面的质量消耗带走大量的热，以达到阻止再入大气层时的热流传入飞行器内部、冷却火箭发动机燃烧室和喷管的目的。为了保持舱内有适宜的工作温度，再入舱段要采取辐射防热措施，外蒙皮为耐高温的镍基合金或铍板，内部结构为耐热钛合金，外蒙皮与内部结构之间填以石英纤维、玻璃纤维复合陶瓷等有良好隔热特性的材料。

随着载人航天、探月及深空探测、高分辨率卫星、高超速飞行器、重复使用运载器、空间机动飞行器等航天工程的实施和不断发展，对材料提出了全新的、更加苛刻的要求，为航天新材料的发展提供了新的契机和动力，材料领域必须尽早在材料体系创新、关键原材料自主保障以及工程应用等方面取得重大突破。

参考文献

［1］ 徐祖耀，黄本立，鄢国强.材料表征与检测技术手册.北京：化学工业出版社，2009.

［2］ 龙毅，李庆奎，强文江.材料物理性能.第 2 版.长沙：中南大学出版社，2011.

［3］ 陈文哲，文巴九，戴品强.机械工程材料.长沙：中南大学出版社，2009.

［4］ 毛卫民，朱景川，郦剑，等.金属材料结构与性能.北京：清华大学出版社，2008.

［5］ 杨川，高国庆，崔国栋.金属零部件失效分析基础.北京：国防工业出版社，2014.

［6］ 中国特种飞行器研究所.海军飞机结构腐蚀控制设计指南.北京：航空工业出版社，2005.

［7］ 梁文萍，王少刚.航空航天工程材料.北京：北京航空航天大学出版社，2016.

［8］ 康进兴，马康民.航空材料学.北京：国防工业出版社，2013.

［9］ 郑子樵.材料科学基础.第 2 版.长沙：中南大学出版社，2013.

［10］ 韩永生.工程材料性能与选用.北京：机械工业出版社，2013.

［11］ 张红，史春丽.工程材料与机械制造工艺.北京：电子工业出版社，2017.

［12］ 徐吉林.航空材料概论.哈尔滨：哈尔滨工业大学出版社，2013.

［13］ 莫淑华，李学伟.材料科学基础.哈尔滨：哈尔滨工业大学出版社，2012.

［14］ 刘道新.材料的腐蚀与防护.西安：西北工业大学出版社，2006.

［15］ 曾荣晶，韩恩厚.材料的腐蚀与防护.北京：化学工业出版社，2006.

［16］ 尹浩.2297 铝合金合金化及热变形行为研究.长沙：中南大学，2014.

［17］ 黄德胜.时效工艺与预变形对 2297 合金组织与性能的影响.长沙：中南大学，2016.

［18］ 赵守鑫.沿海工业大气环境用铝合金腐蚀行为的模拟及机理研究.长沙：中南大学，2018.

［19］ 陈琪，关志东，黎增山.GLARE 层压板性能研究进展.科技导报，2013，31(7):50-56.

第2章 航空航天用铝及铝合金材料

铝的原子量为 26.9815,常温下铝(纯度为 99.75%)的密度为 2.7g/cm³,属于轻金属。铝在地壳中的蕴藏量仅次于氧、硅,是铁蕴藏量的 1 倍多,在获得实际应用的金属材料中,铝的应用量仅次于钢铁。直接从铝矿中提取出氧化铝,再经电解冶炼出来的铝称为初生铝;用回收铝再熔融冶炼出来的铝称为再生铝,铝的再生利用率超过 93%。铝及铝合金的铸造和加工性能好,可加工成各种状态及形状的结构件、零部件,应用于航空航天领域,能降低飞行器的燃料动力消耗,增加其有效载荷和续航距离,提高飞行器的安全性和机动性。随着飞行器减重需求的日益增长,铝及铝合金越来越受到重视,与钛合金及复合材料并称为航空航天领域的三大轻质结构材料。

2.1 航空航天铝合金概述

2.1.1 性质和特点

常压下纯度为 99.996%Al 的熔点为 933K,熔化热为 (10.46±0.13) kJ/mol,沸点为 2750K。293K 纯铝的线膨胀系数为 23×10⁻⁶/K,体膨胀系数为 68.1×10⁻⁶ m³/(m³·K)。铝的导热性能和导电性能仅次于 Ag、Cu、Au,在 298K 的热导率为 237W/(cm·K),99.99%Al 在 20℃ 的电阻率为 2.6548×10⁻⁸Ω·m,等体积电导率为 64.94%IACS(国际退火铜标准),单位质量导电能力 2 倍于 Cu。纯铝为顺磁质,属于弱磁性材料,通过适当处理可用来制造罗盘、天线、操纵室的器具。铝受冲击时不产生火花,是较好的仪表材料、电气屏蔽材料。铝表面呈银白色光泽,对红外线、紫外线、电磁波、热辐射等都有良好的反射,其抛光表面对白光的反射率达 80% 以上,高纯度铝经过电解抛光后对光、热、电波的反射性比银还好。铝的表面容易生成致密的 Al₂O₃ 保护膜,具有很好的耐大气腐蚀和水腐蚀的能力,能抵抗多数酸和有机物腐蚀,采用缓蚀剂,可耐弱碱液腐蚀。

固态铝为面心立方结构,25℃ 纯铝的点阵常数为 4.0496×10⁻¹⁰ m,如图 2-1 所示,铝原子分布在立方体的 6 个面和 8 个角,面心原子与该面 4 个角上的原子紧靠,面对角线原子间距最小,为 2.86×10⁻¹⁰ m(原子直径为 2.86 Å),密排面为 {111},密排方向为 〈110〉,配位数为 12,致密度约等于 0.74。在铝晶体中存在 2 种间隙,直径为 1.17×10⁻¹⁰ m 的八

面体间隙和直径为 0.62×10^{-10} m 的四面体间隙，C、N、H、B、O、F、Cl 等元素均可作为间隙元素溶入铝中，但固溶度很小。室温时，铝的滑移系为 {111} ⟨110⟩；高于 450℃时，除 {111} ⟨110⟩ 外，还有 {100} ⟨100⟩ 滑移系。

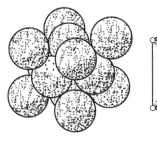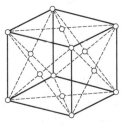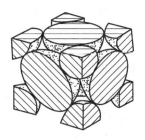

图 2-1 纯铝的晶体结构

铝含量大于 99% 的铝称为纯铝（工业纯铝），一般情况下，工业纯铝难以满足服役要求，通常以铝为基体，加入少量金属或非金属元素，通过合金化使其性能得到显著提升。铝合金具有比强度和比刚度高、弹性好、塑性好、抗冲击性能良好的优势，低温下强度增加而无脆性，可用来制造液氢、液氧储箱。

此外，铝合金具有较好的成形及加工性能，可进行精密铸造和粉末冶金成形，适应轧制、挤压、拉拔、锻压、旋压等多种塑性成形方法，能进行车、刨、铣、镗孔等多种机械加工，可采用铆接、焊接等多种连接方法。

2.1.2 分类及牌号

2.1.2.1 分类及成分范围

图 2-2 为二元铝合金相图的富铝端，元素溶入铝中形成铝基固溶体（α），不溶于铝的元素通常形成化合物（金属间化合物 β）。

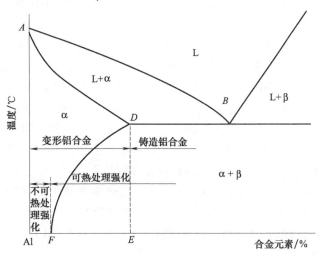

图 2-2 二元铝合金相图的富铝端

相图中 D 点以左的合金为变形铝合金，延展性好，可通过压力加工成各种规格的材料、构件和制品；相图中 D 点以右的合金为铸造铝合金，含有 α+β 共晶体，合金的流动性较好，有较好铸造性能，可直接铸造各种构件和零件。成分位于相图中 F 点以右的合金，合金元素在 α（Al）中溶解度随着温度升高而显著增加，可以通过固溶淬火及时效沉淀强化，相应合金称为可热处理强化铝合金，又称沉淀硬化型合金。相反，随着温度升高，固溶度变化不明显甚至降低的合金称为不可热处理强化合金，只能通过形变强化，又称加工硬化型铝合金。

2.1.2.2　牌号及表示方法

对于铸造铝合金，我国采用国际标准命名，化学元素符号后加元素的百分含量，如 Al-Si12Mg 表示 Si 含量为 12％、Mg 含量小于 1％的铸造铝合金。合金代号由字母 ZL（铸铝）及其后的 3 位阿拉伯数字组成，第 1 位数字表示合金系列，1 为 Al-Si 系，2 为 Al-Cu 系，3 为 Al-Mg 系，4 为 Al-Zn 系；第 2 位和第 3 位表示合金的顺序号，数字后面的字母 A 表示优质合金。如 ZL101、ZL203、ZL305A、ZL401 分别为 Al-Si、Al-Cu、Al-Mg、Al-Zn 铸造铝合金，其中 ZL305A 为优质 Al-Mg 铸造合金。

对于变形铝合金，1996 年以前，我国执行 GB 340—76，将变形铝合金分为高纯铝（GL）、纯铝（L）、防锈铝（LF）、锻铝（LD）、硬铝（LY）、超硬铝（LC），此外，还有用于特殊场合的包覆铝（LB）、特殊铝（LT）、钎焊铝（LQ）。防锈铝包括 Al-Mn、Al-Mg 合金，不可热处理强化，力学性能较低，但耐腐蚀、塑性好，易于加工成形和焊接，适于制作在腐蚀环境服役的构件。锻铝包括 Al-Mg-Si-Cu、Al-Cu-Mg-Fe-Ni 合金系列，具有良好的冷热加工性能和焊接性能，耐热、耐蚀，适于制作各种航空航天锻件。硬铝以 Al-Cu-Mg 系合金为主，具有强烈的时效硬化效应，有较高的室温强度和耐热性，但耐腐蚀性和可焊性较差。超硬铝以 Al-Zn-Mg-Cu 系合金为主，室温强度高，但应力腐蚀开裂倾向大，热稳定性差。

1996 年我国制定了国家标准 GB/T 16474—1996（2011 年修订为 GB/T 16474—2011），在国际牌号注册组织注册的铝及铝合金，直接采用国际通行的 4 位数字体系牌号，其他则采用 4 位字符体系牌号。4 位数字体系和 4 位字符体系牌号中的第 1 位均为数字，表示合金系列：1××× 系为纯铝；2××× 系为 Al-Cu 合金；3××× 系为 Al-Mn 合金；4××× 系为 Al-Si 合金；5××× 系为 Al-Mg 合金；6××× 系为以 Mg、Si 为主要合金元素并以 Mg_2Si 为强化相的铝合金；7××× 系为 Al-Zn 合金；8××× 系为以其他元素为主要合金元素的铝合金，如 Al-Li、Al-Fe-Si 等；9××× 系为备用合金组，也有用来命名粉末冶金合金的。其中 2××× 系、6××× 系、7××× 系、8××× 系为可热处理强化铝合金，其他为加工硬化型铝合金，航空航天用铝合金主要有 2××× 系、7××× 系和 Al-Li 合金。

4 位字符体系牌号中的第 2 位为字符，1××× 系合金牌号中的字符表示原始纯铝（A）或改型情况（B~Y），第 3、4 位为铝的最低百分含量的小数点后 2 位数字，如 1A95 表示铝的最低百分含量为 99.95％。2××× 系~8××× 系合金牌号中的字符表示原始合金（A）或改型合金（B~Y，C、I、L、N、O、P、Q、Z 字母除外），第 3、4 位用来区分同系列的不同合金，如 2A11（对应 LY11，11 号硬铝）、4A11（对应 LD11，11 号锻铝），4A01（对应 LT1，1 号特殊铝）。

4 位数字体系牌号中的第 2 位为数字，1××× 系合金牌号中第 2 位数字表示合金元素或杂质极限含量的控制情况，"0"表示其杂质极限含量无特殊控制要求，1~9 的自然数表示应对 1~9 种杂质或合金元素加以控制，第 3、4 位为铝的最低百分含量中小数点后 2 位，以1350为例，要控制3种杂质，铝含量不低于99.50 %。2×××系至8×××系合金牌号中第2位数字表示原型（0）或对合金的修改次数（1～9），最后两位数字用来区分同系列的不同合金，如2219（对应LY19，19号硬铝）、5083（对应LF4，4号防锈铝）。4位数字牌号后缀1个英文大写字母（除I、O、Q外，从A开始依次选用），表示新注册的、与已注册的某牌号成分相似的纯铝或铝合金，如1050A、2017A。

2.1.3　状态及表示

我国制定了GB/T 16475—1996（2008年修订为GB/T 16475—2008），规定了加工铝材状态的表示方法，与美国铝业协会（AA）基本一致，状态代号由拉丁字母与数字组成，用连字符与合金牌号隔开，包含了基础状态代号和细分代号。基础状态代号用字母F、O、W、H、T表示。F为加工状态（如热挤压、热轧状态），表示不需要进行专门的热处理或加工硬化的状态，对力学性能没有限制。O为退火状态，完全退火后强度处于最低的状态（加工材），或经过退火提高伸长率和增加尺寸稳定性的状态（铸件）。W为固溶处理（淬火）状态，为不稳定状态，表示固溶处理后在室温自然时效的状态，在W后面添加数字表示自然时效的时间，如W50d表示固溶处理后经过50d自然时效。H为加工硬化状态，适用于可通过加工硬化提高强度的铝材，冷加工后可进行或不进行会降低加工硬化程度的辅助热处理。T为热处理强化状态，表示通过固溶时效处理的稳定状态，热处理后可进行或不进行冷加工。

图2-3示出了经过不同生产工艺流程获得的状态。H后面的第1位数字表示处理方式：H1n为单纯加工硬化状态；H2n表示加工硬化后进行不完全退火的状态；H3n为加工硬化再稳定化处理的状态。H后面的第2位数字表示加工硬化程度；H×1为抗拉强度仅高于O状态的较软状态；H×2为1/4硬状态，加工硬化后进行不完全退火；H×4为1/2硬状态；H×6为3/4硬状态；H×8为全硬状态；H×9为超硬状态，最小抗拉强度超过H×8状态10MPa以上。第2位数字为奇数时，其标定的抗拉强度是相邻2个第2位数字为偶数状态的抗拉强度的算术平均值。H后面有3位数字时，其最低抗拉强度与相应的2位数字状态的差不多。

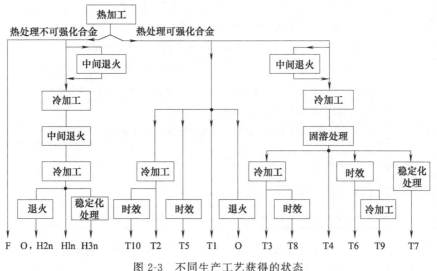

图2-3　不同生产工艺获得的状态

表 2-1 为 T 状态的细分状态，以 T 后面添加数字 0～10 表示基本处理程序，其中 T2、T3、T8、T10 均属于形变热处理。

表 2-1 T 状态的细分状态

T0	固溶处理后，自然时效再经冷加工
T1	热加工冷却后，自然时效至基本稳定的状态
T2	热加工冷却后，经冷加工再自然时效至基本稳定的状态
T3	固溶处理(淬火)后进行冷加工，再经自然时效至基本稳定状态
T4	固溶处理(淬火)后自然时效至基本稳定状态
T5	热加工后快速冷却，然后进行人工时效
T6	固溶处理(淬火)后进行人工时效
T7	固溶处理(淬火)后进行过时效，可根据过时效程度进行细分
T8	固溶处理(淬火)后进行冷加工，再进行人工时效
T9	固溶处理(淬火)后人工时效，再进行冷加工
T10	热加工冷却后，进行冷加工，再进行人工时效

表 2-2 为 T×× 和 T××× 细分状态，表示经过了改变产品某种特性（力学性能、抗腐蚀性能等）的处理状态，其中 T42、T62、T73、T74、T76、T81、T87、T7×2 等细分状态比较常用。

表 2-2 T×× 和 T××× 细分状态

T31	固溶处理(淬火)后进行 1% 的冷加工，再自然时效
T36	固溶处理(淬火)后进行 6% 的冷加工，再自然时效
T37	固溶处理(淬火)后进行 7% 的冷加工，再自然时效
T39	固溶处理(淬火)后，在自然时效前或自然时效后，进行满足既定力学性能要求的冷加工
T41	在热水中淬火的状态，适用于锻件，防止变形及产生较大的热应力
T42	由 F 状态或 O 状态经固溶处理后，自然时效达到充分稳定状态
T51	热加工冷却后进行欠人工时效处理，以改善成形性能
T61	固溶处理(淬火)后进行欠人工时效处理，以改善成形性能
T62	由 F 状态或 O 状态经固溶处理后，进行人工时效
T73	固溶处理后过时效，损失一定强度，获得较好的抗应力腐蚀性能
T74	定义同 T73 状态，抗拉强度大于 T73 状态，抗应力腐蚀性能不如 T73 状态
T76	定义同 T73 状态，抗拉强度大于 T73、T74 状态，具有较好的抗剥落腐蚀性能
T79	固溶处理后轻微过时效，强度损失不大，腐蚀性能改善
T7×2	由 F 状态或 O 状态经固溶处理后，过时效处理，力学性能及抗应力腐蚀性能达到 T7X 状态
T81	固溶处理后，经 1% 冷变形再人工时效
T86	固溶处理后，经 6% 冷变形再人工时效
T87	固溶处理后，经 7% 冷变形再人工时效
T89	固溶处理(淬火)后进行满足既定力学性能要求的冷加工，再人工时效

如在 T×、T××、T××× 后添加 51、510、511、52、54，表示经历了消除应力处理的状态。51 表示板材、棒材、锻件、环轧件等通过适量永久拉伸量（薄板为 0.5%～3%，

厚板为 1.5%～3%，轧制或冷精整的棒材为 1%～3%，锻件和环轧件为 1%～5%）消除应力，510 和 511 均表示挤压的管棒型材和拉制管材通过适当的永久拉伸量（挤压管、棒、型材为 1%～3%，拉制管为 0.5%～3%）消除应力，其中 510 不需进行后续矫直，而 511 要进行微量矫直。52 表示通过 1%～5% 的永久压缩变形量消除应力。54 表示在精锻模内冷整形消除模锻件的应力。

2.1.4 铝合金的发展历程

作为航空航天装备的主要结构材料，铝合金历经 5 个发展阶段，出现了 3 个里程碑。1906 年，德国 Alfred Wilm 发现 Al-Cu 合金的时效强化效应，开发出 2017 铝合金，2×××系铝合金的出现为航空航天铝合金发展历程的第 1 个里程碑。1943 年，美国研制成 7075 铝合金，1956 年，苏联研制成 B95 铝合金，超高强铝合金的出现为航空航天铝合金发展历程的第 2 个里程碑。1957 年美国铝业公司（Alcoa）研制成功 2020 铝锂合金，铝锂合金的出现为航空航天铝合金发展历程的第 3 个里程碑。

2.1.4.1 初始发展阶段

1906 年至 20 世纪 50 年代，为航空航天铝合金的初始发展阶段，基于时效技术的发明，开发出第一代铝合金，具有较高的静强度。时效技术在 Al-Cu-Mg 系合金中获得成功应用，研制出了 2017、2014、2024 等铝合金，后来在 Al-Zn-Mg-Cu 系合金中也发现了类似的沉淀硬化现象，成功研制出 7075-T6、7178-T6 高强铝合金，满足了飞机最初阶段以提高强度安全系数、减轻结构重量和提高航程为目标的静强度设计需求。1933 年，波音公司的 B247 首次使用铝合金；1934 年，道格拉斯 DC-2 也开始使用铝合金。20 世纪 50 年代末期，Alcoa 开发了可用于燃料储箱和火箭锻环的 2219 合金，开发了主要用于制造飞机的蒙皮、耐热结构件的 2618 铝合金。

2.1.4.2 第 2 发展阶段

铝合金的疲劳和应力腐蚀失效导致飞机失事的事件，促使飞机设计者对高强铝合金提出了抗疲劳和耐腐蚀的性能要求。20 世纪 60 年代，发明了过时效技术并应用于 7×××系合金中，使晶界析出相不连续分布，通过适当牺牲强度而提高抗应力腐蚀性能，开发出耐蚀的高强铝合金，即第二代铝合金。7075-T73/T76 为第二代铝合金的典型代表，7075-T73 合金除了能满足飞机静强度设计要求外，还能满足抗腐蚀性能要求，解决了 7075-T6 合金在短横向有应力腐蚀开裂倾向的问题；为减小 T73 处理的强度损失，又研制了 7075-T76 合金，使高强度与耐蚀性能有较好的协调配合，有效提升了飞机的安全水平。

2.1.4.3 第 3 发展阶段

20 世纪 70 年代，出于对飞机安全寿命的考虑，对高强铝合金提出了断裂韧性的要求。基于合金纯化和微合金化技术的进步，利用过时效处理（如 T74、T76）开发出了第三代铝合金，具有高的强度、高的抗应力腐蚀性能和断裂韧性。20 世纪 70 年代初期，在美国海军和空军的支持下，Alcoa 首先研制成功低杂质含量的 7475 合金，具有高强度和优异的断裂韧性；20 世纪 70 年代中期，Alcoa 在低杂质含量合金的基础上，通过 Zr 微合金化研制出了 7050 合金。在此期间，欧洲研制了 7010-T74 合金，成分和性能与 7050-T74 相当，俄罗斯则研制出了Д16ч、В93пч、АК4-1ч、В95пч等高纯铝合金。后来，美国在2024的基础上，通过提高合金纯度和冶金质量，研制出了2124、2224、2324、2424合金，并应用于第三代战机。

2.1.4.4 第4发展阶段

20世纪70年代末期，基于快速凝固技术开发出了8009、8019、8122等铝合金，用于制造飞机机轮锻件、发动机压气机叶片和涡轮散热器、火箭和导弹的头部壳体及尾翼等。与此同时，随着铝锂合金熔炼技术的发展，国外加强了第二代铝锂合金的研究，欧美研制了2090、2091、8090、8091合金，俄罗斯研制了1420、1421合金。

20世纪80年代，研制出了性能优良的连续纤维增强的铝基复合材料，但是，由于制备工艺复杂、原材料成本太高，并没有得到广泛应用。颗粒、晶须增强的铝基复合材料可以采用粉末冶金、搅拌熔铸、熔体浸渗、喷射沉积、半固态加工等技术制备，且可以进行挤压、锻造、轧制，受到青睐，但当时也没有得到实际应用。

2.1.4.5 第5发展阶段

随着航空航天工业的迅速发展，对材料的比强度、断裂韧性、抗应力腐蚀性能和抗疲劳性能等方面都提出了更高的要求，不仅要求铝合金有高的强度，还要求有较高的断裂韧性、抗应力腐蚀性能、抗疲劳性能。20世纪80年代末至90年代中期，随着精密热处理技术、主合金成分优化和精确控制技术的发展，铝合金获得跨越式发展，开发出了具有高强、高韧、耐蚀、高耐损伤等综合性能的第四代铝合金。Alcoa开发出7150合金的T77热处理状态，实现了不牺牲强度的同时满足断裂韧性、抗疲劳和耐腐蚀性能要求的目标，使7150合金获得广泛应用。通过降低Fe、Si等杂质含量、添加微合金元素、优化主合金成分、采用先进的热处理制度等途径，Alcoa开发出了耐损伤的2524-T3和超强高韧耐蚀的7055-T77（强度大约比7150-T77合金高30～50MPa，而韧性、耐蚀性能相当）。在这一时期，美、俄等国还开展了第三代铝锂合金的研究，并将其应用于第四代战机和新型运输机。

20世纪90年代中期至今，航空航天工业致力于发展微合金化技术和短流程、低成本制造技术，开发和应用时效成形技术、超塑性成形技术、搅拌摩擦焊及激光焊接技术、精密铸造技术。通过提高合金纯度、添加稀土等微合金元素调整合金的组分，并通过改善熔炼与铸造工艺和加工工艺、采用新的热处理工艺技术等手段改善合金的组织，从而开发出了一批新型航空航天结构材料，如低密高强高韧Al-Li合金、超高强变形铝合金、高强耐热铝合金、铝基复合材料等。

2.2 主要合金及其航空航天应用

铝能与很多元素形成有实用价值的铝合金，但是，只有10种元素在铝中的固溶度超过1%（质量分数，下同），由于Ag、Ga、Ge、Hf价格较高，Cu、Mn、Si、Mg、Zn、Li六种元素成为主要的合金元素，形成了Al-Cu、Al-Mn、Al-Si、Al-Mg、Al-Mg-Si、Al-Zn、Al-Li等合金体系。目前航空航天所应用的铝合金主要是以Al-Cu为基的2×××系高强度铝合金（又称硬铝）、以 Al-Zn 为基的 7×××系超高强度铝合金（又称超硬铝）、以 Al-Li 为基的轻质高模铝合金，均有时效硬化效应。

2.2.1 合金元素及微合金化

在航空航天铝合金的开发历程中，始终围绕强度和塑性、断裂韧性、耐腐蚀性能、抗疲劳性能等协调发展的目标，采用新的合金元素和调整合金成分研制新合金，或采用新的加工制备技术改善传统铝合金的综合性能和加工性能。通常，加入量超过 1% 的元素称为主合金元素，对合金的组织性能产生决定性影响。微量合金元素能改变沉淀相的界面能、提高空位浓度及均匀沉淀的临界温度，对时效和回复再结晶产生很大影响，因此，微合金化成为进一步挖掘传统合金潜力和开发新型铝合金的重要途径。

2.2.1.1 合金元素的作用

（1）Cu 的作用

Cu 在铝中的极限固溶度为 5.67%，有固溶强化和沉淀强化作用，当 Cu 含量为 4%～6% 时，沉淀强化效果最好，大多数硬铝合金的 Cu 含量在此范围。Cu 通常和 Mg 同时加入，形成 Al-Cu-Mg 系硬铝合金，Cu＋Mg 含量越高，Cu/Mg 比值越高，合金的强化效果越好，当 Mg 含量为 1%～2% 时，Cu 含量由 1% 增加到 4% 时，合金的抗拉强度持续增加，含 2% Mg 和 4%Cu 合金的抗拉强度最大，当 Mg 含量大于 2% 时，Al-Cu-Mg 合金的强度降低。

（2）Mn 的作用

Mn 在铝中的极限固溶度为 1.82%，Mn 可以单独加入铝中形成不可热处理强化的 Al-Mn 二元合金。在大多数铝合金中，Mn 是作为微合金元素加入的，随着 Mn 含量增加，铝合金强度不断增加，当 Mn 含量为 0.8% 时，伸长率达到最大值。除了有固溶强化作用外，Mn 还能抑制粗晶环的产生，能延缓 Al-Cu-Mg 合金的人工时效进程，细小而弥散分布的 $MnAl_6$ 产生弥散强化作用，且可抑制再结晶及晶粒长大，提高合金的耐热强度。此外，$MnAl_6$ 与 Fe 形成 $(FeMn)Al_6$，可减小杂质 Fe 的有害影响，但是，粗大的 $MnAl_6$ 硬脆相会损害合金的性能。

（3）Si 和 Fe 的作用

Si 在铝中的极限固溶度为 1.65%，Si 在 Al-Mg-Si 锻铝、Al-Si 铸造合金及 Al-Si 焊料合金中是作为合金元素加入的，Al-Mg-Si 系合金可热处理强化，而 Al-Si 铸造合金和 Al-Si 焊料合金具有极好的铸造性能及耐蚀性能。Fe 在 Al-Cu-Mg-Ni-Fe 系合金中是作为合金元素加入的，可改善 Al-Cu-Mg 合金的耐热性能。在其他铝合金中，Fe、Si 为杂质元素，对合金的力学性能、电学性能、耐蚀性、可焊性均有不良影响。Fe 在铝中极易形成粗大的 Al_3Fe 针状相，Si 在铝中容易形成游离硅，当 Fe 含量大于 Si 含量时，形成 α-Al_8Fe_2Si 或 $Al_{12}Fe_3Si_2$；当 Si 含量大于 Fe 含量时，形成 β-Al_5FeSi 或 $Al_9Fe_2Si_2$；铁、硅比例不当会导致铸件产生裂纹，铸铝中铁含量过高会使铸件产生脆性。对于有高性能要求的铝合金，可以添加微量稀土控制 Fe、Si 含量和 Fe/Si，改变铝中 Fe、Si 杂质的存在形式和分布。

（4）Mg 的作用

Mg 在铝中的极限固溶度为 14.9%，Mg 可以单独加入铝中形成不可热处理强化的 Al-Mg 二元合金，也可以与其他合金元素一同加入，对铝合金产生补充强化作用，一般变形铝合金的 Mg 含量低于 6%。Al-Mg 二元合金的平衡相为 Al_8Mg_5，其热处理强化作用不明显，其形态和分布对合金耐蚀性有较大影响，呈链状沿晶界分布会造成晶间腐蚀和应力腐蚀开裂，弥散分布于晶内和晶界则会提高合金的耐蚀性。通常在 Al-Mg 合金中加入低于 1% 的 Mn，起补充强化作用，比等量 Mg 的效果更好，加 Mn 可降低 Mg 含量，同时可降低热裂倾向，Mn 可使 Al_8Mg_5 均匀沉淀，改善合金的耐蚀性和焊接性能。

Mg 和 Si 同时加入铝中，可形成以 Mg_2Si 为强化相的 Al-Mg-Si 系合金。Al-Mg-Si 系合金为可热处理强化铝合金，Mg_2Si 的 Mg、Si 质量比为 1.73，在铝中的最大溶解度为 1.85%，时效时形成 GP 区和细小沉淀相对合金起强化作用，为了进一步提高强度，通常加入适量 Cu，同时加入适量 Cr 抵消 Cu 对耐蚀性的不利影响。

（5）Zn 的作用

Zn 在铝中的极限固溶度为 82.8%，在 125℃ 时，溶解度下降为 5.6%；Zn 单独加到铝中会增大铝合金的应力腐蚀开裂倾向，强化效果也不显著。在铝中同时加入 Zn 和 Mg，形成强化相 $MgZn_2$，对合金产生明显的强化作用，Mg 含量超过形成 $MgZn_2$ 相所需要的量时，还会产生补充强化作用，但是，随着 $MgZn_2$ 含量的增加，应力腐蚀开裂和剥落腐蚀倾向明显增加。为了使强度和应力腐蚀抗力有良好的匹配，可通过成分设计和热处理控制 Zn/Mg 在 2.7 左右。在 Al-Zn-Mg 的基础上加入 Cu，其强化效果最好，形成 Al-Zn-Mg-Cu 超硬铝合金，通常 Zn、Mg、Cu 总含量大于 9% 时，合金强度高，但其缺口敏感性、抗疲劳性能、耐蚀性、成形性、可焊性均会恶化；总含量在 5%～6% 时，合金的成形性优良，应力腐蚀开裂敏感性基本消失；总含量在 6%～8% 时，有较好的综合性能，广泛应用于航空航天领域。

（6）Li 的作用

Li 在 Al 中的极限固溶度为 4.2%，降温到室温后，Li 在 Al 中的固溶度小于 1%。Li 的密度仅为 $0.534g/cm^3$，添加 1% 的 Li，可使合金密度下降 3%，弹性模量增加 6%；加入 2% 的 Li，铝合金密度可下降 10%，弹性模量提高 25%～35%。但是，含 Li 的铝合金淬火敏感性强，极易从基体中析出与铝基体完全共格的 δ'（Al_3Li）相，δ' 与母相间的界面能较低，位错容易切过 δ' 相粒子，产生强烈的共面滑移，使位错塞积于晶界，引起应力集中，导致材料破坏。此外，当合金中 Li 含量较高时，时效处理后就会有大量残留的 Li 元素和 δ' 相，使富 Cu 的 T_1 相等在热暴露过程中进一步沉淀析出，导致合金强度增大，而韧性大大降低，表现出明显的低热稳定性。上述缺点是早期铝锂合金在航空航天领域应用的主要障碍。

第三代和第四代铝锂合金不再单纯追求低密度，而是适当降低 Li 的含量，避免 δ' 的单独存在，获得较好的综合性能。对于航空航天铝合金，Li 是最有应用前景的合金化元素，不仅可以降低铝合金密度，还可以有效改善铝合金的综合性能。

（7）Cr 的作用

Cr 是 Al-Mg 系、Al-Mg-Si 系、Al-Mg-Zn 系合金中常见的添加元素，600℃ 时，Cr 在 Al 中的溶解度为 0.77%，室温时基本不溶解。Cr 在 Al 中形成 $(CrFe)Al_7$ 和 $(CrMn)Al_{12}$ 等金属间化合物，阻碍再结晶的形核和长大过程，对合金有一定的强化作用，还能改善合金韧性和降低应力腐蚀开裂敏感性。但是，Cr 会增加淬火敏感性，使阳极氧化膜呈黄色。Cr 在铝合金中的添加量一般不超过 0.35%，并随合金中过渡元素含量的增加而降低。

（8）Zr 的作用

Zr 在铝中的极限固溶度为 0.28%，微量 Zr 添加到铝中，有固溶在 α-Al 中及形成

Al$_3$Zr（DO$_3$）初生相、Al$_3$Zr（Ll$_2$）亚稳相、Al$_3$Zr（DO$_{23}$）平衡相四种存在形式。Zr 取代 α-Al 晶格的部分 Al，形成置换型固溶体，会对铝合金后续处理产生积极影响。亚稳态 Al$_3$Zr(Ll$_2$)呈球形或近球形，与基体失配率只有 0.8%，细小弥散分布的 Al$_3$Zr 粒子抑制再结晶和晶粒长大，对提高合金的强度和改善断裂韧性、耐热性、耐蚀性、淬火敏感性等方面均有积极作用。在 Al-Li 合金中，细小弥散分布的 Al$_3$Zr 粒子可作为 δ′ 相的核心，加快时效进程和促进沉淀相大量弥散析出，提高合金强度，同时还能改善合金的断裂韧性。在高强铝合金中，加入 Zr 可抑制与基体不共格的含 Mn、Cr 的粗大相形成，有利于合金断裂韧性的提高，还能改善合金的淬火敏感性及抗应力腐蚀性能。

但是，当 Zr 含量超过 0.17% 时，将形成粗大的 Al$_3$Zr（DO$_3$）初生相，恶化合金的力学性能，一般将 Zr 含量控制在 0.15% 以下。经高温长时间退火，亚稳 Al$_3$Zr 会向平衡 Al$_3$Zr 相转变，Al$_3$Zr 平衡相为 DO$_{23}$ 结构，$c=1.729$nm，$a=0.401$nm，其中晶格常数 a 与基体的晶格常数（0.405nm）接近，与基体呈半共格关系，对合金的有益作用不如 Al$_3$Zr 亚稳相。

（9）Sc 的作用

Sc 既属过渡元素，又属稀土元素，既有稀土元素净化熔体和改善铸造组织的作用，又有过渡元素细化晶粒、抑制再结晶的作用，是铝合金最有效的微合金化元素。Sc 在铝中的极限固溶度为 0.32%，含 Sc 的铝固溶体分解时，生成弥散度极高的 Al$_3$Sc（L1$_2$）粒子，与 α-Al 的结构和点阵常数几乎完全一致，强化效果好且具有很强的热稳定性，在高温下仍与基体保持共格关系，能有效地改善合金的塑性、耐蚀性、疲劳断裂性能等。此外，Sc 可以细化铸态组织和改善合金的焊接性能。

俄罗斯将 Sc 加入 Al-Mg、Al-Li-Mg、Al-Li-Cu 系合金，开发出 01515、01523、01545、01570、01424、01464 等合金；东北轻合金有限责任公司将 Sc 加入 5××× 系铝合金，开发出 5B70 合金和 5B71 合金，已经在航天领域获得应用。

（10）Ag 的作用

Ag 在铝中的最大固溶度为 35.6%，少量 Ag 对 Al-Cu-Mg、Al-Cu-Li、Al-Zn-Mg-Cu 系合金的抗拉强度、断裂韧性、疲劳特性、应力腐蚀抗力均有积极的作用。在 Al-Cu-Mg 系合金中，当 Cu/Mg 较高时，加入少量 Ag 就会形成片状的 Ω 亚稳相，提高合金的时效强化效果，当温度低于 200℃ 时，Ω 相可保持稳定，使合金有较好的抗蠕变性能。在 Al-Cu-Li 合金中，联合加入 Ag 和 Mg，可促进 T$_1$ 相形核和细小均匀分布，无须在时效前进行预变形，就会产生额外的时效强化效果。在 Al-Zn-Mg-Cu 系合金中加入 Ag，诱导 η′ 相形核、提高 GP 区数目和热稳定性，使合金获得时效峰值的温度区间变宽，在 220℃ 仍保持高硬度和强度。此外，加入 Ag 可以显著提高 Al-Zn-Mg-Cu 合金的应力腐蚀抗力。

美国在 2××× 系铝合金中加入微量 Ag，研制出了 C415、C417 合金，其具有很好塑性和韧性，用于高速飞机的耐热蒙皮，可在 200℃ 长期使用。欧洲在 7010 合金中添加微量 Ag，以改善其焊接性能。德国开发了含 Ag 的 7009 铝合金航空锻件，综合性能大大提高。

（11）Cd、Sn、In 的作用

Cd、Sn 和 In 元素对 Al-Cu 合金的时效过程产生显著的影响。3 种元素与淬火空位有较高的结合能，使 Al-Cu 合金 GP 区不易形成，从而抑制合金的低温时效，在淬火或高温时效早期形成的含 Cd、Sn 和 In 的沉淀相，可以作为 θ′ 相的核心，从而增加高温时效效果，使得合金时效硬化达到强度峰值的时间缩短，强度峰值提高。以 2021 合金（Al-6.3%Cu-0.15%Cd-0.05%Sn）和 2020 合金（Al-4.5%Cu-1.1%Li-0.50%Mn-0.20%Cd）为例，分别加入了 0.15% 和 0.20% 的 Cd，以促进 θ' 相析出。Cd 与 Li 联合加入可显著增加 Al-Cu 合金的时效效果，在高 Li 含量的 Al-Cu-Li 合金中，Cd 对时效的促进作用较弱，而 In 的加入可以增加 T_1 和 θ' 相的密度和均匀性，产生良好的促进时效作用。

2.2.1.2 微合金化

工业铝合金中主合金元素的控制已形成标准，其调控空间非常有限，而一些微量元素会显著影响铝合金的微观组织和综合性能，在改善传统铝合金组织性能、开发新型铝合金中扮演重要角色。按其所起作用和机理，铝合金的微合金化元素主要分为两类：Mn、Cr、Zr、Sc、Er 等为典型的弥散相形成元素，主要通过自身形成弥散析出相；Ag、Sn、Cd、In 等元素主要通过改变含主合金元素的沉淀相的析出行为、结构、形貌来改善合金的组织性能。

铝合金的微合金化已从单一元素发展到多元复合，各元素间可能发生极为复杂的交互作用，形成复合结构相，性能并不只是简单的线性叠加。如在铝合金中复合添加微量 Sc 和 Zr、Ti、Hf 等过渡元素，Zr、Ti、Hf 能在 Al_3Sc 粒子上聚集，形成壳-核结构的 $Al_3(Sc_{1-x}Zr_x)$、$Al_3(Sc_{1-x}Ti_x)$ 和 $Al_3(Sc_{1-x}Hf_x)$ 复合相，保留了 Al_3Sc 相的全部有益性质，进一步细化晶粒和复合相、提升合金强度和耐热性。稀土元素（Er、Y、Dy、Yb、Sm 等）在 Al 中的固溶度都比较低，但是，其在 Al_3Sc 中的溶解度较高（约 40%～100%，原子分数），能有效替代 Al_3Sc 中的 Sc 原子，形成 $Al_3(Sc_{1-x}RE_x)$ 复合相。

图 2-4 为工业纯铝经复合微合金化及时效处理后的 TEM 照片。Zr 和 Er 二元复合添加到工业纯铝中，如图 2-4（a）所示，形成具有核-壳结构的 $Al_3(Er, Zr)$ 复合粒子，Zr 聚集在 Al_3Er 的外层，Zr、Er、Sc 三元复合添加到工业纯铝中，如图 2-4（b）所示，则形成具有核-双壳结构的 $Al_3(Er, Sc, Zr)$ 沉淀相，具有较好的综合性能。

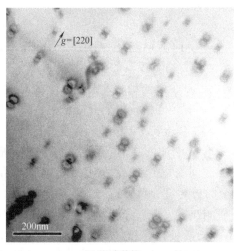
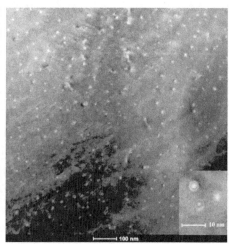

(a) 核-壳结构　　　　　　　　　　　(b) 核-双壳结构

图 2-4　复合微合金化形成的纳米复合粒子

2.2.2　Al-Cu 合金及典型应用

在 Al-Cu 合金中添加 Mg、Mn、Fe、Ni 等元素，形成 Al-Cu-Mg 系、Al-Cu-Mn 系、Al-Cu-Mg-Fe-Ni 系合金，统称为 2××× 系铝合金。

2.2.2.1 主要合金系及合金

图 2-5 为 Al-Cu-Mg 系合金相图的 430℃等温截面，除了 θ(CuAl₂) 和 β(Mg₂Al₃) 相外，还有 S(CuMgAl₂)、T[Mg₃₂(AlCu)₄₉] 三元相，S 相属于斜方晶系，晶格常数 $a=4.01$ Å，$b=9.23$ Å，$c=7.14$ Å，Cu/Mg 含量比为 2.61，T 相还可用 CuMg₄Al₃ 表示，立方晶格，$a=14.28$ Å。以 S 相的强化效应最大，θ 相次之，β 和 T 相强化效应较弱。

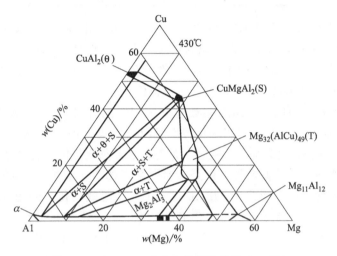

图 2-5 Al-Cu-Mg 系合金的等温截面（430℃）

表 2-3 为典型 Al-Cu-Mg 系合金的化学成分，Cu 含量一般控制在 5%以下，0.5%的 Mg 能改善 θ 相、α 固溶体和晶界间的电极电位关系，因而使合金的抗晶间腐蚀性能有所改善，但是，当 Mg 含量超过 2.5%以后，会出现 β 相和 T 相，影响时效硬化效应。Cu/Mg 不同，相组成物也不同，Cu 含量越高，θ 相越多，随着 Mg 含量增加，S 相增加，当 Cu/Mg≤2.61（4%～5%Cu，1.5%～2.0%Mg）时，S 成为主要沉淀相，S 过渡相有提高耐热性的作用，同时存在 S 和 θ 过渡相的强化效果最好。

表 2-3 典型 Al-Cu-Mg 系合金的化学成分 %

牌号	Cu	Mg	Mn	Zn	Ti	Si	Fe	其他
2017	3.5～4.5	0.40～0.80	0.40～1.0	0.25	0.15	0.5～0.8	≤0.70	0.10Cr
2014	3.9～5.0	0.20～0.80	0.40～1.2	0.25	0.15	0.5～1.2	≤0.70	0.10Cr
2024	3.8～4.9	1.2～1.8	0.30～0.90	0.25	0.15	≤0.50	≤0.50	0.10Cr
2124	3.8～4.9	1.2～1.8	0.30～0.90	0.25	0.15	≤0.20	≤0.30	0.10Cr
2224	3.8～4.4	1.2～1.8	0.30～0.90	0.10	0.15	≤0.12	≤0.15	0.10Cr
2324	3.8～4.4	1.2～1.8	0.30～0.90	0.20	0.15	≤0.10	≤0.12	0.10Cr
2524	4.0～4.5	1.2～1.6	0.45～0.70	0.25	0.10	≤0.06	≤0.12	0.05Cr
2026	3.6～4.3	1.0～1.6	0.3～0.8	0.10	0.06	≤0.05	≤0.07	0.05～0.25Zr
2A01	2.2～3.0	0.20～0.50	0.20	0.10	0.15	0.50	0.50	
2A02	2.6～3.2	2.0～2.4	0.45～0.70	0.10	0.15	0.30	0.30	
2A04	3.2～3.7	2.1～2.6	0.50～0.80	0.10	0.05～0.40	0.30	0.30	0.001～0.01Be
2A06	3.8～4.3	1.7～2.3	0.50～1.0	0.10	0.03～0.15	0.50	0.50	0.001～0.005Be

续表

牌号	Cu	Mg	Mn	Zn	Ti	Si	Fe	其他
2A10	3.9~4.5	0.15~0.30	0.30~0.50	0.10	0.15	0.25	0.20	
2A11	3.8~4.8	0.40~0.80	0.40~0.80	0.30	0.15	0.70	0.70	0.10Ni
2A12	3.8~4.9	1.2~1.8	0.30~0.90	0.30	0.15	0.50	0.50	0.10Ni
2A14	3.9~4.8	0.40~0.80	0.40~1.0	0.30	0.15	0.60~1.2	0.70	0.10Ni

Mn 的主要作用是消除 Fe 对耐蚀性的有害影响，有一定固溶强化效果，能抑制热变形和热处理的再结晶，有稳定人工时效组织的作用，当 Mn 的加入量超过 1% 时，会形成粗大的 (FeMn) Al_6，降低压力加工性能和断裂韧性。在 Al-Cu 合金中，Mn 的强化效果比等量 Mg 更好，因此，通常加入低于 1% 的 Mn 部分替代 Mg 的强化作用，可降低热裂倾向、改善合金的耐蚀性和焊接性能。当 Zn 含量超过 0.3% 时，会降低合金的耐热性、增加铸造和焊接的裂纹倾向。加入少量 Ti，可以细化铸态组织，降低合金的热裂倾向。

微量 Si 在硬铝中被视为杂质，影响合金的塑性和耐损伤性能，还会增加合金（如 2A06 和 2A12）铸造和焊接开裂的倾向性，但是，当合金中的 Mg 含量小于 1% 时，Si 含量大于 0.5% 反而产生有益的影响，形成的 Mg_2Si 有利于人工时效硬化。Fe 在铝合金中可能形成 $FeAl_3$、(FeMn) Al_6、(FeMnSi) Al_6、$CuFeAl_7$ 或 Cu_2FeAl_7 等粗大脆性杂质相，导致合金中的 $CuAl_2$、$S(CuMgAl_2)$ 相减少，损害合金的强度、韧性及工艺性能。有 Si 存在时，Fe 含量不高（0.20%~0.25%）对力学性能影响不大，为了中和 Si 对铸造和焊接的不利影响，Fe 含量必须超过 Si 含量的 1.1~1.5 倍。近年开发的高强铝合金，通过严格控制 Fe、Si 杂质含量，使断裂韧性大大提高，如 2024 合金存在较多含铁杂质相，对塑性和韧性均产生不利影响，2124、2224、2324、2524 合金降低了 Fe、Si 杂质含量，使 K_{IC} 大大提高，当 Fe 由 0.25% 降到 0.15% 时，K_{IC} 提高 20%~40%。

加入 Fe、Ni 元素，能改善 Al-Cu-Mg 合金的耐热性。表 2-4 为主要的 Al-Cu-Mg-Fe-Ni 系合金的化学成分，降低了 Cu/Mg 比值，使合金成分落在 α(Al)＋ $S(CuMgAl_2)$ 两相区内，主要强化相为 S 相，S 相在高温下非常稳定，聚集倾向较小，可以使合金具有较好的耐热性。当 Fe/Ni＝1 时，形成 $FeNiAl_9$ 耐热相，保证了形成 S 相的 Cu 含量，进一步提高合金的耐热性。形成 $FeNiAl_9$ 相后，如有过剩 Fe，还会形成 Cu_2FeAl_7 相，如有过剩 Ni，还会形成 AlCuNi 相，$FeNiAl_9$ 相和 AlCuNi 相（或 Cu_2FeAl_7）不参与热处理强化。由于限制了 Mn 含量，合金的再结晶倾向比较大，降低了力学性能的各向异性，较粗大的晶粒对合金的耐热性更为有利，2D70 合金的 Mn 含量控制最严，耐热性更好。适量 Ti 可以细化铸态晶粒，提高锻造工艺性能，对耐热性有利，2A80 和 2A90 合金加入了适量 Si，析出 Mg_2Si 产生强化作用。

表 2-4　主要 Al-Cu-Mg-Fe-Ni 系合金的化学成分　　　　%

牌号	Cu	Mg	Fe	Ni	Si	Ti	Zn	Mn
2A70	1.9~2.5	1.4~1.8	1.0~1.5	0.90~1.5	<0.35	0.02~0.10	<0.30	<0.20
2D70	2.0~2.6	1.2~1.8	0.9~1.4	0.9~1.4	0.1~0.25	0.05~0.10	≤0.10	≤0.10
2A80	1.9~2.5	1.4~1.8	1.0~1.6	0.90~1.5	0.5~1.2	0.15	<0.30	<0.20
2A90	3.5~4.5	0.4~0.8	0.5~1.0	1.8~2.3	0.5~1.0	0.15	<0.30	<0.20

与铜含量相同的 Al-Cu 合金比较，Al-Cu-Mg 系合金 GP 区的形成速率及自然时效强化值均要大些，可在自然时效状态使用。人工时效前的冷变形可显著提高该系合金的力学性能，尤其屈服强度提高更加显著，但是，会增加合金的晶间腐蚀倾向性。

图 2-6 为 Al-Cu-Mn 系合金的 230℃ 等温截面，主要由 α（Al）、θ（CuAl$_2$）、T（Al$_{12}$Mn$_2$Cu）、MnAl$_2$ 等相组成，当 Cu 含量很低时，会出现（FeMn）Al$_6$。

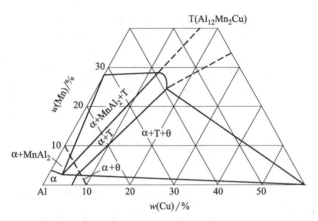

图 2-6　Al-Cu-Mn 系合金的等温截面（230℃）

表 2-5 为常用 Al-Cu-Mn 系合金的化学成分，Cu 含量较高，超过了极限溶解度（＞5.67％），合金的共晶组织多，流动性好，因而具有优良的可焊性。Mn 是保证合金耐热性的主要元素，Mn 在铝中扩散系数小，还能降低 Cu 在铝中的扩散系数，不但使固溶体的分解速率降低，还能降低 θ 相高温聚集的倾向，弥散分布的 θ 相对耐热性也有一定贡献。当 Mn 含量为 0.4％～0.8％ 时，可形成细小弥散分布的 T（Al$_{12}$Mn$_2$Cu）相，对合金耐热性具有良好的影响，同时还产生弥散强化作用，使合金在 250～300℃ 具有相当高的强度。当淬火冷却速率较缓慢时，T 相呈条状和不定形块状析出，降低合金的时效强化效果和耐热性。

表 2-5　常用 Al-Cu-Mn 系合金的化学成分　　　　　　　　　　　　　　%

牌号	Cu	Mn	Mg	Zr	Ti	V	Zn	Si	Fe
2A16	6.0～7.0	0.40～0.80	＜0.05	0.20	0.10～0.20		0.10	0.30	0.30
2B16	5.8～6.8	0.20～0.40	＜0.05	0.10～0.25	0.08～0.20	0.05～0.15	—	0.25	0.30
2A17	6.0～7.0	0.40～0.80	0.25～0.45	—	0.10～0.20		0.10	0.30	0.30
2219	5.8～6.8	0.20～0.40	0.05	0.10～0.25	0.02～0.10	0.05～0.15	0.10	0.20	0.30
2319	5.8～6.6	0.20～0.40	0.05	0.10～0.25	0.10～0.20		0.10	0.20	0.30
2419	5.8～6.8	0.20～0.40	0.05	0.10～0.25	0.02～0.10	0.05～0.15	0.10	0.15	0.18
2519	5.8～6.8	0.20～0.40	0.05～0.40	0.10～0.25	0.02～0.10	0.05～0.15	0.10	0.15	0.18

与 Mn 一样，过渡元素 Zr、Ti、V 也能提高 Al-Cu-Mn 系合金的再结晶温度，细化晶粒，增加固溶体的稳定性，对合金的耐热性产生有益影响，其中 Zr 的作用最明显，能改善可焊性和焊缝的塑性。当 Ti 含量为 0.2％ 时，生成高熔点化合物 TiAl$_3$；当 Ti 含量为 0.3％ 时，TiAl$_3$ 呈粗大针状，降低合金的耐热性。

Zn、Si、Fe 为 Al-Cu-Mn 系合金的杂质元素，Zn 促进 Cu 在铝中的扩散，Si 降低再结晶温度，加速固溶体分解，导致合金的高温持久性能下降；当 Fe 含量较高时，形成片状

(FeMn) Al_6 相、针状 Cu_2FeAl_7 相，消耗 $\alpha(Al)$ 中 Cu 和 Mn。

2.2.2.2 在航空航天领域的应用

2××× 系合金是最早应用于航空航天领域的可热处理强化铝合金，典型应用如表 2-6 所示，主要有机身蒙皮、机翼下蒙皮、机身框、肋等结构件。

表 2-6 主要 2××× 系合金及典型应用

合金	品种规格	典型用途
2014	厚板、管、棒、型材、锻件	飞机重型结构,火箭第一级燃料槽与航天器零件
2024	板、管、棒、型、线材	机身蒙皮、腹板、框、桁条、铆钉、导弹构件、螺旋桨元件
2026	型材	B777、ARJ21 等飞机的中央翼长桁、下缘条
2124	厚板	加强框、梁、接头等航空航天器结构件
2324	厚板	机翼下壁板、肋缘
2524	厚板	B777、F35、ARJ21 等飞机的机身蒙皮
2218	锻件	飞机发动机活塞、汽缸头,喷气发动机叶轮和压缩机环
2219	板、管、棒、型、线材、锻件	火箭氧化剂槽与燃料槽,超声速飞机蒙皮与结构零件
2618	锻件	活塞和航空发动机零件
2A01	线材	工作温度≤100℃的铆钉
2A02	型材,锻件	涡轮喷气发动机的轴向压气机叶片及其他高温工作零件
2A06	板、线材	工作温度 150~250℃ 的铆钉
2A10	线材	工作温度≤100℃的铆钉
2A11	型、棒、线材,模锻件	飞机中等强度的结构件、骨架、螺栓和铆钉、螺旋桨叶片
2A12	板、型、线材	飞机蒙皮、中央翼带板、地板、盖板,隔框、翼肋、翼梁和长桁,中央翼、机翼、副翼的连接件,铆钉、销钉、叉形接头
2A16	板、型、棒材,锻件	250~300℃工作的航空航天器零件,焊接容器与气密座舱
2A17	锻件	工作温度 225~250℃ 的航空器零件
2A60	锻件	航空发动机压气机轮、导风轮、风扇、叶轮
2A70	板、棒材,锻件	飞机蒙皮,航空发动机活塞、导风轮、轮盘
2A80	棒、型材,锻件	发动机压气机叶片、叶轮、活塞、涨圈及其他高温工作零件
2A90	棒材,锻件	航空发动机活塞

在 Al-Cu-Mg 系合金中，2A12 合金的综合性能较好，可用于制造飞机蒙皮、主要承力件、使用温度低于 150℃ 的零件；2A11（2017）合金的强度低于 2A12 合金，锻造性能优于 2A12 合金，主要用于模锻件、骨架等中等强度的飞机结构件。2A01 和 2A10 合金主要用于制作铆钉线，其中 2A10 合金的强度较高。2A02 和 2A06 合金是可在高温使用的硬铝合金，当使用温度 <200℃ 时，2A02 合金的强度较高，可用于锻造涡轮喷气发动机叶片等；使用温度 >200℃ 时，2A06 合金的强度较高，可用于制造在 150~250℃ 温度范围工作的结构件。2024 型（包括 2024、2124、2324、2524 等）和 2026、2618、2D70 等合金也在航空航天领域获得广泛应用，其中 2524-T3 薄板、2026-T3511 型材是针对损伤容限设计要求开发的代表性合金，已用于机身蒙皮、机翼下壁板及长桁等结构件。

Al-Cu-Mg-Fe-Ni 系合金的高温强度高，耐热性能好，且有良好的工艺性能，主要用于锻造在 150～250℃以下工作的耐热零件，其中以 2A70、2D70、2618 等合金的耐热性能最好，在航空航天领域有广泛的应用。

Al-Cu-Mn 系合金的室温强度低于 2A12 合金，但在 250～300℃温度范围的强度高于 2A12、2A70 合金，可用于制作发动机的导轮、压气机叶片等模锻件，挤压制品可用来制造在 200～300℃工作的零件，板材可用来制造在常温和高温工作的焊接件。2219 型（包括 2219、2319、2419、2519）合金除具有高的强度、韧性和抗应力腐蚀等综合性能外，还具有焊接开裂倾向性小的特点，可加工成板、管、棒、型、线材及锻件和环轧件。2219 合金已应用于运载火箭的低温氧化剂与燃料槽、航天器及超声速飞机蒙皮与骨架；2419 合金降低了 Fe、Si 等杂质元素，进一步改善了合金的韧性，被用于制造飞机的高强度焊接件和高温结构件；2519 合金主要用于制造飞机蒙皮、火箭结构件。苏联在 20 世纪 70 年代中期研制"能源号"重型运载火箭的液氢液氧储箱时采用了与 2219 合金成分相似的 1201 合金。

随着损伤容限/耐久性设计准则的发展，要求 2××× 合金朝着强韧性更高、耐损伤能力更强、加工成形性更好、焊接性能更好的方向发展，表 2-7 为 2001 年以来国外注册的 2×××系合金。

表 2-7 新型 2×××系合金及其化学成分 %

牌号	注册	时间	Cu	Mn	Mg	Cr	Zn	Ti	Ag	Zr	其他	Si	Fe
2027	法国	2001	3.9～4.9	0.50～1.2	1.0～1.5		0.20	0.08			0.05～0.15V	0.12	0.15
2040	美国	2003	4.8～5.4	0.45～0.80	0.70～1.1		0.25	0.06	0.40～0.70	0.08～0.15	0.0001Be	0.08	0.10
2056	法国	2003	3.3～4.3	0.10～0.50	0.60～1.4	0.40～0.80		0.10				0.10	0.12
2139	法国	2004	4.5～5.5	0.20～0.60	0.20～0.8	0.05	0.25	0.15	0.15～0.60		0.05V	0.10	0.15
2022	法国	2004	4.5～5.5	0.15～0.50	0.10～0.45	0.05	0.05～0.30	0.15				0.15	0.20
2023	法国	2004	3.6～4.5	0.30	1.0～1.6	0.10		0.05		0.05～0.15	0.01～0.06Sc	0.10	0.15
2624	美国	2009	3.8～4.3	0.45～0.70	1.2～1.6	0.05	0.15	0.10				0.15	0.15
2724	美国	2010	3.8～4.9	0.3～0.90	1.2～1.8		0.25	0.06		0.08～0.14		0.15	0.20
2029	美国	2013	3.2～4.0	0.20～0.50	0.80～1.1			0.10	0.30～0.50	0.08～0.15		0.12	0.15
2824	美国	2014	3.7～4.3	0.50～0.90	1.1～1.6	0.05	0.25	0.15		0.08～0.14		0.08	0.11
2122	美国	2015	4.5～5.4	0.15～0.50	0.10～0.60	0.05	0.15	0.15				0.08	0.15
2042	法国	2015	4.5～5.5	0.15～0.50	0.10～0.45	0.05	0.15			0.08～0.16		0.10	0.15

国内航空用铝合金经历了仿制和自行研制的发展阶段，研制出了 2A12（2024）、2124、2A11、2A14（2014）、2214、2017A、2618A 等典型合金，国产第三代 2×××系高纯铝合金 2D12、2B06、2D70、2124 等已实现稳定批次生产，且已批量装机应用。研制的 2E12（与 2524 合金相当）薄板已应用于某型号飞机机身蒙皮、钣金框类典型零件，满足了飞机较高的损伤容限设计要求。为了满足较高温度的使用要求，研制出了系列 Al-Cu-Mn 铝合金并

投入了使用，如与美国 2219 合金成分类似的 2A16 (LY16)、2B16 (LY16-1)，与 2021 合金成分类似的 2A17 (LY17)，以及在 2519 合金基础上研发的 2519A 铝合金。

2.2.3　Al-Zn 合金及典型应用

Al-Zn 合金定义为 7××× 系铝合金，苏联将其定义为 B××，中国在 1996 年前将其定义为超硬铝 (LC)。含 Zn 的铸造铝合金有很高的热裂倾向，含 Zn 的变形铝合金具有很强的应力腐蚀开裂敏感性，通常添加 Mg、Cu 及微合金元素，形成 Al-Zn-Mg 和 Al-Zn-Mg-Cu 合金系列。

2.2.3.1　主要合金系及合金

Al-Zn-Mg 系合金具有较高强度、良好的热变形性能、优良的可焊性，淬火温度很宽，通过控制 Zn、Mg 含量（Zn＋Mg≤7%），添加 Mn、Cr、Zr 微合金元素及采用适当的时效工艺，可以改善合金的应力腐蚀开裂敏感性，因此，近 20 年来，Al-Zn-Mg 系合金得到迅速发展和应用。图 2-7 为 Al-Zn-Mg 系合金的三元相图，除了 $\eta(MgZn_2)$、$\beta(Al_3Mg_2)$、$\gamma(MgZn_5)$ 等二元相外，还有 $T(Al_2Mg_3Zn_3)$ 三元相，T 相也可用 $(AlZn)_{49}Mg_{32}$ 表示，T 相的 Zn/Mg≈2.71。Zn/Mg 为 1~4 时，合金的主要强化相为 T，只有 Zn/Mg＞4 的合金才有 η 相出现，Zn/Mg＝6~7 的合金才能全由 η 相组成。工业用 Al-Zn-Mg 合金的化学组成主要位于用 M 表示的平行四边形内，主要强化相是 η 相和 T 相，Zn、Mg 在 α(Al) 中溶解度随温度升降发生剧烈变化，有极强的时效强化效果，提高合金中的 Zn、Mg 含量，抗拉强度得到进一步提高，但抗应力腐蚀和剥落腐蚀的能力、断裂韧性随之降低。

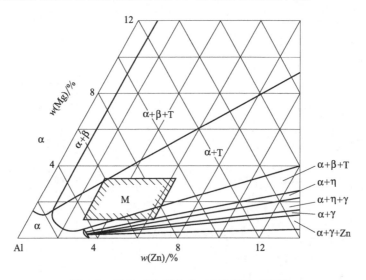

图 2-7　Al-Zn-Mg 系合金 Al 端相图（室温）

在 Al-Zn-Mg 合金中加入 Cu，增加固溶体的过饱和程度，提高合金的淬火敏感性和时效速率，形成 Al_2CuMg 相，可降低晶界与晶内的电势差，细化晶界沉淀相，改善合金的抗应力腐蚀性能和断裂韧性，但有产生晶间腐蚀和点蚀的倾向。图 2-8 为 Al-Zn-Mg-Cu 系合金的 200℃等温截面，主要沉淀相为 $\eta(MgZn_2)$、$T(Al_2Mg_3Zn_3)$、$S(CuMgAl_2)$，当合金含 5%~7%Zn 和 1%~3%Mg 时，Cu＞0.7% 即会出现 S 相，Cu＞2% 时还会出现 θ 相，η 相在470℃的最大溶解度可达28%，在室温则只有4%，是超硬铝的主要强化相。有资料介绍，Cu对断裂韧性的影响与Zn/Mg比值有关。当Zn/Mg比值较小时，Cu含量愈高，韧性愈差；当Zn/Mg比值较大时，即使Cu含量很高，韧性变化也不大。

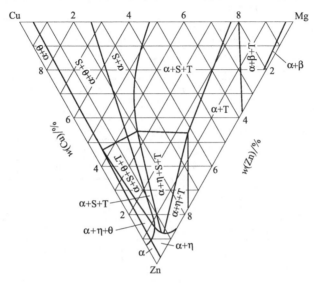

图2-8 Al-Zn-Mg-Cu系合金的等温截面（200℃，90%Al）

表2-8为常用7×××系航空航天铝合金及化学成分，通常加入Mn、Cr、Zr等微合金元素。在提高抗应力腐蚀性能方面，添加Cr比添加Mn效果好，用Zr代替Cr和Mn也可以取得较好的效果，Zr可大大提高合金的再结晶温度，还可提高合金的淬透性、可焊性、断裂韧性、抗应力腐蚀性能等。过剩的Mg主要富集在晶界，加速腐蚀裂纹的形成与扩展，降低合金的抗应力腐蚀能力，欠时效状态具有较大的应力腐蚀敏感性，随着时效程度加深，η'和η量增加，晶界的Mg含量降低，过时效状态表现出良好的抗应力腐蚀能力。因此，控制Zn/Mg接近3/1、加入微量Zr、控制淬火速率、采用过时效等措施可获得综合性能良好的高强度铝合金。

表2-8 常用7×××系航空航天铝合金及化学成分 %

牌号	注册地	时间/年	Zn	Mg	Cu	Mn	Cr	Zr	其他	Si	Fe
B95	苏联	1948	5.0～7.0	1.8～2.8	1.4～2.0	0.4～0.6	0.1～0.25			0.5	0.5
B96ц	苏联	1956	8.0～9.0	2.3～3.0	2.0～2.6	—	—			0.3	0.4
B96ц-1	苏联	1968	8.0～8.6	2.3～3.0	2.0～2.6	0.3～0.8	—			0.3	0.3
B96ц-3	苏联	1970	7.6～8.6	1.7～2.3	1.4～2.0	—				0.1	0.2
B93	苏联	1957	6.5～7.3	1.6～2.2	0.8～1.2	—				0.2	0.2～0.4
B95пч	苏联	1971	5.0～6.5	1.8～2.8	1.4～2.0	0.2～0.6	0.10～0.25			0.1	0.25
B96оч	苏联	1971	5.0～6.5	1.8～1.4	1.4～2.0	0.2～0.6	0.10～0.25			0.1	0.15
B93пч	苏联	1971	6.5～7.3	1.6～2.8	0.8～1.2	—				0.1	0.2～0.4
7A04	中国		5.0～7.0	1.8～2.8	1.4～2.0	0.20～0.60	0.10～0.25			0.50	0.05
7B04	中国		5.0～6.5	1.8～2.8	1.4～2.0	0.20～0.60	0.10～0.25		0.10Ni	0.10	0.05～0.25
7A09	中国		5.0～6.1	2.0～3.0	1.2～2.0	0.15	0.16～0.36			0.50	0.05

续表

牌号	注册地	时间/年	Zn	Mg	Cu	Mn	Cr	Zr	其他	Si	Fe
7B50	中国		6.0~7.0	2.0~2.8	1.8~2.6	0.10	0.04	0.08~0.16	0.10Ti	0.12	0.15
7075	美国	1943	5.1~6.1	2.1~2.9	1.2~2.0	1.30	0.18~0.28	—		0.40	0.05
7175	美国	1957	5.1~6.1	2.1~2.9	1.2~1.9	0.10	0.18~0.30	—		0.20	0.15
7475	美国	1969	5.2~6.2	1.9~2.6	1.2~2.6	0.06	0.04	—		0.10	0.12
7049	美国	1968	7.2~8.2	2.0~2.9	1.2~1.9	0.20	0.10~0.22	0.25		0.25	0.35
7149	美国	1975	7.2~8.2	2.0~2.9	1.2~1.9	0.20	0.10~0.22	0.25		0.15	0.20
7249	美国	1992	7.2~8.2	2.0~2.6	1.3~1.9	0.20	0.12~0.18	0.25		0.12	0.12
7050	美国	1971	5.7~6.7	1.9~2.6	2.0~2.5	0.10	0.04	0.08~0.15		0.12	0.15
7150	美国	1978	5.6~6.9	2.0~2.7	1.9~2.5	0.10	0.04	0.08~0.15		0.10	0.15
7010	美国	1975	5.7~6.7	2.1~2.6	1.5~2.0		0.04	0.11~0.17		0.12	0.15
7055	美国	1990	7.6~8.4	1.8~2.3	2.0~2.6	0.05	0.04	0.05~0.25		0.10	0.15
7449	法国	1994	7.5~8.7	1.8~2.7	1.4~2.1	0.20		0.25Zr+Ti		0.12	0.15
7040	法国	1996	5.7~6.7	1.7~2.4	1.5~2.3	0.04	0.04	0.05~0.12	0.06Ti	0.10	0.13
7085	美国	2002	7.0~8.0	1.2~1.8	1.3~2.0	0.04	0.04	0.08~0.15	0.06Ti	0.06	0.08
7056	法国	2004	8.5~9.7	1.5~2.3	1.2~1.9	0.20		0.05~0.15	0.08Ti	0.10	0.12
7036	法国	2004	8.9~9.4	1.8~2.5	1.9~2.5	0.05	0.08~0.13	0.10~0.20	0.10Ti	0.12	0.15
7136	美国	2004	8.4~9.4	1.8~2.5	1.9~2.5	0.05	0.05	0.10~0.20	0.10Ti	0.12	0.15
7140	法国	2005	6.2~7.0	1.5~2.4	1.3~2.3	0.04	0.04	0.05~0.15	0.06Ti	0.10	0.13
7081	德国	2005	6.9~7.5	1.8~2.2	1.2~1.8	0.25	0.04	0.06~0.15	0.06Ti	0.10	0.15
7095	美国	2005	8.6~9.8	1.4~2.0	2.0~2.8	0.05		0.08~0.15	0.06Ti	0.10	0.12
7037	德国	2006	7.8~9.0	1.3~2.1	0.6~1.1	0.50	0.04	0.06~0.25	0.10Ti	0.10	0.10
7155	美国	2008	7.6~8.4	1.8~2.3	2.0~2.6	0.10	0.05	0.08~0.15	0.10Ti	0.25	0.25
7035A	法国	2008	4.3~5.5	2.5~3.5	0.05~0.3	0.10	0.05	0.04~0.2	0.02~0.05Ti	0.15	0.25
7041	法国	2008	5.7~6.7	1.5~2.3	0.40~0.9	0.04	0.04	0.05~0.12	0.06Ti	0.15	0.25
7042	美国	2009	6.5~7.9	2.0~2.8	1.3~1.9	0.20~0.40	0.05	0.11~0.20	0.18~0.5Sc	0.20	0.20
7181	德国	2009	6.7~7.9	1.7~2.2	1.2~1.9	0.15	0.04	0.08~0.18	0.06Ti	0.08	0.10
7255	美国	2009	7.6~8.4	1.8~2.3	2.0~2.6	0.05	0.04	0.08~0.15	0.06Ti	0.06	0.09
7047	美国	2010	7.0~7.8	1.3~1.8	0.04	0.04	0.05	0.07~0.13	0.25~0.50Ag	0.12	0.15
7185	美国	2010	7.0~8.2	1.2~1.8	1.3~2.0	0.10	0.10	0.08~0.15	0.06Ti	0.25	0.25
7099	美国	2011	7.8~8.4	1.6~2.3	1.4~2.1	0.04	0.04	0.05~0.15	0.06Ti	0.15	0.15
7065	美国	2012	7.1~8.3	1.5~1.8	1.9~2.3	0.04	0.04	0.05~0.15	0.06Ti	0.06	0.08
7097	美国	2015	7.4~8.4	1.6~2.6	0.8~1.6	0.04	0.04	0.05~0.15	0.06Ti	0.12	0.15

　　Fe 和 Si 在 7×××系合金中是不可避免的有害杂质，主要以硬而脆的 $FeAl_3$ 和游离 Si 的形式存在，Fe、Si 还能与 Mn、Cr 形成 $Al_6(FeMn)$、$(FeMn)Si_2Al_5$、$Al(FeMnCr)$ 等粗大化合物，这些难溶的第二相在合金变形时会破碎，并沿变形方向排列形成带状组织，导致较大的各向异性。变形时，含有 Fe、Si 的杂质颗粒与基体边界产生孔隙，使裂纹过早形成和发展，导致合金的塑性和断裂韧性恶化。

除了杂质含量外,合金的组织状态对断裂韧性也有很大影响,纤维状组织对应的断裂韧性较好,粗大等轴再结晶组织对应的断裂韧性较差。加工方法也会影响材料的断裂韧性,轧制板材的断裂韧度较挤压材高,而锻件的断裂韧度又比轧制板材高,适当提高变形程度可改善挤压材的断裂韧性。时效工艺对材料的断裂韧性影响不大,但是,时效后再进行冷变形则可以大大改善其断裂韧性。此外,7×××系合金的断裂韧性具有较大的各向异性,当裂纹沿主变形面扩展时,其断裂韧度最低,而当裂纹平面与主变形面垂直时,其断裂韧度最大;合金化程度对断裂韧性各向异性有很大影响。

2.2.3.2 在航空航天领域的应用

表2-9为典型超高强铝合金的特点及航空航天应用情况,根据添加的微合金元素,分为7075型(含Cr或Mn,包括7075、7175、7475、B95、B95пч、7A04、7B04、7A09等)、7050型(含Zr,包括7050、7010、7150、7055等)、7049型(含Ti和Zr,包括7049、7149、7249、7349、7449),室温静强度、断裂韧性、抗应力腐蚀性能是选材重点考虑的性能指标。

表2-9 典型超高强铝合金的特点及航空航天应用情况

牌号	主要产品状态及第二相	主要特点	应用部位及部件
7075	主要形态: 板材/型材/锻件 主要状态: T6/T73/T74/T76 主要第二相: $\eta(MgZn_2)$、$T(Al_2Mg_3Zn_3)$ 或 $AlZnMgCu$、$S(CuMgAl_2)$、$MnAl_6$、$CrAl_7$ 主要杂质相: $(FeMn)Al_6$、$AlMnFeSi$、Mg_2Si	为应用最早和最广的超硬铝,强度、断裂韧性高,淬火敏感性小,适于大型结构件;T6状态静强度最高,塑韧性及疲劳性能较差,对交变载荷及尖锐切口敏感,有应力腐蚀开裂倾向;采用过时效处理,牺牲少许强度可使疲劳强度、断裂韧性、抗应力腐蚀能力明显提高,抗剥落腐蚀能力也有所改善;T73状态强度最低,断裂韧性较高,抗应力腐蚀性能较好;T76性能介于T6和T73之间;T74的性能介于T76和T73之间	各种机型的机身和机翼的壁板、横梁、框、翼肋、连接件等
7A04 B95	主要形态:板材/型材/锻件 主要状态:T1/T2/T3(苏联) 主要第二相: $\eta(MgZn_2)$、$T(AlZnMgCu)$、$S(CuMgAl_2)$ 主要杂质相:$(FeMn)Al_6$、$AlMnFeSi$	仿制苏联B95合金,与美国7075相当,是我国应用最早和最广的超硬铝,屈强比高,塑性较低,对应力和应力集中敏感,厚大构件短横向抗应力腐蚀性能较差;采用先低温后高温的双级时效工艺,可显著改善抗应力腐蚀性能和抗剥落腐蚀性能	Y8和Y12飞机机身和机翼部位的蒙皮、壁板、大梁、长桁、隔框、翼肋,起落架、接头、螺钉等
7175	主要形态:锻件 主要状态:T6/T74/T7452 主要第二相: $\eta(MgZn_2)$、$T(Al_2Mg_3Zn_3)$、$S(CuMgAl_2)$	7075合金的改进型,Fe、Si分别下降为0.20%和0.15%,提高了锻压性能和锻件强度,还显著提高了抗应力腐蚀性能和断裂韧性,但淬火敏感性较大;T6态的静强度比7075-T76高,断裂韧性、抗疲劳及抗应力腐蚀性能相当;T74态静强度与7075-T6相当,抗应力腐蚀性能接近7075-T73,断裂韧性、抗疲劳性能与7075-T73相当甚至更好	A320、Z10、EC120等机身和机翼部位的前缘、窗框(舱壁)、整流罩接头、操纵零件等

续表

牌号	主要产品状态及第二相	主要特点	应用部位及部件
7475	主要状态和形态： T61/T761 薄板 T651/T7351/T7651 厚板 主要第二相：η(MgZn₂)、T(Al₂Mg₃Zn₃)、S(CuMgAl₂)	7075 合金的改进型，Fe、Si 分别下降为 0.12% 和 0.10%，在保持强度的基础上，提高了抗应力腐蚀性能和断裂韧性、塑性，稳定性好且易于加工；厚板的断裂韧度比 7075 合金高 40%；抗疲劳裂纹扩展能力和抗腐蚀性能不低于 7075、7050、2024 等合金	F-15、F-16、B757、B767、Z9、Z10 等机型的机身蒙皮、机翼蒙皮、机翼下壁板、翼梁、隔框、舱壁等
7B04 B95пч	主要形态：板材/型材/挤压壁板/棒材/锻件 主要状态：T6/T73/T74 主要第二相：η(MgZn₂)、T(Al₂Mg₃Zn₃)、S(CuMgAl₂)	7A04 合金的高纯度改进型，断裂韧性提高了 10%～15%，铸造难度加大，适于轧制、挤压、锻造等热变形	机身和机翼的蒙皮、壁板、梁、隔框、翼肋、长桁、接头起落架零件等
7A09	主要形态：板材/棒材/型材/厚壁管/锻件 主要状态：T6/T73/T76/T74 主要第二相：η(MgZn₂)、T(Al₂Mg₃Zn₃)、S(CuMgAl₂)、MnAl₆ 主要杂质相：(FeMn)Al₆、Mg₂Si、(FeMn)₃SiAl₁₂	在 7A04 基础上优化了成分，强度高，有较好的低温性能，但耐蚀性不好，特别是有较大的应力腐蚀开裂敏感性，可焊性差，不宜熔焊；退火状态和固溶状态下有较好的成形性能，人工时效状态下成形性能较差，过时效处理可大大改善其抗应力腐蚀性能	国内现役军机、Z9、Z10、Z11 等机身和机翼部位的各类梁、框、隔板、壁板、肋、接头、蒙皮前起落架、作动筒、支臂、支柱等
7050	主要状态和形态：T7651/T7451 厚板，T73511/T74511/76511 型材，T76/T7452/T7652 锻件 主要第二相：η(MgZn₂)、Al₃Zr、T(AlZnMgCu)、S(CuMgAl₂) 主要杂质相：Al₇Cu₂Fe	综合性能优良，具有高的抗剥落腐蚀和应力腐蚀性能、良好的断裂韧性，淬火敏感性小；T7651 静强度较高，T7451 的强度稍低，抗剥落腐蚀能力最好，抗应力腐蚀性能也优于 T7651	各种机型的机身梁、框架、壁板和舱壁、机翼蒙皮、加强条、桁条、缘条起落架支承部件、重要承力接头、座椅导轨等
7150	主要状态和形态：T651/T7751 厚板、T76511/T77511 型材 主要第二相：η(MgZn₂)、Al₃Zr、T(AlZnMgCu)、S(CuMgAl₂)	综合性能比 7050 合金更好，7150-T77 获得了强度和抗应力腐蚀性能的最佳匹配，断裂韧性极高，抗疲劳较好，可用于飞机主承力结构	各种机型的机身大梁、机翼翼梁和上壁板等，框架、缘条，货运滑轨、翼肋等
7010（英国 Alcan 公司）	主要状态和形态：T651/T7351/T7451/T7651 厚板，T74/T74511 锻件	在 7050 合金基础上降低了 Cu 含量，克服了 7050 合金在铸造大锭时易产生裂纹的问题，获得了高强度和良好的综合性能，断裂韧性和抗疲劳性能略优于 7050 合金，用途也与 7050 类似	A320、B757 和 B767 的机翼上蒙皮，框架、大梁、翼梁、货运滑轨、翼肋等
7055	主要状态和形态：T7751 厚板，T77 锻件，T74511/T76511/T77511 型材 主要第二相：η(MgZn₂)、T(Al₂Mg₃Zn₃)、S(CuMgAl₂)、Al₃Zr	合金化程度高，特别是 Zn 含量很高，凝固时易产生枝晶偏析、铸锭成型困难，晶界共晶组织粗大，热轧开坯易裂，微量 Cr、Mn、Ti、Zr 有强烈细化铸造组织作用，能显著改善合金的加工性能；经 T77 处理后，可获得高强高韧和良好抗腐蚀性能的结合	F-35、B777 等要求抗压强度高、耐腐蚀性能好的零部件，如机翼蒙皮、翼肋、大梁、上翼面结构、水平尾翼、龙骨梁、座椅导轨、货运滑轨等

续表

牌号	主要产品状态及第二相	主要特点	应用部位及部件
7049 7049A	主要形态：板材、锻件、挤压件 主要状态：T73 主要第二相：η（$MgZn_2$）、T（$Al_2Mg_3Zn_3$）、S（$CuMgAl_2$）	7049-T73强度不低于7075-T6，抗应力腐蚀性能比7075-T651高；7049A-T73合金短横向具有较高的抗应力腐蚀性能，强度不低于7079-T6合金	A340、ARJ21等的机身和机翼下壁板，起落架液压缸、舰载导弹结构件和零件
7449 （法国）	主要状态和形态：T7651厚板 主要第二相：η（$MgZn_2$）、T（$Al_2Mg_3Zn_3$）、S（$CuMgAl_2$）	专门用于机翼的铝合金，抗蚀性比7075合金高10%，具有较高的抗拉强度和抗压强度	A340、ARJ21机翼下壁板

20世纪40年代，美国和苏联分别开发了7075合金和B95合金应用于航空领域。美国在B-29轰炸机上应用了7075-T6合金，其强度是当时铝合金中最高的，但是其耐腐蚀性能很差，后来发展的7175合金是锻造专用合金。

20世纪60年代初期，7×××系合金的热处理工艺研究有了重大突破，开发出了T73时效工艺，解决了7075合金厚截面出现的大气腐蚀开裂问题，但以牺牲15%的强度为代价。20世纪60年代中期，通过改进T73工艺开发了T76时效工艺，只牺牲了少量强度便显著改善了合金的抗剥落腐蚀和应力腐蚀性能，而随后开发的T736（T74）制度的抗拉强度和抗应力腐蚀性能均介于T76和T73之间。20世纪60年代后期，在7001合金基础上，通过增大Zn/Mg，降低Cu、Cr含量，加入微量Ti和Zr，降低Fe、Si杂质含量，开发出了7049合金，7049-T73的强度不低于7075-T6，断裂韧性和抗应力腐蚀性能都得到了较大改善。在7075合金基础上，通过调整成分和加工工艺，开发出7475合金，获得了高强度和很好的断裂韧性，在高的应力强度因子下，其具有优越的抗疲劳裂纹扩展性能，成为7075型合金中损伤容限性最好的合金。

20世纪70年代初期，美国对7075合金进行了突破性的改进，通过增加Zn和Cu含量、调整Zn/Mg比值、加入Zr元素，并降低杂质Fe、Si含量，开发出7050合金和7150合金并应用于B757、B767客机。7050型合金的淬透性好，可制造大规格厚截面半成品，用Zr取代Cr或Mn，对控制合金的再结晶更有效，是目前应用最广泛的7×××系铝合金。与此同时，欧洲相继开发了与7050合金类似的7010、7040、7049A等系列合金，应用于A320、A340等。20世纪70年代后期，在7049合金基础上不断降低Fe、Si杂质含量，相继开发出了7149、7249、7349、7449合金，7449合金的抗蚀性比7075合金高10%，具有较高的抗拉强度和抗压强度，在欧洲得到广泛应用。

20世纪90年代初期，美国Alcoa公司开发了T77热处理工艺，并在7150合金基础上开发出了7055铝合金，其合金化程度很高，在强度没有损失的前提下大幅度提高了耐腐蚀性能，7055-T7751预拉伸板LT方向抗拉强度典型值在660MPa以上，剥落腐蚀EB级，抗拉和抗压强度都比7150-T77高10%，耐蚀性能介于7150-T6和7150-T77之间，断裂韧度高于7150合金。7055与7150合金均在大型军用运输机、B777客机及第四代战机获得了良好的应用效果。20世纪90年代开发的7085合金，具有高强、高淬透性，解决了超规格及厚锻件淬火敏感性与残余应力之间的矛盾，综合性能（特别是断裂韧性）不受厚度的影响，已应用于A380机翼的翼梁、翼肋。

7×××系铝合金从最初的单纯追求静强度开始，通过不断高纯化和高合金化，以及不断开发和优化热处理工艺、提高制造工艺技术，实现了高强度、高韧性、耐腐蚀、耐高温、耐疲劳等性能的良好匹配，第四代合金的强度提高到了 600MPa，比强度提高到了 230MPa·cm³/g左右。美国 Kaiser 公司开发的 7068 合金，典型强度达到 700MPa，高温性能优于 7075 合金，耐蚀性与 7075 相当。有资料显示，国外已研制出典型值达到 750MPa 的新型超高强铝合金，比强度提高到了 270MPa·cm³/g 左右。

国内航空航天用超高强铝合金的发展，以仿制国外成熟合金为主，自主开发的合金较少。7A04、7A09、7B04、7475、7050 等合金的静强度在 450～550MPa，在军用飞机上已有成熟的应用经验；7B50、7A55、7A60、7D68 等合金的强度在 550～650MPa，已在大型运输机和航天领域应用。7A04 合金是我国在 20 世纪 60 年代仿苏联 B95 合金研制的，7A09 相当于 7075 合金，采用过时效处理改善了合金的抗应力腐蚀性能。7B04 合金是目前国内比较成熟的高强铝合金，在军机上有较大用量，实现了稳定批量供货，7B50、7A55 等已经在新一代军机和民机上应用。目前我国已有在实验室条件下强度达到 700MPa 的合金，通过调整 Zn、Zr 含量，引入特殊变形工艺，进一步优化热处理工艺等措施，有望研制出强度超过 700MPa 的新型超高强铝合金。

2.2.4 Al-Li 合金及典型应用

含 Li 的铝合金统称为铝锂合金，其应用方向是取代 2219、2024、7075 等常规铝合金，能使构件减重 10%～20%，刚度提高 15%～20%。自 1924 年第一个铝锂合金出现以来，铝锂合金在 90 余年的发展历程中起起落落，经历了四个发展阶段，开发出了四代铝锂合金，不断进行成分优化和组织性能改善。

2.2.4.1 主要合金系及合金

商用铝锂合金主要有 Al-Mg-Li 系和 Al-Cu-Li 系。图 2-9 为 Al-Mg-Li 三元合金相图，主要沉淀相有 δ'(Al_3Li) 相、δ(AlLi) 相、T(Al_2MgLi) 相，Mg 的加入会降低 Li 在 Al 中的固溶度，从而在时效初期促进 δ' 相析出，增加 δ' 相的体积分数。δ' 相为细小的亚稳相，与基体共格，容易被位错切割，引起共面滑移和应力集中，形成裂纹源并迅速沿滑移带或晶界发展，δ' 相粗化会导致晶界无析出带（PFZ）的形成及扩展，变形易集中在软的 PFZ 内，致使合金的塑性和韧性恶化。当温度超过 250℃时，δ 相以粗大颗粒在晶内和晶界不均匀析出，在长时间的时效过程中，δ' 相也有可能转变成粗大的 δ 相，一旦析出不均匀的粗大 δ 相，容

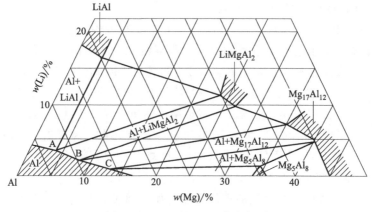

图 2-9 Al-Mg-Li 三元合金相图

易导致相界、晶界及三晶交叉点产生裂纹，使合金的强度和韧性下降。在长时间的时效后，δ' 相还可转变成 T（Al_2MgLi）相，与基体不共格，其强化作用较 δ' 相小，T 相消耗了 Li 原子，导致晶界附近出现无析出带 PFZ，从而降低合金晶界强度与塑性。

图 2-10 为 Al-Cu-Li 三元合金相图，除了 δ'（Al_3Li）沉淀相外，还可能出现富 Cu 沉淀相 θ'（Al_2Cu）和 T_1（Al_2CuLi）、T_2（Al_6CuLi_3）、T_B（Al_7Cu_4Li）。θ' 相与基体半共格，有一定的强化作用，θ 相为平衡相，与基体非共格，易于沿原晶界或相界面形核和成长，随着 θ 相的产生和发展，θ' 相逐渐消失。T_1（Al_2CuLi）相是在 {111} 面上形成的六角片状相，具有很大的强化效果，同时减少共面滑移，不但提高合金的强度，还改善合金的塑性。但是，前期 δ' 相的大量析出会造成后期 T_1 相析出总量的减少，影响合金的强化效果，时效前的塑性变形增加位错密度，T_1 相可优先在位错等缺陷处析出，因此，预变形会增加 Al-Cu-Li 合金的强化效果。T_2（Al_6CuLi_3）、T_B（Al_7Cu_4Li）相为过时效产物，与基体不共格，可在晶间沉淀并导致晶间断裂，也可由 δ' 相转变而来，其强化作用较 δ' 相小。

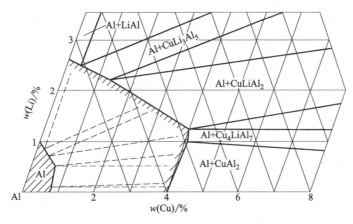

图 2-10　Al-Cu-Li 三元合金相图

在 Al-Cu-Li 合金中加入 Mg、Mn、Zr 元素，还会出现 S'（Al_2CuMg）、T（Al_2MgLi）、β'（Al_3Zr）、$MnAl_6$ 等沉淀相，通过固溶强化和多相沉淀强化使合金强度大大提高。S'（Al_2CuMg）相可有效分散共面滑移，在晶界附近析出能窄化或消除 PFZ，促进均匀变形，提高合金的强度和塑性。β' 相和 $MnAl_6$ 等弥散化合物，能抑制再结晶，可有效分散共面滑移，既能提高合金的强度，又能提高其塑性和韧性。

2.2.4.2　历代铝锂合金介绍

1924 年，德国开发出第一个含 Li 的铝合金 Scleron（Al-12Zn-3Cu-0.6Mn-0.1Li），锂含量仅为 0.1%，没有引起重视。1942 年，美国 Alcoa 公司的 Lebron 合金（Al-4.5Cu-1.0Li-0.8Mn-0.5Cd）申请了专利，1954 年注册为 X2020 合金；1957 年，2020 成为首个产业化的铝锂合金，在美国海军 A31J 侦察机上得到应用，后被用于 RA-5C 军用预警飞机的机翼蒙皮和尾翼水平安定面，获得了 6% 的减重效果，开启了航空用铝锂合金的发展历程。1961 年，苏联开发了 ВАД23（1230）合金，化学成分如表 2-10 所示，密度比 B95 合金低 4.5%，弹性模量高 9%，板材有较高的室温强度，人工时效状态的塑性较低，应力集中敏感性较大。由于第一代铝锂合金存在延展性和断裂韧性低、缺口敏感性高、加工困难、价格昂贵、减重效果不大等问题，导致铝锂合金的发展进入停滞阶段。

表 2-10　第一代铝锂合金的化学成分

牌号	注册时间	国家	Li/%	Cu/%	Mg/%	Mn/%	Zn/%	Ti/%	Cd/%	Si/%	Fe/%	密度ρ/(g/cm³)
2020	1954	美国	0.9~1.7	4.0~4.5	0.03	0.3~0.8	0.25	0.1	0.1~0.35	0.4	0.4	2.71
ВАД23	1961	苏联	0.9~1.4	4.8~5.8	0.05	0.4~0.8	0.1	0.15	0.1~0.25			2.72~2.74

　　20 世纪 70 年代中期，能源危机给航空工业带来了巨大压力，迫切要求飞机轻量化，苏联、美国、英国、法国开始研制第二代铝锂合金，主要目标是替代 2024、7075 等铝合金。20 世纪 80 年代开始，铝锂合金进入了全面研究和迅猛发展阶段，典型合金的化学成分如表2-11 所示，典型合金的性能如表 2-12 所示。苏联开发的 Al-Mg-Li 合金具有密度低（2.47～2.58g/cm³）、比强度高、比刚度大、疲劳裂纹扩展速率慢、可焊等优点，其中 1420 合金在 Mig-29、Su-27、Su-35 等军用机上获得广泛的应用。但是，第二代铝锂合金的强度水平总体较低（一般<500MPa），各向异性问题较普通铝合金严重，而且短横向强度较低、塑韧性水平较低、热暴露后会严重损失韧性，大部分合金因为不可焊而降低了减重效果，而铆接时往往表现出较强的缺口效应，因此，欧美开发的第二代铝锂合金大多未获得实际应用。

表 2-11　第二代铝锂合金的化学成分　　　　　　　　　　　　　　　%

牌号	Li	Cu	Mg	Mn	Zn	Ti	Zr	Re	其他	Na/Si	Ca/Fe	国家
1420	1.8~2.2	0.05	4.5~6.0			0.10	0.08~0.15		0.0002~0.005Be	0.03Na	0.04Ca	苏联
1421	1.8~2.2	—	4.5~5.3			0.10	0.06~0.10	0.16~0.21Sc	0.03Be	0.005Na		苏联
1423	1.8~2.1	—	3.2~4.2				0.06~0.10	0.1~0.2Sc				苏联
1424	1.5~1.8		4.7~5.2	0.1~0.25	0.4~0.7		0.07~0.10	0.05~0.08Sc	0.02~0.2Be	0.0015Na		苏联
1429	1.8~2.3		4.8~6.0				0.08~0.15		0.2~0.3Be			苏联
1430	1.5~1.9	1.4~1.8	2.3~3.0	0.25		0.01~0.1	0.08~0.14	0.05~0.15Y	0.02~0.1Be	0.003Na		苏联
1440	2.1~2.6	1.2~1.9	0.6~1.1	0.05	0.1	0.02~0.1	0.1~0.2		0.05~0.2Be 0.05Cr	0.003Na		苏联
1450	1.8~2.3	2.6~3.3	0.1	0.1	0.25	0.01~0.06	0.08~0.14	0.005~0.05Ce	0.008~0.1Be 0.05Cr	0.002Na		苏联
2090	1.9~2.6	2.4~3.0		0.25	0.05	0.10	0.08~0.15		0.05Cr	0.10Si	0.12Fe	美国
2091	1.7~2.3	1.8~2.5	1.1~1.9	0.10	0.25	0.10	0.04~0.16		0.10Cr	0.20Si	0.30Fe	法国
8090	2.2~2.7	1.0~1.6	0.6~1.3	0.10	0.25	0.10	0.04~0.16		0.10Cr	0.20Si	0.30Fe	英国
8091	2.4~2.8	1.8~2.2	0.5~1.2	0.10	0.25	0.10	0.08~0.16		0.10Cr	0.30Si	0.50Fe	英国
8093	1.9~2.6	1.0~1.6	0.9~1.6	0.10	0.25	0.10	0.04~0.14		0.10Cr	0.10Si	0.10Fe	法国

表 2-12   典型第二代铝锂合金的性能

牌号及状态	$\rho/(g/cm^3)$	厚度/mm	取向	R_m/MPa	$R_{\rho0.2}$/MPa	A/%	E/GPa
2090-T83	2.59	3.2~10.3	L	531	483	3	79.4
			LT	503	455	5	
			45°	441	386	7	
8090-T8	2.55	2~4	L	475	404	6	77
			LT	487	416	7	
			45°	460	377	9.1	
1420-T6	2.48	1.5	L	512	433	6.5	76.5
			LT	536	421	9.8	
			45°	499	334	15.2	

20 世纪 80 年代后期，美国开始研发 Weldalite 系列铝锂合金，全俄航空材料研究院着手研制 1460 铝锂合金。20 世纪 90 年代开始，西方各国实施低成本发射装置和超轻油箱计划、重复使用的航天器核心计划，加强了对铝锂合金的研究，铝锂合金进入了全面发展及广泛应用阶段。欧美国家改变了研发目标，不片面追求减重效果，有针对性地解决铝锂合金塑性和韧性低、高向性能差和各向异性严重等问题。表 2-13 列出了部分第三代铝锂合金的化学成分，均为 Al-Cu-Li 系合金，降低了 Li 含量，增加了 Cu 含量，添加了 Zn、Mn、Ag 等微合金化元素。

表 2-13   部分第三代 Al-Li 合金的化学成分   %

牌号	时间/年	Li	Cu	Mg	Ag/Sc	Mn	Zn	Zr	Ti	Si	Fe
2094	1990	0.7~1.4	4.4~5.2	0.25~0.8	0.25~0.6Ag	0.25		0.04~0.18			
2095	1990	0.7~1.5	3.9~4.6	0.25~0.8	0.25~0.6Ag	0.25	—	0.04~0.18		0.12	0.15
2195	1992	0.8~1.2	3.7~4.3	0.25~0.8	0.25~0.6Ag	0.25	0.25	0.04~0.16		0.12	0.15
2096	1993	1.3~1.9	2.3~3.0	0.25~0.9	0.25~0.6Ag			0.04~0.16			
2196	2000	1.4~2.1	2.5~3.3	0.25~0.8	0.25~0.6Ag	0.35	0.35	0.04~0.18	0.1	0.12	0.15
2296	2010	1.3~1.9	2.1~2.8	0.2~0.8	0.25~0.6Ag	0.05~0.5	0.25	0.04~0.18	0.10	0.12	0.15
2097	1993	1.2~1.8	2.5~3.1	0.35	—	0.1~0.6	0.35	0.08~0.15	0.15		
2197	1993	1.3~1.7	2.5~3.1	0.25	—	0.1~0.5	0.05	0.08~0.16	0.12	0.10	0.10
2297	1997	1.1~1.7	2.5~3.1	0.25	—	0.1~0.5	0.05	0.08~0.15	0.12	0.10	0.10
2397	2002	1.1~1.7	2.5~3.1		—	0.1~0.5	0.05~0.15	0.08~0.15	0.12	0.10	0.10
2098	2000	0.8~1.3	3.2~3.8	0.25~0.8	0.25~0.6Ag	0.35	0.35	0.04~0.18	0.1	0.12	0.15
2198	2005	0.8~1.1	2.9~3.5	0.25~0.8	0.10~0.5Ag	0.50	0.35	0.04~0.18	0.1	0.08	0.10

牌号	时间/年	Li	Cu	Mg	Ag/Sc	Mn	Zn	Zr	Ti	Si	Fe
2099	2003	1.6～2.0	2.4～3.0	0.10～0.5	—	0.10～0.50	0.40～1.0	0.05～0.12	0.12	0.05	0.07
2199	2005	1.4～1.8	2.3～2.9	0.05～0.4	—	0.10～0.50	0.20～0.90	0.05～0.12	0.10	0.05	0.07
2050	2004	0.7～1.3	3.2～3.9	0.20～0.6	0.20～0.7Ag	0.20～0.50	0.25	0.06～0.14	0.10	0.08	0.10
1460	1989	2.0～2.4	2.6～3.3	0.05	0.05～0.14Sc	—	—	0.08～0.13	0.01～0.05		
1461		1.5～1.95	2.5～2.95	0.05～0.6	0.05～0.1Sc	0.2～0.6	0.2～0.8	0.05～0.12	0.05		
1464		1.55～1.7	3.25～3.45	0.35～0.45	0.08～0.1Sc	0.2～0.3	—	0.08～0.1	0.01～0.03		
1469		1.0～1.5	3.2～4.5	0.1～0.5	0.15～0.6Ag	0.003～0.5	—	0.04～0.2	—		
2A97		1.3～1.6	3.7～4.0	0.35～0.55	—	0.2～0.4	0.4～0.6	0.1～0.2			
2A66	2010	1.2～1.8	3.5～4.1	0.20～0.60	—	0.20～0.60	0.2～0.8	0.08～0.16	0.06	0.10	0.10
2A68	2010	1.3～1.9	3.4～4.0	0.20～0.80	0.40～0.80Ag	0.20～0.60	—	0.08～0.16	0.06	0.10	0.10

第三代铝锂合金的密度仅比常规铝合金低5%～8%，但其性能水平较以往铝锂合金有较大幅度的提高，有更好的强度和韧性平衡，各向异性小，耐损伤、抗疲劳性能优良，耐腐蚀（不包铝的2099合金在海边暴露多年的耐蚀性明显优于包铝的2024合金），有较好的热稳定性、良好的加工成形性（适用于激光束焊，搅拌摩擦焊，时效成形）、更高的性价比。第三代铝锂合金的出现，完全颠覆了之前对铝锂合金的认识，尤以低各向异性合金和高强可焊合金最引人注目。

Weldalite049（0.7～1.8Li，2.3～5.4Cu，0.25～0.8Mg，0.25～0.8Ag，0.14Zr，0.12Ti）是美国为了替代2219和2014合金开发的高强可焊铝锂合金，室温强度超过680MPa，已在美国航天飞机和大力神导弹的发射系统中获得应用。美国在Weldalite049合金的基础上又成功开发了2094、2095、2195、2096、2196等改进型高强可焊铝锂合金，强度可达690MPa，在时效前不需要进行冷变形即可达到高强度，这对锻件特别有利。以2195合金为例，密度比2219合金低5%，强度比2219合金高30%，又有良好的低温性能，1994年美国选用2195铝锂合金板材制造了新的航天飞机超轻燃料箱，2008年NASA确定美铝爱荷华州达文波特工厂成为美国唯一一家为战神Ⅰ号载人运载火箭供应2195铝锂合金薄板的生产商。2196合金比7075合金具有更高的强度、更低的密度，且具有良好的耐腐蚀性能和优良的耐损伤性能，主要用于机身面板及加强部件，也可用于制造机翼横梁、下翼面桁条等要求耐损伤性能的构件，可采用铆接或者焊接的方式进行装配。

针对F-16战机舱壁使用2124合金疲劳寿命不足（服役时间达不到8000h）的问题，美国研制了低密度、高韧性的2197铝锂合金厚板，其断裂韧性比2124合金提高了7%，应用于F-16战机的后机身舱壁，获得了5%的减重，降低了舱壁的更换频率，延长了维修周期。在2197合金基础上，进一步降低Li含量和优化微合金化元素，相继开发了2297、2397合金，其主要产品为T87厚板（38～152mm），具有中等强度、好的耐损伤性能、优良的耐腐蚀性能，拉伸性能显示其各向同性小，只有板面的 45°方向强度略低，在短横向（S-T 方向）具有良好的力学性能和抗应力腐蚀开裂性能，主要用于对疲劳性能要求严格的部件，非常适合应用于梁、桁、隔框等构件。

法国沃雷普研究所与加拿大蒙特利尔技术中心研发的 Airware 系列铝锂合金，2098、2198 合金属于 Airware 家族，相比传统铝合金，有很好的耐腐蚀和抗疲劳性能。Airware 系列铝锂合金有 3 种形式的产品：I-Gauge 型板材用于 165mm 厚的构件，耐蚀性比传统铝合金提高 46%，耐疲劳性能提高 25%；I-Form 型薄板可以加工成复杂的三维曲面形状而不损失力学性能，同时减少制造步骤，比传统铝合金构件轻 3%、韧性高 47%、耐蚀性高 40%，适合飞机机头和机尾结构；I-Core 型高强度模压合金耐蚀性能优越，适合货舱地板梁。2098 合金主要以 O 状态的薄板和 T8 状态的中厚板供货，强度水平和 7075-T6 相当，而耐损伤和疲劳裂纹扩展速率类似于 7475-T7351，密度比 7475 低 3%，弹性模量高 5%，在最终时效状态有良好的耐蚀性（对晶间腐蚀不敏感，有很高的应力腐蚀抗力）。2198 合金是为应用于飞机机身而开发的，产品形式主要是薄板，热处理状态为 T8，与 2098 合金相比，在高强、低密、耐疲劳和高断裂韧性方面达到更好的平衡，对晶间腐蚀不敏感，也具有很高的 SCC 抗力。

美国空军莱特材料实验室开发的 AF/C489（2.1Li-2.7Cu-0.3Mg-0.3Mn-0.6Zn-0.05Zr）铝锂合金，含 Li 量超过 2%，可使构件减重 18%～20%，而且各向异性明显改善。美国空军与美国铝业公司合作，在 C489 合金成分的基础上，通过适当降低 Li 含量和提高 Zr 含量，开发出了 C458 合金，在保持 C489 合金其他特征的前提下，C458 合金的伸长率更高，并于 2003 年将该合金注册为 2099，其改进型合金降低了合金元素的含量，在 2005 年注册为 2199。与第二代铝锂合金相比，2099/2199 合金具有高的强度、更高的断裂韧性和耐损伤性能（高于 2024-T351 和 2324-T39 合金）、更好的耐蚀性能、更小的各向异性（≤10%），刚度大（$E \geqslant 77$GPa），有更好的低温性能。据文献资料报道，其在 77K 的 $R_m \geqslant 740$MPa，用于低温燃料储箱可减重 21%，有良好的加工性能和淬透性，可制作厚板、型材、薄板、锻件等。2099 合金的主要产品形式为 T8511 挤压型材，与 7175-T73511 合金相比，强度略优，而抗腐蚀性能更突出，2199 合金的主要产品形式为板材、锻件。

2050 合金是加拿大铝业（Alcan）公司于 2004 年注册的新型可焊合金，为了增加合金的损伤容限和降低合金的淬火敏感性，Li 含量很低，密度比 7050 合金低 4%，替代 7050 合金可减重 5%，强度和韧性优于 7050-T7451，有更高的疲劳裂纹扩展抗力和应力腐蚀开裂抗力，耐热性良好，在 100℃进行长时间热暴露，合金的屈服强度保持稳定，韧性也无明显下降。2050 合金有较好的淬透性，可生产较厚的板材，可用于制造机身框梁、翼桁、筋板。

从 1987 年开始，全俄航空材料研究院着手研制高强度、可焊接的铝锂合金，用来替代 1201 合金（相当于 2219）作为低温燃料储箱的结构材料，合金牌号定为 1460。1460 合金为 Al-Cu-Li 系合金，性能与美国的 Weldalite049 合金类似，密度较低，弹性模量较高，含有少量稀土元素 Sc，可焊性更好，在同种焊接技术条件下，有较低的热裂纹敏感性和较高的焊接接头强度，1460 合金有优越的低温性能，非常适合焊接火箭的液氧液氢储箱。

我国开发的具有自主知识产权的高性能通用型铝锂合金，注册牌号为 2A97，其开发目标是用一种合金成分的两种热处理状态，满足航空工业对高强高韧厚板的需求、航天工业对高强度锻件的需求。表 2-14 为 2A97 合金与其他第三代铝锂合金的力学性能对比情况。2A97 铝锂合金具有热稳定性较好、耐损伤、可焊等特点，同时具有良好的加工性能，可用同一种合金成分满足航空和航天不同背景的需求，其板材可用于制造舰载机、预警机、武装直升机等的机身框、梁等主承力结构，其锻件可满足航天战略导弹对高强可焊轻质锻件的需求，并可推广应用于火箭、飞船等的燃料储箱等。

表 2-14　2A97 合金及其他第三代铝锂合金的力学性能

牌号和状态	材料	取向	抗拉强度/MPa	屈服强度/MPa	延伸率/%
2A97-T6	锻件	LT	487	424	9.6
	2.3mm 薄板	LT	502	449	9.4
2A97-T8	锻件	LT	547	490	12.3
	10mm 挤压带板	LT	584	542	10.8
2195-T6	7.8mm 板	L	612	581	9.8
		横向	592	551	12.1
		45°	522	489	12.6
2197-T8	38mm 厚板	L	440	420	4.0
		横向	440	420	8.0
		ST	420	380	2.0
2297-T87	50mm 板	L	441	400	10
	100mm 厚板	L	427	393	5
	150mm 厚板	L	414	379	5
AF/C489-T8	热轧厚板	L	550	500	3.0
		横向	538	468	1.5
		45°	545	474	3.0
	12.7mm 板	L	530	496	10.7
		横向	544	475	8.9
		45°	503	419	12.8
1460	锻件	L	490	390	9.0
	挤压型材	L	620	530	8.0
	20mm 厚板	L	570	490	8.0
	热轧板(6mm)	L	540	470	7.5
	冷轧板材	纵向	540	485	6.0
		横向	560	495	8.0
		45°	530	470	11.0
2099-T83	12mm	L	538	476	7
	25mm	L	545	485	7
	75mm	L	552	490	7

表 2-15 为已在美国铝业协会注册的第四代铝锂合金的化学成分，以 Al-Cu-Li 系合金为基础，Li 含量比第三代铝锂合金更低。在裂纹扩展速率、疲劳性能、腐蚀性能、弹性模量等和第三代铝锂合金相当的条件下，第四代铝锂合金有更高的静强度（尤其是屈服强度）和更高的断裂韧性。以 2055 合金为例，具有较好的抗疲劳性能和优良的耐蚀性能，海边暴露

6 个月无腐蚀，241MPa 应力腐蚀 90d 不断裂；相比于 7075-T6511，2055-T8E83 密度降低 4%，拉伸和压缩屈服强度提高 25%～30%，模量提高 8%；相比于 7150-T77511，2055-T8E83 密度降低 5%，断裂韧性提高 8%，模量提高 7%。

表 2-15　第四代铝锂合金化学成分　　　　　　　　　　　　%

牌号	时间	Li	Cu	Mg	Ag	Mn	Zn	Ti	Zr	其他	Si	Fe
2060	2011	0.6～0.9	3.4～4.2	0.6～1.1	0.1～0.5	0.1～0.5	0.3～0.45	0.10	0.04～0.18		0.07	0.07
2055	2012	1.0～1.3	3.2～4.2	0.2～0.6	0.2～0.7	0.1～0.5	0.3～0.7	0.10	0.05～0.15		0.07	0.10
2065	2012	0.5～1.5	3.8～4.7	0.25～0.8	0.15～0.5	0.15～0.5	0.30	0.10	0.05～0.15		0.10	0.10
2076	2012	1.2～1.8	2.0～2.7	0.2～0.8	0.15～0.4	0.15～0.5	0.30	0.10	0.05～0.16		0.10	0.10
2295	2013	0.9～1.3	3.9～4.3	0.25～0.8	0.1～0.5	0.10		0.10	0.05～0.15		0.08	0.08
2395	2014	0.9～1.4	3.6～4.5	0.25～0.8	0.1～0.45	0.35		0.10	0.05～0.15		0.08	0.10
2075	2014	0.7～1.1	4.1～4.6	0.3～0.8	0.1～0.3	0.10	0.20	0.05	0.08～0.16	0.05Cr 0.05Ni	0.10	0.10
2085	2014	1.3～1.9	2.2～2.7	0.30～0.8	0.1～0.4	0.10	0.20		0.08～0.16	0.05Cr 0.05Ni	0.10	0.10
2071	2016	0.8～1.4	3.7～4.5	0.7～1.4	0.15	0.1～0.5	0.20		0.05～0.15		0.12	0.15
2074	2016	0.6～0.9	2.6～3.3	0.3～0.7	0.05～0.3	0.1～0.5	0.1～0.6	0.10			0.10	0.10

进入 21 世纪以来，为了应对复合材料的竞争，对铝合金材料的密度、规格/截面厚度、综合性能及均匀性都提出了更高要求。Alcoa 启动了"航空 20/20 计划"，开发新型高性能铝锂合金，采用新的结构设计理念和先进连接技术，将航空铝合金成本和重量均减少 20%。Alcan 也提出了实现减重 30% 和成本降低 40% 的目标，着重开发超高强合金、中强耐损伤合金、高强高淬透性合金。新型铝锂合金不再追求全面性能指标，而是针对具体应用，突出特殊性能指标优势（如超低密度、超强、超韧、高耐损伤等），与此同时，发展铸造、压力加工和热处理技术，使铝锂合金性能达到要求的同时成本大幅降低。

2.2.4.3　国内外铝锂合金的生产情况

目前，只有美国、俄罗斯、法国、中国建立了铝锂合金熔炼-铸造-加工的完整生产体系。全球有 7 个工厂能生产铝锂合金轧制材，11 个工厂能生产铝锂合金挤压材，9 个工厂可生产铝锂合金锻件，我国的西南铝业集团有限公司在列。美国铝业公司（Alcoa）是全球铝锂合金产能最大的企业，产量约占全球的 55%，俄罗斯联合铝业公司的产量约占 25%，其他企业合计的产量约占 20%。

到 2017 年，Alcoa 总投资达 1 亿美元，在拉斐特建立了产能最大的铝锂合金工厂，其铸锭生产能力为 20kt/a，是全球最大的铝锂合金挤压材与锻件生产企业，也是全球最大的铝锂合金材料供应商，为 A380、A350、B787、湾流 G650 飞机提供铝锂合金机翼桁条、地板梁、座位调节滑轨等，为 PW1100GPure-Power 航空发动机提供铝锂合金的前风扇叶片。为了满足航空航天领域对新型铝锂合金日益增长的需求，美国肯联铝业公司（Constellium，继承了 Alcan 的欧洲血统）在法国伊苏瓦尔轧制厂新建两条铝锂合金熔炼铸造生产线，专业生产 Airware 铝锂合金，A380 及 A350-XWB 宽体客机、庞巴迪（Bombardier）的 C 系列窄体飞机、美国太空探索技术公司（SpaceX）的猎鹰运载火箭、洛克希德马丁（Lockheed Martin）公司的猎户座太空舱等均采用了 Airware 家族的合金。

苏联和俄罗斯的铝锂合金研发工作主要在轻金属研究院，而材料生产则主要在乌拉尔卡缅斯克铝业公司（Kamensk Uralsky Metallurgical Works，KUMZ）。俄罗斯在铝锂合金研发与生产方面自成体系，在发展含 Sc 合金方面处于全球领先地位（1421、1423、1460 合金均有微量的 Sc），Al-Mg-Li 合金的研发与生产独树一帜，1965 年定型的 1420 合金可以生产板带材、挤压材与锻件等，至今仍是航空航天器的主要结构材料。俄罗斯在研发 Al-Cu-Li 系合金方面也不比欧美国家逊色，其中 1450 合金成分与美国的 2090 合金相似，但其材料热处理工艺更加注重其综合性能的发挥；1460 合金的性能与美国的 2095、2195 等合金相当，可焊性更好，特别是有优越的低温性能，非常适合焊接火箭液氧与液氢燃料储箱。

欧洲国家在铝锂合金研发的早期阶段处于领先地位，1924 年，德国率先研制成功的铝锂合金 Scleron，力学性能比当时盛行的铝镁合金（杜拉铝）要稍好一些，但未受到应有的重视。20 世纪 80 年代，英国 Alcan 公司和法国 Pechinery 公司分别生产出了 8090、8091、2091 等典型的第二代铝锂合金，并得到一定规模的应用。但是，在第三代铝锂合金的研发方面，英、法、德等国却落后于美国和俄罗斯，目前只有法国有铝锂合金熔炼-铸造-加工的完整体系，主要产能企业纷纷被美国企业吞并，法国著名的铝锂合金生产企业 Pechiney 公司在 2003 年被加拿大铝业（Alcan）收购，后成为美国肯联铝业的一部分。

我国成功地仿制和研制出 8090、2090、2091、1420（5A90）、2195、2099、2A97、2A66 等第二代和第三代铝锂合金。2000 年，西南铝业集团有限公司从俄罗斯引进铝锂合金真空熔炼炉及铸造设备，可小批量生产铝锂合金板材、型材与锻件。2012 年 1 月，西南铝业集团有限公司成功试制出用于国产大飞机专用的 2099 合金，填补了此前我国不能生产多组元、高合金化铝锂合金的空白，提升了我国航空航天所需配套材料的自主研发和保障能力。未来，我国应以大飞机、空间探测等航空航天工程发展的需求为契机，发展有自主知识产权的超高强铝锂合金、高损伤容限铝锂合金、高成形性可焊铝锂合金等新型铝锂合金，开发新的热处理技术和状态，完善铝锂合金开发平台和生产装备，进一步突破铝锂合金产业化生产中的共性关键技术，建立铝锂合金服役性能评价体系，加快铝锂合金的应用技术研究，提高铝锂合金的自主创新能力和自我保障能力。

2.2.4.4 在航空航天领域的应用

2009 年，铝锂合金被纳入美国航天材料标准，欧美、俄罗斯等航空航天强国相继将高性能 Al-Li 合金列入飞行器结构材料的重点发展方向，目前，第四代铝锂合金研发已有了不少成果，第三代铝锂合金已实现规模化工业生产，并在航空航天领域广泛应用，表 2-16 为部分第三代铝锂合金的性能特征和典型应用。

表 2-16　部分第三代铝锂合金的性能特征和典型应用

牌号	$\rho/(g/cm^3)$	产品状态与类型	性能特征	典型应用
2195	2.71	T8 厚板、管材	高强、低温高韧性、可焊接	替代 2219 作燃料储箱，用于航天飞机、战神系列运载火箭、猎鹰 9 号火箭，可替代 7475-SPF

牌号	$\rho/(g/cm^3)$	产品状态与类型	性能特征	典型应用
2196	2.63	T8511 挤压材	低密度、高韧性	替代7175-T3511和2024-T3511,作桁条、机身加强筋板、地板梁、桁条及机翼横梁等,已用于C919的前机身、机头、中机身长桁,已用于A380客机的机翼和机身桁条
2098	2.7	T82P 中厚板、薄板	高强、高韧性、抗疲劳	替代2024-T62,用于军机机身
2198	2.7	T8,T6 薄板、厚板、型材、锻件	高强、高韧性、耐损伤抗疲劳	替代7475-T761和2024-T3,已应用于C919蒙皮,替代2219-T8合金制造猎鹰9号火箭的第一、二级整体燃料箱桶与圆形端盖
2097	2.65	T8 厚板(38~152mm)	高耐损伤、抗疲劳、耐腐蚀	替代2124-T851和7050-T7451厚板,作机身框、翼梁、长桁、舱段隔板,已应用于F16和F-35战机,2097-T861已应用于F-16飞机的后机身隔框、中机身大梁,2197-T861合金预拉伸板应用于F-35后机身的整体框和壁板
2197	2.65			
2297	2.65			
2397	2.65			
2099	2.63	T8511型材 T83	高强、耐腐蚀、耐损伤	替代7175-T73511作桁条、地板梁、支柱、座椅导轨,已用作A380的横梁、下翼面的桁条、地板梁、座椅导轨、辅助导轨等;替代2024-T3511作机身结构、桁条、火箭舱段
2199	2.64	T8P,T6 薄板、中厚板、锻件	低密度、高耐腐蚀、疲劳裂纹扩展速率低	替代2524-T3薄板作机身蒙皮、下翼面蒙皮,已应用于B787和C919
2050	2.7	T8 厚板(12~127mm)	高弹性模量、高耐腐蚀	替代7050-T7451作飞机机身框梁、翼梁、翼桁、上翼壁板、翼肋
1424	2.5	薄板		替代2024、Д16作蒙皮
1460	2.6	T8 板材、型材、锻件		替代2219、B95$_{och}$、B96$_{ts}$-3$_{pch}$,作框、梁、燃料储箱,1460合金用于制造能源号运载火箭的超低温燃料储箱和飞机的液化天然气的低温储箱
1464	2.63			
1469	2.67			

在航空领域,铝锂合金主要用于机身框架、襟翼翼肋、地板梁、蒙皮、垂直安定面、整流罩、进气道唇口、舱门、燃油箱等。美国的C-17运输机使用铝锂合金制造货舱的地板梁、襟翼和副翼蒙皮等结构,每机达2860kg,比用普通铝合金减重208kg。B777的机身框架、襟翼翼肋、垂直安定面、整流罩、进气道、舱门等都采用了铝锂合金。B787梦幻客机垂尾和平尾使用了C155合金,其抗疲劳裂纹性能是7055-T651的2倍,断裂韧性是7055-T654的1.35倍,强度比2024-T351高11%,断裂韧性比2024-T351高13%,抗疲劳裂纹扩展阻力提高了1倍。俄罗斯的歼击机、运输机、直升机、舰载机等均已采用铝锂合金,1420合金广泛应用于MIC-29、MIC-33、Su-27、Su-35、Su-36、A-124、YAK-36等战机,重型运输机机身采用了重达1800kg的1420挤压材。英国的EH101反潜直升机有25%的构件用8090铝锂合金制造,其总质量下降了15%;EFA战斗机有2000个零部件使用了铝锂合金,用量占结构重量的20%,采用超塑性成形的铝锂合金制作起落架,质量减轻了20%,成本节约了45%以上。法国的Rafele-A军用战斗机采用铝锂合金制造其结构框架,幻影式战斗机上也大量应用铝锂合金,其成本低于热固塑料和金属基复合材料。A330/A340机翼前缘、

前承压隔板、前登机门、机身长桁、窗框等采用了铝锂合金。A380 的地板梁、下翼面的桁条、横梁、导轨、座舱、紧急舱地板等都采用了铝锂合金，A350 则使用了 2099、2098、2195、2196、2050 等多种铝锂合金的结构件。C919 采用了第三代铝锂合金（2196、2198、2099），占整机重量的 8.8%（近 2t），主要用于蒙皮、长桁、地板梁、支柱、座椅导轨等，均来自 Alcoa（达文波特轧制厂提供板材，拉斐特厂提供挤压材、锻件）。

由于铝锂合金比炭/环氧复合材料具有更高的工作温度、较好的高温韧性和蠕变性能，在太空环境下不放气，加工性能好、价格便宜，应用于航天领域有较大优势。俄罗斯的 1420 铝锂合金已用于某些中远程导弹弹头、弹体、仪器舱等结构件。日本在宇宙往返试验机 Hope-X 的机体、国际空间站的日本研究舱（JEM）都采用铝锂合金铸件，实现了减重、增加经济效益的目的。麦克唐纳·道格拉斯公司用 2090-T81 代替 2014-T6 制造 DC-XA "Clipper Graham" 火箭液氧箱，减重 15%；采用俄罗斯的 1460 合金制造的液氧储箱用于 Delta-Clipper 运载火箭 DC-X/DC-XA，减重 20%；在 X-33 运载火箭验证机 DC-AX 中，采用了俄罗斯制造的铝锂合金液氧储箱支架铸件，减重 12kg。美国洛克希德导弹和空间公司利用 8090 铝锂合金制作大力神运载火箭有效载荷舱，每件比原用常规铝合金减轻质量 182kg。美国采用密度低 5% 的 2195 铝锂合金替代 2219 合金制作航天飞机燃料箱，使"发现号""奋进号"的运载能力提高了 3.6t。"猎鹰9号"的第一级和第二级的顶端和外层全部采用高强度铝锂合金制造，"猎鹰重型"能承受超过预期 40% 的结构载荷，第一级火箭的 3 个引擎核心和第二级火箭的外壁均由铝锂合金制成，第一级芯级和第二级芯级燃料箱也均由铝锂合金制成，结构承载安全系数由 1.2 增加为 1.4。铝锂合金已经取代了许多常规高强铝合金制作燃料储箱、仪器舱、头部壳体、末段舱及其他非承力刚性构件，未来将用于次承力结构件，甚至主承力部位的次承力结构件。

2.3 铝合金锭坯的熔炼铸造及退火

2.3.1 熔炼及精炼

熔炼及精炼是采用加热方式，将按配比的基体金属和合金组元熔化为特定成分的均匀熔体，并使其达到一定的纯净度和满足铸造工艺性要求。

2.3.1.1 熔铸设备

通常，熔炼炉分为熔化炉、保温炉。熔化炉用于熔化铝熔体，保温炉又称静置炉，用于铸造前的精炼和静置，专用静置炉一般为电阻炉，当产量较小时，熔炼和静置可共用 1 台炉子，对于电解铝原液，要在混合炉内精炼。

铝合金熔炼炉有固定式和倾动式之分，固定炉熔体的出口流速随熔池液面高度减小而减慢，要调整出流口的阻力才能保持流速均匀，而倾动式炉可避免上述缺陷。熔炼炉的加热介质有电（电阻炉，感应炉）、气（天然气，液化气，水煤气）、油（轻柴油，重油）之分，电阻炉熔化的产品质量好，但产量较低、成本较高；燃油炉和燃气炉加热速率快、效率高，但燃烧会产生水汽，对铝熔体有一定污染；水煤气含有水分，带来的污染最大，但生产成本最低。熔炼炉的外形有圆形和矩形（箱式）之分，圆形炉熔池深、容量大、熔体温差大，矩形炉炉膛浅、容量小、熔体温差小，通常电阻炉、中小型油炉采用矩形。航空航天铝合金的质量要求很高且规格很大，熔炼装备的发展趋势是大型、节能、高效和自动化，大型顶开圆形熔炼炉、倾动式矩形熔炼炉和静置炉得到广泛应用。此外，配置电磁搅拌装置，可防止局部过热、加快熔化进程、降低能源消耗、减少炉渣生成、提高成分均匀性、减轻劳动强度。

生产大规格的航空航天材料，需要大吨位（＞100t）熔炼炉和保温炉，图 2-11 为可倾式保温炉，进入结晶器的铝熔体流速平稳、温度均匀。此外，还需要配备电磁搅拌器、在线除气装置、深床过滤装置、铸造机等，图 2-12 为美国 Wagstaff 公司生产的液压半连续铸造机，带有自动铸造控制系统。

图 2-11 可倾式保温炉

图 2-12 Wagstaff 液压半连续铸造机

2.3.1.2 加料及熔炼

为了提高铸造的成品率和金属的实收率，要根据各金属元素的物理化学特性及其在铝中的固溶度，确定其烧损率、加料方式及顺序。Fe、Si、Mn、Cr、Ni 等合金元素的熔点远高于铝的熔点，在铝中的固溶度较小，通常制成中间合金在装炉时加入，或按一定比例将这些元素的粉末与熔剂和黏结剂混合制成饼状添加剂，在调整化学成分时加入。装炉时，先将小块或薄块废料平铺于炉底（既能起到保护炉底的作用，又能借助炉子的余热烘干废料中水分和去除表面的油脂），易氧化烧损的料和小块料置于下层，大块料置于上层先行熔化。Cu 的熔点较高，但其在铝中的固溶度较大，可在固体料基本熔化后加入，并将 Cu 浸没于熔体中，防止其与空气接触而发生氧化。Zn 的熔点和沸点都很低，饱和蒸气压很高，容易挥发损耗，熔铸 7×××系合金时，Zn 锭要在炉料基本熔化后加入，调整好成分后不能停留过长时间。Mg 的沸点低，在高温下极易挥发，在其他合金元素熔化后加入，最好采用加镁器将 Mg 锭沉入铝液中熔化，否则，密度小的 Mg 会漂浮于铝液表面，为了防止 Mg 与空气中的氧发生燃烧反应，加 Mg 后立即撒覆盖剂。镁与氧发生反应生成疏松的氧化膜（MgO/Mg<1），当 Mg 含量较低（<1%）时，MgO 溶解于 Al_2O_3 中，不会破坏氧化铝膜，随着 Mg 含量提高，MgO 膜与 Al_2O_3 共存，破坏了氧化膜的致密性及保护熔体的有效性，因此，生产高 Mg 合金时，可加入 0.003%～0.005%Be，Be 扩散至熔体表面，与氧反应生成致密的氧化膜（BeO/Be>1），减少合金的烧损和污染，同时可改善高镁合金的铸造性能。

熔炼温度越高，合金化程度越完全，但熔体氧化吸气的倾向越大，对于 2A70 等容易形成化合物初晶的合金，一般采用 720～760℃的熔炼温度，其他合金的熔炼温度一般为 700～

750℃，当合金中含有稀土元素或难熔金属时，熔炼温度要提高到800℃。

2.3.1.3　精炼方法

精炼是从熔体中除去夹杂物和有害气体，又称熔体净化。铝合金的精炼包括炉内精炼、浇包精炼、在线精炼（又称炉外连续精炼），根据作用原理可以分为非吸附精炼和吸附精炼。非吸附精炼包括静置处理、真空处理、超声波处理、预凝固处理等，是通过物理作用破坏金属-气体系统或金属-夹杂物系统的平衡，从而使气体和非金属夹杂从铝熔体中分离出来，对全部熔体都产生精炼作用，其精炼效果取决于破坏平衡的外界条件、铝熔体与夹杂及气体的运动特性，除静置处理外，非吸附精炼很少应用于铝熔体。目前，广泛采用的是吸附精炼，吸附剂（精炼剂）有气态、液态、固态之分：54%KCl＋24%NaCl＋22%Na$_3$AlF$_6$为航空航天铝合金常用的固态吸附剂，容易吸潮结块，最好在使用前将其加热到300℃以上；CCl$_4$为常用的液态精炼剂；Ar和N$_2$为常用的惰性气体精炼剂，Cl$_2$为常用的活性气体精炼剂，气体精炼剂的氧含量和水含量必须＜0.001%。精炼剂及过滤介质直接与铝熔体接触，并与熔体中的气体和非金属夹杂发生机械、物理或物理化学作用，从而达到除气和除渣目的，但是，只对吸附剂到达的熔体产生净化作用，熔体的净化程度取决于其与吸附剂的接触条件。

表2-17为常用的铝合金熔体精炼方法，主要有喷吹气体（惰性，活性）净化、熔剂净化、搅拌和过滤除渣等。

表2-17　铝合金熔体精炼方法及效果

状态		处理方法及特点	脱气	除渣	脱钠	备注
炉内处理	常压	静置法，熔体长时间保温静置	较差	较差	无	静态
		静置＋熔剂处理法，加入多种熔剂保温静置	一般	一般	可以	静态
		Cl$_2$处理法，往静置炉吹入Cl$_2$	良好	可以	良好	动态
		C$_2$Cl$_6$处理法，压入C$_2$Cl$_6$到熔体中	较好	可以	较好	动态
		Cl$_2$＋N$_2$处理法，同时导入Cl$_2$和N$_2$到熔体中	较好	可以	可以	动态
	真空	三气法，导入Cl$_2$、N$_2$和CO混合气体	较好	可以	可以	雷诺公司
		真空静置法，将熔体转注入真空炉内静置	较好	可以	较差	Horst
		真空静置＋电磁搅拌，转入真空炉内电磁搅拌后静置	良好	可以	较差	WSW
		动态法，熔体喷入真空炉内，炉底导入精炼气体搅拌	良好	可以	较差	ASV
炉外处理	脱气	N$_2$处理法，由底部多孔塞中导入N$_2$到熔体中	较好	可以	较差	Air Liquide
		熔剂净化法，在熔融熔剂层下导入熔体除气	较好	可以	可以	Foseco
		熔剂覆盖＋搅拌法，熔剂处理与搅拌并举	较好	可以	可以	BACO
	过滤	Alcoa94法，氧化铝薄片过滤	较差	较好	较差	Alcoa
		氟化物覆盖过滤法，KF和MgF$_2$过滤床	较差	较好	较差	Foseco
		LGCF玻璃布过滤法，多层玻璃布重叠过滤	较差	较好	较差	Alcan
		陶瓷过滤法，多孔陶瓷管过滤	较差	良好	较差	Kaiser
		CFF泡沫陶瓷过滤法，泡沫陶瓷平板过滤	较差	较好	较差	Conalo
	综合处理	Alcoa 469法，双槽氧化铝球过滤和Ar＋N$_2$处理	较好	较好	较好	Alcoa
		FILD法，氧化铝球过滤，熔剂覆盖，通入N$_2$	较好	较好	可以	BACO
		MINT法，通Ar（＋2%～3%Cl$_2$），陶瓷泡沫过滤	较好	良好	较好	Conalco
		SNIF法，剪切式喷头喷入Ar＋N$_2$，悬浮熔剂层	良好	较好	较好	Union Carbide
		ALPUR，离心式喷头喷入Ar＋2%～3%Cl$_2$，熔体自下而上	优良	较好	较好	Pecbine
		RDU，离心式旋转喷嘴喷出Ar＋5%Cl$_2$，熔体自上而下	优良	较好	较好	FOSECO
		GBF，只采用Ar，喷嘴高速旋转	优良	较好	较好	FOSECO

炉内熔体处理主要有气体精炼、熔剂精炼和喷粉精炼等方式，其中喷粉精炼是在炉顶或炉墙插入多根喷枪喷粉，由于存在喷枪易碎和密封困难等问题，未得到广泛应用。航空航天铝合金主要采用炉底喷吹气体精炼，在炉底均匀安装多个可更换的透气塞，向熔体吹入精炼气体（Ar、N_2、Cl_2等），由计算机控制精炼气体流量和精炼时间，使精炼气体均匀散布于熔体中，吸附熔体中有害气体和夹杂物上浮。对于有特殊要求的航空航天铝合金，要在真空保温炉内精炼，并采用电磁搅拌加速有害气体逸出。

铝液净化的主要趋势是从炉内精炼向炉外精炼发展，从单一精炼向复合精炼发展。英国铝业公司的 FILD、美国铝业公司的 Alcoa 469、美国联合碳化物公司的 SNIF、美国联合铝公司的 MINT、法国普基工业公司的 ALPUR、英国福塞科公司的 RDU、日本福塞科公司的 GBF 等净化法是比较典型的炉外复合精炼方法。

（1）在线除气

经过静置炉精炼后，以 7075 合金为例，其含气量在 0.28mL/100g Al 以上，航空航天材料要求 7075 合金熔体的含气量控制在 0.08mL/100g Al 以下，为此，必须采用炉外在线除气处理。

炉外在线处理方法中，以旋转喷吹气体法应用最广泛。采用 $Ar(N_2)$ 或 $Ar(N_2)$＋少量 Cl_2（CCl_4）作为精炼气体，精炼气体受到旋转喷头（喷嘴）的强烈作用，被分成许多微细气泡均匀分散于熔体中，不仅能有效去除铝熔体中的氢，还可以去除碱金属或碱土金属，并使渣液分离。已有喷头的结构型式如图 2-13 所示，包括直管式（622 法）、多孔式、剪切式（SNIF 法）、下吸离心式（ALPUR 法）、上吸离心式（RDU 法）等，不同结构的喷头对熔体的搅拌程度、熔体的紊流程度、产生气泡的大小均不同。

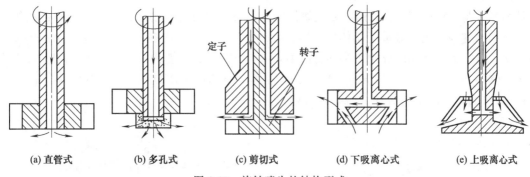

| (a) 直管式 | (b) 多孔式 | (c) 剪切式 | (d) 下吸离心式 | (e) 上吸离心式 |

图 2-13　旋转喷头的结构型式

对比离心式和剪切式，前者具有较好的除气效果，但容易在液面引起旋涡，导致熔体卷渣吸气，后者除气效果相对较差，安装更换不够方便，但是液面相对平稳。相同结构喷头的除气效率取决于气体流量和喷头旋转速度，气体流量增加，反应物浓度增加，喷头转速增大，熔体紊流程度加剧、叶片对气体的分裂作用加大，同时，熔体受到的离心力加大，气泡随着熔体扩散的距离加大。

美国 Union Carbide 公司开发了 2 种型号的 SNIF 装置，S 型为单喷嘴和单处理室，T 型为双喷嘴和双处理室。S 型装置的处理能力为 11t/h，含氢量为 0.3～0.4mL/100g Al 的熔体，处理后氢含量降至 0.10～0.12mL/100g 熔体。T 型装置的处理能力为 36 t/h，除氢率最高为 59.41％，最低为 21.11％，净化后 100g 铝熔体的含氢量可以达到小于 0.10mL 的水平。图 2-14 为 T 型 SNIF 装置示意图，装置密闭并保持微正压力，避免熔体与空气接触，内衬和旋转喷嘴均为石墨制作，高压气流沿喷嘴进入熔体，受到端头旋转叶轮的高速碰撞和剪切作用，变成极细的气泡均匀分散到整个熔体中。由保温炉流入 SNIF 装置的熔体先后经过第 1 净化区 A、隔板 B、第二净化区 C、石墨管 D，最后流入出料池 E，出料池和处理室由碳化硅板隔开，可缓冲熔体的涡流，并保持液面稳定，净化的熔体通过石墨管 D 和出料池平稳流出，进入铝液分配盘，多余的惰性气体、排出的氢气、浮渣汇集于处理室上部，从熔体入口处上部排出。

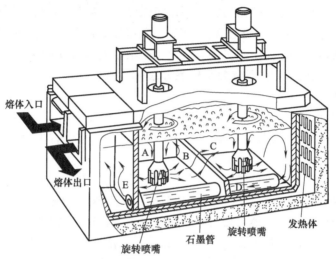

图 2-14 双转子 SNIF 在线熔体处理装置

图 2-15 为法国开发的旋转喷吹气体装置（ALPUR），有 D500、D1000、D2000、D3000 四种型号，与 SNIF 装置的不同之处是熔体能进入喷嘴内与气泡接触，利用离心力使精炼气体呈微细小气泡喷出并分散于熔体中，净化效果得以提高。国内多家企业引进了 ALPUR 装置，据资料介绍，使用 $Ar + 2\% \sim 3\% Cl_2$，每千克铝耗气量为 $0.6 \sim 0.84L$，除气率为 $55\% \sim 65\%$，含气量为 $0.32mL/100g\ Al$ 的熔体，经 ALPUR D500 型处理后含气量降为 $0.14mL/100g\ Al$，除气率为 56%，处理能力为 $1 \sim 5t/h$。

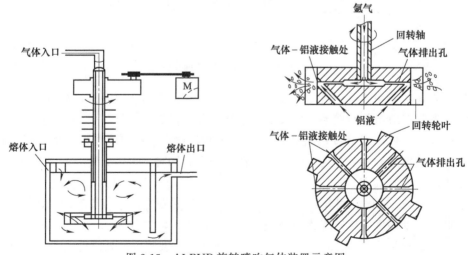

图 2-15 ALPUR 旋转喷吹气体装置示意图

图 2-16 为 FOSECO 英国公司开发的旋转喷吹气体装置（RDU），喷嘴由高纯石墨制成，

除喷出气泡和搅动熔体外，还会产生泵吸作用，熔体自上而下进入喷嘴的拨轮内与气体混合后喷出，产生含有气泡的强制流动，气泡细化效果较好，增加了气液混合的均匀性，从而比SNIF 及 ALPUR 具有更好的净化效果。100g Al 的氢含量为 0.26mL 的 2014 合金，采用流量为 60L/min 的 Ar＋5％Cl$_2$ 精炼气体，熔体流量为 250kg/min，经过 RDU 装置处理后氢含量为 0.05mL/100g Al，除气率高达 80％。

图 2-17 为 FOSECO 日本公司开发的旋转喷吹装置，采用气泡过滤（GBF）法，主要特点是喷嘴的转速高达 700r/min，产生均匀细小的气泡（直径为 1～4mm），精炼效果好（除气率在 70％～80％），用气量少（0.2m^3/t），不用 Cl$_2$，对环境无污染。净化室内衬采用 SiC-Si$_3$N$_4$，不粘铝、耐腐蚀、耐磨损、易清理、寿命长（2～3 年）。处理室上部有阻尼装置，处理时液面平稳，金属氧化损失少，渣量少。

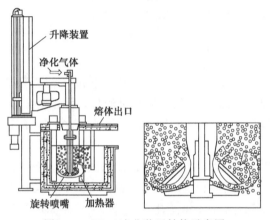

图 2-16 RDU 净化装置结构示意图

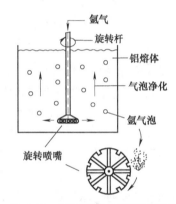

图 2-17 GBF 装置及喷嘴示意图

此外，美国 ALMEX 公司开发的在线除气装置 LARS，转子可预热精炼气体，使其温度接近熔体温度，防止精炼气体的热膨胀，细化气泡尺寸。

（2）在线过滤

按过滤原理，有饼状过滤和深过滤（深床和深层）之分。玻璃丝布过滤最简单；刚玉微孔过滤管最有效，但是使用不方便且价格昂贵；陶瓷过滤板使用简单、成本较低且过滤效果较好，应用最广泛。

图 2-18 为转注系统的玻璃丝布过滤装置，只能拦截尺寸较大的夹渣，一般用于转注过滤和结晶器内熔体过滤。图 2-19 为端部带网孔的导流槽直接与液面接触，同时起到稳定液流和过滤夹渣的作用。

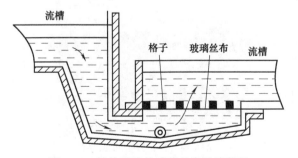

图 2-18 转注系统的玻璃丝布过滤装置

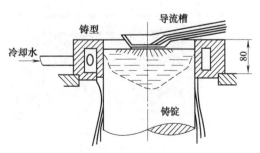

图 2-19 导流槽稳定液流和过滤夹渣

泡沫陶瓷板通常水平装配在转注系统的滤盆中，图 2-20（a）为铝熔体由上向下通过泡沫陶瓷过滤板后流向结晶器，图 2-20（b）为铝熔体自下向上通过泡沫陶瓷过滤板，熔体均匀上升，能够保证过滤板均匀启动，减少沟流危险。为了保证最先流至泡沫陶瓷板的铝熔体不会发生凝固而堵塞孔洞，过滤前最好用辐射式加热器或天然气吹管将泡沫陶瓷板加热至接近熔体温度。

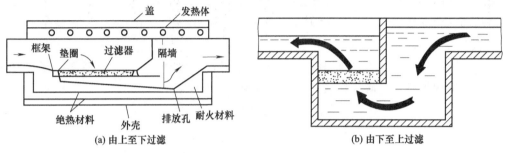

图 2-20　泡沫陶瓷过滤板的 2 种型式

为了提高泡沫陶瓷板的过滤精度，孔径由 20～30ppi（ppi 表示每英寸长度单位上孔的数目）发展到了 70ppi，使熔体过滤效率大大降低，因此，开发了复合过滤板，如图 2-21 所示，孔径较大（如 30ppi）的过滤板把粗大夹杂物滤掉，再通过孔径较小（50～70ppi）的过滤板，既提高了过滤精度又提高了过滤效率。

泡沫陶瓷过滤（CFF）和深床过滤（PDBF）是现代熔体在线过滤技术的代表。图 2-22 为 Noverlis PAE 公司开发的 CFF 板式过滤装置，采用陶瓷过滤板作为过滤介质，熔体中的杂质被不同 ppi 值的过滤板除去，用于轧制板坯和挤压锭坯铸造生产。图 2-23 为深床过滤

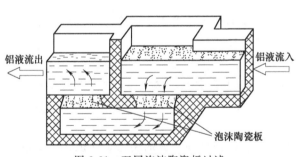

图 2-21　双层泡沫陶瓷板过滤

图 2-22　Noverlis PAE 公司的 CFF 装置

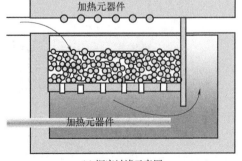

(a) 深床过滤示意图

(b) Noverlis PAE 公司的 PDBF 装置

图 2-23　深床过滤及 PDBF 装置

示意图及 Noverlis PAE 公司开发的 PDBF 装置，采用氧化铝球和氧化铝砂砾作为过滤介质，当铝熔体通过滤箱时，杂质留在过滤层区域，对于大于 $10\mu m$ 的杂质过滤效率可达 95%，在过滤箱的顶部和底部均有加热装置，保证箱体内部温差最大不超过 10℃。

相比于纯铝和软合金，硬铝和超硬铝合金熔体中所含微小夹杂颗粒物较多，为保证锻件等高端产品的锭坯质量，通常采用刚玉管过滤。图 2-24 为刚玉管及过滤器示意图，过滤器内装有数根外径 100mm、内径 60mm、长度 500～900mm 的刚玉管，熔体通过大小不等的曲折微细孔道，较小的夹杂也被阻滞和滤除。

(a) 刚玉管

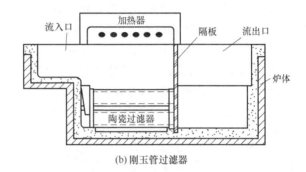
(b) 刚玉管过滤器

图 2-24　刚玉管及过滤器示意图

（3）综合精炼

渣和气不能截然分开，通常熔体中气体含量越高，夹杂物越多，反之亦然，熔体的除气和过滤是相辅相成的，在除气过程中必然会携带夹杂上浮，夹杂去除必然会降低熔体的气体含量，因此，综合除气和过滤处理对熔体净化是有益的。图 2-25 为熔体综合处理装置及喷头示意图，旋转喷头使铝液循环流动，被剪切的微细氩气泡分布在熔体中，吸附氢和夹杂上浮到顶部，气体从熔体入口逸出，夹杂则在出口被滤掉。

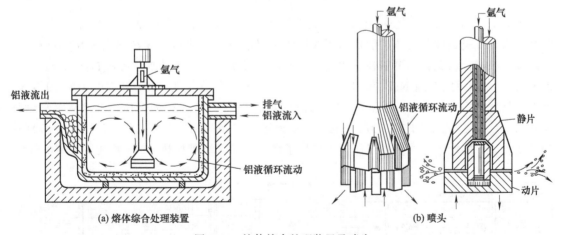

(a) 熔体综合处理装置

(b) 喷头

图 2-25　熔体综合处理装置及喷头

图 2-26 为美国 Conalco 公司开发的铝熔体在线除气和泡沫陶瓷过滤装置（MINT 法）示意图，铝熔体从顶部沿切线方向进入反应器，氩气（或加入少量氯或氟利昂）等精炼气体由锥形底部的喷嘴进入反应器，向下旋转的熔体与向上运动的精炼气体充分接触和混合后进入过滤槽，能够有效除氢、除碱金属及非金属夹渣，但是，由于熔体在反应室的旋转不稳

定，除气率波动较大，熔体翻滚可能产生氧化夹渣。

国内引进了 MINT Ⅱ、MINT Ⅲ 两种型号，MINT Ⅱ 的锥形底部装有 6 个喷嘴，气体流量为 15m³/h，铝熔体处理量为 130～320kg/min，反应室静态容量为 200kg，含气量为 0.30～0.35mL/100g Al 的熔体，处理后含气量为 0.15～016mL/100g Al，除气率约为 50%；MINT Ⅲ 的锥形底部安装 12 个喷嘴，气体流量为 25m³/h，铝熔体处理量为 320～600kg/min，反应室静态容量为 350kg，含气量为 0.35～0.40mL/100g Al 的熔体，处理后含气量为 0.14～016mL/100g Al，除气率约为 60%。

图 2-27 为英国 BACO 公司开发的铝熔体在线除气和床式过滤装置（FILD 法），耐火坩埚被隔板一分为二，熔体通过表层熔剂进入第一室，由石墨管吹入 N₂ 对熔体进行吹洗，经过底部涂有熔剂（52%KCl＋43%NaCl＋5%CaF₂）的氧化铝球过滤，然后经过第二室未涂熔剂的氧化铝球过滤。FILD 法把活性氧化铝球床式过滤、惰性气体精炼和熔剂过滤等多种净化方法融为一体，有较好的精炼效果。

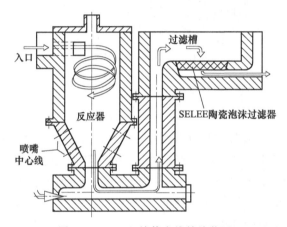

图 2-26　MINT 熔体在线精炼装置

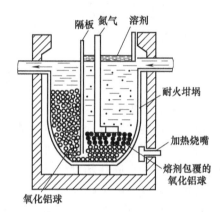

图 2-27　FILD 熔体在线精炼装置示意图

图 2-28 为美国 Alcoa 公司开发的在线除气及床式过滤装置（469 法）示意图，该装置由两个底部有氧化铝球和气体扩散器的箱式过滤装置组成，上流过滤床全部由氧化铝球组成，二次过滤床有片状氧化铝覆盖在氧化铝球之上，在熔体过滤的同时逆向吹入 N₂ 或 Ar，也可加入 1%～10% 的 Cl₂ 除 Na。采用 Ar＋2%～5%Cl₂，氢含量为 0.24mL/100g Al 的熔体，处理后氢含量降为 0.08mL/100g Al；氢含量为 0.45mL/100g Al 的熔体，处理后氢含量降为 0.15mL/100g Al。图 2-29 为 Alcoa 469 的改进型（469 第二号或 622-528 法），由分别称为 622 和 528 的两个箱式装置组成，均采用了浸入式煤气烧嘴加热。622 箱式装置中的气体

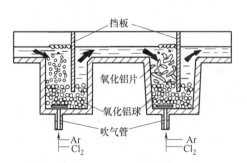

图 2-28　Alcoa 469 在线精炼装置

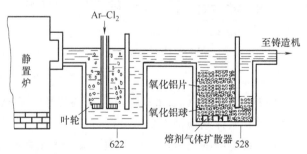

图 2-29　469 改进型（622-528）在线精炼装置

分散器装有旋转叶片，中间为可通入精炼气体的空心杆，正常除气除渣，采用 Ar＋2.5% Cl_2 精炼气体，如果要除 Na 和 Ca，氯气含量可高达 30%。528 箱式装置具有和 469 法一样的氧化铝薄片过滤层，通入和上流箱体一样的精炼气体。Alcoa 469 改进型的运行费用要低得多，使用寿命要长些，对于很多产品，通常使用 622 法装置即可，采用 Ar＋2%～3% Cl_2，氢含量为 0.40～0.45mL/100g Al 的熔体，处理后氢含量降为 0.15mL/100g Al。

东北轻合金有限责任公司研发了三级泡沫陶瓷过滤复合净化法，图 2-30 为净化装置示意图。铝熔体经过前溜槽下方的一级过滤器和熔剂过滤层进入前净化室，而底部逆向吹入气体，经过一次净化的熔体通过垂直的二级过滤器进入后净化室，底部吹入气体方向与熔体运动方向相同，熔体经过三级过滤器和熔剂层进入后溜槽，经过复合净化后，铝合金熔体中的非金属夹渣和氢含量显著降低，10μm 以下的微小非金属夹渣含量小于 0.02%，氢含量小于 0.08mL/100g Al。

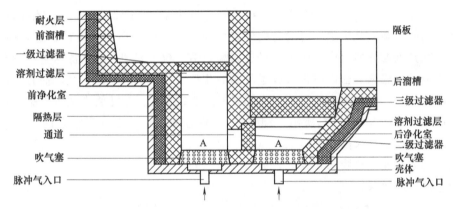

图 2-30 三级泡沫陶瓷过滤复合净化装置示意图

西南铝业集团有限公司开发了 2 种旋转喷头除气与泡沫陶瓷过滤相结合的净化装置，简称为 DFU 和 DDF，分别采用单旋转喷头和双旋转喷头除气（单位时间的处理量较大）。图 2-31 为 DDF 装置，由隔板将其分为除气区和静置区，内置浸入式加热器对金属熔体进行加热和保温，除气原理与 SINF 及 ALPUR 相近，用 Ar（或 N_2）＋1%～3% Cl_2（或 CCl_4）气体，除气效率为 50%～70%，氢含量为 0.25～0.30mL/100g Al 的熔体，处理后氢含量降为 0.10～0.15mL/100g Al，

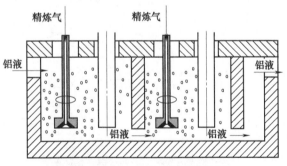

图 2-31 DDF 旋转喷头除气装置

氢含量为 0.30～0.40mL/100g Al 的熔体，处理后氢含量降为 0.12～0.20mL/100g Al。

目前使用的 MINT、FILD、SINF、APLUR 等在线精炼装置基本能够满足航空航天铝合金的质量要求，但这些装置体积较大，不方便安装和更换过滤介质，铸次间需要放干熔体或需加热保温，运行费用高。Alcan 开发的紧凑型在线处理装置 ACD，在供流流槽上用多个小转子进行精炼，转子间用隔板分隔，在铸次间无金属放干，无须加热保温，运行费用大幅下降。加拿大研制了 1 种流槽除气装置，其宽度和高度与流槽接近，在侧面下部安装固定喷嘴供气，装置占地小，除气效率高，放干料极少，运行费用低，特别适用于中小型熔铸厂

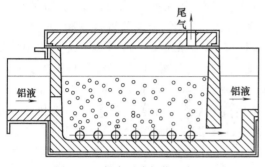

图 2-32　紧凑型除气装置 CDU

熔体净化处理。西南铝业集团也研制出了类似的紧凑型装置 CDU，如图 2-32 所示，仅用 Ar 或 N_2 的情况下，除气率达 50%，占地 0.5m×1m，无须加热保温，铸次间放干料只有 30kg，运行费用降低 30% 以上。

日本三井金属开发的深床过滤/泡沫陶瓷过滤＋管式过滤配置技术，生产用于飞机起落架、喷气式涡轮发动机风扇叶等高强度和高耐热铝合金铸锭，获得了较好效果。过滤管型号依据刚玉管的孔径大小分为 RA、

RB、RC、RD、RE、RF，如图 2-33 所示，CFF 泡沫陶瓷过滤板的平均气孔直径在 50ppi 时为 1000μm，RA、RF 型刚玉管的平均气孔直径分别为 750μm 和 250μm。铝熔体从过滤管外部渗透到内部，杂质几乎都在过滤管的外表面被滤掉，更细小的杂质在过滤管内被吸附，减少熔体中微细颗粒的残留度。刚玉管经过高温烧结，粒子间结合远比深床过滤的氧化铝球和沙砾层组成的过滤床紧密，不仅形成了较高的孔隙率和非常细小的气孔，而且形成了复杂的流路，可对杂质粒子实施表面过滤和内部吸附的双重捕获。过滤管根数依据铝熔体流量和流速需求确定，如图 2-33（b）所示，配置了 28 根过滤管，可在有限空间内实现超大面积的过滤，过滤表面积大大高于 CFF 的两块泡沫陶瓷板。但是，单独使用管式过滤，可能会因粗大杂质的累积而导致堵塞，因此，通常在管式过滤前增加 PDBF 或 CFF 过滤装置，以获得最理想的过滤效果。

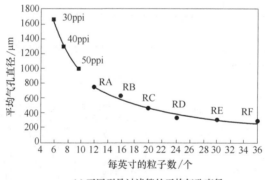

(a) 不同型号过滤管的平均气孔直径

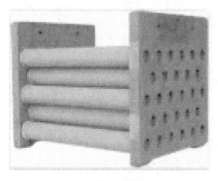

(b) 配置的过滤管

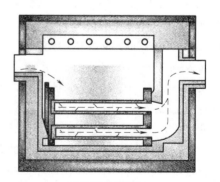

(c) 过滤器示意图

图 2-33　刚玉管及过滤器示意图

铝熔体净化对铝材质量和性能产生深远的影响，国内外的材料工作者不断探索净化处理方法和研制相应装置，上海交通大学研发的电磁净化装置可去除 $10\sim30\mu m$ 的夹渣，中南大学开发的超声波处理装置，具有细化晶粒和除气双重作用。

2.3.2 锭坯的铸造

铝合金铸锭通常采用半连续铸造或连续铸造，包括静模铸造、无接触铸造、动模铸造，可生产长锭和大锭，生产效率高。静模铸造的结晶器为整体式，相对地面静止，铸锭相对结晶器滑动，根据锭坯运动方向，分为立式半连续铸造和水平连续铸造。无接触铸造包括气滑（也称气垫或气幕）热顶铸造和电磁铸造，熔体在气体压力或电磁力作用下凝固，铸锭不与结晶器壁接触，有效解决了铸锭拉裂问题，能提高铸锭表面质量和细化晶粒，但是，设备投资大且不易操作。动模铸造的结晶器为组合式，部分构件或全部构件处于运动状态，边浇注、边运动、边冷凝、边脱模，包括辊间铸造（连续铸轧）、轮间铸造（Poperzi 连铸、Conform 液体挤压）、带间铸造（双带式、履带式），可以实现液体金属一次加工成材，节能、降耗、提高生产效率，为变形铝合金铸造方法的发展方向之一。

2.3.2.1 铸造工具

航空航天铝合金主要采用直接水冷（DC）井式半连续铸造，铸造工具主要有成型工具、液流转注及控制工具。

（1）成型工具

成型工具包括结晶器和底座、水冷装置，结晶器的结构不仅决定铸锭的形状尺寸，而且对铸锭的表面质量、裂纹倾向和组织都有不同程度的影响。图 2-34、图 2-35 分别为实心圆铸锭和空心圆铸锭的结晶器。直径小于 160mm 的铸锭，结晶器高度为 $100\sim120mm$，内套的内表面为圆筒形，直径大于 160mm 的铸锭，内套内表面上部为锥形区（高 30mm，锥度为 1:10），当直径为 $160\sim300mm$ 时，结晶器高度为 150mm，当直径为 $300\sim500mm$ 时，结晶器高度为 180mm，当直径为 $500\sim800mm$ 时，结晶器高度为 200mm。如图 2-34 所示，圆铸锭结晶器外套上部两端开有对称的 2 个进水孔，与循环冷却水系统相连，外套内壁下缘开有小的方形沟槽，与内套外壁下缘的斜面配合，形成方形水孔，冷却水由进水孔经内外套之间的螺旋形水路从方形水孔喷向铸锭。

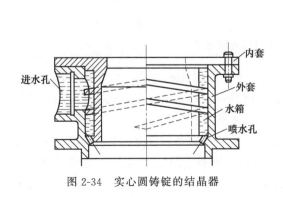

图 2-34 实心圆铸锭的结晶器

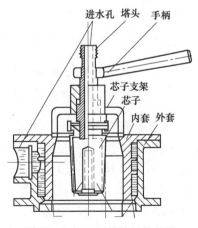

图 2-35 空心圆铸锭的结晶器

如图 2-35 所示，空心铸锭结晶器上面有安放芯子支架的圆槽，芯子安装在支架中央，水由芯子顶部通入，沿芯子底部与铸锭中心线呈 30°的小孔喷向铸锭内表面。

扁铸锭结晶器由成型用的结晶槽和盖板组成，传统结晶槽高度为 150～200mm，采用 10mm 厚的冷加工紫铜板弯曲成形，然后在两端对焊，盖板用钢板焊制。铝合金扁锭宽度的凝固收缩率为 1.5%～2%，厚度的凝固收缩率沿宽度方向是变化的，中部收缩率为 5.5%～8.5%，两端收缩率为 2.8%～4.35%，因此，通常结晶槽的宽面设计为向外稍突出的弧形或钝角，如图 2-36 所示。航空航天用硬合金扁锭通常采用横向压延，小面设计为椭圆或楔形，防止铸造时产生不均匀冷却及内应力和压延时产生张嘴缺陷，为了防止侧面裂纹，小面都带有切口，切口长度和高度因合金种类、规格而异。

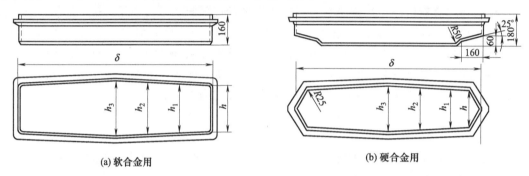

(a) 软合金用　　　　　　　　　　　(b) 硬合金用

图 2-36　铝合金扁锭的结晶槽

图 2-37 为铸锭横断面可调的结晶器，由 4 个可自由分开的冷凝块组成，每个冷凝块由冷凝面、水套、底板组成，各自独立供水，2 个短冷凝块夹在 2 个长冷凝块中间，通过螺杆和螺套紧固。更换 2 个短冷凝块可改变铸锭厚度，调整 2 个短冷凝块的距离可改变铸锭宽度，可用 1 个结晶器铸造多种规格的铸锭，Wagstaff 开发的低液位合成可调结晶器 VariMold，其宽度的调整范围可达 200mm。

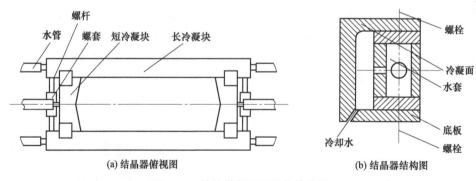

(a) 结晶器俯视图　　　　　　　　　(b) 结晶器结构图

图 2-37　铸锭横断面可调的结晶器

图 2-38 为盖板结构示意图，带有冷却系统，分为水管式和水箱式，水管式多用于软合金铸造，水箱式多用于硬合金扁锭或小面呈椭圆、楔形扁锭的铸造，水箱式盖板中有 2 条相互独立的水路，分别供给大面和小面，可独立控制水量和水压。

结晶器的出水孔有水帘式、单排式、双排式等，满足不同系列合金的铸造要求。采用水帘式可避免溅射，保证均匀冷却，但易被冷却水中脏物堵塞。图 2-39 为采用普通结晶器的直接水冷半连续铸造，为单水腔单射角结构，水孔的入射角大于 45°，单排水孔在水流量过

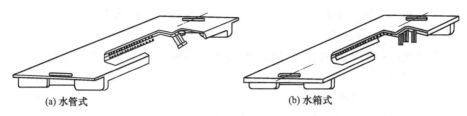

(a) 水管式   (b) 水箱式

图 2-38 铝合金结晶器的盖板结构

低时会产生溅射，铸锭直径小时，相邻射流间的夹角增大，会进一步产生溅射，只能满足平稳铸造状态的冷却要求。双排式的上排水孔中心线与铸锭轴线垂直相交，下排水孔中心线与铸锭轴线成45°，既能满足开始铸造时锭尾成型的需求，又能满足连续平稳铸造的需求。

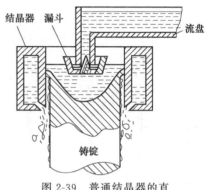

图 2-39 普通结晶器的直接水冷半连续铸造

航空航天用铝合金的硬度高且锭坯规格较大，有较大热裂倾向，容易产生晶内偏析和形成金属间化合物初晶，通常采用双水腔水冷系统，并采用 PLC 系统自动对铸造全程及冷却水强度进行控制。图 2-40 为双水腔冷却装置示意图，水箱内用隔板将大小面水分开，以便大小面分开供水和控制，水箱内有 2～3 排喷水孔，上排喷水孔用于一次冷却，喷在结晶器壁上，喷水角度为 45°～90°，为防出现冷隔，要保证喷水线在液面以上，第二、三排水用于二次冷却，一般与铸锭轴线呈 30°～45°。为防止水溅散和保证冷却水沿铸锭均匀流下，在水箱下面装有挡水板，其下缘与结晶器下缘在同一水平面或稍低。

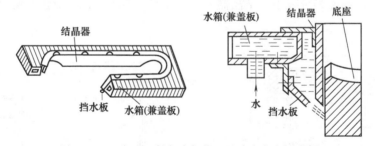

图 2-40 双水腔双射角冷却装置及喷水角度示意图

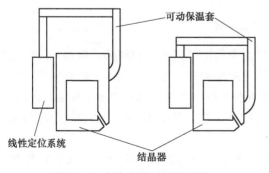

图 2-41 水冷高度可调结晶器

当结晶器的高度较大时，冷却带较高，容易在结晶器壁与铸造凝壳之间形成气隙，产生严重的偏析瘤和冷隔缺陷。图 2-41 为英国铝业公司研制的水冷高度可调结晶器，通过可在结晶槽内上下移动的保温套筒改变结晶器壁敞露高度。首先将保温套升至左图所示的位置，开始深模铸造，铝液主要靠结晶器壁导热，冷却区域较大，冷却强度较小，铸锭底部的变形较小，当熔体达到稳定流动时，迅速将套筒降至右图所示位置（凝壳与结晶器壁开始分离位置），既保证了铸造开始的安全，又避免了已凝固金属的重新加热，铸锭表面质量提高，周边偏析减轻。

图2-42为控制液位示意图，左边为采用控制液位的低液位铸造，右边为在结晶器上方内衬装带润滑功能的石墨环，两者均可降低冷却区域和有效结晶区长度，对铸锭表面质量有所改善。图2-43为绝热膜铸造（多用于软合金直边扁锭铸造）示意图，在普通结晶器内表面上部贴一层3mm厚的绝热材料（如硅酸铝纤维毡），在其表面涂上石墨、椰子油等润滑剂，在液穴上面形成1个储槽，可以降低冷却带的高度，使有效结晶区变短，抑制偏析瘤的形成，已凝固部分温降较少因而塑性较好，冷裂倾向得以降低。

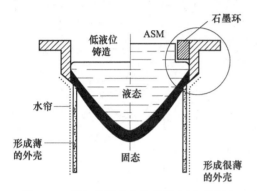

图2-42 低液位铸造和结晶器内衬石墨环

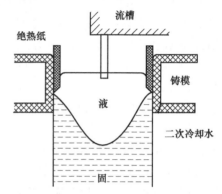

图2-43 绝热膜铸造

为了解决低水平铸造带来的铸造安全问题，在矮结晶器上面安装1个用耐火绝热材料制造的储槽（又称热帽或热顶），使一次水冷带上部保持一定熔体高度，称为热顶铸造。图2-44（a）为单体的热顶铸造，图2-44（b）为多模热顶铸造，结晶器安装在水箱式浇注平台的下方，不使用传统的浮标漏斗，储槽内的熔体与分配流盘内的熔体保持在同一水平，储槽内不发生结晶，结晶冷却带减小，结晶器壁与凝壳间气隙减小，冷却强度增大，铸锭表面质量明显改善。

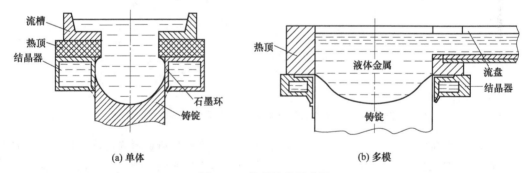

(a) 单体　　　　　　　　　　　　　　　　(b) 多模

图2-44 热顶铸造示意图

绝热膜铸造和热顶铸造可促进顺序凝固，解决普通结晶器铸造的缺陷，但是，对于较大规格的硬铝合金铸造，通常还会因为结晶器与铸锭之间润滑不够而出现表面拉裂问题。采用气滑热顶铸造，如图2-45所示，将气体和润滑油引入铸锭与结晶器壁之间，形成油气混合物润滑热幕，在气体压力作用下，液体金属或铸锭不与结晶器接触，绝热的油气热幕可减缓甚至消除一次冷却，直接二次冷却凝固成锭。

图2-46为电磁铸造示意图。电磁（电磁场）铸造无结晶器和一次冷却，核心部件是感应线圈和导向磁屏（由非磁性材料制成，带有锥度），导向磁屏利用壁厚变化的锥形部分局

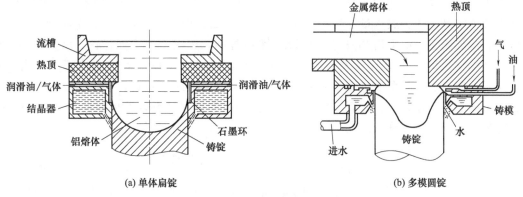

图 2-45 气滑热顶铸造示意图

部遮挡磁场,可通过调节螺栓控制液柱与导向磁屏的相对位置来调控电磁推力沿液穴高度的变化,利用电磁力代替结晶器限制铸锭外形和支撑液柱。电磁场的搅拌作用可以降低熔体的温度梯度、改善液穴形状、破碎枝晶和细化晶粒,由于不存在结晶器壁与铸锭间的气隙,锭坯表面光洁。但是,电磁铸造难以保证电磁场力场恒定和工艺参数稳定,在电磁线圈内加上金属模,可以稳定液柱和铸件形状。

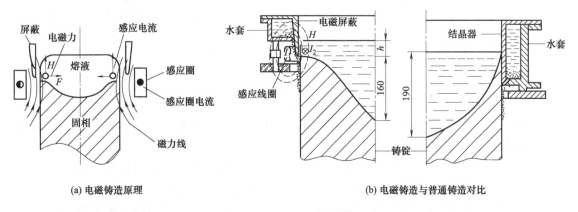

图 2-46 电磁铸造示意图

底座是用于引锭和支承的装置,铸造开始时,底座上端介入结晶器内,与结晶器共同起支承和成型作用;铸造过程中,作为结晶器的活底,底座与铸锭一起被拉出结晶器。与低液位结晶器配套使用的硬合金扁铸锭底座,如图2-47所示,采用下凹的梯形槽设计和纯铝铺底,使其在铸锭底部形成厚实的加强筋,通过 PLC 控制开始阶段的慢速铸造和脉冲水冷却,可以降低硬合金扁铸锭底部裂纹的倾向性。

(2)液流转注及控制工具

液流转注及控制工具包括流盘、流槽、分流漏斗、液面控制器等,主要作用是控制供给结晶器的铝液流量、实现平稳浇注和防止表面氧化膜卷入。很多厂家已经取消了流槽,靠流盘将熔体

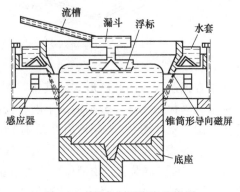

图 2-47 硬合金用底座示意图

从静置炉导向结晶器，如图 2-48（a）所示，主要作用是能使熔体在氧化膜覆盖下平稳流动，输送至各个结晶器的金属流量均匀和平稳流动。流盘因铸锭形状、规格、铸造根数及排列形式而异，传统流盘一般采用 2mm 厚的 Q235 钢板焊制，内衬隔热保温材料，因无自动加热装置，当流程长时，会导致较大的温降。现代流盘可以自动控温和控制液面，如图 2-48（b）所示，装有激光检测和电磁液位控制执行机构，在流盘上方安装有自动控温的电加热盖板，铸造前对流盘系统和液流控制棒加热，铸造过程中对流盘内熔体保温，盖板可倾翻，便于对流盘进行清理和维护。

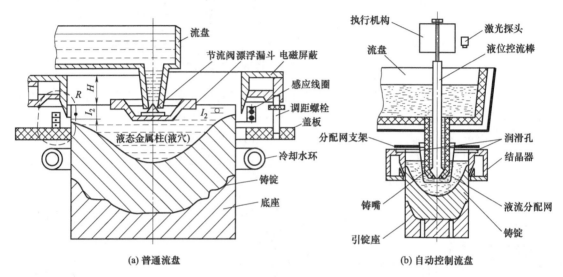

(a) 普通流盘 　　　　　　　　(b) 自动控制流盘

图 2-48　普通流盘和自动控制流盘

在热顶和气滑多模铸造时，流盘通常被当作热帽安装在水箱式浇注平台的上方，如图 2-49 所示，构成热顶分配流盘，实现同水平铸造。

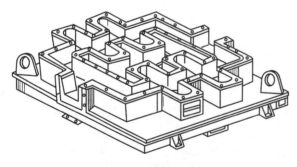

图 2-49　热顶铸造流盘

漏斗的基本作用是均匀地分配熔体至结晶器各部分，液面自动控制漏斗还兼有控制结晶器内液面水平的作用，同水平多模铸造通常以流管代替漏斗并与流盘合二为一。作为液流分配工具，漏斗可以通过改变液流分布和运动方向来影响液穴的形状和深度。

液面控制器主要有接触式和非接触式两种类型。传统铸造采用接触式液位控制，图 2-50 为漏斗（浮标）与流盘流嘴相结合控制液面的几种形式。其中，图 2-50（a）为浮标流管控制流量，图 2-50（b）为浮标节流阀控制流量，分别适用于硬合金扁锭和圆锭；图 2-50（c）为浮力砝码式液面控制，适用于扁铸锭；图 2-50（d）为浮标-杠杆流量控制装置。

非接触式液位控制装置是为了适应低液位结晶器、电磁结晶器和铸造系统自动控制要求而开发的液面控制装置，由液位传感器和塞棒执行机构组成，目前采用的传感器有电容式、激光式两类。图 2-51（a）为电容式液位传感器，感应板与金属液面作为两个极板构成一个电容，

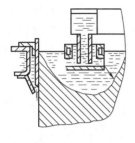

(a) 浮标流管控制流量

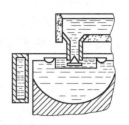

(b) 浮标节流阀控制流量

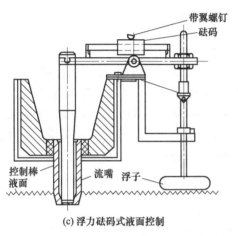

(c) 浮力砝码式液面控制

(d) 浮标-杠杆流量控制装置

图 2-50 接触式熔体流量自动控制装置

电容的大小与感应板和液面之间距离成反比，电容控制振荡器对液面进行控制，具有响应快、再现性好的特点，由于传感器离液面很近，日常维护量较大，对流盘的要求较高，仅适用于宽幅扁铸锭液面控制。图 2-51（b）为激光液位传感器，可安装在距最低测量点 1m 远的高处，克服了电容式传感器的缺点，测量精度可达±1mm，但是，由于激光能量较大，对用于冷却的压缩空气的质量要求较高，一般要求气压 0.5MPa 以上，无水无油且压力稳定。

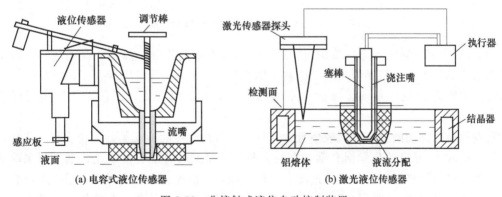

(a) 电容式液位传感器

(b) 激光液位传感器

图 2-51 非接触式液位自动控制装置

2.3.2.2 铸造过程及缺陷

立式直接水冷（DC）半连续铸造可生产所有铝合金的扁锭和圆锭（实心、空心），可以采用单模、双模或多模铸造，铸造硬合金可以采用单模、双模、三模、四模等，铸造软合金一般采用多模铸造，同水平铸造机可以同时铸造 60～80 个锭子，也可采用同水平绝热保温多模铸造空心锭，图 2-52 为多模铸造的铸型分布。

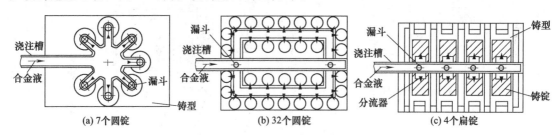

(a) 7个圆锭   (b) 32个圆锭   (c) 4个扁锭

图 2-52　铝合金多模铸造的铸型分布

（1）铸造过程

成分合格的熔体经在线精炼和过滤后，如图 2-53 所示，通过流盘（或流槽）、经漂浮漏斗注入结晶器（单模铸造），或由流盘从结晶器上面经漏斗注入（普通多模铸造），或从旁边注入（同水平多模热顶铸造）。结晶器下面先用底座封堵，熔体浇入结晶器后产生凝壳，凝壳达到一定厚度后，开通冷却水，铸机以一定速度牵引结晶锭坯缓慢平稳下降，熔体则以平稳的速度流向结晶器，注入的熔体等量于消耗的熔体，在结晶器内形成液穴。

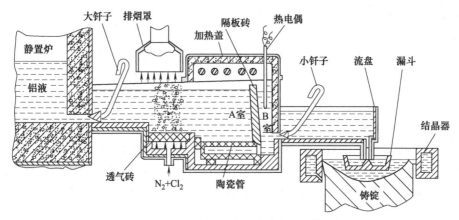

图 2-53　带有在线精炼系统的半连续铸造

图 2-54 为两种浇注系统，图 2-54（a）为 LHC 低液面复合结晶器浇注系统，在双水腔双射角结构的基础上，结晶器加装了能渗透润滑剂的多孔耐磨石墨内衬；图 2-54（b）为多模圆锭热顶铸造的浇注系统，流盘充当热帽与结晶器共同安装在水箱上，以实现同水平铸造。

航空铝合金添加的合金元素较多且含量较高，铸造时可能形成复杂的初生相，此外，由于 Mg 元素和 Li 元素的化学活性强，在高温与空气接触时特别容易氧化，通常要采取适当保护措施，进行严格的精炼、熔体过滤和变质处理，才能控制杂质和气体含量，保证合金成分的均匀性和准确性、铸锭的成型性和可加工性。以铝锂合金为例，传统熔炼铸造采用熔剂保护，铸锭中的含氢量高达 $0.15～0.8 cm^3/100g$ Al，铸锭缩孔处有细小的熔剂夹杂，致使在随后的压力加工过程中出现裂纹，恶化半成品的质量；现代熔炼铸造在熔炼、运输和浇注过程均采用高纯氩气保护熔融的金属，并在专用的真空感应熔炼炉中熔炼、精炼，从而提高了质量，如表 2-18 所示。

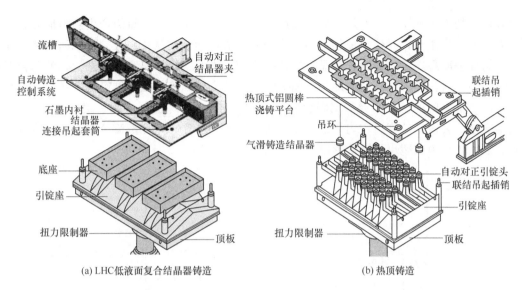

(a) LHC低液面复合结晶器铸造　　　(b) 热顶铸造

图 2-54　浇注系统示意图

表 2-18　两种铝锂合金熔铸工艺的质量对比

工艺方法	$H_2/(cm^3/100g)$	$Na/10^{-4}\%$	$Ca/10^{-4}\%$	$Ba/10^{-4}\%$	熔炼夹杂
熔剂保护	0.3~0.8	5~15	100~200	100~200	有
氩气保护	0.15~0.4	3~5	40~100	50	无

（2）主要缺陷

铝合金半连续铸锭的缺陷可以分为化学成分不合格（成分超差，成分偏析）、尺寸不合格（壁厚偏心，直径或断面尺寸超差，弯曲度超差等）、表面质量不合格（偏析瘤，波纹，冷隔等）、组织缺陷（裂纹，夹杂，气孔，疏松，晶粒粗大等）等类型。

成分偏析是铸锭各部分化学成分的不均匀，分为微观偏析和宏观偏析。微观偏析又称晶内偏析或枝晶偏析，是晶粒内化学成分不均匀，通过长时间的高温退火可以消除。宏观偏析又称区域偏析，表现为大范围的成分不均匀，难以通过高温退火消除，会遗留到塑性加工制品中。铝合金中常出现的宏观偏析有密度（比重）偏析、反偏析、偏析瘤（又称偏析浮出物）、粗大金属间化合物偏析和浮游晶。与液体共存的固体，或互不相容的液相之间存在密度差时，容易发生密度偏析，如硬铝合金的 α-Al 初晶较轻，往往容易上浮，较重的粗大金属间化合物容易下沉，表现为沿铸锭高度上发生成分变化，提高冷却速率和通过细化处理可以减少密度偏析。连续铸造容易反偏析，铸锭周边层富溶质而中心区贫溶质，反偏析程度取决于铸造速率和结晶器的高度，铸造铝合金时，通常采用矮结晶器、适当增大冷却强度、进行细化处理等措施来降低反偏析程度。

偏析瘤是从铸锭内部渗流出来并在铸锭表面呈瘤状或小球状凝结的易熔析出物，又称发汗带，偏析瘤富集有大量易熔组成物，会对制品性能产生严重危害，要尽量避免出现或予以去除。即使是工业纯铝，其连续铸造的铸锭表面也会出现偏析瘤，对于 $2\times\times\times$ 和 $7\times\times\times$ 系合金，Cu、Mg、Zn 等能形成易熔共晶体的元素含量很高，有效结晶区间较大，当合金处于固液共存状态时，结晶骨架内液相的相对数量较多，偏析浮出物形成的倾向大。图 2-55 为铝合金铸锭表面出现偏析瘤的示意图，接近熔池表面的局部区域熔体受到结晶器急冷率先凝固，凝固收缩致使结晶器与铸锭之间形成间隙，使得热流导出速率大大降低，而合金释放的潜热使得凝固层部分重熔，但不会与结晶器直接接触。在铸锭因收缩刚离开结晶器壁时，铸锭表面还处于固液态，二次加热导致枝晶间易熔组成物熔化，在重熔产生的附加力和液穴熔体静压力的作用下，易熔组成物沿结晶骨架的孔道流动并在氧化膜破裂的表面凝结成偏析瘤；当铸锭表面层连续冷却时，结晶器内铸锭表面层没有二次加热和重熔发生，就不会形成偏析瘤。强化对铸锭和结晶器的冷却、缩短结晶器的有效高度、减小结晶器的锥度（缩小铸锭与结晶器壁之间的缝隙）、缩小铸锭的横截面尺寸，均能降低形成偏析瘤的倾向。此外，提高结晶器内表面光洁度、均匀润滑、降低铸造速率和温度、保证液流分布均匀，通过防止和减少表面氧化膜破裂也可降低形成偏析瘤的倾向。

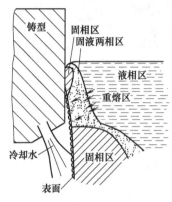
图 2-55 铸锭表面出现偏析瘤

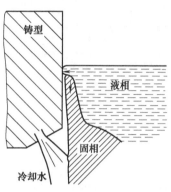
图 2-56 铸锭表面出现波纹

如果合金液的过热度很小，合金液接触到结晶器立即凝固，收缩导致凝固层整体脱离结晶器，如图 2-56 所示，熔池顶部的合金液在铸锭下拉过程中再次与结晶器接触而凝固，反复上述过程导致铸锭表面出现波纹，为周期性的条带纹。

冷隔又称成层，铸锭表面存在的有规律重叠或内部形成隔层的现象，是位于铸锭边部敞露液面处的熔体提前凝固的结果。在某些情况（铸造速率过低、铸造温度过低、冷却强度过

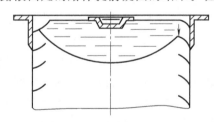
图 2-57 冷隔形成示意图

大、金属水平不稳、漏斗偏斜或漏斗眼堵塞等）下，如图 2-57 所示，液穴内的金属不能均匀到达铸锭四周，在金属流得少的地方，温度很快降低，逐渐形成硬壳，阻止液体流到这个区域。只有在结晶器中部液体金属的水平高度在硬壳之上并提高到足以克服表面张力和破坏氧化膜表面时，金属液才又流向结晶器壁，但是，已经不能与硬壳很好焊合了，周而复始，在铸锭表面形成一道道的冷隔。冷隔通常是铸锭的裂纹源，对于裂纹倾向性较小的合金铸锭可以通过适当提高铸造速率减少冷隔。航空航天铝合金有较强的裂纹倾向性，通常采用带锥度的结晶器或使用热帽，通过适当降低水压和提高铸造温度、提高液态金属的流动性和降低铸锭周边层在敞露液面处的冷却强度来减少冷隔。

在结晶过程中，当结晶面上的应力大于其材质（固体或液体）的抗拉强度时，会产生裂纹，通常分为热裂纹和冷裂纹。铝合金结晶时存在固液两相共存区，液相较多的上部称为液固区，固相较多的下部称为固液区，呈现明显的脆性，大多数铸锭裂纹都是在固液区内萌生和发展的。在固液区液相内萌生和发展的裂纹称为热裂纹，呈黄褐色或暗灰色，裂口宽度不一，沿晶界发展，走向曲折，多分布于最后凝固处，常有低熔点物质填充。当铸锭冷却到低温（50~200℃）时，由于铸造内应力及塑性降低容易导致冷裂纹，呈亮灰色或浅灰色，裂

口宽度基本一致，穿晶发展，很少分叉，多分布在拉应力最大的地方。高强度变形铝合金有较大的热脆性，冷裂纹通常是在固液区的固相内萌生和发展的，或者在液相区内萌生而在固相中发展的裂纹。随着直径增加，圆铸锭冷裂的倾向增加；随着宽厚比增大，扁铸锭冷裂的倾向增加；在宽厚比一定的情况下，随着厚度增大，冷裂倾向增大。

铝合金扁铸锭中常见的裂纹有表面裂纹、侧面裂纹、底部裂纹、浇口部裂纹，如图2-58所示。表面裂纹属于热裂纹，具有较大热脆性的合金容易发生，在铸锭宽面沿轴向裂开，长度不等，宽度小于 0.5mm，深度小于 20mm，主要分布在水冷较弱、液流注入的地方以及铸锭厚度上收缩最大的部位。侧面裂纹属于冷裂纹，一般发生在 7B04、2D12 等硬合金中，多发生在铸锭长度达 1.5m 以后，裂纹起始处常伴随夹渣、成层、拉裂或结晶微裂纹。硬合金的底部裂纹属于冷裂纹，多产生于底部夹渣或结晶裂纹处，特别是铸锭宽面中心线附近，常以突然爆发的形式将整块铸锭撕裂，为防止底部裂纹，通常先浇入塑性好的纯铝铺底。硬合金的浇口部裂纹属于冷裂纹，主要产生于金属液流注入的地方，多因浇口部夹渣或结晶裂纹引起，可在铸造中、收尾或结束后产生，带有很大的危险性。

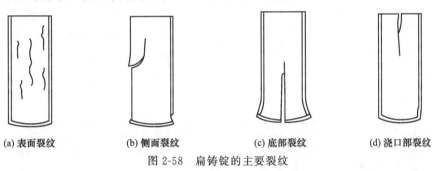

(a) 表面裂纹　　(b) 侧面裂纹　　(c) 底部裂纹　　(d) 浇口部裂纹

图 2-58　扁铸锭的主要裂纹

铝合金圆铸锭中常见的裂纹有中心裂纹、表面裂纹、环状裂纹、横向裂纹，如图 2-59所示。中心裂纹是圆铸锭最常见的裂纹形式，可在由底部到浇口部的整个铸锭中心部位出现，沿铸锭直径平面发展，多数在铸锭中心至直径 1/3～1/2 的范围内，也可能发展成沿整个直径破裂的通心裂纹，在硬合金中通常表现为中心热裂纹、外围冷裂纹的混合型裂纹。表面裂纹属于热裂纹，在横截面上沿径向呈放射状分布，又称径向裂纹或外圆放射状裂纹。环状裂纹属于热裂纹，通常在离铸锭边缘 20～40mm 处呈环状或半环状分布，一般在具有柱状晶组织的铸锭中出现。横向裂纹属于冷裂纹，周期性出现在硬合金的大直径圆铸锭中，通常表现为内部裂纹，偶尔扩展到铸锭外侧。

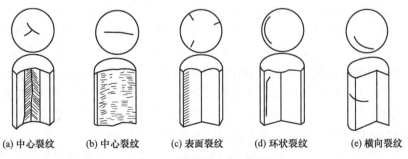

(a) 中心裂纹　　(b) 中心裂纹　　(c) 表面裂纹　　(d) 环状裂纹　　(e) 横向裂纹

图 2-59　圆铸锭的主要裂纹

裂纹属于恶性缺陷，一旦出现裂纹，整炉或整个铸次报废，可通过控制化学成分消除或降低裂纹倾向性，或通过改进铸造工艺调整铸造应力来消除或降低裂纹。

半连续铸造的铸锭自下而上凝固，总体晶粒细小、致密度高，主要有粗大晶粒、柱状晶、羽毛状晶、光亮晶粒等组织缺陷。图 2-60 为两种典型的铝合金铸造组织形态，左图由表层细等轴晶和大量柱状晶组成，右图为加入细化剂或通过物理场（电磁场、超声波等）细化处理得到的组织，全部为等轴晶，表层晶粒更细小。

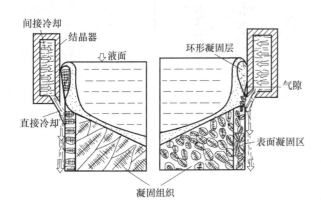

图 2-60　正常凝固组织和进行细化处理的组织

宏观组织中出现的超出晶粒度标准的大晶粒，称为粗大晶粒，在过热温度高、结晶速率低、活性杂质少的条件下，容易生成粗大晶粒和厚而连续的枝晶网络，导致铝合金的某些性能指标降低或性能不均匀。图 2-61 为工业纯铝及加入细化元素后的铸态组织照片，工业纯铝主要为粗大的柱状晶组织，加入 Zr、Ce 等元素促进了铝的晶粒细化。铝合金工业生产中，最典型的细化剂加入方式是将 Al-Ti-B 丝连续浸入熔体，并通过控制进丝速率来控制加入量，可确保 TiB_2 和 $TiAl_3$ 细化颗粒充分扩散且不会明显聚焦长大，如果采用电磁振荡或超声波进行细化处理，就不用添加细化剂。

(a) 工业纯铝　　　　　(b) Al−0.15%Zr　　　　　(c) Al−0.15%Zr−0.4%Ce

图 2-61　不同元素对工业纯铝圆锭的组织细化作用

当铝合金中含有的杂质元素和合金元素含量超过溶解度极限时，会在凝固过程形成粗大的杂质相和初生相。含 Fe、Si 的杂质相为难溶相，脆性大，与基体的结合程度也较低，容易成为裂纹源或裂纹扩展通道。对于有较高断裂韧性要求的航空铝合金，首先要降低 Fe、Si 杂质含量来减少粗大夹杂物数量，同时通过塑性加工使其破碎、改变其分布不均匀性或将其球化。一般来说，铝合金锻件产生了多向变形，夹杂粒子的分布趋向均匀；薄板的变形量比较大，这些粗大夹杂物在轧制过程中得到充分破碎，分布更为均匀；厚板中含 Fe、Si 的杂质相粒子较粗大、均匀性较差，尤其沿厚度方向的差距比较大。图 2-62 为在淬火后的 7020 合金中观察到的杂质相，是在熔铸过程中形成的，轧制使其产生了一定程度的破碎，为均匀化和固溶化处理的难溶相，成为固溶体中的粗大残留相。

强烈的冷却作用会导致铸态组织偏离平衡状态，主要表现为晶界和枝晶界存在非平衡结晶、存在枝晶偏析、枝晶内存在过饱和的难溶元素（Mn、Ti、Cr、Zr 等）。在航空航天铝合金中，非平衡凝固形成的 Al_3Li、Al_2Cu、Al_2CuMg、$MgZn_2$ 等初生相，粒子本身脆性较低，形态较杂质相略小，与基体的结合性能较好，对断裂韧性的影响要小得多，但是，由于

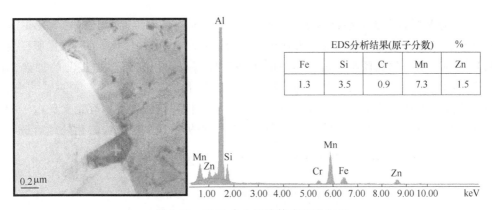

EDS分析结果(原子分数)				%
Fe	Si	Cr	Mn	Zn
1.3	3.5	0.9	7.3	1.5

图 2-62 7020 合金固溶体中的残留相

这些初生相通常含有大量强化元素，如果不能通过后续热处理（均匀化和固溶）将其溶入基体，不仅对合金的韧性不利，而且还会降低合金的强度指标。

航空航天铝合金大多添加了微量 Cr、Mn、Zr 和 Sc 等元素，会形成 Al_7Cr（$Al_{12}Mg_2Cr$）、Al_6Mn、Al_3Zr 和 Al_3Sc 等高熔点化合物，可以细化铸锭组织，在均匀化处理过程中会发生溶解和析出，变成 $10 \sim 200nm$ 的弥散相粒子，可以有效钉扎位错和晶界，起到稳定合金亚结构的作用，产生一定的强化效果，并改善合金的抗应力腐蚀性能和提高合金的断裂韧性。但是，这些高熔点化合物导致合金淬火敏感性提高，在淬火冷却过程中为脱溶相提供优先形核的位置，降低了合金的过饱和度。

2.3.3 坯料热处理

铝合金坯料的热处理有退火和均匀化两种形式，如图 2-63 所示，退火在较低温度进行，主要目的是消除残余应力，当铸锭组织不均匀、晶内偏析严重、非平衡相及夹杂在晶界富集、残余应力较大时，必须进行均匀化处理。均匀化处理又称扩散退火，在不发生过烧的前提下，将锭坯加热到尽可能高的温度，保温足够长时间，使合金中各元素充分扩散后缓冷。

图 2-63 所示的合金 Ⅰ 和 Ⅲ 进行普通均匀化即可，合金 Ⅱ 还可进行高温均匀化，但是，必须精确控制均匀化温度，否则会导致过烧。在均匀化温度下，含有 Cu、Mg、Zn、Si 等扩散系数较大的元素的非平衡共晶和可溶金属间化合物发生溶解，消除或减少非平衡组织和成分偏析，同时消除内应力和改善第二相的形状及分布状况，提高合金塑性和降低变形抗力，改善其后续加工性能及高温力学性能、耐蚀性、各向异性等。但是，均匀化处理费时耗能，高温长时间保温可能出现变形、氧化、吸

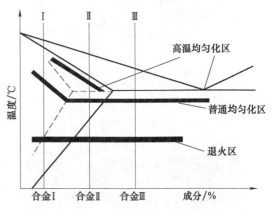

图 2-63 铝合金锭坯的退火和均匀化温度区间

气、残留相聚集粗化等缺陷，可热处理强化铝合金经均匀化处理后，挤压效应消减，成品强度有所下降。因此，要根据合金本性及铸造方法、后续加工方法、产品使用性能来确定是否进行均匀化处理。

图 2-64 为典型航空航天铝材的生产流程,半连续铸造获得铸锭后进行均匀化退火,然后采用轧制、挤压、锻造等塑性加工方法生产板材、型材、模锻件等,最后根据服役要求进行成品热处理。均匀化处理作为热变形前的预备工序(有时可省略热加工前的加热工序),提高了合金的室温塑性,大大改善了铸锭的变形工艺性能,降低了合金的变形抗力,使所需的设备负荷降低和变形速率提高,这对航空航天大型锻件和挤压件特别有意义。由于均匀化处理可降低残余应力,大型半连续铸锭的锯切、铣削等机械加工应在均匀化处理后进行。

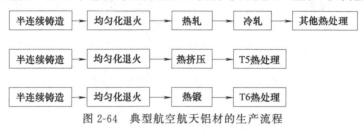

图 2-64 典型航空航天铝材的生产流程

航空航天用铝合金具有高合金化和第二相变化复杂的特征,普通的均匀化退火制度难以满足其要求,强化均匀化、双级均匀化应运而生。强化均匀化是在略高于传统均匀化退火的温度,通过延长保温时间来改善均匀化退火效果;双级均匀化分 2 个阶段采用不同退火温度来提高均匀化效果。图 2-65 为 2297 合金铸锭中心部位均匀化(480℃/16h+540℃/50h)前

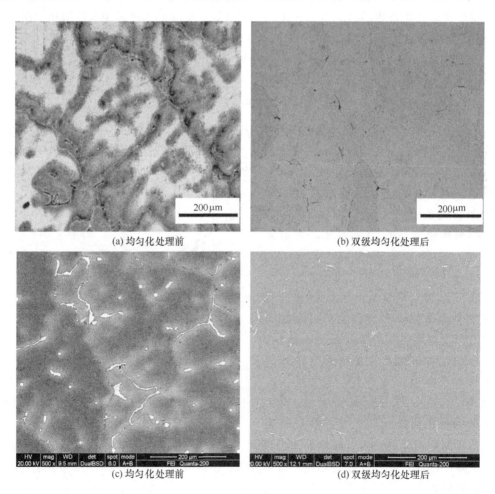

(a) 均匀化处理前   (b) 双级均匀化处理后

(c) 均匀化处理前   (d) 双级均匀化处理后

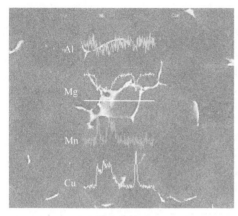
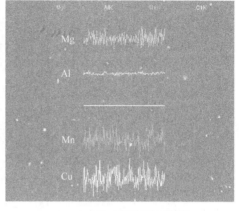

(e) 均匀化处理前   (f) 双级均匀化处理后

图 2-65　2297 合金铸锭中心部位均匀化前后的金相照片和 SEM 照片及元素线扫描

后的金相照片和 SEM 照片。由图 2-65（a）和图 2-65（c）可以看出，原始组织中枝晶偏析明显，枝晶间和晶界处存在粗大相；由图 2-65（b）和图 2-65（d）可以看出，经双级均匀化处理后，枝晶偏析基本消除，晶界处的共晶相基本溶入基体中；由图 2-65（e）和图 2-65（f）可以看出，铸态组织的元素分布极为不均匀，经双级均匀化处理后，主要合金元素 Cu、Mg、Mn 分布趋于均匀。

2.4　航空航天铝合金的成形及退火

2.4.1　型材的挤压

在飞行器结构中采用特种大型铝合金挤压型材，如整体带筋壁板、工字大梁、机翼大梁、梳状型材、空心大梁型材等，可大大减少连接（对接缝、铆接、螺栓连接、焊接、粘接等）数量和零件数目，提高飞行器结构的强度，减少飞行器重量及制造维修工作量，增加飞机的安全性和寿命。图 2-66 为铝合金挤压型材的工艺流程，经过 1～2 次挤压和矫直后可直接得到所需的形状尺寸，再经过适当的热处理可以获得所需的组织性能。

挤压是对放在容器（挤压筒）内的坯料一端施加压力，使其从给定形状和尺寸的模孔中流出，得到与模孔形状、尺寸相同的制品，挤压力、挤压系数、挤压温度、挤压速度、工模具加热温度是重要的挤压工艺参数。挤压在三向压应力下成形，可充分发挥材料的塑性，可以加工用轧制难以加工或不能加工的材料，还可以生产结合性能好的复合材料和使金属粉末成型。含有 Mn、Cr、Ti 元素的铝合金会出现挤压效应，挤压制品与轧制、锻造制品经相同的热处理后，挤压制品的强度较高、塑性较低。

根据挤压时金属的流动方向，挤压可以分为正挤压、反挤压和侧向挤压，正挤压的金属流动方向和挤压轴运动方向一致，反挤压的金属流动方向和挤压轴运动方向相反，侧向挤压的金属流动方向和挤压轴运动方向垂直。正挤压金属流动不如反挤压均匀，几何废料较多，

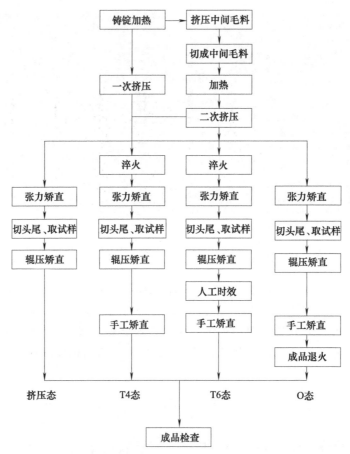

图 2-66　航空航天用铝合金挤压型材的典型生产流程

所需的挤压力要比反挤压高出 $30\%\sim40\%$，但是，正挤压操作简便、灵活，航空航天用大型铝合金型材主要采用正挤压生产。图 2-67 为金属的正挤压示意图。图 2-67（a）为实心型材和棒材的正挤压，挤压筒固定不动，坯料在挤压轴和垫片的推动下沿挤压筒内壁移动，受压金属通过模孔流出，其流动方向与挤压轴运动方向一致；图 2-67（b）为管材的正挤压，在中心有挤压针或穿孔针。

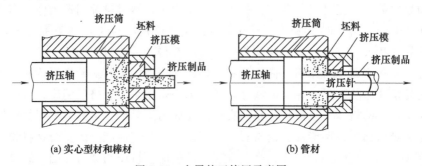

图 2-67　金属的正挤压示意图

挤压生产灵活性大，更换工模具就可变换制品形状和规格，可生产管材、棒材、型材，其中型材包括实心型材和空心型材，型材的断面形状可以极为复杂，型材的断面还可以沿纵向发生变化（逐渐变断面和阶段变断面）。模具在挤压过程中起关键作用，决定了制品形状尺寸和内外表面光洁度，对挤压时金属流动的均匀性、挤压速度和挤压力等都有很大影响，对制品组织和力学性能也有一定的影响。图 2-68 为铝合金实心型材的挤压模具组装图，空心型材可通过模具和穿孔针的配合在双动挤压机上挤压，也可采用分流组合模在单动挤压机上挤压。

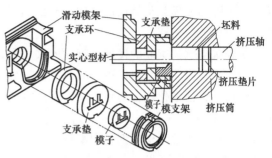

图 2-68 铝合金实心型材挤压模具组装图

图 2-69 为卧式双动挤压机，挤压机的本体由机架（前梁、后梁、张力柱）、活动横梁、液压缸、挤压筒、机座等组成。前梁上装有模座、液压剪、挤压筒移动缸；后梁上装有工作缸、动梁回程缸及穿孔回程装置；活动横梁上装有挤压轴（内置式挤压机还有穿孔缸、穿孔回程缸及穿孔针）；张力柱把前后梁连接起来，形成一封闭框架，承受全部挤压力；机座支撑着挤压机的各个部分，并提供活动横梁和挤压筒滑动的滑道。

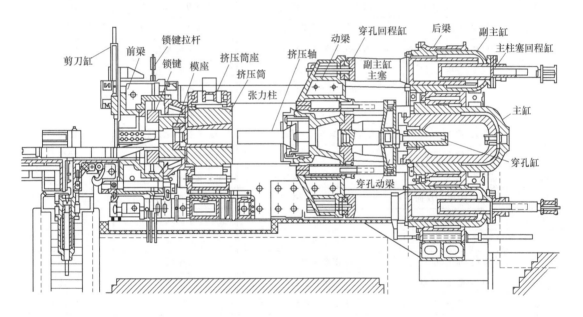

图 2-69 卧式双动挤压机结构图

传统挤压机供锭器设置在挤压筒和处于回程状态的挤压轴之间，为了将挤压垫片、铸锭推入挤压筒，挤压轴必须运行最大铸锭长度的空行程。图 2-70 为前装料的短行程挤压机示

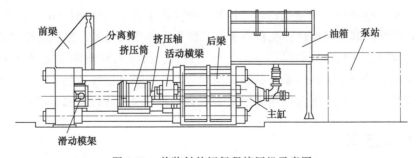

图 2-70 前装料的短行程挤压机示意图

意图，供锭器在模具与挤压筒之间，挤压轴行程可以缩短 60％，非挤压时间可以缩短 15％，可以使用更长的铸锭。

随着航空航天工业的发展，型材向大型化、整体化、薄壁化、高精化方向发展，组织性能向均匀化、优质化方向发展，对挤压加工装备和工艺控制提出了挑战，使加工装备向大型化、现代化、精密化、自动化方向发展。目前全球正式投产的万吨级以上大型挤压机已超过 20 台，主要由中国、美国、俄罗斯、日本、西欧拥有。表 2-19 为我国拥有的 100MN 及以上的挤压机，我国是全球拥有大型挤压机最多的国家，太原重工为辽宁忠旺集团建设的单动 225MN 短行程挤压机，是目前全球最大吨位的卧式挤压机，产品的最大外接圆直径达 1100mm。

表 2-19　我国拥有的 100MN 及以上的挤压机

吨位/t	特点	安装投产企业	制造商或制造国	投产年代
12500	双动、水压、正向	西南铝业(集团)有限责任公司	中国沈阳重工	1969
10000	双动、油压、正向	山东丛林铝材有限公司	西重所/上海重型	2003
12500	双动、油压、正向	辽宁忠旺铝业，3 台	西重所/上海重工	2008～2012
12500	双动、油压、正向	山东三星浴航铝业	中国太重	2009
10000	双动、油压、正向	青海国鑫铝业	中国太重	2010
11000	双动、油压、正向	麦达斯铝业公司，2 台	中国太重	2010,2014
10000	双动、油压、正向	山东兖矿轻合金有限公司	西重所/上海重工	2011
15000	单动、油压、反向	山东兖矿轻合金有限公司	德国 SMS 梅尔公司	2012
10000	单动、油压、正向	吉林利源铝业	德国 SMS 梅尔公司	2012
11000	单动、油压、正向	广西南南铝业	西重所/上海重工	2012
15000	单动、油压、正反向	山东南山铝业	德国 SMS 梅尔公司	2013
16000	双动、油压、正向	青海西北铝业	中国太重	2016
10000	单动、油压、正向	宁夏宁东铝材	中国	2016
10000	双动、油压、正向	湖南经阁铝业	中国	2016
10000	单动、油压、正向	宁夏宁东铝材	中国	2016
20000	双动、油压、正向	宁夏宁东铝材	中国	2016
22500	单动、油压、正向	辽宁忠旺铝业，2 台	中国太重	2016～2017

除了结构先进的挤压机外，挤压型材生产线还应配有感应加热炉、自动出料台、在线精密热处理装置、牵引机、精密中断锯、压力矫直机、拉伸矫直机、辊式矫直机等辅助设备。生产航空航天铝合金的现代挤压机，电气控制系统采用上位工业控制机和工业可编程逻辑控制器（PLC）两级控制，利用计算机和挤压工艺优化软件在线监测、控制、记录挤压过程及参数变化，可实现等速挤压、等温挤压、全自动挤压。挤压机辅助系统通过 PLC 控制系统进行生产、工艺、控制信息的传输及数据交换和管理，实现从锭坯加热到挤制品时效全程的自动化、智能化和最优化，通过计算机联网实现全车间和全厂的自动化管理。

2.4.2　厚板的热轧

进入 21 世纪以来，欧美航空制造业采用大型整体式承力构件替代拼装铆接的组合式承力构件，取得了明显的减重效果，构件的生产效率、使用寿命、可靠性、可维护性也明显提高。铝合金厚板（厚度＞5mm）已经成为现代航天航空工业重要的结构材料，如7075-T7651铝合金厚板具有高的强度及良好的韧性、抗应力腐蚀性能和抗剥落腐蚀性能，广泛应用于飞机框架、整体壁板、起落架、蒙皮等。图2-71为航空航天铝合金厚板的典型生产工艺流程，其中轧制和预拉伸是最重要的工序。

轧制是依靠摩擦力把坯料拉进旋转的轧辊间，轧辊施加压力使其厚度减小、长度增加，热轧可以实现大压下减薄、破碎铸造组织。图2-72为3950mm铝合金厚板热轧线设备配置示意图，在轧机入口侧配有立辊轧机，对轧件进行侧边轧制，防止轧件边缘产生鼓形和裂边，限制轧件宽展，还有使板坯对准轧制线的导引作用，以期获得宽度均匀、边缘整齐的板材。铝合金厚板热轧通常采用四辊可逆式轧机，采用交流变频传动、电动丝杆压下，最大开口度可达800mm，道次压下量可达50mm，一般不配弯辊装置、测厚仪、凸度仪、板形仪，但是，要配温度检测装置。

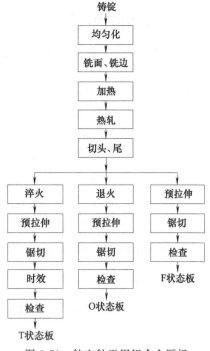

图 2-71 航空航天用铝合金厚板的典型生产工艺流程

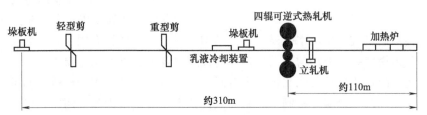

图 2-72 3950mm铝合金厚板热轧线设备配置示意图

表2-20列出了全球的大型厚板热轧机，支撑辊的辊面宽度均在3000mm以上，我国天津忠旺铝业有限公司、西南铝业（集团）有限责任公司和东北轻合金有限责任公司上榜。

表 2-20 全球的大型厚板热轧机

国家	企业名称	轧机宽度/mm
美国	美国铝业公司达文波特轧制厂	5588
中国	天津忠旺铝业有限公司	4500
日本	古河斯凯铝业公司福井轧制厂	4320
中国	西南铝业(集团)有限责任公司	4300
日本	神户钢铁公司真冈轧制厂	4000
中国	东北轻合金有限责任公司	3950
法国	肯联公司法国伊苏尔轧制厂	3400
美国	凯撒铝及化学公司华盛顿州特伦特伍德厂	3315
德国	海鲁德铝业公司诺伊斯市阿卢诺夫铝业公司	3300
日本	住友轻金属公司名古屋轧制厂	3300
美国	美国铝业公司田纳西州轧制厂	3048

2.4.3　厚板的预拉伸

在热轧、剪切、退火、淬火过程中，因温度、压下辊形变化、工艺冷却控制不当，铝合金厚板总会存在不同程度的残余内应力，导致板材在后续机械加工中翘曲、扭曲或弯曲。此外，残余应力是导致承受交变载荷或在腐蚀环境服役的结构件过早失效，甚至造成严重事故的主要原因之一。预拉伸是降低航空航天铝合金厚板残余应力最简便且最有效的方法，给予厚板1%～3%的变形量可消除85%以上的残余应力。大型张力拉伸机成为航空铝合金预拉伸板的关键设备，其装备水平与技术高低是衡量一个国家铝加工工业是否强大的主要标志之一。目前，美国肯联铝业雷文斯伍德（Ravenswood）轧制厂拥有全球最大的预拉伸机，最

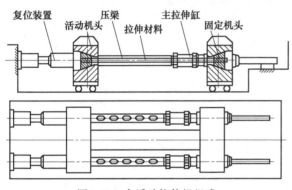

图 2-73　全浮动拉伸机组成

大拉力为 136MN，可生产厚达 250mm 的铝合金板。西南铝业（集团）有限责任公司拥有的 120MN 的拉伸机是目前国内最大的预拉伸机，由机械、液压、电气、检测、润滑、气动等系统组成，具有结构简单实用的特点，部分参数和性能达到国际领先水平。机械系统由活动机头、固定机头、压梁、主拉伸缸、辅助设备等组成，如图 2-73 所示。机架梁本体采用全浮动的结构，压梁没有直接与基础作用，大大减少对基础的冲击，活动机头和固定机头采用水平梁式组合结构，夹头钳口斜块有同步预夹紧功能，拉伸时宽度方向上各组钳口夹持力均匀，满足拉伸高强度铝合金板材的工艺要求。

西南铝业有限责任公司与东北轻合金有限责任公司都突破了大规格铸锭制备、强变形轧制、强韧化热处理及残余应力控制等一系列关键技术，研制出大截面超宽超厚铝合金预拉伸板，形成了质量稳定的工业化制造技术，实现了高强高韧 7050 铝合金预拉伸厚板的规模化生产，打破了航空级铝合金厚板依赖进口、受制于人的局面。东北轻合金有限责任公司在西南铝业有限责任公司之后，也取得了≤155mm铝合金厚板的型号供货资质，可为国家重大航空航天工程提供强有力的原材料保障。

2.4.4　薄板的冷轧

航空航天用铝合金薄板需要采用冷轧，坯料来源于热轧毛料，其工艺流程为熔铸→铣面、铣边→均匀化→加热→热轧（开坯轧制）→热精轧（卷取轧制）→冷轧→退火→矫直→分切→包装。冷轧机分为块片轧机和卷材轧机，卷材轧机根据机架数可分为单机架、双机架或多机架冷连轧机。图 2-74 为四辊冷轧机结构示意图，航空航天用冷轧板的冷轧机组以单机架和多机架四辊轧机为主，带有直流或交流变频传动及控制系统、厚度和板形自动控制系统，自动控制和传动均采用四级控制系统，装配了多个 CPU 中央处理单元，用户可以自己开发和修改系统，可与其他系统联网，形成完善的生产及管理体系。通常建有卷材预处理站和高架仓库，实现了自动化和机械化，轧制速度高达 40m/s，产品朝着大卷（近 30t）、超宽（达3500mm）、超薄（最小出口厚度达 0.05mm）、高精度（厚度公差小于 1.5%）方向发展。

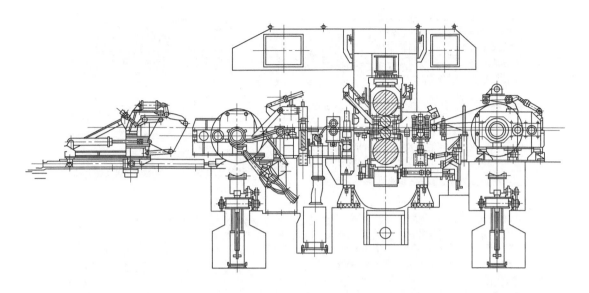

图 2-74　四辊冷轧机结构示意图

2.4.5　回复再结晶退火

冷轧在再结晶温度以下进行，会产生晶格畸变和晶体缺陷（点缺陷、位错、亚晶界等），导致系统自由能增加，冷轧到一定程度后必须进行中间退火以降低内能和加工硬化，冷轧配合中间退火可以轧制出热轧不可能轧出的薄板带，能获得不同状态的产品。铝合金冷轧板加热到一定温度时，如图 2-75 所示，组织会发生回复、再结晶及晶粒长大，部分或完全消除冷变形造成的亚稳状态和内应力，从而使变形抗力降低、塑性提高。

回复退火主要是消除内应力，再结晶退火又分为织构退火、不完全退火、完全退火。织构退火在于获得需要的再结晶织构，不完全再结晶退火可用作最终退火以获得 H19 和 O 状态之间的各种半硬制品，完全再结晶退火可用于冷轧前坯料的预备退火、冷轧中间退火、O 态的成品退火。

再结晶在一定温度范围内发生，再结晶温度通常是指再结晶开始的温度，为发生再结晶所需的最低温度，金属的熔点、纯度、预先变形程度、退火时间等都对其有显著影响，合金元素 Mn、Cr、Zr 等有抑制再结晶的作用，提高再结

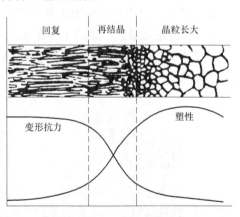

图 2-75　冷变形铝合金加热时的组织性能变化

晶温度。图 2-76 为 Al-0.2Er 合金冷轧板退火 1h 后的金相组织变化。图 2-76（a）为冷变形形成的纤维组织，拉长晶粒沿轧向排列；在 200℃退火，合金处于回复阶段，如图 2-76（b）所示，以纤维组织为主；在 300℃退火，合金发生部分再结晶，如图 2-76（c）所示，既有等轴晶粒，也有拉长的晶粒；在 450℃退火，合金发生完全再结晶，如图 2-76（d）所示，基本为等轴晶粒。

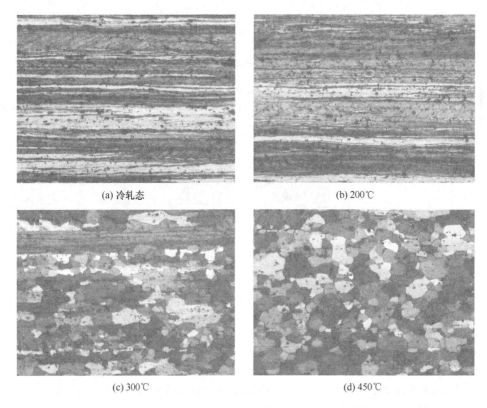

(a) 冷轧态 (b) 200℃

(c) 300℃ (d) 450℃

图 2-76　Al-0.2Er 合金冷轧板及在不同温度退火 1h 后的金相照片

　　图 2-77 为 Al-0.2Er-0.15Zr 合金冷轧板及在不同温度退火 1h 的 TEM 照片。图 2-77 (a) 对应冷变形组织，存在大量位错和位错胞状组织；图 2-77 (b) 对应 300℃的退火组织，位错密度降低，胞内位错被吸引到胞壁，形成了位错墙，多边形化形成了亚晶；图 2-77 (c) 对应 450℃的退火组织，出现了等厚条纹，为部分再结晶组织，同时存在位错和位错墙；图 2-77 (d) 对应 525℃的退火组织，出现规整平直的三叉晶界、无畸变的再结晶晶粒，表明发生了完全再结晶。

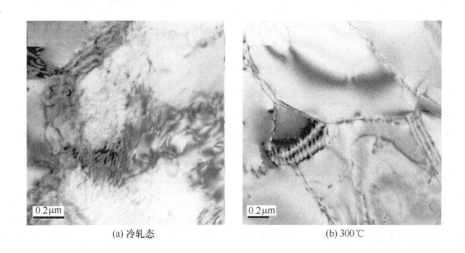

0.2μm 0.2μm

(a) 冷轧态 (b) 300℃

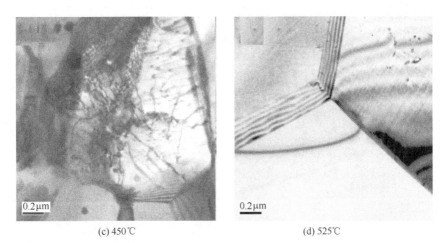

(c) 450℃　　　　　　　　　　(d) 525℃

图 2-77　Al-0.2Er-0.15Zr 合金冷轧态及在不同温度退火 1h 的 TEM 照片

图 2-78 为 Al-0.2Er-0.15Zr 合金在 450℃ 和 525℃ 退火 1h 后的金相照片，加入 0.15%
Zr 后，合金在 450℃ 仅发生部分再结晶，525℃ 退火发生了完全再结晶，但是，出现了非等
轴状晶粒。大部分变形铝合金的再结晶晶粒为等轴状或近似等轴状，含 Mn、Cr、Zr 等元素
的铝合金，形成弥散质点呈带状或层状分布，使再结晶晶粒成长为细长状或扁平状。

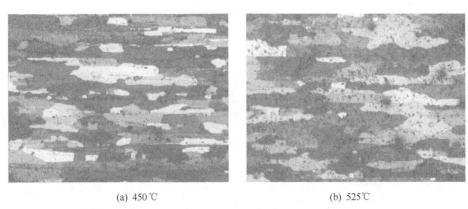

(a) 450℃　　　　　　　　　　(b) 525℃

图 2-78　Al-0.2Er-0.15Zr 合金冷轧板在不同温度退火 1h 后的金相照片

通常，再结晶包括形核和长大过程，某些亚晶长大形成由大角度界面包围且具有高度结
构完整性的晶粒，即可成为再结晶的晶核，晶核"吞食"周围变形基体而长大，直至基体完
全变为新晶粒为止。图 2-79 示出了 2A97 铝锂合金的两种再结晶形核机制，图 2-79（a）为
亚晶长大（原有晶界弓出）机制，较大亚晶（A）的一侧向较细小亚晶（B）一侧弓出，吞
食周围亚晶而长大；图 2-79（b）为亚晶合并机制，A、B 以及 B、C 相邻亚晶界面上的位错
通过攀移转移到这两个亚晶的其他边界，使这两个亚晶间界面消失，合并形成的较大亚晶的
晶界上吸收了更多的位错，与近邻亚晶的取向差变大，转化为易动的大角度晶界，成为再结
晶晶核。

作为中间退火工序，回复和再结晶退火的主要目的是利于后续加工进行；作为成品退火
工序，回复和再结晶退火的主要目的是满足使用性能要求，以获得塑性与强度的适当配合、
良好的耐蚀性和尺寸稳定性等。为了提高生产率并获得高品质退火制品，越来越多的铝合金

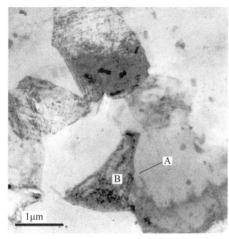

(a) 亚晶长大　　　　　　　　　　　　　　(b) 亚晶合并

图 2-79　2A97 合金的再结晶形核机制

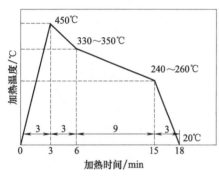

图 2-80　2A12 合金的快速退火规程

采用快速退火工艺,图 2-80 为 2A12 合金的快速退火规程,在 3min 内快速升温至 450℃,然后在 3min 内快速降温至 340℃左右,在 9min 内降温至 250℃上下,然后在 3min 内迅速降到 20℃,总退火时间不超过 20min。

一般采用连续式退火联合生产线实现快速退火,也可采用接触电加热、感应电加热等方式。为了快速升温并在高温下迅速完成再结晶,炉温应大大高于所需达到的退火温度,一次只装单张或几张板料、单根或几根型材。由于加热速率快、退火温度高且保温时间短,因而晶粒细小、不会产生淬火效应;由于装料少,加热很均匀,基本不会出现性能不均匀现象。

2.5 航空航天铝合金的强化热处理

可通过淬火及时效强化的铝合金,通常具有含量较高且能溶入铝基体的合金元素,其溶解度随温度的变化较大。图 2-81 为具有溶解度变化的二元相图及固溶时效示意图,C_0 成分合金在室温的平衡组织为 α+β,α 为基体,β 为第二相,β 在 α 基体中的固溶度随温度升高显著增加。

把 C_0 成分合金加热至 T_0 以上温度(T_q)保温一定时间后,β 相溶入基体而获得 α 单相固溶体,固溶体在随后冷却过程中有脱溶趋势。如果冷却速率足够慢,α 固溶体的浓度沿 ab 变化,同时析出粗大的平衡相 β;如果冷却速率足够快,则可抑制 β 相脱溶,形成 C_0 成分的 α 单相过饱和固溶体,溶质原子和空位等晶体缺陷均处于过饱和状态。对于 C_1 成分的合金,在低于共晶温度的任何温度都包含有 β 相,加热至 T_q 温度时,形成 C_m 成分的 α 固溶体及 β

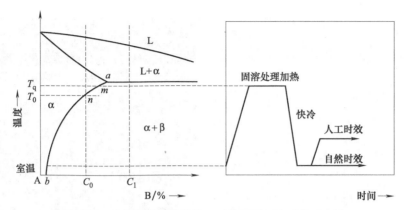

图 2-81 具有溶解度变化的二元相图及固溶时效示意图

相，淬火至室温，β 相仍然存在，α 固溶体成为 C_m 成分的过饱和固溶体。

2.5.1 固溶及残留相

固溶化的目的是使强化相组元尽可能多地溶入基体，形成均匀的高饱和度固溶体。过烧是固溶化加热容易出现的缺陷，轻微过烧时，晶界稍变粗、晶内有少量球状复熔物，晶粒也粗化；严重过烧时，除上述特征外，晶界平直、严重氧化，三晶衔接点呈黑三角，有时出现沿晶界的裂纹，制品表面颜色发暗，冲击韧度明显降低，腐蚀速率大大增加。铝合金普遍采用的单级固溶工艺，在不发生过烧（局部熔化）、晶粒长大、弥散的金属间化合物聚集长大的情况下，提高固溶温度和延长保温时间，有利于提高合金的固溶程度和增加空位浓度，淬火后就能保留更高的过饱和空位浓度和获得最大过饱和度的均匀固溶体。

航空航天铝合金通常采用高合金化成分，固溶前为冷加工（板材）或热加工（挤压型材或锻件）状态，容易发生再结晶或晶粒长大，固溶温度因此受到限制，多数合金固溶体存在一些未溶相。图 2-82 为 2297 铝锂合金在 535℃ 固溶化前后的金相照片和 SEM 照片，原始组织为沿轧制方向被拉长的晶粒，分布着一些粗大粒子和数量较多的细小第二相粒子，固溶后为完全再结晶组织，除了粗大的残留相外，尚有少量细小的第二相粒子存在。

(a) 冷轧态金相照片

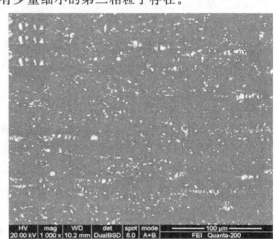

(b) 冷轧态SEM照片

图 2-82

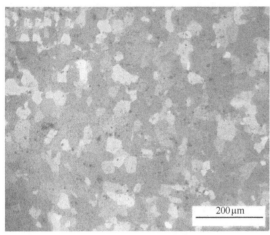

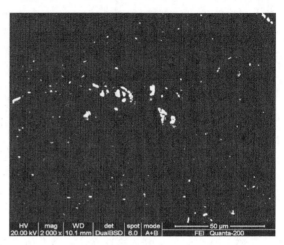

(c) 固溶态金相照片   (d) 固溶态SEM照片

图 2-82   2297 合金冷轧态和固溶态的微观组织

如果采用常规固溶工艺不能使第二相充分固溶，通常要采用双级固溶工艺。在常规固溶温度进行第一级固溶后，缓慢升温至较高温度进行第二级固溶，固溶温度可以高于合金的过烧温度点，不仅可以避免合金发生过烧，减小合金的再结晶程度，同时还可以促进未溶相进一步溶解。加热速率会影响再结晶的晶粒大小，如果以较快速率加热，使再结晶发生在第二相溶解前，则可以获得相对细小的再结晶晶粒。

固溶保温时间主要与固溶温度、合金成分及原始组织、构件尺寸及原始状态、加热方式等有关，固溶温度越低、强化相溶解的速率越小、构件的尺寸越大，所需的固溶时间也就越长，盐浴炉加热比气体介质（包括空气循环加热）速率快，所需时间短。原始状态对固溶时间也有较大影响，铸态及退火态合金中的第二相较粗大，固溶时间要比加工态长得多。

2.5.2 淬火及脱溶

航空航天铝合金具有较高含量的能溶入铝基体的合金元素（Cu、Zn、Li、Mg 等），随着温度降低，α 固溶体有较强的脱溶倾向，必须以较快速率冷却才能抑制脱溶。淬火是保证合金时效后获得较好综合性能的关键工序，固溶体的过饱和程度及空位浓度越高，时效沉淀的驱动力越大，越有利于细小沉淀相均匀弥散析出，产生的沉淀强（硬）化效果越显著。

2.5.2.1 冷却速率对抑制脱溶的影响

图 2-83 为 7B50 铝合金以不同速率冷却到室温的 TEM 照片。图 2-83（a）对应高压气淬，图中"马蹄状"的弥散相为 Al_3Zr，是在铸锭冷却过程中析出的初生相，可作为 η 相的异质形核质点，但是，并未观察到 η 相在 Al_3Zr 粒子上形核，表明该冷却条件可以抑制7B50 过饱和固溶体脱溶。图 2-83（b）对应中速气流冷却，在部分 Al_3Zr 粒子上观察到了 η 相，尺寸大约为 20～40nm。图 2-83（c）和图 2-83（d）分别对应开炉门冷和随炉冷，观察到大量析出相，能谱分析结果如图 2-83（e）和图 2-83（f）所示，显示为 η 相和 S 相，当以极慢的速率冷却到室温时，η 相和 S 相尺寸都明显增加。

对于具有较大淬火敏感性的合金，过饱和固溶体有强烈的脱溶倾向，抑制脱溶的最小冷

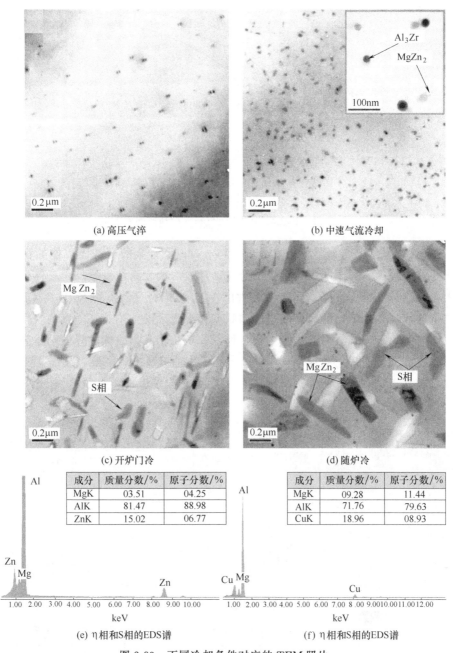

图 2-83 不同冷却条件对应的 TEM 照片

却速率称为临界冷却速率。图 2-84 为描述第二相脱溶的 TTT 图,是将不同转变量数据描绘在转变温度-转变时间(常采用对数表示)的坐标系内,又称等温转变动力学曲线(或 C 曲线),高温区脱溶驱动力小,低温区合金元素扩散慢,而中温区则为淬火敏感区,脱溶孕育期较短,从固溶温度以不同速率冷却时,能够抑制脱溶的临界冷却速率是与 C 曲线相切的 V_c,如果整个制品的冷却速率都大于 V_c,则称制品淬透了。

V_c 取决于过饱和固溶体的稳定性,与合金系、合金元素含量及淬火前的组织有关。不同合金系的合金,原子扩散速率不同,基体与脱溶相间的表面能和弹性应变能不同,其脱溶相形核速率不同,导致固溶体的稳定性出现较大差异。Al-Cu-Mg 系合金的铝基固溶体的稳

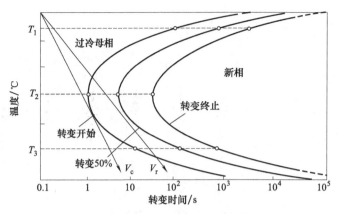

图 2-84　相变动力学曲线与临界冷却速率的关系

定性低，因而 V_c 较大，必须在水中淬火；Al-Zn-Mg 系合金的铝基固溶体的稳定性高，可以在静止空气中淬火。对于同一合金系的合金，随着合金元素浓度增加，基体固溶体过饱和程度增大，固溶体的稳定性降低，需要更大的 V_c。当铝合金含有微量 Mn、Cr、Ti、Zr 等元素时，这些元素在熔体结晶时就以过饱和状态存在于固溶体中，在随后均匀化退火、变形前加热、固溶加热时，均有可能以弥散化合物形式析出，其与基体的界面则是脱溶相优先形核的场所。有实验证明，用液氮冷却 7475 合金可以抑制第二相脱溶，7075 合金的 Mn、Cr 元素的含量较高，具有较大的淬火敏感性，用液氮冷却难以抑制其脱溶。图 2-85 为在淬火

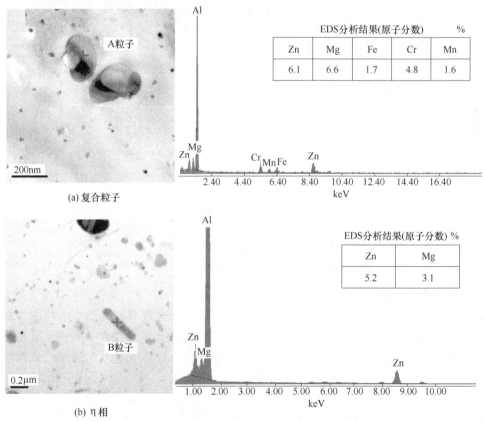

图 2-85　淬火态合金中典型粒子的 TEM 照片及能谱

态 7020 合金中观察到的 2 种典型复合相，图 2-85（a）中 A 粒子为附着在含 Fe、Cr、Mn 的粒子上形核的 $MgZn_2$ 平衡相，图 2-85（b）中 B 粒子为依附于 Al_3Zr 形核的 $MgZn_2$ 平衡相，表明淬火冷却速率不足以抑制平衡相析出。

表 2-21 为在实验室测得的 7B50 合金在不同冷却条件下的脱溶转变温度点，冷却速率按由快到慢顺序编号 C1～C11，将不同冷却条件下的脱溶转变温度点绘制到温度-时间（对数）坐标系，并用平滑曲线连接，得到图 2-86 所示的固溶体连续冷却转变的动力学曲线（简称 CCT 图），图中圆圈内数字为以不同速率冷却到室温的合金硬度。

表 2-21　7B50 合金在不同冷却条件下的脱溶转变温度点

No.	平均冷速 /(℃/min)	HT 阶段		MT 阶段		LT 阶段	
		T_{start}	T_{end}	T_{start}	T_{end}	T_{start}	T_{end}
C1	1230	—	—	—	—	—	—
C2	820	—	—	380	260	260	—
C3	228	—	—	400	275	275	—
C4	71	—	—	398	280	280	100
C5	14	420	395	395	276	276	105
C6	4.9	420	395	395	276	276	135
C7	1.7	445	400	400	281	281	182
C8	0.85	450	400	400	285	285	188
C9	0.65	455	405	405	285	285	188
C10	0.39	455	405	405	285	285	188
C11	0.30	455	405	405	285	285	188

由 CCT 图可以看出，抑制中温转变所需的冷却速率最大，中温转变区间（400～275℃）是 7B50 合金的淬火敏感区间，相变驱动力较大，原子扩散的速率也较快，抑制中温转变的最小速率可以作为临界冷却速率。以较慢速率（表 2-21 中的 C7）冷却 7B50 合金到不同温度进行中断水淬，由于前期冷却速率较慢，中断淬火前有不同程度的脱溶，经过相同时效处理后测试常规拉伸性能，结果如图 2-87 所示。可以看出，高温脱溶对合金时效后的力学性能影响较小，中温区的脱溶行为会显著恶化合金时效后的性能。

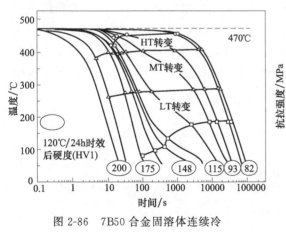

图 2-86　7B50 合金固溶体连续冷却转变的动力学曲线

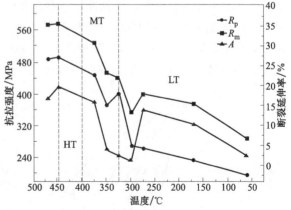

图 2-87　不同中断淬火温度对时效样品力学性能的影响

2.5.2.2　淬火冷却速率的控制

在实际生产中，要有足够的冷却速率以抑制粗大平衡相析出，但过大的冷却速率会导致大的内应力，特别是弹性模量、屈服强度、热膨胀系数大而热导率低的合金，以及截面尺寸大、截面形状复杂、壁厚差别大的工件，淬火后可能产生较大的残余应力，导致变形和开裂。航空航天用的大型铝合金构件，通常还要控制淬火转移时间和选择适宜的淬火介质。

对于不能在空气中淬火的合金，在空气中停留的时间一旦超过脱溶相的孕育期，过饱和固溶体就会脱溶，析出的第二相会在随后时效处理时起晶核作用，导致局部不均匀析出而降低时效强化效果，而且对合金的耐蚀性能产生不利影响，因此，要严格控制从固溶热处理炉转移至淬火介质中的时间。

大多数铝合金工件浸入水中的冷却速率高于临界冷却速率，加入盐和碱还能使冷却速率提高，但水淬容易产生大的残余应力，为此，对于形状复杂的大型工件，采用提高水温或在水中加入有机物（如聚二醇）使冷却速率降低。此外，还可采用液-气雾化介质淬火，雾化设备包含水压系统和气压系统，高压气体使液束碎化成雾，形成液-气联合喷在灼热的工件表面，不会形成明显的气膜冷却、泡沸冷却、对流冷却三个阶段，可以使工件在整个温度范围内相对均匀冷却。喷射淬火的冷却速率大于浸没冷却淬火，还可以通过调节喷水压力和流量、气压和气流量、喷射的均匀程度、喷嘴离工件的距离等对冷却速率进行大范围调节，不同参数的配合可以得到不同的淬火效果。对淬火速率敏感性较低的合金，也可选择空气或有机介质淬火，使工件冷却较为缓和均匀，从而减小变形和淬火应力。聚合物水溶液的冷却速率介于室温水和沸水之间，当灼热工件淬入其中时，工件周围的液温急剧上升，聚合物从水中析出，并在工件表面形成连续均匀的保护膜，随着工件温度降低，生成的膜溶解，使工件在低温时冷却加快。因此，聚合物水溶液可使工件在高温和低温有相对均匀的冷却速率，能够减小工件因冷却不均导致的变形现象。

采用分级淬火工艺可以在减小淬火应力和抑制平衡相脱溶间求得平衡，先在温度较高的介质中短时降温，接近相变开始温度后提高冷却速率，可以降低大型工件的温度梯度及残余应力。图 2-88 （a）为在实验室采用小试样（1.5mm 厚）测得的 7A04 合金的 CCT 图，固溶体在连续冷却过程中的脱溶主要集中在 150～400℃ 的中温区间，冷风冷却（曲线 g）抑制不了 7A04 合金的脱溶，液氮冷却（曲线 h）则可以抑制其脱溶，e、f、g 冷却曲线上没有标出相变结束点，表明脱溶一直持续到了室温。图 2-88 （b）为 30mm 厚的试样分别采用风冷、100℃水冷、60℃水冷、室温水冷的心部冷却曲线，根据冷却速率越慢，相变开始温度越高的规律，将相变开始曲线向上进行适当延伸，使其相交于风冷曲线，如图中带箭头虚

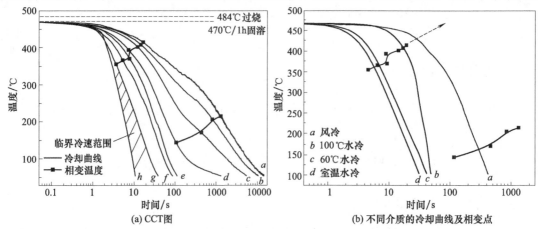

图 2-88　7A04 合金的 CCT 图和在 4 种冷却介质中的相变点

线所示，结果显示，用室温水淬火可以抑制 7A04 合金脱溶。根据图 2-88（b）制订分级淬火工艺，在 100℃水中冷却的相变开始温度约为 408℃，孕育期约为 16s，工件先用接近沸腾的水冷却，大约冷却 16s 后迅速转移至室温水中，可以在最大限度减小淬火应力的同时抑制平衡相的析出。

对于后续需要切削加工的制件，应消除淬火残余应力。铝合金厚板淬火后拉伸（1%～3%）矫直，既可使制件整形，又可消除淬火残余应力。

2.5.2.3　淬火设备

航空航天铝合金的固溶处理有严格的温度控制要求。图 2-89 为板材辊底式淬火炉示意图，可使温度控制在±2K 范围内，炉子长度根据设计的最长板材而定，分成多个等长的加热区，通常以 4～5mm 长为 1 个加热区，每个加热区都采用电加热，炉顶和炉底各装备 1 台风机，每台风机分成 4 个温度控制区（左右侧各 2 个），每个加热区的喷嘴系统都有分配装置，热空气被均衡分配到各个喷嘴，喷嘴与板材之间的距离一般为 450mm，可对不同厚度的板材进行固溶淬火。板材由辊道输送进出炉子，支撑板材的辊道设计为不锈钢丝刷式，可以使板材与辊道的接触面积减至最小，有利于热传导和避免擦伤板材，板材可在炉内限定位置缓慢摆动，防止板材和炉膛辊子变形。板材在炉内达到规定保温时间后，立即以设定的速率进入强冷的主淬火区，喷嘴喷射高压水流到板材上下两面进行喷淋淬火，冷却速率可根据合金种类和板厚自动调节，要保证必需的冷却速率以获得需要的淬火组织，又要保证有尽量低的残余应力，并将变形、扭曲和不平度控制在规定范围内。薄板缓慢通过冷却区，厚板还要微微来回摆动，以达到更为均匀冷却的目的，淬火后板材的最高温度为（45±5）℃。

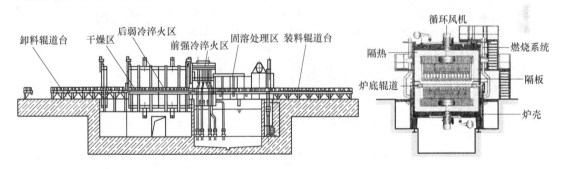

图 2-89　辊底式淬火炉

一般来说，2×××系大断面铝合金型材和重载结构的型材采用立式淬火装置，以不大于 15s 的转移时间尽快落入 30～40℃水中。部分 7×××系铝合金的淬火温度范围较宽、淬火敏感性较低，当型材断面简单、挤压系数小、挤压速度大于 3m/min 时，可在挤压机后进行在线淬火。图 2-90 为大型航空铝合金型材在线精密水-雾-气淬火系统，由 1 个宽 300～800mm 和长 6～11m 的水槽、多排喷水（气）喷嘴和管道组成，计算机根据型材的品种、形状和尺寸规格等自动控制喷嘴的开闭及流量、压力、速度、温度等，以保证型材在长度方向和径向冷却速率基本保持一致，既能获得需要的淬火效果，又不产生过大的扭曲变形。一般来说，当型材壁厚小于 4mm 时采用气淬，壁厚为 4～8mm 时采用雾淬，壁厚大于 8mm 时采用水淬，控制系统还具有自适应和自学习功能，不断完善淬火工艺。

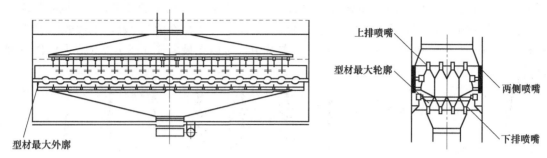

图 2-90   挤压后在线精密水-雾-气淬火系统

但是，多数 2×××系和 7×××系合金的挤压速度较慢，如 2A70、2A12、7A04、7A09 等合金的挤压速度通常低于 3m/min，在线淬火还有一定难度。图 2-91 为闽发铝业发明的在线淬火系统，在挤压机出口处安装 1 个炉盖可以活动的保温炉，当铝合金型材挤压结束后，提升装置将炉门提升并打开，炉子两旁的喷水管立即喷水，实现航空航天用高强度铝合金挤压型材的在线淬火。

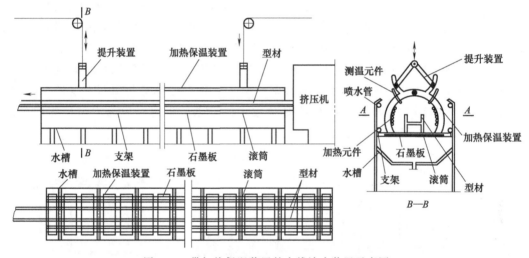

图 2-91   带加热保温装置的在线淬火装置示意图

图 2-92 为山东华建铝业发明的在线淬火装置示意图，在挤压机出口处安装 1 个保温炉，确保型材出模孔后温度不降低，强化相不会析出，在保温炉靠近挤压机出口处安装 1 个活门，使牵引装置能顺利夹住从模具出来的型材，挤压完成后，牵引装置带着型材迅速通过喷水区，实现在线淬火。

2.5.3   时效及沉淀

过饱和固溶体为高能量的亚稳状态，有自发分解或脱溶的趋势，在室温发生的脱溶称为自然时效，有些合金必须加热到较高温度保温一定时间才会脱溶，称为人工时效。

2.5.3.1   脱溶序列

新相和母相的化学自由能差是第二相脱溶的驱动力，沉淀相的界面能和应变能是脱溶的阻力。相变初期界面能起决定作用，脱溶相与基体的界面结构有完全共格、半共格和非共格

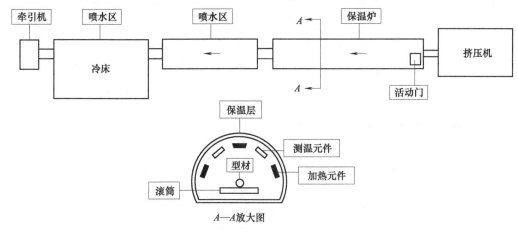

图 2-92 带保温炉的在线淬火装置示意图

3 种形式，完全共格界面的界面能小，而应变能大且随着两相晶格错配度增大而提高；部分共格的界面能较完全共格大，所导致的应变能较完全共格小；非共格脱溶相的界面能最大，应变能最小。

图 2-93 为 A-B 系合金相图及 T_1 温度下的自由能曲线，G_α 和 G_β 分别表示平衡相 α 和 β 的体积自由能，G_{GP} 和 $G_过$ 分别表示 GP 区和过渡相的体积自由能，根据公切线定律可以确定合金（x_0）在 T_1 温度的 β 相、过渡相、GP 区的固溶度，根据不同温度下的自由能-成分关系曲线，可获得过渡相和 GP 区在 α 相中的固溶度曲线。成分为 x_0 的 α 过饱和固溶体与各脱溶相的公切线与过 x_0 的垂线的交点分别代表形成 GP 区、过渡相、平衡相的系统自由能差。析出平衡相的驱动力最大，但平衡相与基体非共格，形核和长大的界面能较大，形成GP 的驱动力最小，但 GP 区与基体完全共格，形核和长大的界面能较小，且 GP 区与基体间的浓度差较小，易通过扩散形核长大，因此，一般过饱和固溶体脱溶首先形成 GP 区，再向自由能更低更稳定状态转变。

图 2-94（a）为具有不同脱溶产物的固溶度曲线的亚稳相图，其中 1、2、3 分别为 β 相、β'、GP 区的固溶度曲线。不同成分的合金在同一温度下时效，如 T_1 温度，C_1 合金只能析出平衡相 β，C_2 合金可析出过渡相及平衡相，C_3 合金则可析出 β 相、β'、GP 区 3 种结构，过饱和程度大的合金更容易出现 GP 区或过渡相。成分相同的合金在不同温度时效也会有不同的脱溶序列，C_3 合金在低温（T_1）时可析出 3 种结构，温度较高（T_2）时可析出过渡相及平衡相，温度更高（T_3）时则只能析出平衡相。图 2-94（b）所示 TTT 图可用来分析同一成分的合金在不同温度的脱溶顺序，T_{GP}、$T_{\beta'}$ 及 T_β

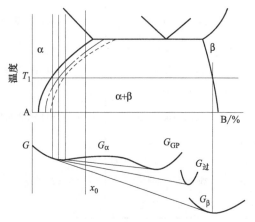

图 2-93 A-B 系合金相图及 T_1 温度下的自由能曲线

分别为 GP 区、过渡相 β' 及平衡相 β 完全溶解在 α 相中的温度，GP 区的孕育期较短，过渡相 β' 的孕育期稍长，平衡相 β 的孕育期最长，低温（T_1）脱溶序列为 GP 区→过渡相→平衡相，中温（T_2）脱溶序列为过渡相→平衡相，高温（T_3）则直接析出平衡相。

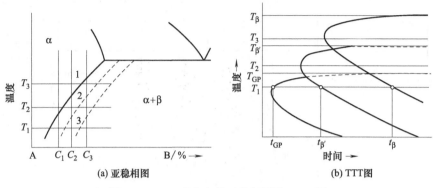

图 2-94　A-B 型合金的亚稳相图及 TTT 图

铝合金的时效脱溶，在平衡相之前会有 1～2 种亚稳的过渡相出现，按过饱和固溶体→偏聚区（GP 区）→过渡相（亚稳相）→平衡相的顺序发展。GP 区是铝合金中溶质原子在脱溶早期形成的偏聚区的统称，与铝基体完全共格，且没有明显的相界面，不能单独定义成相；过渡相与基体共格或部分共格，界面能小，形核能垒小，容易形成；平衡相与基体形成新的非共格界面，界面能大。因此，通常首先形成亚稳的过渡相，再演变成稳定的平衡相，但是，并非所有合金都按同一顺序脱溶，表 2-22 为不同系列航空航天铝合金的脱溶序列，有些合金系不一定出现 GP 区或过渡相。

表 2-22　航空航天用主要合金系的第二相及脱溶序列

合金体系		脱　溶　过　程
Al-Cu-Mg	α 过饱和固溶体	→GP 区 →θ''→θ'→θ(Al_2Cu)
		→S''→S'→S(Al_2CuMg)
Al-Zn-Mg	α 过饱和固溶体	→η'→η($MgZn_2$)
		→GP 区→T'→T($Al_2Mg_3Zn_3$)
Al-Zn-Mg-Cu	α 过饱和固溶体	→η'→η($MgZn_2$)
		→T'→T($Al_2Mg_3Zn_3$)
		→GP 区 →S'→S(Al_2CuMg)
Al-Li-Mg	α 过饱和固溶体	→δ'→δ
		→T(Al_2MgLi)
Al-Li-Cu	α 过饱和固溶体	→δ'→δ(Al_3Li)
		→GP 区→θ''→θ'→θ(Al_2Cu)
		→T_1(Al_2CuLi)
Al-Cu-Li-Mg	α 过饱和固溶体	→δ'→δ(Al_3Li)
		→GP 区→θ''→θ'→θ(Al_2Cu)
		→S''→S'→S(Al_2CuMg)
		→T_1(Al_2CuLi)

2.5.3.2　沉淀相的界面结构和形状

时效脱溶相的界面结构和形状取决于界面能和应变能。当界面能很大时，脱溶相力图使界面能减小而呈等轴状（球状或立方体）；如果应变能很大，脱溶相力图使应变能减小而呈薄片状（盘状）；当应变能和界面能相当时，脱溶相可能呈针状。当固溶体组元间原子直径差<3％时，应变能较小，共格脱溶相的形状按界面能最小的原则趋于等轴状；当组元间的原子直径差≥5％时，应变能较高，共格脱溶相的形状按应变能最小的原则趋于薄片状，在两者之间则呈针状。表 2-23 列出了不同合金系的 Al 原子与溶质原子的直径差及 GP 区的形状，可以看出，7×××系铝合金的直径差<3％，GP 区通常呈球形，2×××铝合金的直径差>5％，GP 区主要呈针状或圆盘状。

表 2-23　Al 原子与溶质原子直径差及 GP 区的形状

合　金　系	原子直径差/%	GP 区形状
Al-Cu	−11.8	圆盘状
Al-Cu-Mg	−6.5	针状
Al-Zn	−1.9	球状
Al-Zn-Mg	+2.6	球状

2.5.3.3　航空航天铝合金中的主要沉淀相

2×××系合金有较强的自然时效倾向，对于 Al-Cu-Mg 合金，主要沉淀相为 $\theta(Al_2Cu)$、$S(Al_2CuMg)$；对于 Al-Cu-Li 合金，主要沉淀相有 $\delta(Al_3Li)$、$\theta(Al_2Cu)$ 和 $T_1(Al_2CuLi)$ 相，合金的强化相会随 Cu 含量及 Cu/Li 的变化而有所不同。7×××系合金须采用人工时效，主要沉淀相为 $\eta(MgZn_2)$、$S(Al_2CuMg)$、$T(Al_2Mg_3Zn_3)$ 相，当 Mg 含量较大时，Al-Zn-Mg-Cu 合金析出 S 相；当合金成分处于有 $T(Al_2Mg_3Zn_3)$ 相区域时，在较高温度及较长时间时效时，可能产生 $T(Al_2Mg_3Zn_3)$ 相。

$\theta(Al_2Cu)$ 是 Al-Cu 合金中最常见的沉淀相，析出序列为过饱和固溶体→GP 区→θ'' 相→θ' 相→θ 相。在 Al-Cu 合金的时效早期，Cu 原子沿特定取向在 $\{100\}_\alpha$ 发生偏聚形成富铜片层（GP 区），与铝基体完全共格。θ'' 相为正方结构，晶格常数 $a=4.04$Å，$c=7.68$Å，与基体仍然保持共格关系，一般认为 θ'' 相为 Al-Cu 合金峰值时效的主要强化相。θ' 相为正方结构，晶格常数为 $a=4.04$Å，$c=5.8$Å，呈盘片状且与基体部分共格，位相关系 $\{100\}_{\theta'}//\{100\}_\alpha$。$\theta$ 相为热力学平衡相，为四方结构，与基体不共格，通常以晶界或其他缺陷作为形核质点以减少形核功。

$S(Al_2CuMg)$ 相是 Al-Cu-Mg 合金中的主要沉淀相，析出序列为过饱和固溶体→GPB 区→S'' 相（GPBⅡ区）→S' 相→S 相。GPB 区是时效早期形成的 Cu、Mg 原子短程有序结构，呈针状，S'' 相与 Al 基体共格，与位错和溶质原子团簇密切相关，S' 相呈针状或板条状，与基体半共格，其晶格参数为 $a=4.04$Å，$b=9.25$Å，$c=7.18$Å。S 相的晶格参数与 S' 相近，$a=4.01$Å，$b=9.23$Å，$c=7.14$Å，可以认为 S' 相是平衡相 S 相的前驱体，之间转化是连续的，某些情况下只是通过错配度来区分。

$\eta(MgZn_2)$ 相是 Al-Zn-Mg-(Cu) 合金的主要沉淀相，析出序列为过饱和固溶体→GP 区→η' 相→η 相，其中 GP 区和 η' 相是主要的强化相，η' 相的强化效果更好。在 $\alpha+\eta$ 型合金中的 GP 区分为 GPⅠ区和 GPⅡ区，又称为球形 GP 区和有序 GP 区，GPⅠ区较为常见，与基体完全共格的球状原子团簇，由与 $\{100\}_\alpha$ 平行的 Zn、Mg 原子层组成；GPⅡ区呈片状，沿 $\{111\}_\alpha$ 面析出，由富空位团簇转变形成，Zn 含量更高，仅在较高温度（>450℃）淬火才有可能出现。η' 相是在 100～140℃ 温度区间形成的与基体部分共格的过渡相，为六方结构，$a=4.96$Å，$c=6.868$Å，呈针状，取向关系为 $\{0001\}_{\eta'}//\{111\}_\alpha$，$<1120>_{\eta'}//$

$<111>_\alpha$，在时效过程中 GP 区可以转化为 η' 相。η 相是在 180℃ 以上温度形成的非共格平衡相，六方晶格，$a=5.21\text{Å}$，$c=8.6\text{Å}$，随着时效继续进行，η' 相会转变为平衡相 η，与基体失去共格关系。

T($Al_2Mg_3Zn_3$）相是 Al-Zn-Mg 合金的主要沉淀相，析出序列为过饱和固溶体→GP 区→T′相→T 相。GP 区是球形原子团簇，但只有在较高温度时效才能迅速形成；T′为过渡相，立方晶格，$a=14.5\text{Å}$，与母相的位向关系为 $\{100\}_{T'}//\{111\}_\alpha$，$<010>_{T'}//<112>_\alpha$；平衡相 T 也是立方晶格，$a=14.29\sim14.71\text{Å}$，位向关系为 $\{100\}_T//\{112\}_\alpha$，$<001>_T//<110>_\alpha$，一般在较低温度出现，很难发生。

δ(AlLi) 相是 Al-Li 合金的主要强化相，析出序列为过饱和固溶体→δ'→δ(Al_3Li），δ 相粗大易氧化，会使 Al-Li 合金韧性下降，应尽量避免平衡相 δ 的出现。亚稳相 δ' 与母相完全共格，其界面能小，且 Li 与空位结合能高，使得 δ' 相非常容易形成，时效初期析出的 δ' 形状不规则，随时效时间延长而变为球形，δ' 相容易被位错切过，导致共面滑移。

T_1(Al_2CuLi) 相是 Al-Cu-Li 合金的主要沉淀相，析出序列为过饱和固溶体→T_1(Al_2CuLi)，为在 $\{111\}_\alpha$ 面上形成的六角片状相，与铝基体呈非共格关系，可使 δ' 相层错能增加，位错从切割变为绕过机制，因而减少了铝锂合金的共面滑移，使变形得以均匀进行，不但提高了合金的强度，还改善其塑性。

2.5.3.4 人工时效工艺

铝合金的人工时效包括应变时效、单级时效、双级时效、回归再时效（RRA）等。对于航天结构材料，时效以保证达到最高强化效果为目的，通常采用单级峰值时效（T6）。对于航空结构材料，要求具有强度、韧性、塑性、抗应力腐蚀能力等多方面的综合性能，通常采用过时效或应变时效。对于锻件、焊接件等不能采用预变形处理的复杂构件，多采用分级时效提高强化效果。

（1）应变时效

应变时效通过形变强化和相变强化协同提高强化效果。在时效前引入一定量的冷变形，增加位错等缺陷的密度，延缓在较低温度下的脱溶过程（主要脱溶产物为 GP 区，Al-Cu 合金中还包括 θ'' 相），对主要依靠 GP 区强化的合金产生不利影响，但是，促进与基体呈非共格关系的过渡相和平衡相脱溶，对主要依靠弥散过渡相强化的合金产生有利影响。此外，冷变形还破坏基体点阵的规则性，使共格的亚稳脱溶相不易形成，从而促进非共格相的脱溶，如 Al-Cu 合金淬火后给予大变形量冷加工，甚至在室温也会析出平衡 θ 相。

以 Al-Cu-Li 系合金为例，主要强化相有 δ'(Al_3Li)、θ'(Al_2Cu) 和 T_1(Al_2CuLi) 相，其中强化效果较好的 T_1 相与基体不共格，界面能较高，因而所需的形核功较大，主要依靠位错、晶界等晶体学缺陷形核析出。强化效果较弱的 δ' 相与基体共格，共格应变能和界面能均较低，所需形核功较小，倾向于以均匀形核的方式在基体内脱溶，在时效初期，甚至在淬火时期就已在晶内、晶界大量析出，同时消耗了大量的 Li 原子，势必会减少后期 T_1 相析出的数量，影响合金的强化效果。时效前适当的冷变形，可在合金基体中形成均匀密布的位错，大大增加 T_1 相的形核位置，提高 T_1 相的形核率和析出速率，减少 δ' 相的 Li 原子消耗量，从而增大 T_1 相的绝对析出量，T_1 相之间也因此相互抑制，使 T_1 相的尺寸更为细小，分布也更为均匀、弥散，最终达到最佳的强化效果。时效前的冷变形还可减小晶界无沉淀带的宽度，改善晶界析出物的形态分布，抑制晶界平衡相的形成，减少合金的共面滑移及晶界应力集中，改善合金的强韧性。

（2）单级时效

时效温度和时效时间是单级时效的主要工艺参数，时效时间主要取决于时效温度，时效温度越高，所需时效时间越短。时效温度低，原子扩散较困难，GP区不易形成，强化相难以形核长大，时效不充分，合金的强度和硬度不够，称为欠时效。时效温度高，原子扩散速率较快，强化相容易从过饱和固溶体中析出且长大速率很快，易粗化，时效后合金强度和硬度偏低，称为过时效。图2-95为铝合金的时效硬化曲线，欠时效对应强度上升段，峰时效（T6）对应强度峰值，过时效则对应强度下降段。时效初期，随着共格脱溶相密度增加，强化效果不断增加，当时效温度较低时，由于原子扩散较困难，强化相难以持续形核长大，合金强化达到一定程度后停止发展，合金处于欠时效状态。大多数情况下，当过饱和固溶体生成GP区和过渡相或只析出高密度过渡相时，合金强度达到峰值。以Al-Cu合金为例，在130℃时效时，硬化曲线会出现双峰，第一峰对应GP区，第二峰对应θ''相，但是，峰值时效晶界易产生连续链状的析出物，具有较高的应力腐蚀敏感性和较低的断裂韧性。一旦出现θ'相就进入过时效阶段，随着时效时间延长，脱溶相聚集粗化，数量较多的亚稳脱溶相转变为数量较少的稳定脱溶相，脱溶相间距增大，共格界面逐渐转变为半共格的、非共格的界面，基体中合金元素浓度大大降低、弹性应力场减小或消失，导致强化效果降低，合金强度甚至有可能低于刚淬火状态，但是，断裂韧性和抗应力腐蚀性能得到不同程度改善。图中所示T73、T76、T74为典型过时效工艺，T73牺牲了10%～15%的强度，但提高了断裂韧性、减小了应力腐蚀和剥落腐蚀敏感性；T76的过时效程度比T73轻，强度只损失9%～12%；T74兼顾了强度和抗应力腐蚀性能，其时效程度介于T76和T73之间，在强度损失不大的前提下有较好的抗应力腐蚀能力。

（3）多级时效

对于Al-Zn-Mg-Cu合金，将工件在不同温度进行2次或多次时效，可以获得拉伸性能、疲劳性能和断裂性能的良好配合。双级时效包括预时效和终时效2个阶段，通常预时效温度T_1低于亚稳相存在的临界温度T_c，合金的过饱和程度大，可形成高密度的细小脱溶相；终时效温度T_2高于T_c，以预脱相为核心，可大大提高合金的脱溶程度，同时调整析出相的结构、尺寸和分布，在保

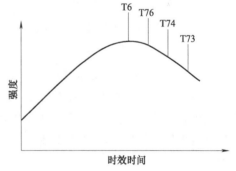

图2-95 铝合金的时效硬化曲线

证强度的前提下有较好的断裂韧性和抗应力腐蚀性能。以Al-Zn-Mg系合金为例，先在100～120℃预时效，形成大量的GP区，且达到了η'相和η相形核的临界尺寸；再在150～175℃进行第二级时效，同时在晶粒内部、亚晶界和晶界形成大量弥散分布的η'相及η相。与在150～175℃的单级时效相比，双级时效使脱溶相密度更高、分布更均匀，从而使合金有较高的抗拉、抗疲劳、抗断裂、抗应力腐蚀等综合性能。

回归再时效（RRA），对时效状态的铝合金进行回归处理，随后再进行人工时效，可获得强度和应力腐蚀性能的良好配合。回归处理把时效态的铝合金加热到较高温度（低于固溶化温度）短时保温（低温脱溶相完全溶解即可）后迅速冷却，以Al-Cu合金为例，回归处理时尺寸细小、稳定性较低的GP区和θ''相重新溶入基体，合金组织回归到淬火状态，性能回归到淬火水平，回归处理温度与预时效温度差别愈大，回归愈快。回归处理后进行人工时

效，随着保温时间延长，尺寸较大、稳定性较高的过渡相会转变成更稳定状态，稳定相则会聚集成更粗大的质点，强度和硬度指标回升，晶界脱溶相的粗化和质点数的减少有利于改善合金的抗应力腐蚀性能。以 7075 合金的 RRA 处理为例，在 120℃人工时效 24h，晶内析出 GP 区，晶间析出大的链状 η' 相，在 240℃回归处理时，同时发生沉淀相的溶解、析出及聚集，尺寸细小的相和稳定性较差的 GP 区在较高温度下重新溶入基体，尺寸较大、稳定性较高的 η' 相会转变成 η 相，基体中已存在的 η 平衡相则聚集成更粗大的质点，晶间析出小尺寸的 η 相，同时 PFZ 明显加宽，再进行 T6 人工时效时，过饱和固溶体重新析出弥散 η' 相，晶内沉淀相密度增加，质点平均尺寸有所增大，晶界析出相尺寸和单位面积质点数量与 T73 状态接近，合金强度与抗应力腐蚀开裂性能均达到较理想水平。

时效炉的装备水平是保证温度控制精确性和炉料温度均匀性的基础。图 2-96 为连续式人工时效炉，具有特殊结构的导流板设备和能使气流反向及速度可调的大容量循环风扇，可处理用来制作机翼部件的长达 36m 厚板；有 20 个带有独立调速循环风扇加热区，保证在很短时间内升温、温度控制准确和均匀，在 200℃工作，整个炉料的温差小于 1.1K。

图 2-96　连续式人工时效炉

图 2-97　箱式时效炉

长度大于 25m 的大断面型材时效必须在长度大于 25～30m 的电加热（有时也用气加热）时效炉中进行，如图 2-97 所示，由多台风机进行强制通风，以确保温度均匀。对于航空航天铝合金型材，为了获得均匀的力学性能，要求时效炉纵向和横向温差在 ±2.5℃以内。现代时效炉用计算机联动 PLC 控制，以保证时效过程的升温速率、生产效率、温度精度等达到工艺要求。

2.6　铝合金零件及构件成形

2.6.1　精密铸造

可以直接由液态成型为铸件的铝合金称为铸造铝合金（ZL），其铸造工艺性能好，可实现航空航天用的大型、薄壁、形状复杂构件的精密铸造。铸件的尺寸和形状几乎不受限制，而且材料损耗和工时较少，但是，铸造组织的晶粒比较粗大，铸件内部常有缩孔、缩松、气孔等缺陷。

2.6.1.1　主要合金系列

常用铸造铝合金包括 Al-Si 系、Al-Cu 系、Al-Mg 系、Al-Zn 系合金，如表 2-24 所示，由于合金元素及热处理作用不同，不同系列铸造铝合金具有不同特征。

表 2-24　铸造铝合金系列及主要特征

主要合金系列	牌号系列	主要特征
Al-Si	ZL100	铸造性能好,不可热处理强化,力学性能较低
Al-Si-Mg，Al-Si-Mg-Cu Al-Si-Cu，Al-Si-Cu-Ni		铸造性能良好,可热处理强化,力学性能较高
Al-Cu	ZL200	可热处理强化,强度较高,耐热性好,铸造性差,耐蚀性差
Al-Mg	ZL300	密度小,不可热处理强化,力学性能较低,耐腐蚀
Al-Zn	ZL400	密度大,适于压铸,能自动淬火,铸造性差,耐蚀性差

Al-Si 合金中 Si 含量一般为 4%～22%，简单 Al-Si 合金的铸造性能好，但不可热处理强化，力学性能较差，加入 Cu、Mg、Ni 等元素，通过变质和热处理改善其力学性能，适于铸造大型、薄壁、复杂及有气密性要求的零件，主要用于制造飞行器结构零件、仪器仪表附件、发动机零件。Al-Cu 系铸造铝合金具有良好的综合性能，很好的延性和塑性，易切削加工，除 ZL207 合金外，均为可热处理强化合金，分为高强度铸造铝合金和耐热铸造铝合金，可用来制造承受大载荷的结构件和耐热的发动机零件，但铸造性能和耐蚀性较差，该系合金的 Cu 含量为 3%～11%，当 Cu 含量为 4%～5% 时，有较大的热裂倾向，对铸件的复杂程度和结构设计有一定限制。Al-Mg 合金的 Mg 含量为 4%～11%，不可热处理强化，力学性能较低，具有优良的耐腐蚀性能和切削加工性能，可用于制造水上飞机和舰载飞机受力不大的零件。Al-Zn 合金密度大，Zn 元素在 Al 中的溶解度变化大，能自动淬火，有明显自然时效倾向，不需要热处理便可获得很好的室温力学性能，但铸造性能和耐蚀性能较差，高温性能也差，其应用范围受到限制。

国内航空航天领域应用的铸造铝合金主要是 Al-Si 系和 Al-Cu 系合金，较少使用 Al-Mg 和 Al-Zn 系合金。Al-Si 系铸造铝合金中使用较多的是 ZL101、ZL101A、ZL104、ZL105、ZL105A，主要用于飞机和航空发动机受力不太大的零件或有气密性要求的零件，如安装座、支架、支座、接头、气密盒、壳体、机匣及机匣盒、泵体和泵盖、叶轮等。对于承受一定载荷的铸件，如飞机舱门骨架、座舱盖骨架、窗框和发动机的主机匣、前机匣、中间机匣、隔板、泵体等，主要使用强度较高的 ZL114A 和 ZL116 合金。Al-Cu 系铸造合金应用较多的是 ZL201、ZL201A、ZL204A、ZL205A，成分如表 2-25 所示，主要用于飞机的承力结构。

表 2-25　部分 Al-Cu-Mn 系铸造铝合金的化学成分　　　　　　　　　%

合金代号	合金牌号	Cu	Mn	Cd	V	Zr	Ti	Al
ZL201	ZAlCu5Mn	4.5～5.3	0.6～1.0	—			0.15～0.35	余量
ZL201A	ZAlCu5MnA	4.8～5.3	0.6～1.0	—			0.15～0.35	余量
ZL204A	ZAlCu5MnCdA	4.6～5.3	0.6～0.9	0.15～0.35			0.15～0.35	余量
ZL205A	ZAlCu5MnCdVA	4.6～5.3	0.3～0.5	0.15～0.25	0.05～0.3	0.05～0.2	0.15～0.35	余量

近年来，通过合金成分设计、添加微量元素等方法制备了一些新型的 Al-Cu-Mn 系高强

度铸造铝合金，促进了该系合金的发展。ZL205A 合金是目前应用最多的铸造铝合金，能以铸代锻或提高结构的强度水平，被用来代替部分铝合金锻件制造飞机、火箭发动机等的受力零件和结构件。如某系列导弹火箭发动机前、后裙用 ZL205A 替代原 LD10 合金锻件，消除了锻件各向异性尤其是高向性能差的缺点，还降低了制造成本。导弹挂架和飞机的各种支架、支座、支撑座等承力结构采用了 ZL205A，多种型号雷达的天线底座、方向转台、横轴、天线横板、支架等重要构件也采用 ZL205A 合金制造。此外，耐热合金 ZL208 在航空航天领域应用也较多，主要应用于发动机的输入机匣、减速机匣前部、后轴承前座、内齿轮箱座、导轮安装机匣等有耐热要求的零件。

2.6.1.2 精密铸造方法

精密铸造可以获得接近构件最终形状、尺寸精度和表面光洁度高的铸件，可不加工或很少加工就直接使用。航空航天构件常用的精密铸造方法主要有金属型铸造、陶瓷型铸造、熔模铸造、消失模铸造（实型铸造）、压力铸造等。

金属型铸造和陶瓷型铸造是将液态金属直接浇入金属或陶瓷铸模的型腔中，铸模可反复使用，又称永久型铸造，主要用于大批量及中、小型铸件生产，由于金属铸模的耐热能力有限，一般多用于铝合金、锌合金、镁合金等低熔点合金的铸造。

熔模铸造又称失蜡铸造，如图 2-98 所示，先用易熔材料（由蜡料、天然树脂、合成树脂配制）制成模样，在模样表面涂覆若干层耐火材料制成型壳（石墨、钨面层、氧化物陶瓷等），再将模样熔化排出型壳，焙烧型壳以获得足够的强度及透气性能，将金属熔体浇注入型腔，凝固后脱壳、清砂，获得高精度的成品。将熔模铸造技术与自动控制、计算机仿真等技术相结合，可大幅提高合金熔液的充填性能，实现铸件的完整充型、形状尺寸及组织的精确控制，从而抑制铸造缺陷和进一步提高铸件的精度及质量。采用熔模铸造批量生产，可保证铸件的一致性，避免机械加工及残留刀纹的应力集中，实现铝合金、钛合金、高温合金等多种合金的复杂形状及薄壁铸件的精密成型，在航空航天领域得到越来越多的应用，主要应用于航空发动机、机体等关键结构件。

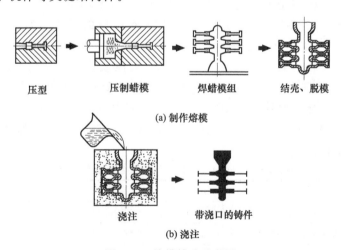

压型 → 压制蜡模 → 焊蜡模组 → 结壳、脱模

(a) 制作熔模

浇注 → 带浇口的铸件

(b) 浇注

图 2-98　熔模铸造示意图

消失模铸造又称实型铸造，是将石蜡或泡沫聚苯乙烯（EPS）模型黏结组合成模型簇，刷涂耐火涂料烘干后，埋在干石英砂中振动造型，在负压下浇注金属液，使模型气化，液体

金属占据模型位置，凝固冷却后形成铸件。消失模铸造可生产大型结构件，解决了熔模铸造模具制作周期长、蜡模对温度敏感易变形等问题，对于单件或小批量的结构件，尤其是叶轮等曲面结构的铸件，具有成本低、铸造精度高、尺寸一致性好等特点，完全能满足航空航天领域日益增长的大型、精密、整体铸件的要求。

压力铸造是有色金属铸造中最常用、相对价格最低的铸造方法，在外力（不含重力）作用下使液态或半固态金属注入铸型凝固而获得铸件，有时压力铸造专指在压铸机进行的金属型压力铸造，简称压铸。广义压力铸造包括压铸和真空铸造、低压铸造、离心铸造等。压铸时，金属液在高压下快速充填型腔、成型和凝固，难免把型腔中的空气夹裹在铸件内部，形成皮下气孔。图 2-99 为低压铸造示意图，将压缩气体（压力为 0.02～0.06MPa）通入密闭的保温炉内，使熔体通过升液管缓慢而平稳地流进型腔，型腔内的气体可通过分型面排出，

铸件在可控压力下结晶、凝固，从而得到致密的、无气孔的高品质铸件。图 2-100 为离心铸造示意图，将液体金属浇入高速旋转的铸型中，使其在离心力作用下充型并凝固，离心力有助于液体金属中气体及夹杂物的排除、金属液充型能力的提高，铸件组织致密，无缩孔、缩松、气孔、夹渣等缺陷。

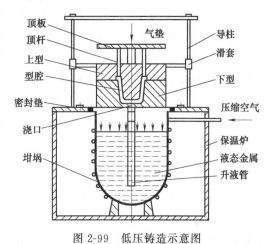

图 2-99　低压铸造示意图

航空航天领域要求零部件数量更少、质量更轻、强度更高，除广泛采用新材料外，构件趋于整体化、结构趋于复杂化，精密铸造因此得到广泛应用。飞机机体及机翼结构件、发动机叶片和机匣，以及导弹和火箭的舱体、发动机叶轮、泵体等，

采用精密铸造的整体结构件，不仅缩短制造周期和降低成本，而且提高了结构的性能和可靠性，达到减重目的。欧美发达国家研制薄壁、复杂形状的铝合金精密铸件，用于战机的机体、导弹发动机及弹体等，以"狂风"战斗机机翼固定端前缘结构件为例，原为 6 个加工件、9 个钣金件、164 个连接件组合而成，采用 1 个铝合金铸件替代，减重 20%，成本降低 33%。美国某发动机采用一次成形的精密铸造工艺，将燃烧室零件数量减少 50 多个，减少焊接次数 90 多次，生产制造周期和成本显著降低。

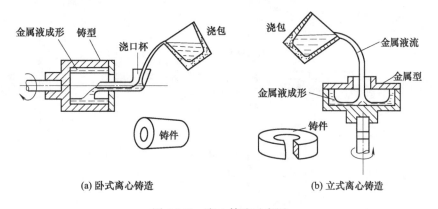

(a) 卧式离心铸造　　　　　　　　　(b) 立式离心铸造

图 2-100　离心铸造示意图

2.6.1.3 铸造铝合金的热处理

铸造铝合金同样可分为可热处理强化和不可热处理强化两大类，但是，状态代号不同于变形铝合金，F 表示铸态，T2 表示退火态，T1、T4、T5、T6、T7、T8 均为淬火时效态。其中 T1 为不经淬火的人工时效，以铸造冷却获得的部分过饱和度作为时效驱动力，T4、T5、T6、T7、T8 的淬火条件相同，T4 为淬火＋自然时效，T5 为淬火＋不完全人工时效，T6 为淬火＋完全人工时效，T7 为淬火＋稳定化处理（过时效），T8 为淬火＋软化处理（过时效），T7 和 T8 均能使组织、性质、尺寸更加稳定，适用于高温工作零件。

铸造铝合金热处理加热设备宜采用空气循环炉，形状较简单且无针孔缺陷的铸件可以采用硝盐槽，形状复杂的大铸件应缓慢加热和冷却，有时采用分段加热，淬火介质用 50～100℃的水。铸造合金中过剩相一般较粗大、质点间距较大，对位错运动不产生很大的阻力，其溶入基体后，会产生固溶强化效果，而硬脆过剩相的溶解、聚集、球化会使合金塑性提高。由于铸造组织粗大，存在着枝晶偏析和呈针状或片状的金属间化合物，致使强化相的固溶、脱溶和聚集过程进行得非常缓慢，通常采用较高的加热温度，加热时间应比变形合金长很多。

2.6.2 粉末冶金

粉末冶金（PM）是用金属粉末（或金属粉末与非金属粉末的混合物）作为原料，经过混合或固态合金化后压制成型，并在低于金属熔点的温度进行烧结，利用粉末间原子扩散使其结合，制品具有显微组织均匀、无成分偏析的特点。粉末冶金的材料组元和致密度可控，可制备难熔或高合金化的金属材料、陶瓷材料、复合材料，以及多孔、半致密或全致密制品，特别是用传统铸造和压力加工无法成形的复杂工件。图 2-101 为典型的粉末冶金及成形工艺流程，主要包括制粉、成型、烧结、后处理等工序，可实现近净成形，原材料利用率＞95%。

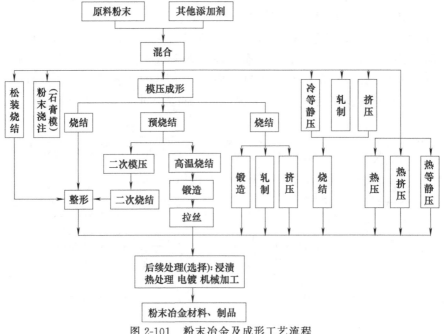

图 2-101　粉末冶金及成形工艺流程

　　传统粉末冶金法存在工艺复杂、制备周期长、烧结温度高、保温时间长等问题。采用快速凝固/粉末冶金（RS/PM）技术突破了 Al-Zn-Mg-Cu 系铝合金 8%Zn 含量的界限，提高了合金化程度，美国 Alcoa、Kaiser 公司研制的 PM7090 和 PM7091 合金已商业化，PM7090 合金锻件已用于波音 747 飞机主起落架，PM7091 合金已用于 C-14B 飞机。

2.6.3　喷射沉积

　　喷射沉积（spray deposition，SD）包括熔体的雾化、雾化液滴飞行和冷却、沉积三个连续过程，可直接从液态金属制取具有快速凝固特征、致密的坯件或接近实际形状的工件。在极快的冷却速率（$\geqslant 10^3 \sim 10^6 \mathrm{K/s}$）或极大的过冷度下，合金以极快的速率（凝固前沿推进速率）由液态转变为固态，称为快速凝固（RS）。快速凝固偏离平衡条件，能增加合金元素的固溶度和细化晶粒组织，获得传统铸造方法无法获得的相结构及显微组织，从而表现出系列特殊的使用性能。在 2×××系和 7×××系合金的基础上，添加少量 Co、Zr、Ni、Cr 等合金元素，可通过快速凝固制备高强耐蚀铝合金，使合金具有更高的强韧性和抗应力腐蚀开裂性能。

　　图 2-102 为喷射沉积示意图，熔体在离心力、高速流体（气体或液体）冲击力等作用下分散成尺寸极小的雾化液滴，在高速飞行过程中冷却，通过调整雾化气体压力和喷嘴结构、喷射距离等参数，可以实现对合金液滴的尺寸、飞行速度、液滴接触基板时的温度及凝固状态的控制。雾化颗粒到达接收体（冷基底）时，可能呈现液态、半固态或固态，如果绝大多数已凝固，获得疏松的粉末堆聚体；如果绝大多数为液相，沉积后的凝固行为类似铸造；液态所占比例为 30%～50%时，可能形成液体薄层，再与下层颗粒结合成致密的沉积层；液态所占比例为 50%～70%时，由于基底冷却速率快，过冷熔体在基体上迅速冷却而获得具有快速凝固组织特征的沉积层。

　　对液态金属经雾化到动态固结过程的不同理解，喷射沉积分别被冠以喷射成型或喷射铸造（spray casting，SC）、液体动态固结（liquid dynamic compaction，LDC）、喷射成形（spray forming，SF）、控制喷射沉积（CSD）等名称，其实质都是用快速凝固方法制备大块致密金属材料的技术，且兼有半固态成形、近终成形、快速凝固成形等特点。快速凝固和动态致密化沉积（以较大的动能撞击冷基底上而形成沉积物）有机结合，制品兼具快速凝固和粉末冶金的优点。与传统铸造或压力加工相比，喷射沉积能增加制品合金元素的固溶度，成分均匀而无宏观偏析，晶粒和析出相细小且均匀分布。

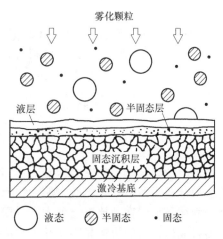

图 2-102　熔体雾化及沉积示意图

　　图 2-103 为喷射沉积制取锭坯和管坯示意图，与粉末冶金工艺相比，省去了制粉、混料、压制和烧结等多道工序，流程短、工序简化、沉积效率高，解决了材料氧化严重及难于成形的问题，因而可以进一步降低成本并提高材料性能。

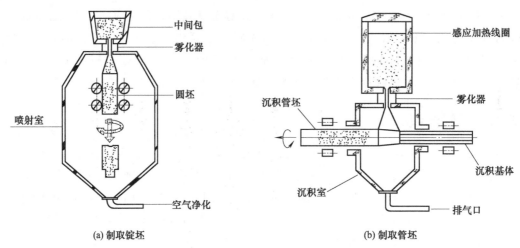

(a) 制取锭坯　　　　　　　　　　　　　　(b) 制取管坯

图 2-103　喷射沉积制取坯料示意图

　　喷射成形把液体金属的喷射沉积和塑性变形结合起来，从冶炼到坯件成形一次完成，喷射沉积成坯的相对密度可达 96％以上，经后续热加工（锻、轧、挤或热等静压）成全致密产品，既可生产管、棒、型材和板、带材，也可成形零件。英国 Osprey 公司获得了首个喷射成形专利，称为 Osprey 工艺，如图 2-104（a）所示，熔融金属雾化沉积在旋转的基底上并直接轧制成带材，图 2-104（b）为采用喷射成形技术锻造毛坯。

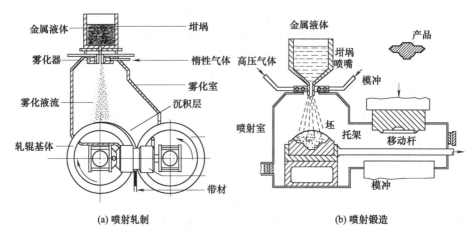

(a) 喷射轧制　　　　　　　　　　　　　　(b) 喷射锻造

图 2-104　Osprey 喷射成形工艺

　　铸锭冶金法在一定程度上限制了 Al-Li 合金性能潜力的充分发挥，喷射成形为 Al-Li 合金的发展开辟了新的途径。航空航天领域应用的 Zn 含量较高的 Al-Zn 系超高强铝合金，由于其凝固结晶范围宽，比重差异大，采用传统铸造方法生产时，易产生宏观偏析且热裂倾向大，喷射成形技术的快速凝固特性可解决这一问题。喷射成形技术在要求高强度、高韧性、高刚度和轻量化的航空航天材料生产中得到广泛的应用，喷射成形的高性能铝合金材料已经用于导弹和火箭壳体、尾翼、涡轮发动机涡轮盘。

2.6.4　锻压成形

　　承力的航空航天构件通常采用锻件，如发动机涡轮盘、后轴颈、叶片、翼梁、机身肋筋板、轮支架、起落架的内外筒体等，锻压不仅能获得所需的形状尺寸，还能改善制品的组织和提高性能。铝合金锻压有自由锻造和模锻 2 种基本方法，自由锻造的坯料可以自由变形，模锻是把坯料放在具有设定型腔的模具内，使之变形而逐步充满型腔。

2.6.4.1 锻压机及其发展

锻压装备决定锻件的规格，也影响其质量和性能。锻压机通常以液体为工作介质，称为液压机，一般由主机、动力系统、液压控制系统三部分组成，根据工作介质可以分为水压机和油压机，以水基液体为工作介质的称为水压机，以油为工作介质的称为油压机。水压机吨位较高，但是存在容易泄露和压力不平稳问题，油压机压力平稳容易控制工件变形速率，更适合加工精密锻件。

为提高飞机整体性能，大型模锻件所占比例越来越大，要求锻压机大型化和控制精密化。从一个国家所拥有液压机的吨位、品种、数量和等级，可看出其工业水平和国防实力，凡是拥有巨型（400MN 以上）模锻压机的国家，无一不是航空工业强国。美、苏、欧在半个世纪前建造的巨型锻压机，奠定了全球航空工业三足鼎立的局面，目前，美国有 1 台 4 万吨、2 台 4.5 万吨水压机，俄罗斯有 2 台 7.5 万吨水压机，法国有 1 台 4 万吨、1 台 6.5 万吨水压机。空客利用俄罗斯 7.5 万吨压力机成形 A380 的大型锻件，在与波音飞机的竞争中，后来者居上。2011 年，美国铝业公司（Alcoa）为承揽 F-35 战斗机锻件合同，耗资 1.1 亿美元对 4.5 万吨模锻压机进行翻新和现代化改造，2012 年重新投入生产，主要用于生产 F-35 机身重要承力整体隔框。

我国在 1973 年建成第 1 台 3 万吨级模锻水压机，此后停滞了将近 40 年，由于缺乏特大型锻压机和大型油压锻造机，大型航空航天结构件主要通过铸造或自由锻造的方式生产。2012 年 3 月，我国首台 4 万吨航空模锻液压机在西安阎良国家航空高技术产业基地热试成功，并顺利锻造出首个大型盘类件产品。2012 年 4 月，我国二重自主设计制造的 8 万吨多向模锻液压机热负荷试车成功，总高 42m，工作台面尺寸为 4m×8m，活动横梁行程 2m，最大装模空间高度 4.5m，可在 8 万吨以内任意吨位实施锻造，最大模锻压制力可达 10 万吨，打破了俄罗斯 7.5 万吨模锻压机保持 51 年的纪录，至此，我国的大型模锻压机数量和性能均处于世界领先水平。

20 世纪 70 年代中期以后，由于等温锻造和热等静压锻造技术的发展，需要的水压机规格有所降低，但是，受材料特性或部件尺寸的限制，一些特大型部件无法实施等温锻造，或用等温锻造不经济，巨型模锻机仍然有用武之地。未来发展方向是研制生产率和自动化程度更高的锻压设备和锻压生产线，发展柔性锻压成形系统（应用成组技术、快速换模等），使多品种、小批量的锻压生产能利用高效率和高自动化的锻压设备或生产线，使其生产率和经济性接近大批量生产的水平，在专业化生产条件下大幅提高劳动生产率和降低锻压成本。

2.6.4.2 锻压方法的发展

随着航空航天领域对锻件需求的发展，开发出了多向模锻、辊锻、等温锻造、粉末锻造、液态模锻、半固态模锻、无斜度精密模锻、分部模锻、包套模锻等锻压技术。

图 2-105 为多向模锻机及多向模锻示意图，除了普通模锻的垂直加压外，多向模锻机还有 2 个或 4 个水平加压工作缸，在上横梁或活动横梁的中心装有穿孔缸，可在相互垂直的 3 个方向对坯料加压，可成形复杂、中空且无飞边的精密锻件。坯料在具有多个分模面的模膛

内锻造成形，具有多方向压应力状态，可锻造变形抗力大、塑性差的金属锻件，具有组织均匀、纤维流线不外露、力学性能好和耐腐蚀等优势。2013 年 8 月，我国大型多向模锻液压机研制成功，建成国内首条多向模锻自动化生产线，精密锻件可一火一次成型，内部金属流线连续，变形均匀，组织细密，与普通锻件相比，综合性能明显提高。2014 年，我国145MN 多向模锻液压机研制成功并投入市场，应用于航空航天整体、大型、复杂零件的成形加工制造，打破了少数国外公司对大型航空航天多向模锻件的垄断局面。

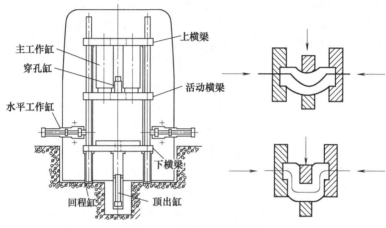

图 2-105　多向模锻示意图

图 2-106 为辊锻机示意图，毛坯在装有圆弧形模块的一对旋转锻辊中通过，模槽使其产生塑性变形，获得所需的锻件或锻坯，可直接辊制锻件，也可作为预成形工艺，大幅降低后续成形的压力。

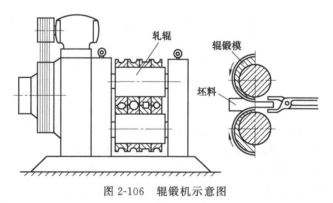

图 2-106　辊锻机示意图

在等温锻造过程中，模具和坯料的温度保持相同或相近的恒定值，克服了传统模锻的模具激冷、局部过热、变形不均等不足，毛坯的冷却速率和变形速率均降低，大大降低材料的变形抗力，锻造所需载荷大大降低，锻坯的塑性提高，充满型腔的性能改善。由于加工参数可精确控制，等温锻造能使形状复杂、薄壁、高筋的锻件一次成形，锻件表面质量和精度比普通模锻大大提高，制品具有均匀一致的微观组织和优良的力学性能。此外，在较高温度条件下，锻件以较低的应变速率变形，能够进行充分再结晶，实现超塑性成形，特别适合低塑性、难变形材料的精密成形。

图 2-107 为液态模锻示意图，把液态金属直接浇入下模（凹模）型腔，熔融或半熔融态的金属液始终承受等静压，在压力作用下充型、凝固并伴有少量塑性变形，能实现强制补缩

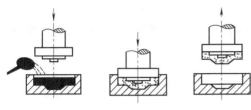

图 2-107 液态模锻示意图

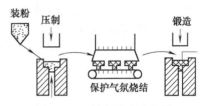

图 2-108 粉末锻造示意图

和得到组织致密铸件，综合了铸造工艺简单、成本低和锻造制品组织性能好的优点，能生产形状复杂且性能较好的锻件。

图 2-108 为粉末锻造示意图，将金属或非金属原料制成很细的粉末，按一定化学成分配料、混料，用锻模压制成形后，放在有保护气体的加热炉内进行烧结，然后模锻成形，可以加工热塑性差、难变形的高温合金，可以锻出形状复杂的工件。

图 2-109 为环轧示意图，又称为辗扩或锻轧，通过专用环轧机生产不同直径的环形结构件，主辊（主动辊）为径向辗压辊，一面带着环坯旋转，一面作径向送进，使坯料受压延伸、壁厚减小，内外径同时增大；芯辊为从动辊（导向辊），始终靠着工件（使工件平稳转动和整形）并随着工件直径增大而外移，当工件外径达到所需尺寸时，工件与控制辊接触，发出信号结束辗扩。径向辗压辊和芯辊的外形决定环轧件的截面形状，轴向辗压辊用于支撑变形的坯料并控制环轧件的高度及其端面对轴线的垂直度。开式环轧采用平辊，主要用于大型矩形断面的环形件扩孔，用同一对轧辊可辗扩不同尺寸的圆环；半开式环轧在开式环轧基础上增加 2 对自由转动的锥形辊，使坯料在高度方向获得精确尺寸；闭式环轧的轧辊型槽按工件断面形状要求设计，可用于各种断面环件的辗扩。

航空发动机、运载火箭、导弹壳体等都有大量环件，环轧件在航空航天领域应用越来越广泛。长征五号运载火箭的最大直径达到了 5m，燃料槽的连接铝环直径相应增大到 5m，最薄的地方仅有 4mm，采用传统方法生产的环件无法满足重载、高冲击、超低温等恶劣服役条件的性能要求。2014 年 4 月，重庆纳川公司与首都航天机械公司、天津航天长征火箭制造有限公司合作，生产出了长征五号用 5m 整体铝合金环；2015 年 4 月，西南铝业（集团）有限责任公司

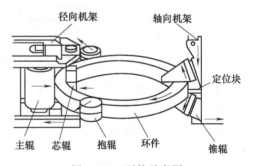

图 2-109 环轧示意图

与天津特钢精锻有限公司合作，成功轧制出长征九号用的 9m 整体铝合金环；2016 年 8 月，西南铝业（集团）有限责任公司成功轧制出 10m 级整体铝合金环件，再次刷新世界整体铝合金环件纪录。

2.6.5 时效成形

时效成形又称蠕变时效成形，是利用金属的蠕变特性使成形与时效同步进行，适于成形整体壁板零件。时效成形过程可以分为加载、时效和卸载三个阶段，如图 2-110 所示。将淬火后的工件固定在具有一定外形型面的工装上，施加均匀载荷使之产生一定弹性变形，然后与工装一起放入加热炉或热压罐内加热到时效温度保温一段时间（通常为 20～48h），在保

温过程中，工件的部分弹性变形转变为永久塑性变形，从而使工件在时效强化的同时获得所需外形。时效成形存在的主要问题是回弹，当保温结束并去掉工装的夹持后，工件的部分弹性变形恢复。

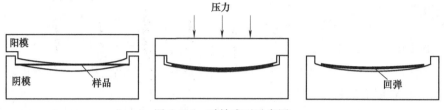

图 2-110　时效成型示意图

时效成形的工装主要有焊接卡板式和可调卡板式两种结构。焊接卡板式结构如图 2-111所示，主要包括框架、肋板、垫板，由于垫板和肋板之间用焊接固定，在回弹补偿进行形状修正时，很难修正模具型面。此外，焊接结构要求采用与工件热膨胀系数相近的材料制作垫板和肋板，为了减少垫板和肋板之间的残余应力，在工装制造过程中需要进行多次中间热处理，工装生产周期长、加工成本高。

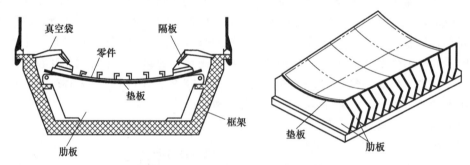

图 2-111　焊接卡板式时效成形工装

可调卡板式成形工装已在生产 A380 机翼蒙皮得到应用，如图 2-112 所示，通过改变定位块长度可以调整 2 个肋板间距离，很容易改变工装的型面，肋板与基座之间可以拆卸，便于更换，容易进行回弹补偿。

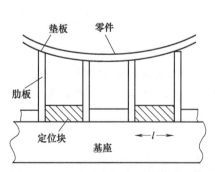

图 2-112　可调节卡板式时效成形工装

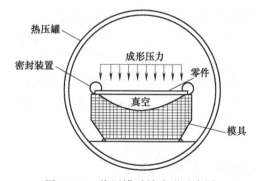

图 2-113　热压罐时效成形示意图

航空航天用大型整体壁板的形状越来越复杂，成形精度要求越来越高，传统的上下模工装难以对工件施加均匀分布的应力，而且工装制造成本较高。为了生产远程轰炸机的机翼蒙皮，美国开发了热压罐时效成形技术，如图 2-113 所示，采用热压罐进行时效成形只需要 1

个下模，气压使工件发生变形，保证了工件上的应力分布均匀。

时效成形将铝合金的成形和热处理结合，降低了生产周期和制造成本。欧美等先进国家已将时效成形技术应用于飞机整体壁板的成形，采用时效成型技术生产的 2124、2419 铝合金机翼壁板已经成为航空工业史上最大最复杂的机翼壁板。MD82、A330、A340、A380 等大型民用飞机的整体壁板均已采用时效成形技术制造，A380 的上翼面蒙皮长 33m，宽 2.8m，厚度 3～28mm 不等，而且有厚度的突变，利用时效成形技术一次成形，既满足了设计要求，又降低了制造成本。

2.6.6 超塑性成形

许多铝合金经过特殊的形变热处理可得到小于 $10\mu m$ 的超细晶粒组织，在变形温度高于半熔点、应变速率较低的条件下都会呈现出优异的超塑性，可以成形出传统方法难以成形的复杂形状构件，并且具有成形压力小、模具寿命高、可一次精密成形等优点，因此，铝合金超塑性成形（SPF）在航空航天制造领域发展很快。

超塑性板料成形和超塑性等温锻压是应用较多的 2 种超塑性成形技术。超塑性等温锻压通过较高的温度、长的保压时间、慢的变形速率（比普通等温模锻的变形速率更低）来实现薄壁、高筋、形状复杂锻件的成形。板料超塑性成形主要有真空成形、气压成形（吹塑成形）、模压成形（偶合模成形）等，其中气压成形在航空航天领域应用最广泛。气压成形可加工的板料厚度为 0.4～4mm，如图 2-114 所示，放置于模具中的金属板料被加热到超塑性温度，向模具内充入压缩空气或抽出模具内的空气形成负压，板料产生超塑性变形逐渐向模具型面（凹或凸）靠近，直至完全贴合形成预定形状的工件。目前，国内已开发出复合的快速超塑性成形技术，将热冲压和超塑性气压成形集成，以提高超塑性成形的速率及成形件的复杂程度，可应用于航空航天薄壁、复杂形状的钣金件的成形。

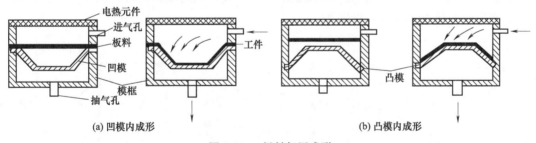

(a) 凹模内成形　　　　　　　　　　　(b) 凸模内成形

图 2-114　板料气压成形

当材料的超塑性温度和扩散连接温度相近时，可利用一次加热过程完成超塑性成形和扩散连接两个工序，制造出局部加强或整体加强构件，代替螺接和铆接。超塑性成形与扩散连接（SPF/DB）的复合工艺被认为是推动航空航天结构设计概念发展和突破传统钣金成形方法的先进制造技术。

2.6.7 喷丸成形

喷丸成形是利用高速弹丸流撞击金属板材的表面，使受撞击的表面及其下层的金属材料产生塑性变形而延伸，从而逐步使板材发生凸起的弯曲变形而达到所需外形的成形方法。喷丸成形可用于大型机翼、机身、火箭整体壁板的成形，如图 2-115 所示，不需要模具，只需切面样板就能形成复杂的空气动力曲线，避免复杂零件由于机加工或热处理产生的扭曲变形。我国已成功将喷丸成形技术应用到了 ARJ21 飞机大型超临界机翼整体壁板的成形。

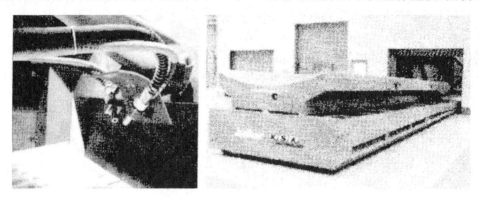

图 2-115　喷丸成形设备

随着现代飞机对整体气动性能的要求越来越高，出现了预应力喷丸成形、双面喷丸成形、激光喷丸成形、超声喷丸成形、脉冲强磁场喷丸成形、高压水喷丸成形等技术，大大扩展了喷丸成形技术的加工能力和应用范围。

预应力喷丸成形技术在制造 A380 机翼下壁板中得到应用，在对壁板喷丸之前，通过特定的工装夹具对其施加预定的载荷，使壁板预先产生一定的弹性变形，然后再对受拉表面进行喷丸成形，在相同喷丸强度和覆盖率条件下，预应力喷丸的成形极限是自由喷丸的2～3倍，还可有效控制沿喷丸路线方向的附加弯曲变形。

双面喷丸成形是采用不同尺寸的弹丸以不同的速度同时喷射到工件的上、下两个表面，如图 2-116 所示，从而提高喷丸成形能力和成形效率，能达到的曲率半径可以小至1000mm，但是，对喷丸成形设备有较高的要求，不仅要同时喷射两种不同尺寸弹丸，而且要控制和匹配两种弹丸的速度和流量。

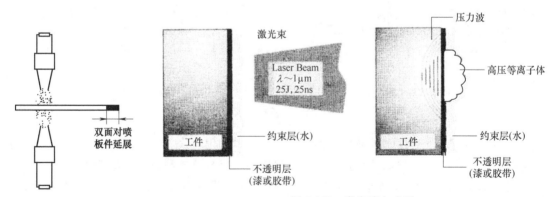

图 2-116　双面喷丸成形　　　　图 2-117　激光喷丸成形

激光喷丸成形的原理是利用高频、高功率、短脉冲激光束冲击放于层流水中的工件表面，如图 2-117 所示，工件表面涂有半透明烧蚀材料，激光脉冲穿过层流水而被烧蚀层吸收，并在层流水上产生等离子云，在 10～100ns 内等离子快速膨胀而在工件表面产生 1～10GPa 的压力，并形成平面激波，使工件表层产生塑性变形。与传统的喷丸工艺相比，激光喷丸所产生的残余压应力值更大，残余压应力层更深，是传统喷丸工艺的 3～5 倍。激光喷丸用于表面强化（激光冲击强化）可以大大提高工件抗疲劳、抗应力腐蚀的能力；用于薄壁工件的成形则可获得比传统喷丸更大的变形能力，可以对板材进行三维弯曲成形和精确成形。激光喷丸成形已用于战斗机的机翼、涡轮发动机的叶片、导弹的弹头等的成形，但是，对于大型整体壁板零件的激光喷丸成形，成形效率和设备成本是制约其应用的主要问题，开发低成本高效率的激光喷丸成形技术是未来的发展趋势。

超声喷丸成形是利用超声波使弹丸（或端头具有不同曲率半径的喷针）产生机械振动，从而驱动弹丸对工件进行成形或强化，可以获得比传统喷丸更深的残余压力层，且残余压应力的数值更大，表面粗糙度也好于传统喷丸工艺。

脉冲强磁场喷丸成形是利用高速率磁脉冲冲击工件表面，使表层产生塑性变形和形成残余压力层，从而使工件强化或成形，拥有比传统的喷丸成形更大的变形能力，可以获得更深的残余压力层，成形后工件表面不会被破坏，几乎接近材料原始表面。此外，脉冲强磁场喷丸成形比激光喷丸技术更容易实现，是喷丸成形工艺的重要发展方向。

参考文献

[1]　谢水生，刘静安，徐骏，李静媛.简明铝合金手册.北京：冶金工业出版社，2016.

[2]　王祝堂，戴对龙.铝合金厚板生产技术与应用手册.长沙：中南大学出版社，2015.

[3]　周家荣.铝合金熔铸生产技术问答.北京：冶金工业出版社，2008.

[4]　张宏伟，吕新宇，武红林.铝合金锻造生产.长沙：中南大学出版社，2011.

[5]　戴圣龙，张坤，杨守杰，黄敏.先进航空铝合金材料与应用.北京：国防工业出版社，2012.

[6]　周鸿章，谢水生.现代铝合金板带投资与设计、技术与装备、产品与市场.北京：冶金工业出版社，2012.

[7]　肖立隆，肖蕳曦.铝合金铸造、挤压生产管棒型材.北京：冶金工业出版社，2013.

[8]　王立娟，张万金，吴欣风.变形铝合金熔炼与铸造.长沙：中南大学出版社，2010.

[9]　梁世斌.铝合金挤压及热处理.长沙：中南大学出版社，2014.

[10]　王祝堂.变形铝合金热处理工艺.长沙：中南大学出版社，2011.

[11]　谭劲峰.轻有色金属及其合金熔炼.北京：冶金工业出版社，2013.

[12]　谢建新，刘静安.金属挤压理论与技术.第2版.北京：冶金工业出版社，2012.

[13]　吴树森，万里，安萍.铝、镁合金熔炼与成形加工技术.北京：机械工业出版社，2012.

[14]　王立军，胡满红.航空工程材料与成形工艺基础.北京：北京航空航天大学出版社.2010.

[15]　北京航空材料研究院.航空材料技术.北京：航空工业出版社，2013.

[16]　郑子樵，封孝信，方鹏飞.新材料概论.长沙：中南大学出版社.2009.

[17]　陈振华，陈鼎.快速凝固粉末铝合金.北京：冶金工业出版社.2009.

[18]　李红英，王小雨，余玮琛.固溶时效工艺对2297铝锂合金微观组织和力学性能的影响.中国有色金属学报，2017，27（11）：2187-2194.

[19]　Li H Y，Huang D S，Liu J J. Effect of Different Aging Processes on the Microstructure and Mechanical Properties of a Novel Al-Cu-Li Alloy. Journal of Materials Science & Technology，2016，32（10）：1049-1053.

[20]　Li H Y，Liu J J，Yu W C. Microstructure evolution of Al-Zn-Mg-Cu alloy during non-linear cooling process. Transactions of Nonferrous Metals Society of China，2016，26（5）：1191-1200.

[21]　　Li H Y, Liu J J, Yu W C. Development of non-linear continuous cooling precipitation diagram for Al-Zn-Mg-Cu alloy. Materials Science and Technology, 2015, 31 (12)：1443-1451.

[22]　　李红英 . 航空航天通用型铝锂合金的成分设计和组织结构与性能研究 . 长沙：中南大学, 2007.

[23]　　鲁晓超 . 2A97 铝合金蠕变时效成形研究 . 长沙：中南大学, 2014.

[24]　　刘蛟蛟 . Al-Cu、Al-Zn-Mg-(Cu)合金连续冷却脱溶行为及其对时效的影响 . 长沙：中南大学, 2016.

[25]　　郑子樵，李劲风，陈志国，等 . 铝锂合金的合金化与微观组织演化 . 中国有色金属学报, 2011, 21 (10)：2337-2451.

第3章 航空航天用钛及钛合金材料

钛的原子序数为22，原子量为47.9。由于钛的化学活性高，自然界中不存在纯钛，最常见的含钛化合物是 TiO_2、$FeTiO_3$、$TiCl_4$、$TiCl_3$，利用金属还原剂与钛氧化物或氯化物的反应可制备金属钛。根据杂质含量的高低，金属钛分为高纯钛（纯度不低于99.9%）和工业纯钛（纯度不低于99.5%）。工业化钛产品主要包括钛白（TiO_2）、四氯化钛（$TiCl_4$）、海绵钛、钛合金、钛加工材料、钛功能材料等。钛及钛合金具有比强度较高、工作温度范围较宽、耐腐蚀性能较优异等特点，具有"全能金属、太空金属、海洋金属"之称，被誉为"未来金属"，已经成为发展新工艺、新技术和新装备不可缺少的新型结构材料。钛及钛合金在航空航天领域的用量占钛材总消耗量的76%左右，如美军制造的军用飞机上钛合金用量已经稳定在20%以上，钛合金的应用水平是衡量飞机选材先进程度和航空工业发展水平的重要标志之一。

3.1 概　述

钛在地壳中的储量居金属的第7位，广布于地壳及岩石圈中，在很多海岸边伴生有钛矿层和锆矿层。地壳中有140多种含钛矿物，其中含钛1%以上的有80多种，目前仅十几种具有开采价值，主要有金红石（TiO_2）、钛铁矿（$FeO \cdot TiO_2$）、榍石（$CaO \cdot TiO_2 \cdot SiO_2$）、钛磁铁矿（$FeTiO_3 \cdot nFe_2O_3$）。我国钛资源丰富，钛矿床的矿石类型比较齐全，以原生钒钛磁铁矿为主。

3.1.1 钛的性质

钛的熔点约为（1668±5）℃，熔化潜热为15.46～20.9kJ/mol，沸点为（3260±20）℃，汽化潜热为428.5～470.3kJ/mol。固态纯钛具有2种同素异构体，分别称为α-Ti和β-Ti，图3-1为2种结构的晶胞示意图，同素异构转变温度为882.5℃，晶型转变潜热为3.68～3.97kJ/mol，含有O、N、C杂质会导致转变温度升高。α-Ti在882.5℃以下稳定，为密排六方结构（HCP），点阵常数（20℃）$a = 0.2950$nm，$c = 0.4683$nm，$c/a = 1.587$，微量间隙元素，如O、N元素，会导致晶格沿c轴方向增长，在20℃时，α-Ti的密度为4.506～4.516g/cm³。β-Ti在882.5℃～熔点之间稳定，为体心立方结构（BCC），点阵常数

$(900℃)a=0.3306$nm，在900℃时，β-Ti的密度为4.32g/cm^3，在1000℃时，β-Ti的密度为4.30g/cm^3。

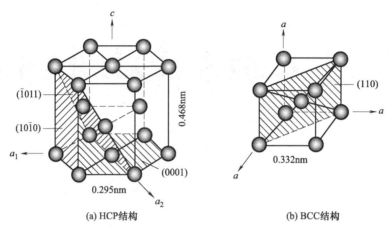

图 3-1　α-Ti 和 β-Ti 的晶胞示意图

α-Ti 在 25℃的定压比热容为 0.52J/(g·K)，随着温度升高，比热容增加，当温度趋近晶型转变温度时，比热容急剧升高，在 882.5℃达到 2.62J/(g·K)，超过转变温度后，比热容随温度升高而下降。钛的热膨胀系数小，明显低于铝和钢，与玻璃相近，在 20~300℃温度区间，α-Ti 多晶的平均线膨胀系数为 $8.2×10^{-6}$/℃，α-Ti 单晶的线膨胀系数具有各向异性，在 0℃时，a 轴方向的线膨胀系数为 $7.34×10^{-6}$/℃，c 轴方向的线膨胀系数为 $8.9×10^{-6}$/℃。钛的导热、导电性能较差，热导率约为铜的 1/25，电导率仅为铜的 1/32，电阻率与纯度、温度直接相关，20℃时，纯度最高的碘化法钛的电阻率为 $0.45\mu\Omega·m$，发生 α→β 转变时，电阻率升高。金属钛是顺磁性材料，磁导率为 1.00004H/m，磁化率很低，20℃时，α-Ti 的磁化率为 $(3.2±0.4)×10^{-6}$，900℃时，β-Ti 的磁化率为 $4.5×10^{-6}$。

钛的化学活性高且随温度升高而急剧增强，容易与大气中 H、O、N、CO、CO_2、水蒸气、氨气等发生化学反应。钛在室温就开始吸氢，随着氢含量上升而形成脆化层，温度升高至 600℃会与氧发生作用，温度升高至 700℃会与氮发生作用，形成硬脆表层。Ti 的标准电极电位很低（$E=-1.63$V），致钝电位也低，表面在常温下极易形成由氧化物和氮化物组成的钝化膜，保护钛基体不被腐蚀，在海水及大多数酸、碱、盐介质中均具有优良的耐腐蚀性能。

α-Ti 的六方晶体结构使钛的弹性模量具有各向异性，在室温下，随晶胞 c 轴与应力轴之间的偏角 γ 变化，纯 α-Ti 单个晶体的弹性模量 E 在 145GPa（应力轴与 c 轴平行）和 100GPa（应力轴与 c 轴垂直）之间变化。高纯钛的强度低，伸长率可达 50%~60%，断面收缩率可达 70%~80%，随着杂质（特别是间隙元素 N、O、C）含量提高，其塑性大大降低，强度则大大提高，其中 N 的影响最大，C 的影响最小。工业纯钛的强度接近普通钢的强度，99.5%工业纯钛的抗拉强度为 540MPa，加入合金元素可以大幅提高钛的强度。在常用工业合金中，钛合金的比强度最高，如表 3-1 所示，与超高强度钢相当，是超硬铝合金的 1.4 倍、高强度镁合金的 1.5 倍、高强度钢的 1.8 倍，在减轻飞行器结构质量和提高飞行速度方面具有很大优势。

钛合金的耐热性能好，在高温下能够保持一定的力学性能，新型钛合金和钛基金属间化合物能在 600～800℃的高温条件下长期工作，可用于航空发动机构件。钛及钛合金的低温性能也非常好，在 -200℃仍具有足够的塑性和断裂韧度，可用于制作航天飞行器的液氧、液氢低温容器和低温结构件。

表 3-1　几种典型合金的比强度

合金类型	典型牌号	R_m/MPa	$R_{p0.2}/MPa$	比强度/[$MPa/(g \cdot cm^3)$]
钛合金	TB8	1271	1228	257.8
超硬铝合金	7050	510	455	180.2
高强度镁合金	AZ60	310	228	172.2
高强度钢	30CrMnSiA	1100	850	141.0
超高强度钢	Aermet 100	1965	1758	251.9

钛具有低阻尼特性，声波和振动在金属钛及其合金中衰减很慢，适宜做共振材料和海底声呐材料。钛也具有超导特性，纯钛的超导临界温度为 0.38～0.4K，经过适当合金化，超导温度可提高到 9～10K，钛的超导性对由杂质元素（O、N、C、Fe 等）和冷加工引起的晶格内应变极其敏感，属于硬超导体。钛还具有储氢特性和形状记忆特性，Ti-Fe 合金是很好的储氢储能材料，Ti-Ni 是很好的形状记忆合金。此外，钛和碳有很好的相容性，具有相近的热膨胀系数和电化学电位，钛/碳复合材料是具有很好应用前景的航空航天材料。

3.1.2　钛的合金化

工业纯钛的塑性好，成形性能优良，可制成厚板、薄板、棒材、丝材、管材、锻件和铸件等，易于熔焊和钎焊，但其强度低，耐热温度只有 300℃，只能用于有耐蚀要求而强度要求不高的场合。纯钛中加入一些合金元素，可以满足服役环境对钛合金的高强、耐热、耐蚀的要求。

3.1.2.1　合金元素的作用

Ti 与元素周期表中大多数元素都能发生反应，根据其与钛的相互作用，可将元素周期表中的元素分为四类：第一类是卤族元素和氧族元素，与钛生成离子化合物；第二类是过渡元素、氢、铍、硼族元素、碳族元素、氮族元素，与钛生成金属间化合物和有限固溶体；第三类是锆、铪、钒族元素、铬族元素、钪，与钛生成无限固溶体；第四类是惰性气体元素、碱金属元素、碱土金属元素、稀土元素（钪除外）、铟、钍等元素，不与钛发生反应或基本不发生反应。

有 70 多种元素能与钛形成二元合金，分为 α 稳定型、α-β 完全固溶型、β 完全固溶型、β 共析型四种类型。图 3-2 为四种类型的二元钛合金相图，图 3-2（a）为 α 稳定型二元合金相图，合金元素与 α-Ti 或 β-Ti 均有限固溶且有包析反应；图 3-2（b）为 α-β 完全固溶型二元合金相图，合金元素与 α-Ti 或 β-Ti 均无限固溶；图 3-2（c）为 β 完全固溶型二元合金相图，合金元素与 α-Ti 有限固溶而与 β-Ti 无限固溶；图 3-2（d）为 β 共析型二元合金相图，合金元素与 α-Ti 或 β-Ti 均有限固溶且有共析反应。

根据合金化理论，元素间的相互作用主要取决于原子的电子结构、原子半径大小、晶格类型、电负性以及电子浓度等因素。钛属于过渡金属，其电子结构为 $1s^2 2s^2 2p^6 3s^2 3p^6 3d^2 4s^2$，最外层的电子结构为 $3d^2 4s^2$，有未填满的 d 电子层，很多元素能与钛形成置换式固溶体，外层电子结构与钛相近的元素在钛中的溶解度较大。目前，已有 200 多种元素与钛形成

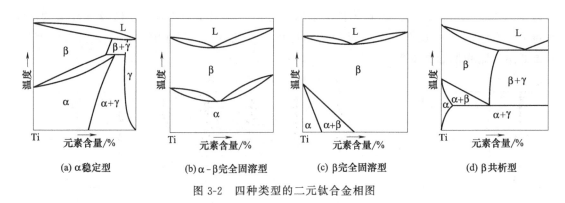

图 3-2　四种类型的二元钛合金相图

了有实用价值的合金，根据其对 α 相或 β 相稳定性的影响，分为 α 稳定元素、β 稳定元素、中性元素 3 类，如表 3-2 所示。

表 3-2　与钛作用的合金元素分类

α 稳定元素	与钛形成间隙式固溶体			B、C、O、N
	与钛形成替代式固溶体			Al、Ga、Ge
中性元素	与钛形成替代式固溶体			Zr、Sn、Hf
β 稳定元素	与钛形成间隙式固溶体			H(Si)
	与钛形成替代式固溶体	同晶型		Mo、V、Nb、Ta、W
		共析型	快共析型	Cu、Ni、Si、Ag、Au
			慢共析型	Cr、Mn、Fe、Co、Pd

　　α 稳定元素能提高钛的同素异构转变温度，增加 α 相的稳定性，扩大 α 相区，如图 3-2 (a) 所示，α 稳定元素与 Ti 的二元相图中有包析反应，与 α-Ti 或 β-Ti 均有限固溶，能更多固溶于 α-Ti。B、C、O、N 元素与 Ti 形成间隙式固溶体，在钛合金中添加少量 B，可以细化晶粒，改善合金性能；C 对合金强度和塑性的影响较小，生产中也比较容易控制；O、N 能大幅提高钛合金的强度，同时也严重降低钛合金塑性，通常将其视为杂质元素并加以控制。实际生产中很少采用 Ga 和 Ge 元素，Al 是工业钛合金中广泛应用的 α 稳定元素。在固溶度范围内，随着 Al 质量分数的提高，Ti-Al 合金的密度和泊松比呈线性下降，弹性模量、剪切模量、电阻率、线膨胀系数提高，室温和高温抗拉强度提高，且对高温塑性影响不大。

　　Zr、Hf、Sn 为中性元素，对钛的同素异构转变温度的影响很小，与钛形成替代式固溶体，在 α-Ti 和 β-Ti 中均有较大的固溶度，主要起固溶强化作用，能够延迟钛合金中某些有害的转变。Zr、Hf 为与 Ti 同族的元素，外层电子结构和晶格类型相同，原子半径也相近，如图 3-2 (b) 所示，与 α-Ti 和 β-Ti 均能无限互溶，形成连续固溶体，Zr 在工业钛合金中的应用较多，可降低钛的马氏体转变温度，通常用 Zr 提高合金的室温和高温抗拉强度、耐热性能。Sn 为在元素周期表中离 Ti 较远的元素，在 β 相区中最大固溶度为 32%，能提高钛的高温拉伸性能，并提高钛的室温抗拉强度，但会降低室温塑性。

　　β 稳定元素能降低钛的同素异构转变温度，增加 β 相的稳定性，扩大 β 相区，降低马氏体转变开始温度 (M_s)，随着 β 稳定元素含量增加，可使 Ti 的 M_s 点降低到室温，当合金由 β 相区快速冷却到室温时，可将高温 β 相保留到室温。Mo、V、Nb、Ta、W 等为同晶型 β 稳定元素，与 β-Ti 具有相同的晶格类型和相近的原子半径，如图 3-2 (c) 所示，可无限固溶于 β-Ti 中，使 β 钛晶格常数减小，影响亚稳定 β 相在时效过程中的分解，随着含量的增加，合金的室温抗拉强度提高，塑性降低。Cr、Mn、Fe、Co、Ni、Cu、Si 等为共析型 β 稳定元素，如图 3-2（d）所示，在 α-Ti 和 β-Ti 均有限固溶且有共析反应，共析分解形成 α 相和金属间化合物，在 β-Ti 中的溶解度比 α-Ti 中大，稳定 β 相的能力比同晶型 β 稳定元素大。Cu、Ag、Au、Ni、Si 等为快共析元素，共析反应活性高，淬火也无法抑制共析转变，易生成片层状珠光体组织，不能将 β 相稳定到室温。Cr、Mn、Fe、Co、Pd 等为慢共析元素，共析反应活性较差，在一般热处理条件下不会产生共析转变，很难出现珠光体组织，容易生成化合物。在共析元素中，Cr 应用较广泛，加 Cr 的合金可以热处理强化，具有高的强度和较好的塑性，但在某些条件下会因析出化合物而降低塑性。大多数高温钛合金中都添加不超过 0.5% 的 Si，提高热强性和耐热性。Fe 是最强的 β 稳定元素之一，但不利于热稳定性，因而较少应用，通常只在要降低成本时用 Fe 替代 V。

3.1.2.2　铝当量和钼当量

Al 主要起强化 α 固溶体的作用，可提高 Ti 的再结晶开始温度，但对 M_s 影响不大，存在于亚稳定 β 相中的 Al，可促进 ω 相向 α 相转变，减少合金中时效 ω 相的体积分数。在可热处理的 β 钛合金中，需要添加 3% 左右的 Al，防止亚稳定 β 钛合金分解产生 ω 相而导致脆性，但是，当铝含量超过 7% 后，可能形成脆性的 Ti_3Al 相。当出现以 Ti_3Al 为基的 α_2 有序相时，合金的弹性模量、剪切模量、电阻率、线膨胀系数达到峰值，抗拉强度升高，但塑性、韧性和热稳定性变差。根据 Rosenberg 的理论，用 α 稳定元素和中性元素的铝当量含量来反映合金形成 α_2 相（Ti_3Al）的倾向性，铝当量 $[Al]_{eq}$ 的质量分数按式（3-1）计算，当合金中添加 Si 时，铝当量 $[Al]_{eq}$ 的质量分数按式（3-2）计算。

$$[Al]_{eq}=[Al]+[Sn]/3+[Zr]/6+10[O+C+2N] \tag{3-1}$$

$$[Al]_{eq}=[Al]+[Sn]/3+[Zr]/6+4[Si] \tag{3-2}$$

式中，$[Al]_{eq}$ 为铝当量的质量分数，方括号中合金元素的含量均为质量分数，在 α 钛合金中通常要控制 $[Al]_{eq}\leqslant 8\%$。铝当量计算公式最初仅应用于 α 钛合金和近 α 钛合金，后来发展到 α+β 钛合金和 β 钛合金也采用相同的计算公式。

在 Mo、V、Ta、Nb、W、Cr、Mn、Fe、Co、Ni 等 β 稳定元素中，以 Mo 和 V 应用最广泛，Mo 的强化作用最明显，可提高钛的室温和高温强度，增加淬透性，并提高含 Cr、Fe 合金的热稳定性。通常，采用淬火保留 β 相且存在 ω 相的 β 稳定元素最低含量（质量分数）计算钼当量，如式（3-3）所示。

$$[Mo]_{eq}=\sum(\chi_i C_{Mo}/C_i) \tag{3-3}$$

式中，$[Mo]_{eq}$ 为钼当量的质量分数；χ_i 为合金中 i 元素的含量；C_{Mo}、C_i 分别为 Mo 和 i 元素的临界浓度。引入钼当量 $[Mo]_{eq}$，可将所有稳定 β 相元素按其对马氏体转变的影响排列。

在开发钛合金时，尽管各国加入钛中的合金化元素有所差别，但均可按 Al 元素和 Mo 元素的当量换算出合金化程度。由于试验方法和原材料纯度等因素的影响，各国计算出的淬火保留 β 相且存在 ω 相的 β 稳定元素的最低含量有差异，俄罗斯为 11%Mo、15%V、45%Ta、36%Nb、22%W、6.5%Cr、6.5%Mn、5.5%Fe、9.5%Co、8.5%Ni，西方国家为 10%Mo、15%V、45%Ta、36%Nb、22.5%W、6.3%Cr、6.5%Mn、3.5%Fe、7%Co、9%Ni。我国与俄罗斯采用相同的 β 稳定元素最低含量，用公式（3-4）计算钼当量，西方国家则采用公式（3-5）计算钼当量。

$$[Mo]_{eq}=[Mo]+[V]/1.4+[Ta]/4+[Nb]/3.3+[W]/2+[Cr]/0.6$$
$$+[Mn]/0.6+[Fe]/0.5+[Co]/0.9+[Ni]/0.8 \qquad (3\text{-}4)$$
$$[Mo]_{eq}=[Mo]+[V]/1.5+[Ta]/4.5+[Nb]/3.6+[W]/2.25+[Cr]/0.63$$
$$+[Mn]/0.65+[Fe]/0.35+[Co]/0.7+[Ni]/0.9 \qquad (3\text{-}5)$$

3.1.2.3 杂质元素

工业纯钛主要含 O、N、C、H、Fe、Si 等杂质,一般与钛形成固溶体而导致晶格畸变,通常 c 轴增加多,a 轴增加少,致使轴比 c/a 增大,当轴比增大到一定值时,钛的滑移系减少,导致塑性急剧下降。

N、O、C 为第一类杂质元素,与 Ti 形成间隙固溶体,能够提高 Ti 的同素异构转变温度,扩大 α 相区,属于稳定 α 相的元素,可提高 Ti 的再结晶开始温度,其中 N、O 还会促进亚稳定 β 相的分解,O 还有促进 ω 相分解的作用,减少 ω 相的体积分数。N、O、C 使 Ti 合金的室温抗拉强度提高,其中 N 的强化作用最大,但会导致钛的塑性急剧下降,同时使钛的断裂韧性、热稳定性、抗蠕变等性能下降。对于要在低温工作的钛合金,或者要求有较高断裂韧度的钛合金,必须严格控制 N、O、C 含量。

H 为第二类杂质元素,属于间隙型 β 稳定元素,可固溶于 β 相和 α 相,也可能以 γ 相(氢化物)形式存在。H 在 β-Ti 中的溶解度比 α-Ti 中大得多,当温度低于 319℃ 时,H 在 α-Ti 中的溶解度随温度降低而急剧减小,通常,H 在钛中的溶解是可逆的,可以用真空退火除去。含 H 的 β-Ti 共析分解以及含 H 的 α-Ti 冷却时,均可析出氢化物 TiH,由于基体与氢化物之间的结合力较弱,且二者的弹、塑性差别较大,受力后应变不协调,裂纹沿基体与氢化物间界面萌生并快速扩展至开裂。当 H 含量超过氢的固溶度时,析出与母相共格的片状氢化物,如 H 含量高于 0.015% 时,将析出氢化物导致氢脆现象。

Fe、Si 为第三类杂质元素,属于 β 稳定元素,在 Ti 合金中的含量应分别低于 0.30% 和 0.15%。微量 Fe、Si 在溶解度范围内与钛形成替代式固溶体,因而对钛合金性能的影响不如间隙元素 N、O、C 大。Fe 与 Ti 易发生共析反应,在高温长时间作用下,组织不稳定,蠕变抗力差。微量 Si 则对 Ti 的蠕变抗力有一定贡献。

3.1.3 钛合金的分类

根据其退火稳定组织,可将钛合金分为 α 钛合金、α+β 钛合金、β 钛合金三类,我国分别以 TA、TC、TB 表示,如表 3-3 所示。

表 3-3 钛及钛合金的分类及特点

	类型及典型合金	成分特点	组织特点	性能特点
α型钛合金	全 α 合金(TA1~TA7,TA7ELI)	低于 6% 的铝和少量中性元素	退火后,除杂质元素导致的少量 β 相外,几乎全是 α 相	密度小,热强性好,焊接性能好,低间隙元素含量,有好的超低温韧性
	近 α 合金(Ti-75,TA12)	除铝和中性元素外,还有不超过 4% 的 β 稳定元素	退火后,有大量 α 相和体积分数为 10% 左右的 β 相	可热处理强化,有很好的热强性和热稳定性,焊接性能良好
	α+化合物合金(TA8)	在全 α 合金基础上添加少量活性共析元素	退火后,有大量 α 相、少量 β 相和金属间化合物	有沉淀硬化效应,提高了室温及高温抗拉强度、蠕变强度,焊接性能良好

类型及典型合金		成分特点	组织特点	性能特点
β型钛合金	稳定β合金(TB7)	含有大量β稳定元素,可能还有少量其他元素	退火后,全部为β相	室温强度较低,冷加工和冷成形能力强,在还原性介质中耐蚀性较好,热稳定性好,可焊性好
	亚稳β合金(TB1~TB5,TB8,TB9)	含有临界浓度以上的β稳定元素,少量铝(≤3%)和中性元素	从β相区固溶、水淬或空冷后,几乎全部为亚稳β相,时效后为β相和α相	固溶处理后,室温强度低,冷加工和冷成形能力强,可焊性好。时效后,室温强度高,在高屈服强度下具有高的断裂韧性,淬透性好
	近β合金(TB6,TB10)	含有临界浓度左右的β稳定元素和一定量的中性元素及铝	从β相区固溶、水淬或空冷后,有大量亚稳β相和少量其他亚稳相(α′或ω相),时效后为β相和α相	除有亚稳β合金的特点外,从β相区固溶处理后,屈服强度低,均匀伸长率高。经α+β相区固溶处理、WQ或AC,时效后在高强度状态下有较好的断裂韧性及塑性;经α+β相区固溶处理、FC后在中强度状态下,可获得高的断裂韧性及塑性
α+β型钛合金(TC3~TC12,TC4ELI)		含一定量铝及不同含量的β稳定元素、中性元素	退火后,有不同比例的α相和β相	可热处理强化,强度和淬透性随β稳定元素增加而提高,可焊性较好,冷加工和冷成形能力差,TC4ELI合金有良好的损伤容限性能和超低温韧性

　　根据其平衡状态组织中α相和β相的含量,可将钛合金分为α型、近α型、α+β型、近β型、β型五类,其中α型和近α型合金是α相比例高的合金,近β型和β型合金是β相比例高的合金,α+β型合金则介于上述二者之间。根据我国颁布的国家标准 GB/T 3620.1—2016,以 TA 加顺序号表示工业纯钛、α型钛合金和近α型钛合金的牌号,以 TB 加顺序号表示β型钛合金和近β型钛合金的牌号,以 TC 加顺序号表示α+β型钛合金的牌号,铸造钛合金则在相应牌号前加字母 Z。实际生产的钛合金通常是非平衡状态下的组织,一般根据亚稳定状态的相组成分类,可以分为α型、近α型、α+β型、近β型(又称近亚稳定β型或过渡型)、亚稳定β型和β型六类。

　　由于钛合金中β相的数量及稳定程度与β稳定元素种类及含量有直接关系,也可按照β相稳定系数对钛合金分类。β相稳定系数是合金中各β稳定元素的浓度与其临界浓度的比值之和,表征钛合金中β相的稳定程度或β稳定元素的作用,表 3-4 为常用β稳定元素的临界浓度 C_k。

表 3-4　常用β稳定元素的临界浓度

元　素	Mo	V	Nb	Ta	Cr	Mn	Fe	Co	Cu	Ni	W
C_k/%	10	15	33	40	7	6.4	5	7	13	9	20

　　根据浓度计算出相应的β相稳定系数 K_β,表 3-5 为常用钛合金的 Mo 当量和β相稳定系数。通常α型合金的 K_β 为 0~0.07,近α型合金的 K_β 为 0.07~0.25,α+β型合金的 K_β 为 0.25~1.0,近β型合金的 K_β 为 1.0~2.8,β型合金的 K_β > 2.8。

　　此外,根据制备工艺,钛合金可分为变形钛合金、铸造钛合金、粉末冶金钛合金等,除了纯钛以外,变形钛合金有近百种牌号,应用较多的是 TC4(Ti-6Al-4V)和 TA7(Ti-5Al-2.5Sn)。根据用途,钛合金可分功能钛合金和结构钛合金,根据性能特点分为低强度钛合金、

表 3-5　我国常用钛合金的 Mo 当量和 β 稳定系数

合金类型	合金牌号	名 义 成 分	Mo 当量/%	β 相稳定系数
α 合金	TA1,TA2,TA3	工业纯钛		
	TA5	Ti-4Al-0.005B		
	TA7	Ti-5Al-2.5Sn		
	TA16	Ti-2Al-2.5Zr		
近 α 合金	TA10	Ti-0.3Mo-0.8Ni	1.2	0.12
	TA11	Ti-8Al-1Mo-1V	1.7	0.17
	TA15	Ti-6.5Al-2Zr-1Mo-1V	1.7	0.17
	TA18	Ti-3Al-2.5V	1.7	0.17
	TA19	Ti-6Al-2Sn-4Zr-2Mo	2.0	0.2
	TA21	Ti-1Al-1Mn	1.6	0.16
α+β 合金	TC1	Ti-2Al-1.5Mn	2.3	0.23
	TC2	Ti-4Al-1.5Mn	2.3	0.23
	TC4	Ti-6Al-4V	2.7	0.27
	TC6	Ti-6Al-2.5Mo-1.5Cr-0.5Fe-0.3Si	5.6	0.56
	TC11	Ti-6.5Al-3.5Mo-1.5Zr-0.3Si	3.5	0.35
	TC16	Ti-3Al-5Mo-4.5V	8.0	0.8
	TC17	Ti-5Al-2Sn-2Zr-4Mo-4Cr	9.7	0.97
	TC19	Ti-6Al-2Sn-4Zr-6Mo	6.0	0.6
近 β 合金	TB2	Ti-5Mo-5V-8Cr-3Al	19.8	1.98
	TB3	Ti-10Mo-8V-1Fe-3.3Al	17.3	1.73
	TB5	Ti-15V-3Cr-3Sn-3Al	14.3	1.43
	TB6	Ti-10V-2Fe-3Al	10.7	1.07
	TB8	Ti-15Mo-3Al-2.7Nb-0.2Si	15.8	1.58
	TB9	Ti-3Al-8V-6Cr-4Mo-4Zr	17.9	1.79
	TB10	Ti-5Mo-5V-2Cr-3Al	11.2	1.12
β 合金	TB7	Ti-32Mo	32	3.2
	Ti40	Ti-25V-15Cr-0.2Si	38.1	3.81

中强（$R_m = 700 \sim 1000\text{MPa}$）钛合金、高强（$R_m > 1000\text{MPa}$）钛合金、高温钛合金、低温钛合金、耐蚀钛合金、损伤容限钛合金等，其中损伤容限钛合金具有高断裂韧性和低疲劳裂纹扩展速率，同时具有中、高强度，如 TC4-DT、TC21 等。

3.1.4　飞机用钛合金

钛合金不仅具有高的比强度，而且还具有使用温度范围宽、耐腐蚀性能好、与聚合物基复合材料电化学相容等优势，可以有效地降低飞行器的重量。在飞行器机身和发动机部件中，钛都是不可缺少的原材料，飞机的用钛量约占全球金属钛产量的一半。

3.1.4.1　飞机用钛材的部位

图 3-3 为钛在飞机上的应用部位示意图，钛主要用于机身的骨架、中央翼盒、机翼梁和肋条、机身和机翼蒙皮、机尾罩及垂尾构件、起落架构件和机轮、发动机舱和发动机等。

作为波音飞机的典型代表，B777 广泛采用了当时开发的新材料，其中钛合金结构重量超过了 10t，占飞机总重量的 7%，如图 3-4 所示，使用钛合金的部件有起落架、垂直尾翼

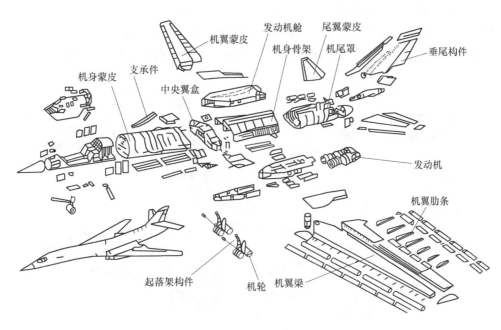

图 3-3 钛在飞机上的应用部位示意图

连接部分、导气管、发动机尾部等，涉及工业纯钛及 Ti-10-2-3、Ti-6-4 ELI、Ti-15-3-3、β21S 钛合金，首次在民航客机上广泛使用 β 钛合金，最具挑战性的是高强高韧 β 钛合金 Ti-10-2-3 用作主起落架载重梁。

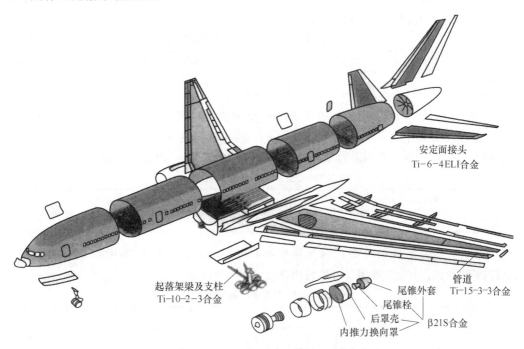

图 3-4 B777 飞机用钛部位示意图

超大型宽体客机 A380 选材强调减重、成本、性能及维修的综合平衡，其用钛量增加到了 10%，仅吊舱和起落架零件就增加了 2%，图 3-5 为 A380 的用钛部位示意图。为了满足损伤容限设计的要求，空客公司高调推出全钛发动机吊架，主要选用 β 退火的 Ti-6Al-4V ELI 合金，以提高断裂韧性和减慢疲劳裂纹扩展速率，此外，还把新型高强高韧钛合金 Ti-5Al-5V-5Mo-3Cr-1Zr 应用于机翼与挂架的连接装置，展现了强度与韧性的优良组合。

图 3-5　A380 用钛部位示意图

3.1.4.2　飞机用钛材的比例

表 3-6 为主要商用飞机使用钛材的百分比，B787 的用钛量已经达到 15%，A350XWB 的用钛量为 14%，我国 C919 飞机的用钛量为 9.3%。

表 3-6　主要商用飞机使用钛材的百分比　　　　　　　　　　　　　　　%

机 型	B737	B747	B757	B767	B777	B787	A300	A320	A340	A380	A350XWB	C919
百分比	2.6	4	6	2	7	15	4	5	6	10	14	9.3

与商用飞机相比，钛合金在军用飞机中的应用更多，表 3-7 为美国军机用钛材的百分比，F-18 在改型过程中的用钛量不断增多，F35 的用钛量为 27%，F-22 的用钛量为 41%。历史上用钛量最高的飞机是 SR-71 高空侦察机，号称钛飞机，用钛比例超过了 90%。

表 3-7　美国军机用钛材的百分比　　　　　　　　　　　　　　　%

机 型	F-16	F-18A/B	F-18C/D	F-18E/F	F-35	F-22	F117	B-1	B-2	C17	SR-71
钛合金	2	12	13	21	27	41	25	21	26	10.3	93

表 3-8 为我国歼击机和大型运输机使用钛材的百分比，歼击机的用钛量不断提高，由 2% 提高到了 25%，运-20 采用了 9% 的钛合金。

表 3-8　我国军机用钛材的百分比　　　　　　　　　　　　　　　%

机 型	J8	J10	J11	J15	J20	J31	运-20
钛合金	2	4	15	20	20	25	9

3.1.4.3　飞机机体结构用钛合金

作为飞机机体结构材料，钛合金可用作防火壁、发动机短舱、蒙皮、机架、纵梁、舱盖、龙骨、速动制动闸、紧固件、起落架梁（支撑梁）、前机轮、拱形架、隔框盖板、襟翼滑轨、腹板等。图 3-6 为空客飞机 A350XWB 和国产飞机 C919 的机体用钛部位示意图，包括起落架、机翼结构、发动机悬架、机翼高压油管和气管、紧固件、舱门、机舱面板或隔板、座椅导轨、尾锥和辅助动力舱的隔热屏等。

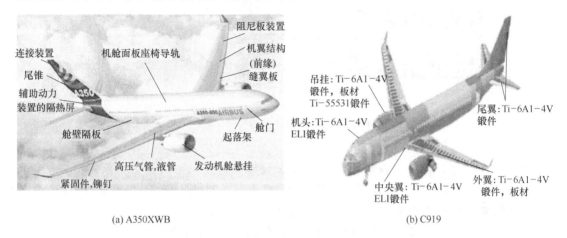

图 3-6　A350XWB 和 C919 机体用钛部位示意图

表 3-9 是常见飞机机身及起落架结构件所用钛与钛合金，其中应用最多的为 Ti-6Al-4V 钛合金，占所有钛合金总量的 80% 以上。

表 3-9　常见飞机机身及起落架所用钛与钛合金

钛及钛合金	抗拉强度/MPa	适用部件
纯钛	345～550	托架、管材、配管、非结构部件等
Ti-3Al-2.5V	690～860	油压配管、蜂窝状材
Ti-6Al-4V	895～1100	一般结构用材、螺钉、破坏抵抗部件用材、独立构造部件用材（高强度部件）
Ti-6Al-6V-2Sn	895～1100	构造部件用材、军用机非重要部件用材
Ti-6Al-2Sn-4Zr-2Mo	895	铸造件、锻造件（耐热材）
Ti-6Al-2Sn-2Zr-2Mo-2Cr	1035	锻造件、厚板（高强度高韧性用材）
Ti-10V-2Fe-3Al	1190	起落架用桁架部件（锻造件，高强度高韧性用材）
Ti-15V-3Cr-3Al-3Sn	1035	薄板（高强度）、铸造件（少量）
Ti-3Al-8V-6Cr-4Mo-4Zr	1240～1450	弹簧
Ti-5Al-5Mo-5V-1Cr-1Fe	1000～1250	飞机起落架

采用损伤容限型钛合金满足新一代飞机主承力结构的大尺寸、高减重、长寿命、低成本的需求是航空用钛合金的主要发展方向。美国已经成功地把中强度的 Ti-6Al-4V ELI 和高强度的 Ti-6Al-2Sn-2Zr-2Cr-2Mo-0.15Si 损伤容限型钛合金应用到 F-22/F-35、C-17 等飞机中。

3.1.4.4　航空发动机用钛合金

作为飞机的心脏，发动机推重比越大越好，但对材料的要求就越高。图 3-7 为喷气发动机的用钛部位示意图，其中黑色区域代表钛合金，主要用于压气机风扇盘、风扇叶片、中/

高压压气机盘、动叶片、静叶片、涵道等部件。因有较好的高温性能，钛合金成为发动机压气机叶片和盘件用材的主要选择，高温钛合金的研制一直在先进航空发动机的需求牵引下进行。

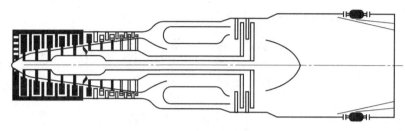

图 3-7　喷气发动机的用钛示意图

表 3-10 列出了目前航空发动机的风扇和压气机等部件采用的钛合金及制造方法，在 300～600℃的工作温度下，所采用的高温钛合金具有较高的比强度、高温蠕变抗力、疲劳强度、持久强度和组织稳定性，能够满足相应部件的特性要求。

表 3-10　飞机发动机应用钛合金的部位及合金制造方法

应用部位	特性要求	主要合金	制造方法
风扇外壳	高强度、耐冲击	Ti-6Al-4V	环形轧制
风扇叶片	耐冲击、耐疲劳	Ti-6Al-4V	锻造/超塑性成形
风扇静翼罩	高强度、高韧性	Ti-6Al-4V	铸造
风扇圆盘件	耐低周疲劳、高韧性	Ti-6Al-4V, Ti17	锻造
压气机罩	抗蠕变、耐疲劳	Ti-6Al-4V, Ti-8Al-1Mo-1V	环形轧制
压气机叶片	耐冲击、耐疲劳、高韧性	Ti-6Al-4V, Ti-6Al-2Sn-4Zr-2Mo	锻造、铸造
压气机盘件	抗蠕变、耐低周疲劳、高温强度、高韧性	Ti-6Al-2Sn-4Zr-6Mo, Ti17, IMI834	锻造
短轴	耐疲劳、高韧性	Ti-6Al-4V	锻造

发动机的性能越先进，用钛量就越高。美国、俄罗斯、英国的航空发动机制造水平全球领先，其发动机的用钛量通常保持在 20%～35%。我国设计制造的涡喷 13 发动机的用钛量为 13%，昆仑涡喷发动机的用钛量提高至 15%，第一台拥有自主知识产权的涡扇发动机的用钛量提高到了 25%。表 3-11 为我国航空发动机在役和在研的主要高温钛合金，其中 TC11 是目前我国航空发动机上用量最大的钛合金。

表 3-11　我国航空发动机在役和在研的主要高温钛合金

合金牌号	长时间服役温度
TC4,TC17,TC19	≤400℃
TC6,TA11	≤450℃
TC11,TA7,TA15,TB12	≤500℃
TA19,TA32,TC25,TF550	≤550℃
TA29,TA33	≤600℃
TD3(Ti₃Al)Ti₂AlNb	≤700℃
TiAl	700～850℃
SiCf/Ti	600～800℃

随着航空发动机推重比的提高，高压压气机出口温度升高，导致高温钛合金叶片和盘的工作温度不断升高，单纯采用固溶强化的钛合金难以满足 600℃以上温度环境对蠕变抗力和强度的要求。"一代材料，一代飞机"，钛金属间化合物基合金具有较大的发展潜力，Ti$_3$Al（α_2相）和 TiAl（γ相）钛铝金属间化合物基合金的使用温度可达到 650～800℃，其中 Ti$_3$Al 基合金长期工作温度在 650℃左右，而 TiAl 基合金工作温度可达 760～800℃。

3.1.5 航天用钛合金

工业纯钛和 Ti-6Al-4V、Ti-5Al-2.5Sn、Ti-6Al-4V ELI、Ti-5Al-2.5Sn ELI、Ti-7Al-4Mo、Ti-3Al-2.5V、Ti-15V-3Cr-3Sn-3Al、Ti-13V-11Cr-3Al、Ti/B-Al 复合材料等在航天领域得到较多应用。Ti-6Al-4V 合金是第一个高温钛合金，也可作结构合金应用，在"阿波罗"飞船、"宇宙神"导弹、"徘徊者"卫星、美国的运载火箭和洲际弹道导弹中，发动机壳体、液体火箭容器等均使用了该合金。Ti-6Al-4V ELI 和 Ti-5Al-2.5Sn ELI 合金为低温钛合金，其间隙元素特别是氧含量低，可以在超低温下使用，可应用于储存压缩气体（氦、氮等）、储存液体推进剂（液氢、四氧化二氮、偏二甲肼等）的容器，已在火箭与导弹的液氢容器、宇宙飞船密封舱等得到应用。

钛及钛基合金应用于导弹、运载火箭、人造卫星、宇宙飞船等航天飞行器结构件，实现了减轻发射重量、增加射程、节省发射费用的目标。在火箭和导弹中，钛合金主要用于燃料储箱、火箭发动机壳体及环件、火箭喷嘴套管等。在人造地球卫星中，钛合金主要应用于外壳、支撑架、燃料储箱、回收舱端框等，钛镍形状记忆合金可应用于温控系统元件，钛铸件可应用于资源卫星相机框架。在宇宙飞船中，很多结构件都可采用钛合金，美国各代载人飞船的钛合金使用量逐渐加大。"水星"号宇宙飞船是美国的第一个载人飞船系列，从 1961 年 5 月至 1963 年 5 月，美国共发射 6 艘"水星"号飞船，其压力舱采用了 168kg 钛合金，约占整个座舱结构质量的 80%，其内蒙皮采用了 0.25mm 厚的工业纯钛薄板，环绕压力座舱的部分骨架环则采用 Ti-6Al-4V，中肋和槽材采用了中等强度的 Ti-5Al-2.5Sn 合金。1965年投入使用的"双子星座"飞船是美国的第二代载人飞船，为两舱（座舱、服务舱）式结构，共使用了 570kg 钛材，约占结构质量的 84%，用了 7 种钛及钛合金，包括工业纯钛板、Ti-6Al-4V、Ti-5Al-2.5Sn、Ti-7Al-4Mo 等。"阿波罗"号宇宙飞船是美国第三代载人飞船系列，1966～1972 年间共发射了 17 艘，飞船的指挥舱、机械舱和登月舱用钛总量达到 1190kg，蒙皮以及结构骨架、主起落架、推进系统、托架、夹具和紧固件等均采用了钛，在 50 多个储存氧化剂、压力气体和燃料的容器中，85% 使用钛制成，液氢容器和导管、登月舱的低温容器主要用 Ti-6Al-4V 钛合金制成，登月下降部分的容器则采用 Ti-5Al-2.5Sn 合金制成，在－252.7℃具有好的韧性。

3.2 钛合金的制备

1791 年，英国化学家在磁性矿砂中分离出了一种黑色矿砂，后来称为钛铁矿，得到了不太纯的含钛氧化物。1795 年，德国化学家在金红石中发现了粉末状的二氧化钛。由于钛化学活性高、提取困难，直到 1910 年，金属钛才被美国科学家亨特用钠还原法（Hunter

法）提炼出来，第一次制得纯度达到 99.9% 的金属钛。1936 年卢森堡科学家克劳尔采用镁还原法（Kroll 法），以金红石或钛铁矿为原料生产出高纯度四氯化钛，进一步得到类似海绵状的钛，称为海绵钛。1948 年，美国首先开始海绵钛的工业生产，以此为原料生产出了钛粉和钛材。1958 年，中国继美国、日本、苏联之后开始钛的生产，目前是全球仅有的几个已具备钛的采选、冶炼、加工、应用等完整工业体系的国家之一，中国的海绵钛和钛加工材产量均已跃居全球第一。

3.2.1　生产流程

　　图 3-8 为钛合金及钛材生产流程，在获得钛材之前，要对金红石、钛铁矿等原始矿产进行选矿，获得品位更高的精矿，对精矿进行加工提纯获取高纯度的 TiO_2，再对其进行氧化、还原得到 $TiCl_4$，制取中间产品海绵钛，对海绵钛进行破碎和分级，得到商业纯钛（CP 钛）和钛合金熔炼的产品，通过压力加工或粉末冶金方法获得钛合金材料或制品。

图 3-8　钛合金及钛材生产流程

　　目前广泛应用的工业制钛方法为镁还原法，图 3-9 为镁还原法制取海绵钛的流程，以精四氯化钛为原料，以氩气保护下的金属镁为还原剂。目前在研的制钛方法包括 Al-Ti 法、铝

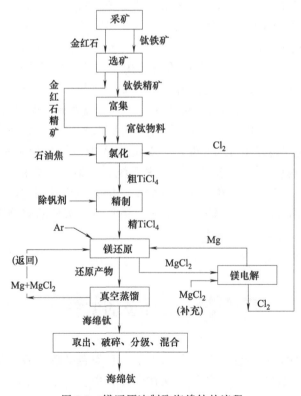

图 3-9　镁还原法制取海绵钛的流程

热还原法、碳热还原法、钙热还原法、熔盐电解法、锰还原法、等离子还原法、氮化物热分解法、熔融氟化物还原法、Solex 法等。

图 3-10 为不同类型钛材的生产流程,对海绵钛进行熔炼铸造得到致密的钛锭,再进行不同的压力加工得到不同种类的钛材。环件采用环轧,板材采用热轧和冷轧,无缝管采用挤压-轧制法生产,有缝管采用弯曲成形-焊接法生产。由于变形抗力大和加工温度范围窄,钛合金材料的生产难度大、技术含量高,制约了钛行业的发展。

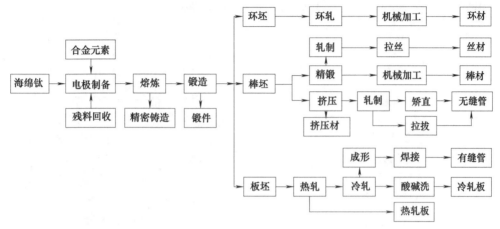

图 3-10 不同类型钛材的生产流程

3.2.2 熔炼铸造

熔炼钛及钛合金使用的原料包括海绵钛、钛及钛合金返回炉料、纯金属及中间合金。钛的化学活性非常高,且熔点较高,熔炼温度下的钛容易与气体及其他元素、耐火材料(各种氧化物)、制模用的难熔材料等发生化学反应,因此,钛合金熔炼和铸造必须在真空或惰性气体保护下进行,导致生产成本上升。

3.2.2.1 铸锭及生产工艺流程

常用的钛合金熔炼方法有真空自耗电弧熔炼法(VAR)、冷炉床熔炼法(CHM)、真空非自耗电弧熔炼法(NC)、电渣熔炼法(ESR)、真空感应熔炼法(CCM)。真空自耗电弧熔炼法以其经济性成为钛合金的主要熔炼方法,冷床炉熔炼以其高品质性成为航空发动机用钛合金首选的熔炼方法。

图 3-11 为真空自耗电弧熔炼的工艺流程,先将原料制备成电极块(密度要大于 3.2 g/cm³),再将其焊接成所需截面和长度的电极,在真空自耗电弧炉中熔化。制得的铸锭具有良好的结晶组织和较均匀的成分,挥发损失较少,但是,由于真空自耗电弧熔炼的除气除杂能力有限,成品铸锭至少要经过 2 次熔炼。

在抽真空的炉体中用电弧直接加热熔炼金属的电炉称为真空电弧炉,主要靠被熔金属的蒸气发生电弧,铸锭端面形状限定为圆形,按照熔炼中电极是否消耗(熔化),分为自耗炉和非自耗炉。图 3-12 为真空自耗电弧炉的结构示意图,主要由炉体、真空系统、直流电源、电极升降和控制系统、坩埚系统、冷却系统、观察及测视系统等组成,在低压或惰性气体保护下,借助直流电弧的热能把已知化学成分的钛合金电极进行重新熔炼,并在水冷铜结晶器内凝固成锭。真空自耗电弧炉熔炼一般采用正极性熔炼，金属熔池接正极，自耗电极接负极，在液态金属以熔滴的形式通过电弧区域（近4700℃）向结晶器过渡、在结晶器中保持和凝固过程中，发生一系列物理化学反应，使金属得到精炼，从而达到净化金属、改善结晶结构的目的。真空自耗电弧炉的效率高、熔化速率快、熔炼周期短、能耗低、成本较低。

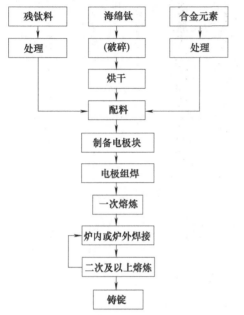

图 3-11　真空自耗电弧熔炼的工艺流程

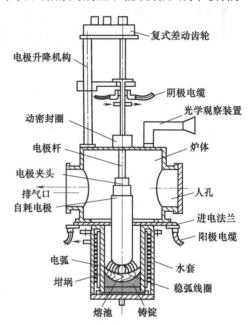

图 3-12　真空自耗电弧炉的结构示意图

图3-13为冷床炉熔炼的工艺流程，待熔化的炉料进入冷炉床后依次熔化、精炼、凝固，铸锭可以是圆锭、扁锭及空心锭。冷床炉熔炼装备由热源、冷炉床、结晶器组成，其热源有电子束和等离子体两种类型，相应称为电子束冷床炉熔炼（EBCHM）和等离子束冷床熔炼

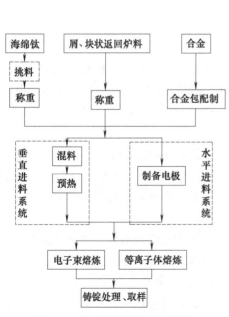

图 3-13　冷床炉熔炼的工艺流程

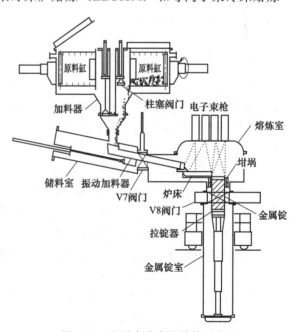

图 3-14　电子束冷床炉结构示意图

（PACHM），在真空或氩气保护下熔炼和凝固。

图 3-14 为电子束冷床炉结构示意图，主要由熔炼室、真空系统、电子枪、电子束控制系统、进料系统、坩埚及拉锭机构、供电系统、水冷系统、观察装置等组成。当阴极加热到2400～2600℃时会发射热电子，电子在电场作用下加速向阳极运动，通过 2 次电磁透镜的聚焦和 1 次偏转，使电子束准确而密集地轰击到金属料棒上和熔池表面，高速电子的能量绝大部分被金属吸收，动能转化为热能，使材料熔炼和精炼。熔融钛液流入水冷铜坩埚中，而坩埚中液态金属不断从下向上顺序结晶凝固成锭，不断从坩埚中被拉出。EBCHM 利用高速电子的能量使材料自身产生热量熔化和精炼，提纯能力强，铸锭的表面质量好，皮下气孔浅且少，钛熔体可在炉床停留较长时间，能保证合金元素充分熔化均匀，减少铸锭夹杂和偏析能力远高于 3 次真空自耗熔炼。此外，EBCHM 的熔炼速率控制范围宽，通过控制功率，可使结晶器出口的熔体过热度很小，熔池浅，有利于获得均质细晶钛锭，该法也可回收残钛料。但是，由于蒸气压较高的元素在高真空环境下挥发损失严重，给控制合金化学成分带来了困难，特别是高铝和高锰的钛合金，用 EBCHM 法熔炼的钛合金还须再用 VAR 熔炼一次。

除热源不同外，等离子体冷床炉的结构与电子束冷床炉基本相同，如图 3-15 所示，包括热源系统、冷炉床、结晶器、喂料机构、真空系统、水冷系统、控制系统、充气系统等。PACHM 法利用惰性气体电离产生的等离子弧作为热源，在很宽的气压（由低真空到近大气压）范围内完成熔炼，不受原料种类的限制（可以利用海绵钛、钛屑等散装料），可保证不同蒸气压的合金组分在熔炼过程中无明显烧损，可防止 Al、Sn、Mn、Cr 等高挥发性元素的挥发，可以实现高合金化和复杂合金化合金的元素含量的精确控制，一次熔炼就可以得到成分均匀性较好的多元合金锭坯，但是，铸锭皮下气孔较多且深。

真空非自耗电弧熔炼法（NC）为在真空电弧炉内进行的非自耗熔炼，采用水冷铜电极，利用电弧的热量使坩埚内的钛熔化，随后浇入水冷铜模成锭，或者在水冷铜坩埚内连续加料熔炼和凝固成锭。为了防止电弧对电极的烧损，水冷铜电极能自旋转或带旋转磁场。NC 法可直接使用散料，避免了制备电极的麻烦，适于残钛料回收熔炼。

电渣熔炼法（ESR）利用电流通过电渣产生的热量将金属熔化和精炼，既可用自耗电极作炉料，也可用水冷非自耗电极及散装炉料，加入 CaF_2，在熔体和

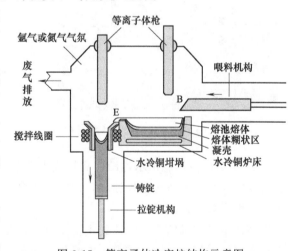

图 3-15 等离子体冷床炉结构示意图

坩埚间起绝缘作用。用 ESR 熔炼钛时，须采用真空-充氩气氛，在水冷铜质坩埚中和电渣保护下进行重熔，通常称为电渣重熔。采用 ESR 法可直接熔铸不同形状的锭坯，表面质量好，不需铣面或车皮，且设备投资费用少，但是，脱氢效果差、提纯能力低。

真空感应熔炼法（CCM）又称冷坩埚熔炼，为无渣水冷分瓣铜坩埚感应熔炼，用 4 块弧形铜块组合成铜坩埚，块间用陶瓷绝缘，将铜坩埚与感应线圈一起浸入水套中，通过电磁感应产生热能熔炼钛。采用高纯铜可以提高效率（减少阻抗），坩埚水冷保持冷态且不与

熔体接触，可以和高熔点或活性元素熔体共存而不发生反应，分瓣是为了避免导电坩埚对电磁场产生屏蔽作用，2个铜块间的间隙形成增强磁场，磁场产生的强烈搅拌使化学成分和温度一致，不需要制作电极便可一次获得成分均匀且无坩埚污染的高质量铸锭。CCM 可以用于真空或任何气氛下，特别适用于熔炼活泼金属、高纯金属、难熔金属、放射性材料等，对于特种材料，CCM 为特别有发展前景的熔炼技术。

3.2.2.2 铸件的铸造

大部分变形钛合金均可用于铸造，其中 α 单相或者以 α 相为基并含有少量 β 相的钛合金（在退火状态下 β 相的数量一般不超过 10%）比较适宜铸造。但是，熔融状态的钛几乎会与所有的耐火材料和气体发生反应，大大增加了铸造的困难，熔化和浇注都必须在惰性气体保护下或真空中进行，不能使用普通耐火材料制成的坩埚。钛合金铸件的熔炼通常采用真空自耗电极电弧凝壳炉，在电弧作用下熔炼钛合金，在强制冷却的铜坩埚内形成凝固层，钛液不直接与水冷铜坩埚接触，可避免来自坩埚的污染。图 3-16 为 150kg 真空自耗电极电弧凝壳炉，其具有结构简单、维持费用低、易大型化等优点，但是，存在对原料的形状有要求、废料难以回收、受熔炼速率制约等缺点。

图 3-16 150kg 真空自耗电极电弧凝壳炉

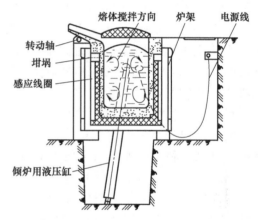

图 3-17 坩埚式无芯感应熔炼炉示意图

图 3-17 为感应熔炼炉示意图，利用交变磁场力使金属熔融悬浮且不与坩埚接触，可直接使用废料和海绵钛作为熔炼原料，搅拌能力强、合金化容易，成分和温度均匀，但是设备费用高，生产效率低。

容易产生气体是钛合金铸造的主要困难，通常要在浇注系统中设置合理的排气道，保证铸型有良好的透气性，通过铸型真空除气、离心浇注或压力铸造等方法降低气体含量。

3.2.3 钛材成形

传统的钛材成形方法主要包括锻造、轧制、挤压、拉拔、冲压、旋压等，可加工板、带、条、箔、管、棒、型、线材，以及锻件、冲压件、旋压件等制品。但是，钛及钛合金的压力加工具有变形抗力大、常温塑性差、屈强比高、回弹大、对裂纹和缺口敏感、塑性成形范围窄、变形过程易黏结模具、加热时易吸附有害气体等缺点，因此，钛的压力加工比钢、铝、铜困难，导致钛合金的生产成本高昂，阻碍了其广泛使用。随着钛及钛合金在航空航天领域的广泛应用，迫切需要开发经济型钛合金成形技术、高生产率和高成形质量的新型成形技术。

3.2.3.1　压力加工

在低温下，α钛合金呈密排六方晶体结构，滑移面较少，塑性变形相对困难；随着变形温度升高，滑移面增多，逐渐有部分密排六方晶格的 α 相转变为体心立方晶格的 β 相，塑性相应提高；当变形温度超过相变点进入 β 相区时，合金的塑性大大提高，同时变形抗力大大降低，因此，钛及钛合金通常进行热变形。但是，钛合金在高温下与气体有很强的化合亲和力，极易吸收氧、氢、氮等气体，也容易氧化和碳化，不仅导致工艺塑性下降，而且恶化钛材的性能。对于室温塑性较差的钛合金，为了提高其可加工性，可采用温变形。

（1）锻压

锻压包括锻造和冲压。冲压可加工壁薄、形状复杂的零件，可以得到强度大、刚性高、重量轻的零件，加工件质量稳定、一致性好、互换性好、材料利用率高、生产率高。

对于承力的航空航天构件，通常采用锻造，不仅能获得所需的形状尺寸，也能改善组织和提高性能。α-Ti 的 c/a 比值小于理想椭球形轴比 1.633，为可锻性金属，但是，钛合金的变形抗力大，锻造温度范围小，与钢相比，钛合金的黏性大、流动性差，热锻时容易产生粘模和金属倒流现象，同时导致模锻力剧增，必须加强润滑，通常采用玻璃润滑剂。

钛合金的锻造可分为 α+β 锻造、β 锻造、近 β 锻造及准 β 锻造，图 3-18 为钛合金不同锻造工艺及温度示意图，不同锻造工艺可以得到不同的锻造组织。α+β 两相区锻造是常规的钛合金锻造方法，加热到低于相变点 40～50℃ 的温度进行锻造，锻后空冷，如图 3-19 所示，得到 50% 左右的等轴 α 组织，具有较好的强度、塑性及高周疲劳性能的良好匹配，广泛应用于航空发动机叶片、风扇盘、压气机盘、机匣和飞机结构件等，但是，其高温性能、断裂韧性和抗裂纹扩展能力稍欠缺。

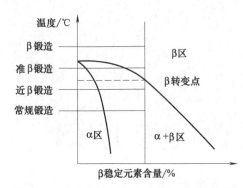

图 3-18　钛合金不同锻造工艺及温度示意图

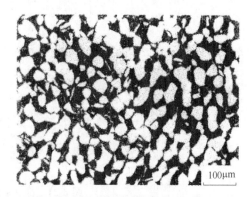

图 3-19　TC11 压气机盘的常规锻造组织

β 锻造加热到 (α+β)/β 转变温度以上 30～100℃ 进行，根据锻造终止温度分为全 β 锻造和跨 β 锻造，锻后采用空冷或水冷，得到针状或网篮组织。β 锻造能够降低金属的变形抗力和提高工艺塑性，从而降低成本，同时能显著改善蠕变强度、断裂韧性，降低疲劳裂纹扩展速率，已经成为钛合金锻件的重要生产方法，用于发动机盘件和鼓筒、翼肋、襟翼支架等结构件的锻造。

近 β 锻造加热到 (α+β)/β 转变温度以下 10～20℃ 进行，锻后快速水冷，辅以高温韧化＋低温强化处理，获得大约 20％等轴 α、50％～60％片状 α 构成的网篮及 β 转变基体构成的三态组织，如图 3-20 所示。近 β 锻件集合了等轴和网篮组织的性能优势，获得了强度、塑性、韧性的最佳配合，能在不降低塑性和热稳定性的条件下，提高材料的高温性能、低周疲劳性能和断裂韧性，已用于制造发动机盘件、飞机和导弹的重要结构件。

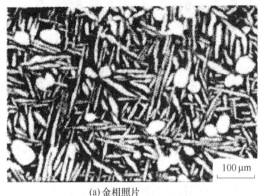
(a) 金相照片

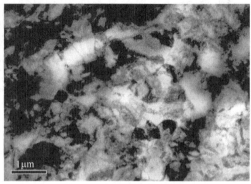
(b) 透射电镜明场像

图 3-20　近 β 锻造获得的三态组织

准 β 锻造工艺可以解决网篮组织粗大、室温塑性偏低的问题，先在 (α＋β)/β 转变温度以下 20～40℃进行预热，然后迅速随炉升温至 $(T_\beta-20)\sim(T_\beta-10)$℃温度范围短时加热，锻造后获得细小的网篮组织，如图 3-21 所示。准 β 锻件具有较好的塑性、韧性和疲劳性能，已成功应用于 TC6、TC18、TC21 钛合金结构件的生产。准 β 锻造工艺的核心是降低在 β 相区加热的温度和缩短加热时间，防止在 β 相区加热时 β 晶粒过分长大，以获得细小的网篮组织，从而具有强度、塑性、韧性的优良配合。

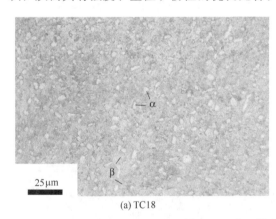
(a) TC18

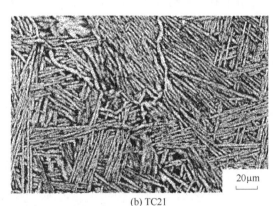
(b) TC21

图 3-21　准 β 锻造钛合金的微观组织

由于钛合金的热导率比铜、铝、铁、镍等金属低，大型坯料加热时断面温度不易均匀，坯料出炉后表面冷却快，出现较大内外温差，容易导致开裂和变形不均匀。对于截面较小的锻件（温降快），锻锤的锻打速率快，变形热足以使锻造温度维持较长时间，锻件表面开裂可能性降低，但是，锤锻的变形速率大，导致变形抗力上升和再结晶来不及发生，此外，较大的变形热效应可能导致锻件过热，造成组织粗大和不均匀。对于大型钛合金结构件，最好采用变形速率较小的压力机锻造，锻造时可发生部分再结晶，所需要的变形力比锤锻小30％～40％，可以在较低温度下进行锻造，此外，还可通过调节变形速率使变形热和模具的传导热大致抵消，从而保证相对均匀的变形条件，但是，压力机锻造时，加热的钛坯与模具接触时间较长，难变形区较大，容易出现未锻透部位。

为了最大程度减轻航空航天结构的重量，飞机、发动机、飞船、卫星等大量采用大型复杂整体钛合金结构件，如 F-22 等战机的机身结构大量采用大型整体钛合金锻件。由于大型模锻件在航空航天锻件中所占比例越来越大，大型水压机、具有较高控制精度和自动化程度的快锻机在钛合金锻造领域越来越受青睐，美国、俄罗斯、法国等主要航空大国都采用 4.5～7.5 万吨大型水压机对飞机的主承力框、梁等整体构件进行模锻。A380 客机有 2 个 6 轮三轴小车式主起落架，每个主起落架承载能力在 295t 以上，其 6 个轮子上的横梁长 4.2m，重达 3210kg，采用 Ti-1023 钛合金，由俄罗斯的 7.5 万吨级模锻水压机制造。

为了减少坯料表面的冷却速率，充分预热模具及与坯料接触的工具十分重要，图 3-22 为不同锻造方法的模具和锻件的温度状态示意图。普通锻造的模具温度为锻件温度的 10%～35%，保压时间为 0.1s；热模锻造的模具温度为锻件温度的 60%～90%，保压时间为 5～500s；等温锻造和超塑性锻造的模具温度为锻件温度的 95%～105%，等温锻造保压时间为 100～1000s，超塑性锻造保压时间长达 1h。

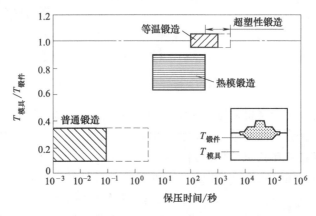

图 3-22 不同锻造方法的模具和锻件的温度状态示意图

热模锻造和等温锻造可生产大型、特大型锻件，可以生产近终形锻件、实现锻件组织和性能的最优化。

（2）挤压

挤压法适合于小批量、多品种、多规格的钛合金管、棒、型材及线坯的生产，特别是断面复杂的薄壁管材和型材、超厚壁管材。钛及钛合金多采用热挤压，α 型钛合金、α+β 型合金通常在（α+β）/β 相转变点以下温度挤压，β 型钛合金通常要采用较高的挤压温度，要求挤压时处于 β 相的温度范围，但是，温度太高时，β 相晶粒急剧长大，导致塑性降低。对于难变形、脆性大的钛合金，如阻燃钛合金、TiAl 基金属间化合物，包套挤压是最切实可行的压力加工方法。

由于挤压温度高，要采用新型耐热材料制作模具。为了防止温降过大、缩短高温锭坯与工模具的接触时间，要求由加热炉输送锭坯到挤压筒的速度要快、挤压速度要快，但是，由于钛合金的导热性差，变形热效应又大，过高的挤压速度会影响制品表面质量和性能，一般采用中等速度（50～120mm/s）挤压。钛合金容易粘模，润滑不良会损坏模具，而且会导致挤压件表面形成纵向沟槽状缺陷，目前主要采用润滑脂润滑、玻璃润滑剂润滑、金属包覆润滑等三种润滑方式。玻璃润滑剂的高温附着性能好、耐压能力强、隔热性能好、化学稳定性好，能防止钛被气体污染，金属包覆润滑一般限于纯钛挤压，在坯料外面包覆铜、软钢或其他金属，也可镀铜。

（3）轧制

轧制可用来生产钛及钛合金板、带、箔、棒、管、型材，特别是可以生产薄壁、变断面型材，生产的钛材表面质量好、内部质量稳定。钛的轧制有热轧、温轧和冷轧，2～5mm 厚的板材可采用温轧，更薄尺寸的可采用冷轧，两次退火间的冷轧变形量一般为 15%～60%。除 β 型钛合金外，热轧通常在 β 或 α+β 相区进行，热轧温度比锻造温度低 50～100℃。图 3-23 为钛板及冷轧带材的典型生产流程，热轧后以及不在真空炉进行退火后，均要进行酸洗。

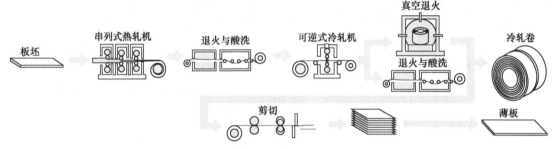

图 3-23　钛板及冷轧带材的典型生产流程

钛合金管材广泛应用于飞机的管路系统，如液压管路、燃油管路、引气管路等，被誉为飞机的血管。当钛合金管材规格单一、批量大时，采用斜轧穿孔生产管坯有较好的技术经济性，通常采用三辊式斜轧穿孔机或以导盘代替导板的两辊式穿孔机生产。图 3-24 为带导盘的二辊式斜轧穿孔示意图，在 2 个同向旋转且辊轴交叉的轧辊、2 个导盘、顶头构成的孔型中，把实心管坯穿轧成空心毛管。

图 3-25 为三辊式斜轧穿孔示意图，在由 3 个同向旋转且呈等边三角形布置的轧辊和顶头构成的孔型中，把实心管坯穿轧成空心毛管。

厚壁管可直接用热斜轧方法生产，小直径薄壁无缝管还需冷轧（和/或拉伸）。钛材的冷轧多采用周期式冷轧法，常用的冷轧管机分为二辊式和多辊式（一般为 3 辊或 4 辊），轧辊孔型沿圆周为变断面，与芯头构成间隙，机头连同轧辊往复运动，孔型在机架往返运动中变化，管材直径减少、壁厚变薄，轧件逐次送进，多工序循环。图 3-26 为二辊式冷轧管机示意图，一对轧辊上下对称装在机架上，两端装有互相咬合的同步齿轮（被动齿轮），下轧辊的最外端装有主动齿轮，与固定在机座的两个齿条咬合，当传动齿轮通过曲柄和连杆带动机架做往复运动直线运动时，主动齿条和被动齿条使轧辊产生周期性运动。二辊式周期冷轧管的道次减径量和变形量较大（延伸系数可达 14～18），生产率高，缺点是设备比较复杂，工具制造和变换不太方便，产

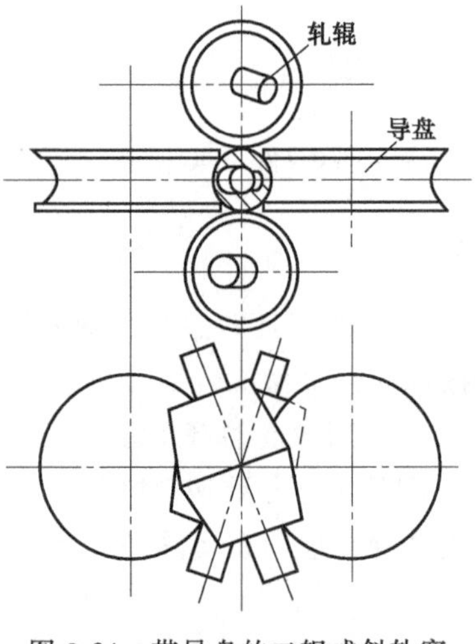

图 3-24　带导盘的二辊式斜轧穿孔示意图

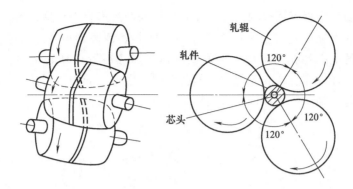

图 3-25　三辊式斜轧穿孔示意图

品表面光洁度和尺寸精度较多辊轧制差一些。

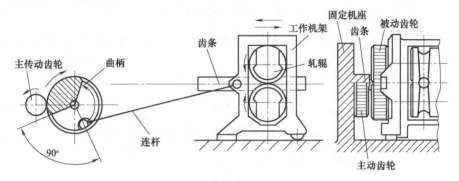

图 3-26　二辊式冷轧管机示意图

图 3-27 为三辊周期性轧管机示意图，包括 3 个带有变断面孔槽的轧辊、圆柱形的芯头以及支持轧辊的滑道，1 个周期的道次减径量小，减壁量大，由于轧辊直径小，轧制力较小，轧辊的弹性变形小，而且尺寸精度较高、变形比较均匀，可以轧制薄壁管和特薄壁管（最小壁厚为 0.03mm），有利于轧制难变形的管材，设备比较简单，工具制造和变换比较灵活，缺点是生产效率较低。

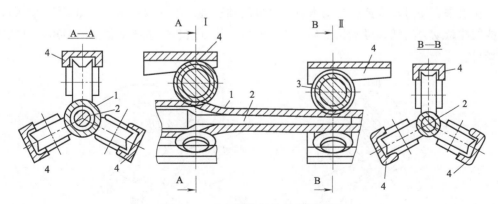

图 3-27　三辊周期性轧管机示意图

1—管料；2—圆柱形芯棒；3—辊子；4—支承板；

Ⅰ—送进一个送进量 m 待轧；Ⅱ—轧制结束

棒材和简单断面型材可用横列式孔型轧制，根据产品形状设计最佳的孔型系列，相比于钢铁轧制，钛材孔型轧制具有更大的宽展系数。圆环和圆筒形构件通常采用环形轧制，通常，先在圆铸锭的中心穿孔而形成一个厚壁圆筒，加热后置于环轧机中，如图 3-28 所示，在主辊的驱动下，环件在主辊和芯辊构成的孔型中产生连续的局部塑性变形，直径增加而壁厚减薄，锥辊则起对轴向尺寸加以改变或控制的作用。

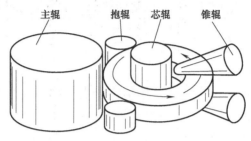

图 3-28　大型环形件的轧制

环轧件主要应用航天运载火箭结构件、导弹壳体、航空发动机机匣、转动件、燃烧室、密封环、支撑环等部位，如图 3-29 所示。

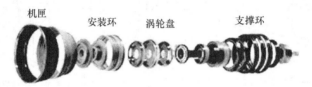

图 3-29　发动机上的环轧件

（4）拉拔

拉拔可生产钛合金管材、小直径棒材、线材，为了防止粘模，要对坯料进行磷酸盐或氧化处理，涂覆石墨、二硫化钼或石灰基润滑剂。对于难以冷拉的钛合金，可采用温拉。随着钛及钛合金应用的扩大，许多新的拉拔方法被应用于钛材生产，如辊模拉拔、超声振动拉拔、无模拉拔、镀层-包套集束拉拔等。辊模拉拔的模孔工作表面由若干个自由旋转辊子（2、3、4、6辊等）构成，图 3-30 分别为二辊和四辊辊模拉拔示意图。将坯料从旋转的辊间隙中拉出来，变滑动摩擦为滚动摩擦，可以增加道次压下率（一般可达 30%～40%），减少拉拔的能量动力消耗，可延长工具的使用寿命，拉拔过程中能改变辊间的距离，可获得变断面型材。

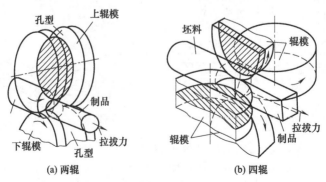

图 3-30　两辊和四辊辊模拉拔示意图

图 3-31 为无模拉拔示意图，采用感应线圈或激光使钛材局部加热软化，并施加张力使其变细，优点是不需要拉模和润滑剂，变形速率大、效率高。

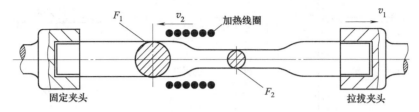

图 3-31　钛合金无模拉拔示意图

镀层-包套集束拉拔，先在钛丝表面镀一层低碳钢，再将 2 根以上带镀层的钛丝装入低碳钢管内，然后进行集束加工和中间退火，可生产 $3\sim30\mu m$ 规格的超细丝。

（5）旋压

旋压分为普通旋压和强力旋压，主要用于薄钛板成形件和空心回转体工件，对于大直径薄壁零部件的成形有明显的优势，旋转的金属毛坯产生连续的局部塑性变形而成形为回转体工件，其强度和硬度比坯料提高 15%～25%，尺寸精度仅次于机械加工。图 3-32 为旋压机照片及旋压示意图，旋压机使坯料和模具以一定速度共同旋转，并在滚轮作用下使坯料与滚轮接触部位产生局部变形，获得各种母线形状的空心旋转体。

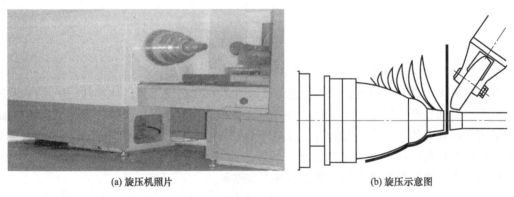

(a) 旋压机照片　　　　　　　　　　　(b) 旋压示意图

图 3-32　旋压机照片及旋压示意图

普通旋压的变形特征是金属板坯主要产生直径的收缩或扩张，毛坯厚度基本保持不变，可分为拉深旋压、缩径旋压、扩径旋压，如图 3-33 所示。拉深旋压是应用最广泛的普通旋压方法，如图 3-33（a）所示，主要变形方式是毛坯弯曲变形；缩径旋压使用旋轮（或摩擦块）将回转体空心件或管状毛坯进行径向局部旋转压缩，以减小其直径，如图 3-33（b）所示；扩径旋压利用旋压工具使空心回转体容器或管状毛坯局部（中部或端部）的直径增大，如图 3-33（c）所示。

根据变形规律和成形零件形状，强力旋压可分为剪切旋压和流动旋压（包括正旋和反旋），如图 3-34 所示，芯模带动坯料旋转，旋轮的运动轨迹由靠模板或导轨确定，使毛坯连续逐点变薄，同时贴靠芯模而成为所需要的工件，坯料直径基本不变。强力旋压的旋轮加于坯料的压力要比普通旋压时大得多，坯料由厚变薄，因此强力旋压又称为变薄旋压，适合成形大直径薄壁筒形件。

航空航天用的钛合金高压气瓶、导弹和航天器用钛及钛合金薄壁壳体均可采用旋压成

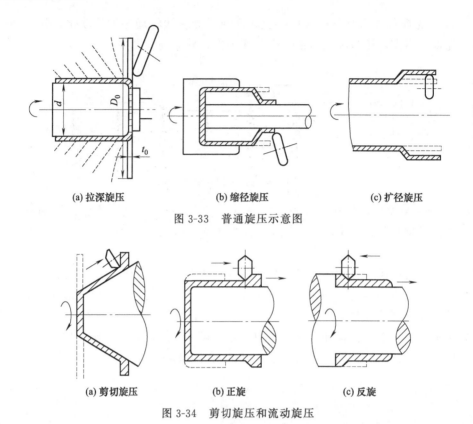

(a) 拉深旋压　　　　　(b) 缩径旋压　　　　　(c) 扩径旋压

图 3-33　普通旋压示意图

(a) 剪切旋压　　　　　(b) 正旋　　　　　(c) 反旋

图 3-34　剪切旋压和流动旋压

形，但是，钛合金室温旋压塑性差，采用热旋压可以解决钛合金常温变形抗力很大、零件回弹严重、加工硬化严重且很难消除等问题，可以实现钛合金薄壁回转体零件的中小批量稳定生产。飞机发动机和导弹中有很多钛合金筒形、锥形及其他异形件，以往都是用卷筒焊接的方法成形，用强力旋压代替卷焊成形，可避免母线焊缝带来的缺陷，同时使材料晶粒细化、构件整体性能提高、疲劳寿命显著提高。用钛合金的旋压件来取代铝合金及高强度钢旋压件，是满足超声速飞行器减重和耐热要求的有效途径。

3.2.3.2　近净成形

近净成形技术可以实现复杂形状的钛合金零部件的近净尺寸成形，仅需少量加工或不加工就可作为构件使用，可减少原材料的投入成本和加工步骤，而且制品具有与传统工艺相近的组织和性能。航空航天工业的发展推动了近净成形技术的进步，而钛合金近净成形技术的突飞猛进为扩大其在航空航天领域中的应用开辟了道路。

（1）精密铸造

钛合金整体结构件的精密铸造主要有熔模铸造和消失模铸造，可以直接铸造形状复杂、薄壁的钛合金零件，省去大量机械加工工序，材料利用率可达 75％～90％。熔模铸造包括石墨熔模铸造、钨面层熔模铸型、氧化物陶瓷熔模铸型，可铸造复杂形状的铸件，生产灵活、适应性强，适用于无余量叶轮和空心叶片，以及耐高温、耐磨、耐蚀的精密铸件。对于叶片、叶轮、喷嘴等要求形状尺寸精确的钛合金零部件，采用熔模精密铸造批量生产，不仅可以保证铸件形状尺寸的精确、一致，而且可避免机械加工后残留刀纹的应力集中。消失模（EPS泡沫型）铸造可生产大型结构件，解决了熔模铸造模具制作周期长、成本高以及蜡模对温度敏感易变形问题。消失模模型通常采用机加工成形和发泡成形，对于单件或小批量的结构件，尤其是叶轮等曲面结构的铸件，具有成本低、铸造精度高、尺寸一致性好等特点，完全能满足日益增长的大型、精密、整体铸造的要求。

国内外的钛合金铸件技术条件中都明确规定，航空航天用的Ⅰ、Ⅱ类铸件必须经过热等静压（HIP）处理。热等静压是将要处理的铸件放入密闭耐高压和可加热至高温的容器内，抽真空后充入高压（>100MPa）的惰性气体（通常为氩气），加热升温到预定温度，在高温和各向等静高压的作用下，铸件内部封闭的气孔、缩孔、缩松被压实闭合。对于钛合金精密铸件，由于是在真空环境下浇铸的，通过热等静压处理后，绝大多数孔洞可以通过扩散连接为致密的组织，使铸件的性能和可靠性大大提高。F22战斗机所采用的76个钛合金零件全部由精密铸造再经热等静压二次处理。

目前，钛合金精铸工艺结合计算机模拟、热等静压和β热处理等先进技术，使钛合金铸件的品质已接近或者达到了变形钛合金制件的水平，如F/A22的制动齿轮整流罩，以前是用Ti-6Al-4V合金超塑性成形，现已改用ZTC6（Ti-6242S）合金精密铸造，不仅降低了重量，而且提高了强度和热稳定性，与此同时，大大提高了生产效率和降低了成本。

钛合金精密铸件在航空航天领域得到越来越多的应用。在C-17军用运输机中，已用整体铸件取代了由22个Ti-6Al-4V合金钣金件组成的发动机挂架，发动机的机匣、支承架、导向叶片等非转动部件以及叶轮等转动零件均已采用铸造钛合金。V-22倾转旋翼机的发动机转子系统主要支撑件的传动接头，由一个整体钛铸件取代了原有的43个元件和536个紧固件。图3-35为美国波音飞机的CFM56发动机上的高压压气机机匣，采用ZTC6（Ti-6242S）合金整体铸造后，大大改善了部件的强度、刚度、尺寸精度，降低了制造成本，同时减轻了重量。钛合金铸件在航天领域的应用，主要有导弹尾翼和弹头壳体、巡航导弹的升降副翼、火箭壳体及连接座等，此外，卫星上的照相机框架也选用了钛合金精密铸件。

由于钛具有较快的冷却和凝固特性，用钛铸造大型薄壁构件比较困难。发展中的高推比发动机和高超速飞行器，对大型复杂薄壁钛合金精铸件提出了更迫切的需求，促进大型整体复杂结构的钛合金精密铸造技术不断完善。

（2）粉末冶金

粉末冶金（PM）是用金属粉末（或金属粉末与非金属粉末的混合物）作为原料，经过混合或固态合金化后压制成型，并在低于金属熔点的温度进行烧结，利用粉末间原子扩散使其结合。用传统铸造、压力加工方法无法成形的

图3-35 CFM56发动机高压压气机的钛合金精铸机匣

复杂工件，可通过粉末冶金实现近净成形，少或无切削，原材料利用率>95％。粉末冶金的材料组元和致密度可控，可制备高合金化钛合金及多孔、半致密或全致密等各种类型制品，制品显微组织均匀、无成分偏析，制备的钛合金构件性能可与铸造、锻造相当。

在钛工业领域，已相继开发了模压成型、粉末锻造、粉末热压、粉末挤压、粉末轧制、等静压、注射（喷射）成形、爆炸成形、燃烧合成（自蔓延高温合成）等成形技术。钛合金粉末注射成形可以制备三维复杂形状的钛合金制品，具有高效、节能、节材、环保、低成本、能大批量生产的特点。图3-36为注射成形机及粉末注射成形工艺过程示意图，粉末注射成形通常采用小于20μm的细粉和黏结剂加热混合成均匀混合料，经制粒成注射料，注入

注射成形机的模腔中固化成生坯，随后将生坯的黏结剂脱除，最后高温烧结成零件，一般不需要或少量需要后续切削加工。

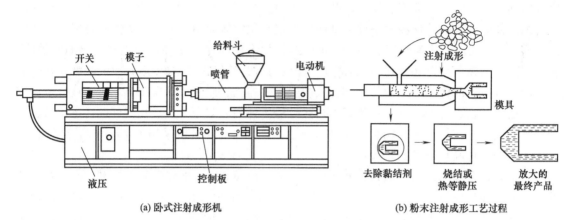

(a) 卧式注射成形机　　　　　(b) 粉末注射成形工艺过程

图 3-36　注射成形机及粉末注射成形工艺过程示意图

致密化是改善粉末冶金制品质量的关键，航空应用的钛合金粉末冶金结构零件，必须要全致密化，而全致密化对于高熔点、高活性的钛合金来说，难度很大。为了提高粉末冶金钛合金的抗拉强度和疲劳强度，一般采用致密化后的后续加工或热处理、化学热处理。常用的后续热加工手段有热压、热等静压、热挤和热锻。

热压是将粉末装在压模内，在加压同时把粉末加热至烧结温度，压制成形和加热烧结同时进行，经过短时间的强化烧结获得致密和均匀的制品。热等静压设备由带加热炉的压力容器、高压气体输送装置和电气设备组成，图 3-37 为热等静压工艺过程示意图，将粉末压坯或将装入特制容器（称为粉末包套）内的粉末置于热等静压机的高压容器中，施以高温和高压强化压制和烧结，制品的晶粒细小而均匀，同时消除了内部缺陷和孔隙，可以获得接近理论密度的制品。热等静压不仅可以制取高性能钛合金材料及大型复杂形状制品，也可以用来对钛合金熔铸件进行后续处理，还可以利用其进行扩散焊接修复。

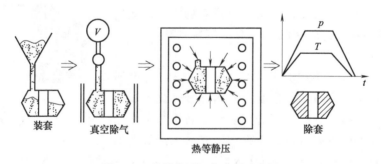

装套　　　　真空除气　　　　热等静压　　　　除套

图 3-37　热等静压工艺过程示意图

对于活性的钛合金，为了防止制品氧化，通常采用包套热挤法，将粉末或压坯装在包套内，经过预抽并密封后，置于挤压机中进行热挤压，是在提高温度情况下进行的粉末挤压，可使制品达到全致密化，能够准确控制成分和内部组织结构。热锻主要是指粉末烧结锻造，将钛粉压制成预成形坯，然后真空烧结，获得一定强度的烧结体，将其加热至锻造温度，保温后迅速移至热锻模腔内进行锻打。粉末烧结锻造适于制备飞机引擎的高温零件，如压缩机盘、叶片、叶轮等，与热等静压的低应变速率相比，粉末锻造在高温下具有较高的应变速率，可以获得具有均匀的细晶组织、高的强韧性的锻件，而且具有成形精确、材料利用率高、锻造模具寿命长和成本低等特点。

国内外在钛合金粉末冶金近净成形技术应用方面已取得了很大进展，尤其在航天领域，已实现了商业化应用。美国已将高性能钛合金粉末冶金技术用于生产各种导弹用钛合金部件，如 Sidewind 导弹的粉末钛合金头罩、F107 巡航导弹发动机的粉末钛合金叶轮、Stinger 防空导弹的粉末钛合金战斗部壳体等。

（3）超塑性成形

具备细小的等轴晶或 α＋β 双相组织的钛合金，在较高的变形温度和较低的应变速率下，变形抗力大大降低，流动性和填充性大大提高，具有可吹塑和可挤压的柔软性能，采用超塑性成形（SPF）工艺，只需很小的应力就能使难变形合金实现复杂构件的一次成形，可省掉机械加工、铆焊等工序。

具有 SPF 特性的钛合金主要有 Ti-6Al-4V、Ti-6Al-2Sn-4Zr-2Mo、Ti-4.5Al-3V-2Mo-2Fe、Ti-15V-3Cr-3Sn-3Al 等，变形温度大致为 β 相转变温度的 90％。对于 Ti-6Al-4V，变形温度为 925℃（普通真空热成形在 700℃）左右，典型应变速率为 $10^{-1}\sim10^{-4}\mathrm{s}^{-1}$，模具内通入氩气。为了提高 SPF 加工的经济性，倾向于提高应变速率和/或降低变形温度，使生产能力和工模具寿命得以提高，以 β 钛合金 SP-700（Ti-4.5Al-3V-2Mo-2Fe）为例，由于其显微组织非常细小、β 转变温度低，在 800℃ 左右不明显增大流变应力的条件下可以进行超塑性成形。超塑性等温锻造和超塑性板料成形是在航空航天领域应用较多的两种超塑性成形技术，主要用于管道、机翼舱口板、喷嘴、发动机箱体和叶片等结构件。

超塑性等温锻造是将模具加热到金属的超塑性成形温度，以低应变速率进行模锻，经过长时间蠕变，实现薄壁、高筋、形状复杂或难变形钛合金锻件的成形，在航空航天制造领域，特别是发动机的压气机叶片和大型航空复杂锻件生产上展现出较大优势和应用前景。目前，国内最大吨位的等温锻造压力机的设计吨位为 1.6 万吨，具有锻造速度和位移精确可控的特点，在超塑性成形条件下，1.6 万吨压力机的锻造能力相当于 8 万～10 万吨普通压力机的能力，可满足目前的飞机机身结构、发动机钛合金盘、轴类件的等温精密模锻成形的需求。

超塑性板料成形包括真空成形、气压成形、模压成形等方法，其中气压成形是航空航天领域应用最广泛的板料超塑性成形方法。应用板料超塑性成形技术已制造出钛合金的航空发动机整流罩。航空航天领域应用很广的 Ti 球体（直径 200～1000mm，厚2～5mm），直接用 2 块 Ti 圆板毛坯焊接后吹塑成球形，或用管子毛坯吹塑成球体再封口，工艺大大简化。图 3-38 为钛板料超塑性成形示意图，通常采用氩气保护，可以在 0.2MPa 的气体压力下使板材成形，由于流变应力很低，制件在超塑性成形完成后不会发生回弹。

（4）爆炸成形（加工）

爆炸成形是利用炸药或火药、可燃气体等作为能源，爆炸瞬间释放巨大化学能对金属坯料产生高压冲击波，使其产生塑性变形且以一定速度贴模。钣金零件的成形（拉深）、胀形、卷边、翻口、冲孔、弯曲和校形、雕刻、粉末压制成型、焊接、管件结构的装配、表面硬化（强化）、切割等都可通过爆炸来完成。

根据炸药与加工对象的相对位置，爆炸成形（加工）分为接触爆炸（直接式）、隔离爆炸（间接式）两种基本类型。接触爆炸加工，炸药与被加工对象直接接触，工件所受压力很大，主要有爆炸焊接、爆炸切割、表面硬化、粉末爆炸压制等。隔离爆炸加工，炸药与被加

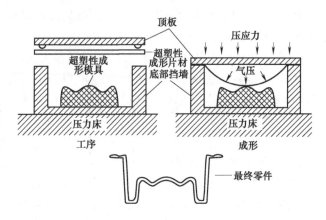

图 3-38　钛板料超塑性成形示意图（由 RMI 提供）

工对象相隔一定距离，间隔距离内的介质可能是空气、水、砂等，爆炸产生的能量通过这些中间介质传递到被加工对象，工件所受压力要小得多。爆炸成形主要有爆炸拉深和爆炸胀形等，如图 3-39 所示，炸药一般放置于水中，爆炸压力通过水传递，用砂作传压介质可以增加毛坯表面的摩擦阻力，空气传压能力太小，一般不用作传压介质。

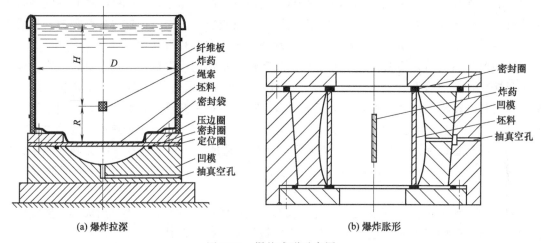

图 3-39　爆炸成形示意图

爆炸产生高温（高达数千摄氏度）和高压（大于 10GPa）是实现爆炸成形的动力及条件，把 1m 直径的毛坯加工成封头，水压机作用于毛坯的平均压力为几十个大气压，成形时间为十几秒，爆炸成形作用于毛坯的平均压力为几千个大气压（1 个大气压＝101325Pa），成形时间约为 0.01s。用模爆炸成形时，毛坯变形速率较快，通常应将模腔内空气抽空，否则空气受压产生的高压会使零件破坏。如果模具设计合理，工艺参数（包括药形、药量、药位、水深、压边力等）选择恰当，引爆炸药瞬间会形成一个与模壁贴合良好的零件。

（5）增材制造

增材制造是材料逐渐累加的制造方法，逐点增材堆积，可制造出任意复杂形状的零件，可以在工件的不同部位生成不同的材料，这是铸造、锻造等传统技术无法实现的。相比于传统的减材或等材制造方法，增材制造摆脱了模具、专用工具和卡尺的约束，可实现"自由制造"，制造工艺与制造原型的几何形状无关，原型的复制性和互换性高，大大减少工序和缩短加工周期，产品结构越复杂，增材制造的优势越显著。

广义增材制造是以材料累加为基本特征，以直接制造零件为目标的大范畴。增材制造的内涵不断深化，外延不断扩展，有快速原型（rapid prototyping）、快速成形、快速制造、三维打印（3D printing）、实体自由制造（solid free-form fabrication）等多种称谓，分别从不同侧面表达了增材制造技术的特点。狭义增材制造是不同能量源与CAD/CAM技术结合，基于离散-堆积原理，"分层制造，逐层叠加"的制造。根据材料在沉积时的状态，增材制造可以分为熔覆沉积和选区沉积，熔覆沉积材料在沉积反应时才送入沉积位置，由高能束在沉积区域产生熔池并高速移动，熔化后沉积下来，选区沉积材料在沉积反应前已位于沉积位置，再用高能束逐点逐行烧结或熔化。

高能束（激光束、电子束）快速制造是钛合金领域最为常见的增材制造方法。电子束熔化成形（EBM）的应用范围广泛，对于钛合金、钛基金属间化合物等难加工材料，能获得具有高度复杂性和较高力学性能的制品，如，美国用EBM技术加工出了大型涡轮盘件，但是，电子束成形精度受到电子束聚焦和扫描控制能力的限制。激光是具有更高精度的能量介质，激光快速成形（LRP）将CAD、CAM、CNC、激光、精密伺服驱动和新材料等先进技术高度集成，可以根据需求快速地实现柔性设计和制造，能够方便地实现多品种、变批量零件加工的快速转换，还可在原有零件上添加新的特殊结构。激光成形包括激光近净成形（LENS）、激光熔覆成形（LCF）、选择性激光烧结（SLS）和选择性激光熔化（SLM）等。

3D打印是系列快速成型技术的统称，其基本原理都是叠层制造，由快速原型机在X-Y平面内通过扫描形成工件的截面形状，在Z坐标间断地做层面厚度的位移，最终形成三维制件。3D打印具有加工速率快、小批量零件生产成本低、加工复杂异形结构能力强、多种材料任意复合制造等优势，得到了航空航天制造业的广泛关注，F-22和F-35都有应用3D打印零部件，B787梦幻客机使用了30个3D打印零部件。航空发动机零部件结构趋于复杂化，发动机的预研阶段具有设计方案多变、状态反复频次高等特点，引入具有快速成形和近净成形特点的3D打印技术，可响应快速制造需求，提升发动机设计与制造能力。

我国在高性能大型复杂钛合金结构件激光快速成形技术领域起步较早。北京航空航天大学与沈阳飞机设计研究所等单位紧密结合，突破了钛合金激光快速成形及应用关键技术，构件的疲劳性能、断裂韧性等性能指标达到钛合金模锻件水平，成功实现了激光快速成形TA15钛合金飞机角盒、TC4钛合金飞机座椅支座、腹鳍接头等次承力结构件的装机应用，成为继美国后全球第二个实现激光快速成形钛合金结构件装机应用的国家。目前，我国在大型、复杂、高性能金属承力构件增材制造技术领域已达到国际先进水平，华曙高科、华中科技大学、华南理工大学等单位成功研制出激光选区烧结、激光选区熔化、激光近净成形、熔融沉积成形、电子束选区熔化成形等工艺装备。北京航空航天大学打印出的Ti-6Al-4V钛合金双曲面窗框已装上了飞机，3D打印出了叶片组织可控的整体涡轮盘（柱状晶组织叶片具有优异的高温性能，等轴晶组织叶片具有优异的耐低周疲劳性能）。西北工业大学已用3D打印制造出钛合金大型承力零件，用3D打印的C919中央翼缘条，长度超过3m。北京动力机械研究所应用3D打印技术实现了发动机的部分复杂、关键零部件的试制，突破了发动机设计受加工水平制约的瓶颈。浦江一号卫星装备了3D打印的钛合金天线，新技术的应用将生产周期由原本的 4 个月缩短至 3d，且各项性能指标得到了保证。

3.2.3.3 复合成形

（1）钛-金属复合成形

爆炸复合、轧制复合、挤压复合是加工钛复合材料的有效手段，已生产出了钛钢复合板、钛铜复合棒、钛-异种金属过渡接头等复合材料及构件。钛钢复合板既具有钢的高强度又具有钛的优良耐蚀性，可采用直接轧制法、浇铸轧制法、爆炸轧制法、爆炸法生产出多种厚度和宽度的复合板材。内铜外钛的钛铜复合棒和复合管，拥有钛的高耐蚀性和铜的高导电性，还可节约资源较少的铜料，采用钛铜复合锭坯可挤压出钛铜复合棒和复合管，受到强大挤压力的两种金属间形成波形冶金结合界面，可提高钛铜的结合牢靠度。钛-异种金属过渡接头具有较高的结合强度和较低的接触界面电阻，目前已开发了钛铜、钛钢、铝钛不锈钢等过渡接头，主要采用爆炸成形，采用改进的平板爆炸复合工艺可以制备双金属及三层金属材料的过渡接头。

轧制复合可分为热轧复合、温轧复合、冷轧复合。热轧复合是双金属板在一定温度和巨大轧制压力的作用下，通过变形接合（焊合）成一体，直至所需厚度。由于钛合金的活性较高，易在界面生成脆性金属间化合物，需要在真空环境或保护性气氛下进行。为了提高界面的接合强度，通常需要预先将接合面清洗干净，有时还要对接合面进行打磨，以提高其粗糙度，然后将两层或多层金属板组装并定位（将各层金属板周边焊接或用机械方法连接）制成复合板坯。冷轧复合是采用大变形量（压下率＞70%）使两种不同金属复合在一起，要求轧机有足够大的压力，同时在轧制前需要对复合表面进行处理，以保证表面清洁和无氧化物，有时还可根据需要在复合界面添加有机联结材料。冷轧复合时界面没有扩散效果，通常要在复合后进行扩散热处理，以提高界面接合强度。对于钛合金等冷轧接合较困难的材料，可在轧制复合前进行低温加热，采用温轧复合，在轧后进行扩散热处理。

钛合金属于常温不易轧制复合的金属，热轧复合又存在坯料前处理复杂、金属间易发生反应而形成脆性化合物、成品率低的问题，采用爆炸复合然后进行常规轧制，可以生产钛与不同金属的复合板材、带材、管材或棒材等。常规工艺很难把化学和物理性能各异的金属焊合，爆炸复合（焊接）可以利用炸药爆炸产生的冲击力使钛、铜、铝、钢等异种金属间迅速碰撞而形成牢固结合面，在航空航天制造领域得到广泛应用。图 3-40 为爆炸复合示意图及复合形成的钛-钢板，基板平放在沙土堆（或厚砧座）上，覆层板与基板间通过软质支撑，两板间留有平行间隙或带角度（1°～3°）间隙，间隙厚度大约与覆层板厚度相等，以利于形成冲击。在覆层板上铺设一层炸药，或在炸药与覆层板间垫以塑料、橡胶或硬纸板作为缓冲层，避免金属表面出现伤痕或细裂纹。引爆起爆端的雷管和炸药，利用爆炸的巨大冲击力及爆炸位置的迅速和连续传播，产生瞬时超高压和超高速冲击能，覆板以每秒几百米的速度撞击基板，接触面附近材料的压力剧增，产生塑性流动和高速射流，在很短时间内（通常为零点几秒）形成两种金属的冶金结合。

爆炸成形属于高能高速成形，其瞬时接合压力可高达 10^4 MPa 以上，并有瞬时高温产生，结合界面存在原子扩散，结合区发生了严重的塑性变形并伴有加工硬化，对结合强度和抗拉强度的提高均有益，由于复合在很短时间内完成，活性金属钛的化学反应来不及发生。

采用爆炸成形可以制成两层或多层复合材料，对材料的组合有广泛的适应性，熔点、线

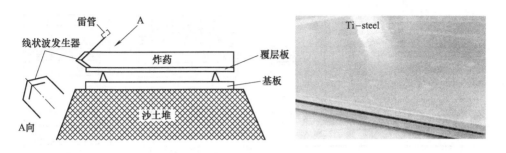

图 3-40　爆炸复合示意图及复合形成的钛-钢板

膨胀系数、硬度差别很大的材料都可采用爆炸复合，工艺简单、生产灵活。但是，爆炸复合不能实现连续生产，生产安全性和技术要求高，母材性能、炸药性能、初始参数（单位面积炸药量、基复板间距等）和动态参数（碰撞角、复板碰撞速度等）的选择与系统配合对复合板的成品率及质量均有影响，难于精确控制。

(2) 超塑性成形和扩散连接

当材料的超塑性温度和扩散连接温度相近时，可利用一次加热过程完成超塑性成形和扩散连接两个工序，制造出局部加强或整体加强构件，代替螺接和铆接。复杂结构的薄壁零件，特别是钛合金结构零件，采用超塑性成形/扩散连接（SPF/DB）技术具有优越性。钛合金的超塑性成形和扩散连接要求的环境条件相同，应用 SPF/DB 技术已制造出多层叶片、整流叶片、壁板等钛合金结构件，成本降低 50%～70%，结构减重 30%～50%，材料利用率也有所提高。

在真空或高纯惰性气体保护下，当加热到 550℃ 及以上温度时，钛具有溶解自身表面氧化层的倾向，施加适度压力使钛合金片材无间隙地完全接触，放置在一起加热到 600℃ 或更高的温度，片材表面的 TiO_2 就会溶解，接触面变为纯钛，片材间可以通过内部扩散黏结在一起。扩散连接一般在 $\alpha+\beta$ 相区的温度区间完成，与熔焊和摩擦焊不同，不会破坏片材的等轴 $\alpha+\beta$ 微结构。图 3-41 为采用超塑性成形/扩散连接（SPF/DB）制作格状结构件的示意图，使用填塞层是为了使板材特定区域黏结或膨胀，通过加压来分离未黏结的板材（选择性膨胀），用三块板材可以制作出复杂的格状结构，具有高的截面模量。

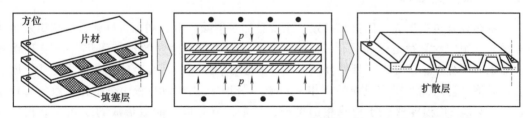

图 3-41　超塑性成形/扩散连接（SPF/DB）制作格状结构件示意图

图 3-42 为 SPF/DB 零件的基本结构形式及成形示意图，钛合金的三层板结构件和四层板结构件广泛应用于航空航天领域，相比于传统的铆接或胶接，其整体性和连接强度高很多。

超塑性成形与扩散连接（SPF/DB）的复合工艺被认为是推动航空航天结构设计概念发展和突破传统钣金成形方法的先进制造技术。图 3-43 为 GE 公司采用超塑性成形/扩散连接

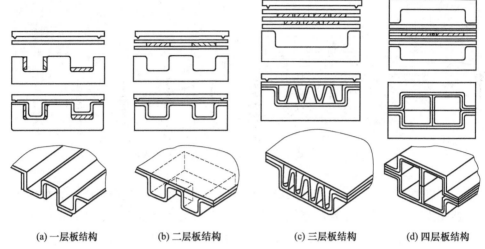

(a)一层板结构   (b)二层板结构   (c)三层板结构   (d)四层板结构

图 3-42　SPF/DB 零件的基本结构形式及工件与模具组装示意图

（SPF/DB）工艺制造的部件，为涡轮发动机的接合管，可用单一件替代一簇黄铜管。

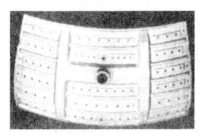

图 3-43　采用 SPF/DB 工艺制造的
涡轮发动机的接合管

美、英、法等国都建立了 SPF/DB 生产基地，欧洲战斗机 EFA2000 前机身的大部分结构为 SPF/DB 构件，两翼也由 SPF/DB 的钛合金制成。但是，板材的价格和长时间在 900～950℃使用的工具消耗，使 SPF/DB 工艺不具备竞争优势。使用较低成本的合金制造片材及在较低温度下成形，是提高 SPF/DB 工艺竞争力的发展方向。日本的 NKK（Nippon Kokan）公司开发了 SP-700 合金，更容易制作板材，专门用于 SPF/DB 成形工艺，在 775℃时有很高的 m 值，经 SPF/DB 成形及热处理后，可以得到很高的强度，与 Ti-6Al-4V 在 900℃时的超塑性成形相比，在 775℃超塑性成形的 SP-700 合金的含氧量更低，减少了热成形后的酸洗成本。

3.2.4　钛材热处理

钛材热处理包括退火、固溶和时效，主要目的是消除内应力和加工硬化、使组织发生回复再结晶、组织性能稳定化和强化。α 型钛合金不能通过固溶时效进行强化，α＋β 型钛合金、亚稳 β 钛合金、部分近 α 型钛合金可通过固溶时效强化。钛合金的热处理强化基于固态相变，固溶处理后淬火得到亚稳的 β′ 相、α′ 相、α″ 相，人工时效过程中分解为弥散的 α 相或 β 相，合金的强化程度取决于亚稳相的类型、数量、成分以及时效形成的 α 相或 β 相的弥散度。

3.2.4.1　钛合金的固态相变

钛合金的固态相变具有多样性和复杂性，很多相变都有可能在钛合金中出现，包括同素异构转变、共析转变、马氏体转变和 ω 相变。

（1）同素异构转变

纯钛在 882.5℃发生同素异构转变，钛合金的同素异构转变温度对合金成分和杂质含量极为敏感，细微的变化就会导致转变温度显著改变。α/β 同素异构转变所需的过冷度很小，冷却速率由 4℃/s 增加至 1000℃/s 时，转变温度只是从 882.5℃ 降至 850℃。自 β 相区冷却，BCC 的 β 相 {110} 面转变为六方 α 相的基面 {0001}，α 相基面之间的距离稍大于 β 相 {110} 面之间的距离，β→α 的转变造成原子微小变形，引起 HCP 的 α 相中 c 轴对于 a 轴的微小收缩，c/a 比值相应减小，低于理想六方结构的比值。由于 β 相中原子的扩散系数大，钛合金的加热温度超过相变点后，β 相长大的倾向特别严重，极易形成粗大的 β 晶粒组织。

（2）共析转变

合金元素特性、合金成分及杂质元素含量、共析温度是影响共析转变速率的主要因素。不同合金系的共析反应速率差别很大，与 Fe、Cr、Mn 等非活性共析元素组成的合金系中，共析反应进行得很慢，一般不发生共析反应，β 相很容易以亚稳定状态保持下来；与 Ag、Cu、Si 等活性共析元素组成的合金系中，共析转变速率非常快，以 Ti-Cu 为例，即使以高达 100℃/s 的速率冷却也不能抑制共析反应进行，淬火时 β 相来不及固定而形成 α′马氏体。同一合金系中，β 稳定元素含量越高，共析反应速率越慢，杂质元素特别是间隙原子，对共析转变及 β 相的等温分解速率影响很大，O、C、N 等元素能与 α-Ti 形成间隙固溶体，降低 β 相的稳定性，促进过冷 β 相的分解，H 等 β 稳定元素能与 β-Ti 形成间隙固溶体，阻碍过冷 β 相的分解。共析温度越低，原子的活动能力越差，共析反应越慢，而 Ti-Si 等共析温度高的合金，以稍低于共析温度等温加热时，就可以得到块状转变产物，块状 α 相在时效后变为片层状 α 相和金属化合物的混合组织。

（3）马氏体转变

自 β 相区快速冷却时，由 β 相析出的过程来不及进行，而 β 相的晶体结构仍然发生了转变，这种转变称为马氏体转变。马氏体转变形成了成分与母相相同、晶体结构不同的过饱和固溶体 α′(α″)，其中 α′称为六方马氏体，α″称为斜方马氏体。马氏体转变开始点 M_s 和结束点 M_f 取决于化学成分，β 稳定元素含量越多，晶格改组的阻力越大，马氏体转变所需的过冷度越大，马氏体开始点 M_s 和结束点 M_f 越低。

加热的钛合金自 β 相区以不同速率冷却会发生不同的固态相变，获得不同的组织。如图 3-44 所示，含 β 稳定元素的合金自 β 相区缓慢冷却时，将从 β 相中析出 α，随温度下降其成分沿 AC_α 曲线变化，β 相的成分则沿 AB 曲线变化，获得 α、α+β 或 β 组织，空冷后 α 呈针状，炉冷后 α 呈片状。β 钛合金中的 β 稳定元素含量均高于 C_1，自 β 相区快速冷却后可得到 α′(α″) 马氏体、ω 相、β′（β 亚稳相或 β 过冷相）中的一种或几种，视合金成分和温度而定，这三种相均为亚稳相，在时效过程中会发生分解。

含 β 稳定元素的合金，同一成分的合金自不同温度淬火也可获得不同的淬火组织。图 3-44 中成分为 x 的合金，自 β 相区淬火时，其组织全部为马氏体；加热至 t_p 温度时，合金由成分为 a_1 的 α 相及成分为 p' 的 β 相组成，淬火至室温后，α 相无相变，β 相则全部转变为马氏体，所得组织为 α+马氏体；加热至 t_q 温度时，x 合金由成分为 a_2 的 α 相及成分为 q' 的 β 相组成，淬火至室温时，β 相的马氏体转变不彻底，

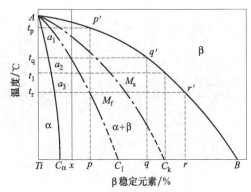

图 3-44　不同成分的合金在不同温度淬火发生的转变

所得组织为 α＋马氏体＋亚稳 β；加热至 t_r 温度时，x 合金出成分为 a_3 的 α 相及成分为 r' 的 β 相组成，淬火至室温都不会发生马氏体转变，将出现 $\omega_{淬}$，淬火组织为 α＋β（ω）。任何成分的钛合金加热至 t_1 温度时，其 β 相的成分均为临界浓度 C_k，淬火至室温不发生马氏体转变，t_1 称为临界淬火温度，在此温度以上淬火可获得马氏体。同一成分的 α＋β 钛合金，高温淬火 β 相中所含 β 稳定元素小于临界浓度，淬火获得马氏体，低温淬火 β 相中所含 β 稳定元素大于临界浓度，淬火获得过冷 β 相。

合金元素大于临界浓度 C_k，但不超过某一成分范围的合金，淬火所得的亚稳定 β 相受到应力作用，将转变为马氏体，称为应力诱发马氏体，这种马氏体具有较低的屈服强度、高的应变硬化速率及均匀伸长率，且有较好的塑性。

（4）ω 相变

成分在临界浓度 C_k 附近的合金，自高温淬火过程中会发生 β→ω 转变，再高的冷却速率也难以抑制淬火 ω 相（又称无热 ω 相）的形成。ω 相变和马氏体相变均属于无扩散相变，在相变过程中不发生原子扩散，只发生晶格重构。当 β 稳定元素 Mo、V、Ta、Nb、Cr、W、Ni 等的成分范围达到某一临界值（与室温下能保留 β 相的成分极限相近）时，合金在 β 相区淬火可以形成 ω 相，图 3-45 为 Ti-11.5Mo-4.5Sn-6Zr 合金自 900℃ 淬火形成的无热 ω 相的 TEM 照片。ω 相总与 β 相共生，且与之有共格关系，其尺寸很小，用光学显微镜观察不到，高度弥散和密集，体积分数可达 80％ 以上。

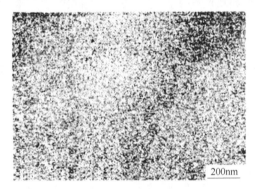

图 3-45　无热 ω 相的 TEM 照片

对于含 β 稳定元素较多的合金，淬火时难以形成 ω 相，但淬火得到的亚稳 β 相在 500℃ 以下温度时效时也可转变为 ω 相，这类 ω 相称为热 ω 相（等温 ω 相或时效 ω 相）。热 ω 相和无热 ω 相的晶体结构相同，淬火过程中成分来不及改变，无热 ω 相的成分与 β 相相同，而时效过程中的 β→ω 转变伴随成分改变，热 ω 相的溶质元素浓度有所下降，相应的 β 相富溶质。

合金元素的原子与钛原子的半径差决定 ω 相的形态、尺寸及稳定性。当原子半径较接近时，ω 相与 β 相晶格的错配度较低，共格应变能低，表面能起主导作用，ω 相呈椭圆形，图 3-46（a）为 Ti-10Fe 合金时效产生的椭圆形热 ω 相，尺寸较大、较稳定。当原子半径差别较大时，ω 相与 β 相晶格的错配度较高，界面

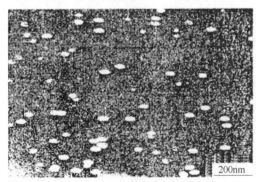

(a) 椭圆形 ω 相

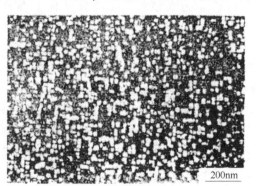

(b) 立方形 ω 相

图 3-46　不同合金系的热 ω 相的 TEM 照片

应变能起主要作用，ω 相呈立方形，图 3-46 （b） 为 Ti-11.5Mo-4.5Sn-6Zr 合金时效产生的热 ω 相，尺寸较小、较不稳定。

　　不同合金发生 β→ω 转变的时效温度有较大的差异，Ti-18V 等合金通常在室温自然时效过程中也能发生 ω 相变。图 3-47 为形成 ω 相的 TTT （时间-温度-转变量） 曲线及相应的硬度变化示意图，曲线 1 对应 α 相开始形成，曲线 2 对应 α 相形成结束，曲线 3 对应 ω 相开始形成，曲线 4 对应 ω 相形成结束，在临界冷却速率附近最容易形成 ω 相，出现最大硬度值。

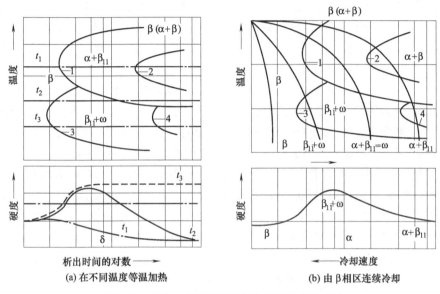

图 3-47　形成 ω 相的 TTT 曲线及对硬度的影响

　　时效后出现的 ω 相使合金的强度、硬度、弹性模量都显著提高，而塑性显著降低，当 ω 相的体积分数达到 80% 以上时，合金无宏观塑性，当 ω 相的体积分数为 50% 左右时，合金有较好的强度与塑性的配合，但也难以满足使用要求。为了保证钛合金的综合性能，通常要控制合金成分和时效温度区间，达到控制硬脆的时效 ω 相的目的。低温时效时，β→α 相的转变需要借助中间相 ω 来完成，ω 相是 α 相与 β 相之间的过渡相，不稳定，加热到较高温度，ω 相即消失。在 Ti-V 合金中，加入 Al 会降低 ω 相稳定的温度、缩短 ω 相稳定的时间、减少 ω 相的体积分数，增加氧含量会减慢 ω 相的形成、减少 ω 相的最大体积分数。在 Ti-Mo 合金中，ω 相的稳定性随合金元素含量的增加而下降，如 Ti-8Mo 合金中时效 ω 相的存在温度范围为 250～500℃，而 Ti-10Mo 合金中时效 ω 相的存在温度范围则为 250～450℃。在非常接近 ω 相稳定的极限最高温度时效时，ω 相只在较短的时间内是稳定的，由 ω 相通过单一反应直接形成 α 相，获得均匀弥散析出的强化 α 相，具有原始 ω 相的形态特征。

3.2.4.2　钛材退火

　　退火是基于回复、再结晶等微观组织变化的热处理过程，主要目的是消除应力、提高塑性和稳定组织，包括普通退火、消除应力退火、完全退火（再结晶退火）、等温退火、双重退火、真空退火等方式，等温退火和双重退火主要用于 α+β 型钛合金。

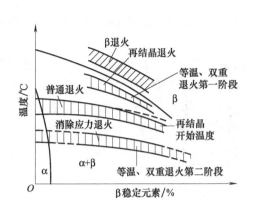

图 3-48　不同退火方式的温度范围示意图

（1）退火方式

普通退火通常在冶金产品出厂前应用，目的是使钛合金半成品的基本应力消除，并且具有较高的强度和符合技术条件要求的塑性，如图 3-48 所示，退火温度一般与再结晶开始温度相当或略低。

消除应力退火又称不完全退火，目的是消除铸造、冷变形及焊接产生的内应力，组织由亚稳态回复到稳定态。消除应力退火的温度通常在再结晶温度以下 50～200℃，大约为 450～650℃，所需时间取决于工件的截面尺寸、加工历史、所需消除应力的程度，冷却方式为空冷、炉冷。对于 β 型钛合金，不完全退火可能产生时效效应或产生时效孕育效果，此时可通过固溶处理消除内应力。焊接件的消除应力退火通常与随后的热处理一并进行，冷成形件的消除应力退火通常与热矫直工艺同时进行。

完全退火可以获得再结晶组织和完全软化，又称再结晶退火，退火温度最好在再结晶温度和相变温度之间，通常在再结晶开始温度以上 100～200℃，温度过高导致氧化和晶粒长大，温度过低导致再结晶不完全，冷却方式采用空冷。α 型、近 α 型、α+β 型钛合金的完全退火温度一般选在 (α+β)/β 相变点以下 120～200℃，近 α 型、α+β 型钛合金在完全退火过程中还有 α 相和 β 相在组成、数量、形态上的变化。亚稳态 β 型钛合金通过固溶处理进行完全退火，退火温度一般为 (α+β)/β 相变点以上 80～100℃。

等温退火是将钛合金加热到再结晶温度以上、低于 (α+β)/β 相变点 30～100℃的温度范围内保温一段时间，然后转移到使 β 相具有高度稳定性的温度范围（通常低于再结晶温度）的炉子保温，最后空冷至室温。等温退火主要用于含 β 稳定元素较高的 α+β 双相钛合金，适用于 TC6、TC11 等热强性钛合金，第二阶段保温的目的是使 β 相充分分解而处于较为稳定的状态，从而使钛合金的组织性能具有较高的稳定性，特别是具有高的热稳定性和持久强度。以 TC6 棒材为例，其 (α+β)/β 转变温度约为 965℃，在 870～920℃保温 1～2h，打开炉门待炉温降至 550～650℃后保温 2h 或移至温度为 550～650℃的炉内保温 2h，最后空冷。

双重退火包括 2 次加热保温和 2 次空冷，第 1 次为高温退火，加热到低于 (α+β)/β 相变点 20～160℃的温度保温，使再结晶充分进行又不使晶粒明显长大，且空冷后保留部分亚稳定相；第 2 次为低温退火，加热到低于 (α+β)/β 相变点 300～450℃的温度保温，在低于再结晶温度的温度保温较长时间，使高温退火得到的亚稳 β 相充分分解，产生强化效应，同时改善 α+β 钛合金的塑性、断裂韧性和组织稳定性。高温服役的钛合金通常要采用双重退火，甚至进行三重退火，以保证其在高温及长期应力作用下的组织性能稳定性。

为了保证钛材具有良好的表面光泽，通常采用真空退火，退火温度为 600～850℃，保温时间为 1～1.5h，真空度要小于 0.33Pa。真空退火的目的是在退火的同时减少氧化和除氢，当钛合金中的氢含量超过规定值时，进行真空除氢处理，可以使钛材中的氢含量不大于 0.015%。

（2）缓慢冷却过程的组织变化

加热的钛合金自 β 相区缓慢冷却时可获得 α、α+β 或 β 组织。α 相的析出包括形核和长大两个过程，形核位置、晶核数量、长大速率与合金成分及冷却条件有关。空冷或炉冷时，由于其冷却较为缓慢，产生的过冷度很小，α相只能在晶界形核，在晶界区的一些晶核向晶内生长，形成位向相同、相互平行的长条状组织，称为平直α组织，如图3-49（a）所示。如果冷却速率极为缓慢，α片自晶界形核而向晶内生长，整个晶粒成为1个丛；如果冷却速率不够慢，在晶粒内部也可形核，生长成独立的α片（针）丛。通常，加热温度越高，保温时间越长，β稳定元素含量越多，β相变点越低，冷却越慢及在β相区变形量越小，α片丛越大。当加热温度较低或冷却速率较快时，形核位置及数量增多，单个α丛相互平行的α片变少变宽，且相互交错而形成网篮状组织，如图3-49（b）所示。

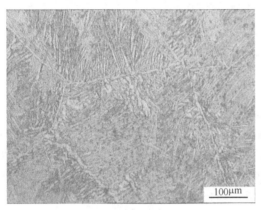
(a) 平直α组织

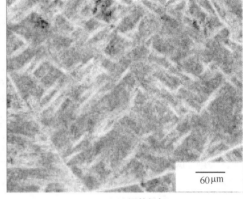
(b) 网篮组织

图3-49 平直α组织和网篮组织

片（针）状α之间存在着转变剩余的β相，合金中β稳定元素含量越少，剩余β相的相对数量越少。在α+β型合金中，剩余β相在α片之间形成连续的网状薄层，在α型和近α型合金中，剩余β相形成更薄的不连续网状薄层，在光学显微镜下看似晶界或相界。片间薄层的成分和数量随合金的加热温度及冷却速率而变化，冷却速率很慢时，片间β层会分解析出极细针状的α，较快的冷却速率可以抑制β层分解，但在温度升高等条件下也会发生分解。

α+β型合金从两相区慢冷时，析出的α相可在β晶界也可在原来的α相界面形核，在α界面形核析出的α相的位向与原先存在的α相的位向不同，其厚度则随着冷却速率的减慢而增加。在晶内形核析出的α相与残余β相混合并存，称为β转变组织。

在连续冷却过程中，一定温度范围内可能会形成β/α界面相，为β→α转变过程的中间相，位于β相一侧先形成块状相，为面心立方晶格，然后在位于α相一侧形成密集的直条相，为密排六方晶格。β/α界面相的存在对α+β型合金的拉伸、疲劳性能及断裂行为产生影响，屈服强度升高，塑性降低。

3.2.4.3 固溶淬火

固溶处理工艺应能保证合金元素充分固溶于固溶体中，但是，由于合金元素在β相区中的扩散系数较大，加热钛合金到高温相区极易形成粗大β晶粒组织，因此，固溶处理首先要确定合适的固溶温度。固溶时间受合金成分、固溶温度和工件截面尺寸影响，对于两相合金的保温时间要长些，降低固溶温度相应要延长保温时间，工件截面尺寸越大，保温时间越长。

（1）固溶淬火工艺的确定

对于近α和α+β合金，固溶处理的目的是获得α'、α″或少量β'相，固溶处理温度通常要比（α+β）/β相变点低40～100℃，位于两相区的上部温度范围，如果加热到β单相区会导致晶粒粗化。这类合金的淬火转移要尽量快，对于薄板，一般淬火转移时间不能超过10s，否则会产生剧烈温降，导致α相在原始β相晶界形核并长大，淬火介质可采用水或油，采用油作淬火介质可防止淬火变形。

对于亚稳β型和β型钛合金，固溶处理的目的是获得亚稳β相，固溶处理通常选择在（α+β）/β相变点以上40～80℃的温度范围进行，固溶温度过低，原始α相多，固溶温度过高，会导致晶粒粗化和增加氧化，可采用空冷或水冷，TB2等合金通常采用空冷防止淬火变形和提高经济效益。

对于α+化合物合金，固溶处理的目的是获得过饱和α固溶体，固溶温度为略低于共析温度，如Ti-2Cu合金，共析温度为798℃，固溶温度为790℃，冷却方式为空冷。

（2）快速冷却过程中的相变

钛合金自高温快速冷却时，可能转变为α′（或α″）马氏体、ω或过冷β等亚稳定相。当冷却速率大于200℃/s时，β相转变为α相的过程来不及进行，发生马氏体相变，β相原子发生集体的、有规律的迁移。如果β稳定元素含量不高，β相原子可发生较大距离的迁移，晶体结构由体心立方转变为密排六方，形成具有六方结构的过饱和固溶体，称为六方马氏体（α′）。六方马氏体有2种组织形态：合金元素含量少时，M_s点较高，如图3-50（a）和图3-50（b）所示，形成板条状马氏体，板条内有密集的位错；合金元素含量较高时，M_s点较低，如图3-50（c）和图5-50（d）所示，形成针状马氏体，针内侧有大量细孪晶。

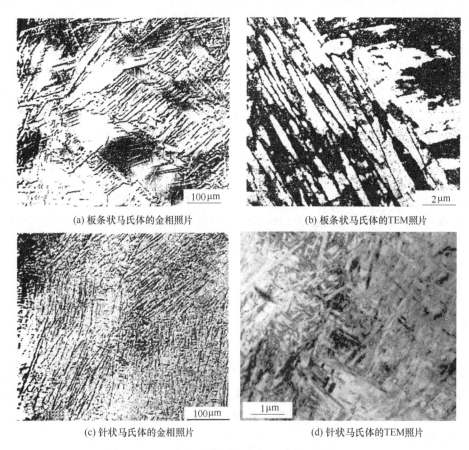

(a) 板条状马氏体的金相照片　　100μm

(b) 板条状马氏体的TEM照片　　2μm

(c) 针状马氏体的金相照片　　100μm

(d) 针状马氏体的TEM照片　　1μm

图3-50　六方马氏体α′的金相照片和TEM照片

如果β稳定元素含量较大，β相晶格转变的阻力较大，不能转变为密排六方晶格，形成具有斜方晶格的过饱和固溶体，称为斜方马氏体（α″），其合金元素含量更高，M_s更低，如图 3-51 所示，马氏体针状更细，用电镜可以观察到密集的孪晶结构。

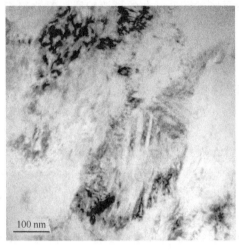

(a) 明场像

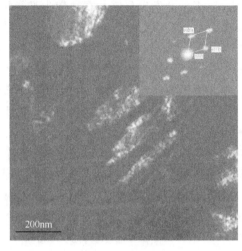

(b) 暗场像

图 3-51　斜方马氏体 α″的 TEM 照片

将不同成分的合金自不同温度淬火获得的显微组织表示在相图上，得到 3-52（a）所示的亚稳相图，自 β 相区淬火后，合金的硬度与成分的关系如图 3-52（b）所示。由亚稳相图可以获知任一成分合金自任一温度淬火所得组织，硬度曲线上的第一个峰是 α′相出现引起的，第二峰值是 ω 相出现导致的。

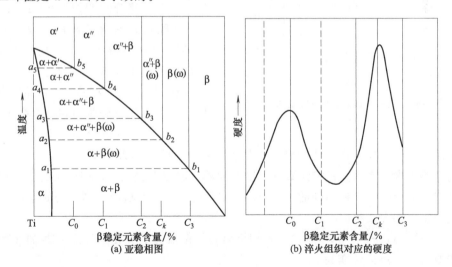

图 3-52　钛合金的亚稳相图及淬火组织对应的硬度

钛合金的固溶淬火与铝合金基本相似，但是，钛合金与钢一样，淬火都可以得到马氏体，钢的淬火马氏体硬度高，通过回火可以使其软化，钛马氏体硬度不高，通过时效硬化。此外，钛合金的淬透性不是指淬火后的硬化深度，而是指保留亚稳定 β 相的深度。

3.2.4.4 人工时效

钛合金淬火获得的 α'（α''）相、ω 相、过冷 β 相（亚稳 β 相），在热力学上是不稳定的，加热到一定温度会发生分解，在转变为平衡相前要经过系列复杂的过渡阶段，最终组织与相图上的平衡组织对应。对于同晶型 β 合金，分解产物为 $\alpha+\beta$，对于共析型 β 合金，分解产物为 $\alpha+ \text{Ti}_x\text{M}_y$。

（1）过冷 β 相的分解

密排六方结构的 α 相在体心立方结构的 β 相基体中形核比较困难，亚稳定 β 的分解要经过一些中间分解过程，生成过渡相再转变为平衡的 α 相，至于生成何种过渡相，取决于加热温度和合金成分。

当加热温度较低时，亚稳定 β 相中的合金元素在加热过程中发生偏聚，使 β 相内的一些微观区域溶质原子富化，相邻区域则为溶质原子贫化区，发生相分离反应，即 $\beta_{亚}\rightarrow\beta_{富}+\beta_{贫}$（$\beta'$）。随着加热温度升高或加热时间延长，视 β 相化学成分不同从溶质原子贫化区析出 α'' 相或 ω 相，最后，在贫化区析出的 α'' 相或 ω 相分解为平衡的 $\alpha+\beta$，即 $\beta_{亚}\rightarrow\beta'+\beta\rightarrow\alpha''+\beta\rightarrow\alpha+\beta$ 或 $\beta_{亚}\rightarrow\beta'+\beta\rightarrow\omega+\beta\rightarrow\alpha+\beta$。$\beta'$ 为体心立方结构，对力学性能没什么影响，但是 α 相在 β' 区域弥散形核长大，随着时间延长，β' 相与 α 相共存，产生时效强化。时效 ω 相是 β 相和 α 相之间的过渡相，ω 相以较小尺寸和非常高的颗粒密度共格析出，有利于 α 相弥散析出。

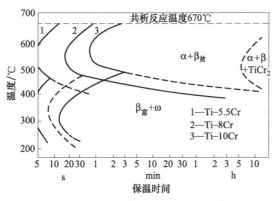

图 3-53 Ti-Cr 合金的等温转变曲线

合金元素含量对过冷 β 的稳定性有较大影响，图 3-53 为不同成分的 Ti-Cr 合金的等温转变曲线，含 Cr 量越高，过冷 β 越稳定，分解开始及终了所需的时间越长，C 曲线越往右移，由于 Ti-Cr 合金有共析转变，其最终分解产物为 $\beta+\alpha+\text{TiCr}_2$。

β 稳定元素含量高的合金，在 $200\sim500$℃范围内加热时，体心立方的 β 相能够分解为两种不同成分的体心立方相，分别为 β 和 β'，β' 与 β 相共格，β' 的形态随两种体心立方相的成分差别和错配度而变化。

（2）马氏体的分解

马氏体的分解取决于马氏体的成分、合金元素的性质、淬火组织中与马氏体共存的相、热处理制度等因素，而含 β 稳定元素的浓度又随淬火温度而变化，这些因素的变化都会引起马氏体稳定性的变化，导致不同的分解过程。α'' 马氏体有 4 种析出序列，而 α' 马氏体的分解过程与其中①、②方式相似。

①$\alpha''\rightarrow\alpha_{贫}''+\beta_{亚}\rightarrow\alpha'+\beta_{亚}\rightarrow\alpha+\beta$，$\alpha''$ 相析出非平衡成分的 β 相，导致 α'' 相的 β 稳定元素贫化，转变为 α'，进而转变为 α；

②$\alpha''\rightarrow\alpha+\alpha_{富}''\rightarrow\alpha+\beta_{亚}\rightarrow\alpha+\beta$，从 α'' 相中析出 α 相，导致 α'' 相的 β 稳定元素富化，转变为非平衡成分的 β，再转变为平衡成分的 β；

③$\alpha''\rightarrow\alpha_{贫}''+\alpha_{富}''\rightarrow\alpha_{贫}''+\beta_{亚}\rightarrow\alpha+\beta$，先在 α'' 相中形成 β 稳定元素贫化区和富化区，富化区转变为非平衡成分的 β 相，再转变为平衡成分的 β 相；

④$\alpha''\rightarrow\beta_{亚}\rightarrow\beta_{贫}''+\beta_{富}''\rightarrow\omega(\alpha')+\beta_{亚}\rightarrow\alpha+\beta$，$\alpha''$ 相发生马氏体的逆转变，形成亚稳 β，再

分解为合金元素贫化区和富化区,贫化区析出ω或α′,富化区转变为非平衡成分的β相,再转变为平衡成分的β相。

当加热到300~400℃时,马氏体发生较强烈的分解,加热到400~500℃可获得弥散的α+β组织,使合金弥散强化。

(2)人工时效工艺确定

加热到一定温度进行人工时效时,淬火得到亚稳相按一定方式分解而产生强化效应,其强化效果取决于亚稳相的类型、数量、成分及时效析出相的弥散度,分解为弥散的α相或β相,可使合金得到显著强化。一般情况下,淬火所获亚稳相β、α′、α″的时效强化效果依次递减,随着合金中β稳定元素含量的增多,淬火获得的亚稳β相的数量增加,当β稳定元素含量达到临界浓度时,淬火可全部得到亚稳β相组织,时效强化效果最好。不同合金元素产生不同的强化效果,稳定β相能力越强的元素,其临界浓度越低,强化效果越好,有几种β稳定元素时,综合强化效果大于单一元素的强化效果。β稳定元素含量较高的α+β合金和亚稳β钛合金可以获得较好的时效强化效果。

对于成分一定的钛合金,根据时效过程的温度-时间-转变量关系的TTT图(等温转变动力学曲线)可以确定合金的时效工艺。通常,α+β钛合金的时效温度为500~600℃,时效时间为4~12h,β钛合金的时效温度为450~550℃,时效时间为8~24h,冷却方式均为空冷。图3-54(a)为Ti-11.5Mo-6Zr-4.5Sn合金的TTT图,图3-54(b)为Ti-4.5Cr合金的TTT图,其中γ相为TiCr₂,合金成分不同,C曲线的形状和位置不同,相应时效工艺发生变化。

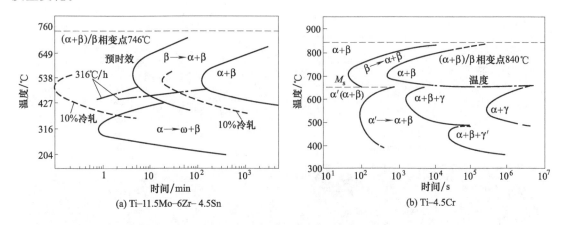

(a) Ti-11.5Mo-6Zr-4.5Sn   (b) Ti-4.5Cr

图3-54 α+β合金和可热处理强化β合金的等温转变动力学曲线

采用较高的时效温度,可以获得较好的韧性和抗剪切性能,如果时效温度高于钛合金的服役温度,时效也相当于稳定化处理,使钛合金在服役温度有较好的热稳定性。时效前的冷加工和低温预时效可加速亚稳β相的分解速率,并使α相弥散度增加,冷变形后时效处理可提高β合金的抗拉强度和弹性模量。根据时效后获得的强度水平,有峰值时效和过时效之分,为了控制析出相的大小、形态、数量,某些钛合金还可采用多级时效,采用阶梯式升温,低温下长时间保温,使α相均匀弥散析出,高温下短时保温,使α相聚集长大,获得均匀析出的α相,可以大大改善合金的塑性,强度仅有小幅下降。

近α合金和β稳定元素较少的α+β合金,马氏体分解的弥散度较低,时效强化效果不显著,时效处理仅起辅助作用,主要依靠固溶处理获得较好的综合性能。

3.3 不同组织的钛合金

钛合金有 α 相和 β 相两种基本相，钛合金的性能在很大程度上取决于 α 相和 β 相本身的性能及其在合金中的形态、大小、分布和所占比例。β 相的强度高于 α 相的强度，且滑移系统较多，更容易承受塑性变形，高强钛合金通常是以 β 相为基的合金。α 相的耐热性、抗蠕变性能均比 β 相好，高温钛合金通常为 α 合金和近 α 合金。

3.3.1 钛合金的典型组织

钛合金的基本组织为以 α-Ti 为基的 α 固溶体和以 β-Ti 为基的 β 固溶体，α 合金、近 α 合金和许多 α+β 合金的基体为 α 固溶体，β 合金的基体为 β 相。钛合金的显微组织主要取决于合金成分、变形工艺和热处理过程，典型组织为片层（魏氏）组织、网篮组织、等轴组织、双态组织，如图 3-55 所示。

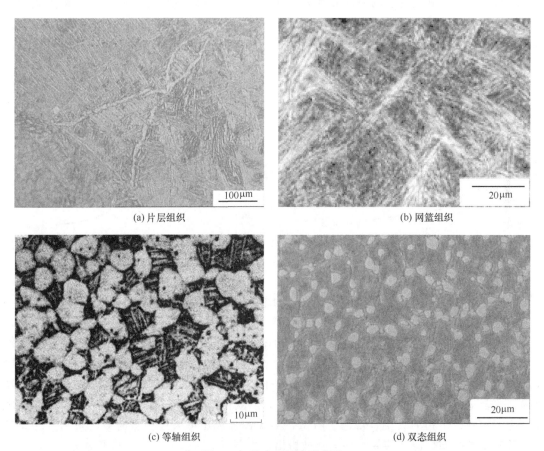

(a) 片层组织   (b) 网篮组织

(c) 等轴组织   (d) 双态组织

图 3-55　钛合金的典型组织

钛合金加热到 β 相区未变形或变形量不大的情况下，缓慢从 β 相区冷却下来时会形成片层组织，又称魏氏组织，如图 3-55（a）所示，原始 β 晶粒粗大且晶界清晰可见，晶界有连

续的 α 相，在原始 β 晶粒内形成尺寸较大的束集，同一束集内有较多的 α 片互相平行，冷速较慢时，片状 α 相较宽。片层组织钛合金的断裂韧性好、持久强度和蠕变强度高，但是，塑性尤其是断面收缩率远低于其他组织的合金，疲劳强度、抗缺口敏感性、热稳定性和抗热应力腐蚀性很差，随着 α 束集变小、晶界 α 变薄，综合性能有所改善。

钛合金在 β 相区加热或开始变形，或在 α＋β 双相区的变形量不太够时，通常形成网篮组织，如图 3-55（b）所示，其特征是原始 β 晶界被不同程度破坏，晶界 α 相不明显，原始 β 晶粒内的 α 片较短、束集尺寸较小，各片丛交错排列。网篮组织的综合性能较好，细小的网篮组织不仅有较好的塑性、冲击韧性、断裂韧性和高周疲劳强度，还有较好的热强性。

钛合金在 α＋β 双相区的底部加热和变形时，易形成等轴组织，如图 3-55（c）所示，在含量超过 50％的初生 α 相均匀分布的基体上，分布着一定数量的转变 β 组织，变形温度越低，初生 α 相数量越多。具有等轴组织合金的塑性、疲劳强度、抗缺口敏感性、热稳定性较好，但是，断裂韧性、持久强度和蠕变强度较差。

钛合金加热到 α＋β 双相区的较高温度和较大变形量的热变形时，通常获得双态组织，如图 3-55（d）所示，在 β 转变组织的基体上分布有互不相连的 α 相（总含量不超过 50％），其中 α 相有等轴状和片状两种形态，分别为初生 α 相和次生 α 相。双态组织和等轴组织的性能大致相等，仅随所含初生 α 数量变化而变化，双态组织的疲劳强度和塑性比魏氏组织好，但是，断裂韧性和高温性能不如魏氏组织和网篮组织。

3.3.2 α 型钛合金的特点

退火组织为以 α 钛为基体的固溶体合金称为 α 型钛合金，可细分为 α 钛合金和近 α 钛合金，焊接性能良好。α 钛合金包括工业纯钛、只含 α 稳定元素和少量中性元素的合金，退火空冷组织为 α 单相固溶体，具有良好的组织稳定性和耐热性，在 500～600℃ 的温度范围，仍保持其强度和抗蠕变性能。但是，α 钛合金不能通过热处理强化，主要通过添加中性元素来强化，一般只有中等室温强度。近 α 钛合金含有 Al 和中性元素、少量 β 稳定元素（＜2％），在稳定状态下以 α 相为主，含有少量（2％～6％）的 β 相或金属间化合物，有很好的热强性和热稳定性，合金的使用温度可以提高到 600℃。表 3-12 为 α 和近 α 型钛合金的典型牌号及特点。

表 3-12 α 和近 α 型钛合金的典型牌号及特点

类型	中国牌号	国外牌号	化学成分	特点与应用
α	TA5	48-OT3	Ti-4Al-0.005B	具有优良的焊接性能和耐腐蚀性能,适于制造海洋环境使用的结构件
α	TA7 (TA7ELI)	Gr.6(美) BT5-1(俄)	Ti-5Al-2.5Sn	中强 α 钛合金,室温和高温均具有良好的断裂韧性,焊接性能良好,可制造机匣壳体、壁板等构件,可在 500℃ 长期工作,也适于低温应用
α	TA9	Gr.7(美)	Ti-0.2Pd	加入少量 Pd,改善了合金在中性介质中的耐蚀性,特别是抗缝隙腐蚀能力
近 α	TA10	Gr.12(美)	Ti-0.3Mo-0.8Ni	耐蚀性能显著优于纯钛而接近 TA9
近 α	TA11	Ti-811	Ti-8Al-1Mo-1V	具有较高弹性模量和较低密度,室温强度与 TC4 相当,高温强度高于 TC4,可制造发动机压气机盘、叶片和机匣等,可在 500℃ 长期工作

类型	中国牌号	国外牌号	化学成分	特点与应用
近α	TA12		Ti-5.5Al-4Sn-2Zr-1Mo-2.5Si-1Nd	可在550℃长期工作,具有良好的工艺塑性,适于制造航空发动机压气盘、鼓筒、叶片等
近α	TA15	BT-20(俄)	Ti-6.5Al-2Zr-1Mo-1V	高铝当量的近α型钛合金,既具有α型合金良好的热强性和可焊性,又有与α+β型钛合金相似的工艺塑性,适于制造在500℃长期工作的航空零件
近α	TA16	ΠT-7M(俄)	Ti-2Al-2.5Zr	低强度高塑性,耐腐蚀性能和焊接性能优异,适于做管材
近α	TA17		Ti-4Al-2V	低强度高塑性,优异的抗疲劳和抗裂纹扩展能力,耐蚀、可焊、易成形
近α	TA18	Gr.9(美)	Ti-3Al-2.5V	焊接性能和冷成形性能优于TC4,冷加工无缝管,主要用于航空液压和燃油等管路系统
近α	TA19	Ti-6242S(美)	Ti-6Al-2Sn-4Zr-2Mo-0.1Si	可在500℃长期工作,高温强度和蠕变性能优于TA11合金,适于制造航空发动机的压气机机匣和飞机蒙皮等
近α	TA21	OT4-0(俄)	Ti-1Al-1Mn	低强度高塑性,成形性能和焊接性能优良,主要用作管材和钣金件
近α	TA22		Ti-3Al-0.8Mo-0.8Zr-0.8Ni	中强可焊,可耐高温海水腐蚀,适于制造舰载机管路系统零件
近α	TA24		Ti-3Al-2Mo-2Zr	中强可焊,耐海水腐蚀,适于制造热交换器管板类零件
近α		Ti-53311S	Ti-5Al-3Sn-3Zr-1Nb-1Mo-0.3Si	热强钛合金,可在550℃长期工作,适于制造各类航空发动机高温零部件

高铝当量的合金主要用于发展热强钛合金,但是,高铝含量可能导致应力腐蚀、析出 Ti_3Al(α_2)脆性相。在研制高温钛合金 Ti-6242S(TA19)时发现,加入 0.1‰Si,可以显著提高合金的抗蠕变性能。

3.3.3 α+β型钛合金的特点

α+β钛合金含有一定量的 Al、不同含量的 β 稳定元素及中性元素,退火空冷组织为 α+β相,β相含量一般为 5%～40%。α+β钛合金可热处理强化,由于同时加入了 α 稳定元素和 β 稳定元素,使 α 相和 β 相都得到强化,综合性能较好,具有良好的韧性、塑性和热加工性能,室温强度高于 α 合金。但是,其耐热性和焊接性能不如 α 合金,只能在 400～500℃的温度范围工作,组织不够稳定,塑性变形后要通过热处理稳定组织结构。表 3-13 为 α+β型钛合金的典型牌号及特点。

表 3-13 α+β型钛合金的典型牌号及特点

中国牌号	国外牌号	化学成分	特点与应用
TC1	OT4-1(俄)	Ti-2Al-1.5Mn	强度比纯钛略高,工艺塑性很好,兼具良好的焊接性能和热稳定性,可在350℃长期工作,适于制造形状复杂的航空钣金件
TC2	OT4(俄)	Ti-4Al-1.5Mn	中强钛合金,具有良好的焊接性能,可在350℃长期工作,适于制造航空钣金件

中国牌号	国外牌号	化学成分	特点与应用
TC4	Gr.5(美) BT-6(俄)	Ti-6Al-4V	中强 α+β 型钛合金,具有优良的综合性能和热加工工艺性能,可在 350℃ 长期工作,适于制造航空发动机的风扇、压气机盘和叶片、飞机的框和接头等
TC6	BT3-1(俄)	Ti-6Al-2.5Mo-1.5Cr-0.5Fe-0.3Si	马氏体型 α+β 钛合金,可在 450℃ 长期工作,具有良好的热强性,兼具优良的热加工性能,适于制造航空发动机压气机盘和叶片、飞机接头等承力件
TC11	BT9(俄)	Ti-6.5Al-1.5Zr-3.5Mo-0.3Si	可在 500℃ 长期工作,具有优异的热强性能、较高的室温强度、良好的热加工工艺性能,适于制造航空发动机压气机盘和叶片等
TC16	BT16(俄)	Ti-3Al-5Mo-4.5V	马氏体型 α+β 钛合金,准高强钛合金,应力集中敏感性小,适于制造紧固件,可在 350℃ 长期工作
TC17	Ti-17(美)	Ti-5Al-2Sn-2Zr-4Mo-4Cr	富 β 稳定元素的 α+β 型高强度钛合金,断裂韧性好、淬透性高、锻造温度宽,适于制造航空发动机风扇和压气机盘等大截面锻件,可在 490℃ 长期工作
TC18	BT22(俄)	Ti-5Al-4.75Mo-4.75V-1Cr-1Fe	退火状态有高强度,淬火状态有高的淬透性(250mm),适于制造承力构件和起落架零件,可在 400℃ 长期工作
TC19	Ti-6246(美)	Ti-6Al-2Sn-4Zr-6Mo	可在 400℃ 长期工作,适合于中等温度、高强度的航空发动机压气机盘、风扇盘和叶片
TC21		Ti-6Al-2Sn-5Zr-2.7Mo-1.45Cr-2Nb	高强韧性损伤容限钛合金,用于重要的航空承载构件
Ti451		Ti-4.5Al-5Mo-2Cr-2Zr-0.2Si	热处理性能好,相同强度下的塑性和韧性优于 Ti-6Al-4V,冷热成形性、焊接性能良好,适于超塑性成形
ZTC3		Ti-5Al-2Sn-5Mo-0.3Si-0.02Ce	在 500℃ 以下具有优良的热强性能,铸造性能好,无热裂倾向,可用于铸造航空发动机机匣、叶轮、支架等铸件
ZTC4	Ti-6Al-4V(美) BT6Л(俄)	Ti-6Al-4V	中强铸造钛合金,可在 350℃ 长期工作,是应用最广的铸造钛合金,可用于铸造机匣、壳体、支架、框架等静止航空构件,也可用于转速不高的叶轮等构件
ZTC5	BT26Л(俄)	Ti-5.5Al-1.5Sn-3.5Zr-3Mo-1.5V-1Cu-0.8Fe	耐热马氏体型 α+β 型铸造钛合金,具有高强韧性匹配和良好的热稳定性,铸造工艺性能好,无热裂倾向,可用于铸造航空航天静止高强构件,可在 500℃ 长期工作

在 α+β 钛合金中,TC1 和 TC2 合金的室温抗拉强度比较低,长期工作温度只有 350℃,但塑性较好、热稳定性好,具有良好的焊接性能和成形性能,也可归于低铝当量的近 α 钛合金。TC4 具有优异的综合性能和加工性能,广泛应用于航空航天领域。TC6、TC11 为典型的热强钛合金,除了含有 6% 以上的铝和一定数量的锆外,还含有一定数量的 β 稳定元素,特别是添加了少量的 β 共析元素 Si,可进一步提高合金的抗蠕变能力。TC16 合金主要用于制作铆钉、螺栓等紧固件,其铝含量较少,β 稳定元素较多,退火状态具有中等

强度，塑性非常好，可以像 β 合金一样采用冷镦成形，可热处理强化到 1030MPa 以上。TC17、TC18、TC19、TC21 为典型的高强 α+β 型钛合金，含有较多的 β 稳定元素，具有较高的强度和淬透性，TC21 合金还有高的损伤容限性能，适于制作截面尺寸较大的结构件。

3.3.4　β 型钛合金的特点

退火组织为以 β 钛为基体的固溶体合金称为 β 型钛合金，可分为近 β 钛合金、亚稳定 β 钛合金和稳定 β 钛合金，未经热处理即可获得较高的强度，淬火时效后可进一步强化，室温强度可达 1370～1660MPa，但是，热稳定性较差，不宜长期在高温下使用，典型牌号及特点如表 3-14 所示。

表 3-14　近 β 和 β 型钛合金的典型牌号及特点

类型	中国牌号	国外牌号	化学成分	特点与应用
近 β	TB2	Ti5583（美）	Ti-5Mo-5V-8Cr-3Al	固溶状态有优良的冷成形性能和焊接性能,时效状态有高强度和良好的塑性匹配,适于制造星箭连接带和航空航天紧固件
近 β	TB3	Ti22	Ti-10Mo-8V-1Fe-3.5Al	固溶状态有优异的冷成形性能,时效状态有良好的强韧性匹配,适于制造航空航天紧固件和弹性元件
近 β	TB5	Ti15-3-3-3（美）	Ti-15V-3Cr-3Sn-3Al	具有优异的冷成形性能,可在室温成形中等复杂的钣金件,也可在 700℃以上超塑性成形,焊接性能优良,适于制造航空航天钣金件和紧固件
近 β	TB6	Ti-10-2-3（美）	Ti-10V-2Fe-3Al	属于高强高韧钛合金,可采用等温锻造,可用于飞机机身、机翼和起落架结构
近 β	TB8	β21S（美）	Ti-15Mo-3Al-2.7Nb-0.25Si	抗氧化、耐腐蚀的高强合金,可用于中等复杂程度的冷成形钣金零件和高强、抗氧化的承力构件,箔材可作复合材料的基体
近 β	TB9	βc（美）	Ti-3Al-8V-6Cr-4Mo-4Zr	高强、耐蚀,可制作紧固件、弹簧、扭力棒等,箔材可作复合材料的基体
近 β	TB10		Ti-5Mo-5V-2Cr-3Al	比强度高,断裂韧性好,淬透性高,热加工性能和切削性能优良,可用于高强的航空航天构件
β	TB7	Ti-32Mo（美）	Ti-32Mo	有优异的耐蚀性能
β	Ti-40		Ti-15Cr-25V-0.2Si	阻燃钛合金,适于航空发动机部件,可在 500℃长期工作

近 β 钛合金也称过渡型 α+β 钛合金，兼有 α+β 两相合金和亚稳定 β 相合金的性能特征，可通过淬火时效实现高强化，有很好的冷加工特性，主要用于制作航空航天用大型锻件和高强塑性变形板材。亚稳定 β 钛合金可热处理强化，采用空冷或水淬，几乎都可以获得完全亚稳定 β 相，经时效处理后可以达到很高的强度，具有优于 α+β 合金的室温强度、断裂韧性和淬透性，在退火态或固溶态均具有很好的工艺塑性和冷成形性，可制造大型航空航天结构件。但是，亚稳定 β 钛合金对杂质元素敏感，尤其是对氧高度敏感，高温组织不稳定，耐热性能差，只能在 300℃以下使用，固溶态合金的焊接性能较好，时效态合金的焊接性能较差，在热变形和焊接后，需要进行热处理。

当 β 稳定元素的含量超过一定数值（>30%）后，β 转变温度就会降到室温以下，退火

组织为稳定的 β 单相组织，可在高达 1000℃ 的温度环境短时服役，在一些腐蚀介质中具有很高的抗腐蚀能力。目前已开发的稳定 β 钛合金很少，只有耐蚀的 TB7（Ti-32Mo）合金、阻燃钛合金 Alloy C（Ti-35V-15Cr）和 Ti40（Ti-25V-15Cr-0.2Si）。

3.4 不同性能的钛合金

3.4.1 高温钛合金

高温钛合金又称耐热钛合金，能长期在较高温度工作，在服役温度有较高的持久强度、较好的蠕变抗力和热稳定性，常温和高温均有好的抗疲劳性能，还有较好的室温塑性。

3.4.1.1 不同服役温度的钛合金

1954 年，美国研制出了 Ti-6Al-4V 合金，为第 1 个高温钛合金，兼具 α+β 两相特征，可在 300~350℃ 使用，在"阿波罗"飞船、"宇宙神"导弹、"徘徊者"卫星等航天器得到了应用，但是，Ti-6Al-4V 合金存在耐热性不够好、淬透性不理想、冷加工性能较差、制备工艺复杂等缺点。近 α 型钛合金兼具 α 型合金优异的抗蠕变性能和 α+β 型合金的高强度，在近 α 型合金中加入多种合金元素相继开发了一些固溶强化型的高温钛合金，加入 Al、Sn、Zr 等元素提高钛合金的再结晶温度，加入 Mo、W、Nb、Fe、Cr 等元素提高钛合金的高温强度，通过多相化和形成化合物相显著提高钛合金的高温强度，最高工作温度由 350℃ 提高到了 600℃。表 3-15 为不同服役温度的典型钛合金。

表 3-15 不同服役温度的典型钛合金

350℃	400℃	450℃	500℃	550℃	600℃	650℃	研制国家
Ti-64	Ti-6246 IMI550 Ti-17	IMI679 Ti-811	IMI685 Ti-6242	Ti-6242S IMI829	IMI834 Ti-1100	Ti-25Al-10Nb- 3V-1Mo	欧美
OT4 OT4-1	BT6 BT22	BT3-1 BT8M	BT9 BT20	BT25Y	BT18Y BT36		俄罗斯
TC1 TC2 TC4	TC17 TC18	TC6	TA7 TA15 TC11	TA12	Ti60 Ti600 BTi-62421S	Ti65 TD3（Ti₃Al） BTi-6431S	中国

图 3-56 为英国和我国发动机使用的钛合金零部件，英国罗-罗公司 593 发动机的压气机零件几乎都是用钛制成，如图 3-56（a）所示，使用 IMI550 合金制造了低压和高压盘，我国也将多种钛合金应用于喷气发动机上，如图 3-56（b）所示为采用 TC11 合金制造的高压压气机转子。

近年来，各国已投入使用和正在研制的 600℃ 高温钛合金大多是由 Ti-Al-Sn-Zr-Mo-Si 系合金发展而来的，为近 α 型高温钛合金，在钛合金中加入 Sn、Zr、Mo 和 Si 等元素，充分发挥 Al 固溶强化作用。表 3-16 列出了可耐 600℃ 及以上温度的典型高温钛合金的名义成分和性能。

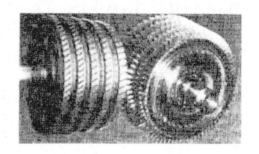

(a) 用IMI550合金制造的盘   (b) 用TC11合金制造的高压压气机转子

图 3-56 英国和我国发动机使用的钛合金零部件

表 3-16 可耐 600℃ 及以上温度的典型高温钛合金

合金牌号	名 义 成 分	β相转变温度/℃	研制国家
IMI834	Ti-5.8Al-4Sn-3.5Zr-0.5Mo-0.7Nb-0.35Si-0.06C	1045±10	英国
Ti-1100	Ti-6Al-2.75Sn-4Zr-0.4Mo-0.45Si	1015	美国
BT36	Ti-6.2Al-2Sn-3.6Zr-0.7Mo-5W-0.1Y-0.15Si	1015±10	俄罗斯
Ti-600	Ti-6Al-2.8Sn-4Zr-0.4Mo-0.45Si-0.1Y	1010	中国
Ti-60	Ti-5.6Al-4.8Sn-2Zr-1Mo-0.35Si-1Nd	1025	中国
Ti-65	Ti-6Al-4Sn-4Zr-0.5Mo-0.4Nb-2.5Ta-0.4Si-0.06C	1050±15	中国
BTi-62421S	Ti-6Al-2Sn-4Zr-2Nb-1Mo-0.2Si	1005±5	中国
BTi-6431S	Ti-6.5Al-3Sn-3Zr-3Nb-3Mo-1W-0.2Si		中国

可以看出，可耐 600℃ 的高温钛合金都含有一定数量的强 α 稳定元素 Al、中性元素 Sn、Zr，以及少量（＜4％）的 β 稳定元素。Al 是高温钛合金中最为重要的合金元素，但是，为了防止 Ti_3Al （$α_2$）相析出而使合金脆化，铝当量通常要控制在 8％ 以下，Sn 和 Zr 的加入可使 Ti-Al 系合金的蠕变抗力提高，而塑性基本不降低。少量的 β 稳定元素可以减缓 $α_2$ 相的形成，还可以改善合金的工艺塑性，其中 Mo 是高温钛合金中最为常用的 β 稳定元素，加入少量 Mo(＜1％) 后，合金具有良好的高温蠕变性能和热稳定性，Mo 还能强化高温钛合金中的 β 相。Si 是提高钛合金热强性的重要元素之一，高温钛合金中通常含 0.1％～0.5％ 的 Si，可使合金的高温蠕变抗力大大提高。

IMI834 合金是英国在 IMI685 合金成分的基础上研制出来的，加入了 0.5％ Mo 及 0.7％ Nb，在不损害热稳定性的同时，最大限度地提高了合金的强度；加入了 0.06％ C，可扩大两相区的加工窗口、优化组织、有效控制初生 α 相的含量。通过适宜的热处理制度控制初生 α 相、硅化物粒子和有序 $α_2$ 相的含量与尺寸，使 IMI834 合金具有良好的室温强度、高的蠕变强度、良好的疲劳强度和焊接性能。IMI834 合金已在多种发动机上得到应用，如 B777 飞机的 Trent700 发动机的高压压气机的轮盘、鼓筒及后轴，EJ200 发动机的高压压气机转子，普惠公司的 PW350 发动机也采用了 IMI834 合金。

Ti-1100 合金是美国在 Ti-6242S 合金成分的基础上，通过调整 Al、Sn、Mo 和 Si 元素的含量开发出来的，要求 O 的质量分数低于 0.07％、Fe 的质量分数低于 0.02％，杂质元素含量的降低对合金的抗蠕变和热稳定性能均有益。Ti-1100 合金已应用于美国航天飞机的热防护系统、亚轨道单级入轨火箭运载器 X-33 机身背风面大面积防热系统、T55-712 改型发动机的高压压气机轮盘和低压涡轮叶片等。

俄罗斯在 BT25 合金的基础上研制出了 BT25Y（Ti-6.5Al-1.8Sn-3.8Zr-4Mo-1W-0.18Si）合金，β 转变温度为（970±15）℃，可在 450~550℃长期使用，已用于航空发动机的整体叶盘和高压压气机离心叶轮，但是，其淬透性较差，截面最大厚度尺寸不能超过 60mm，限制了其在大截面锻件上的应用。对于在 550~600℃服役的发动机部件，俄罗斯推荐使用 BT18Y（Ti-6.5Al-2.5Sn-4Zr-0.7Mo-1Nb-0.25Si），而新研制成功的 BT36 合金，含有 5%W 和 0.1% Y，含 W 的合金比含 Cr 的合金具有更好的热稳定性与热强性，可在 600℃长期使用。

Ti-60 和 Ti-600 合金是我国研发的含稀土元素的 600℃高温钛合金，前者含 1%Nd，后者含 0.1%Y，加入微量稀土元素可以细化晶粒，使合金塑性和热稳定性大大改善。在 Ti-60 合金中，Al、Si、Sn 等合金元素含量比 Ti-55 合金有所增加，因而合金的热强性进一步提高，加入 1%Nd 后，合金组织细化、抗氧化能力提高，在 600℃具有热强性和热稳定性的最佳匹配。我国研制的 Ti-600 合金已达到工业化规模，其室温和高温力学性能与国内外其他 600℃高温钛合金（IMI834，Ti-1100，BT36）相当，其蠕变性能优势较明显，在 600℃和 150MPa 应力下经 100h 蠕变后，残余变形量仅为 0.06%~0.10%。

Ti65 是我国研制的高合金化的高温钛合金，合金元素总含量接近 18%，通过在 α+β 两相区较低温度锻造和在 α+β 两相区较高温度固溶处理获得双态组织，β 转变组织的基体上有少量球状初生 α 相（5%~25%），从而具有热稳定性、抗蠕变和疲劳性能的最佳匹配，长期使用温度可达 650℃，最大淬透截面尺寸可达 80mm，且具有良好的可锻性、可焊接性和抗氧化性。

BTi-62421S 是高铝当量的近 α 型钛合金，既具有 α 型钛合金良好的热强性和可焊性，又具有接近 α+β 型钛合金的塑性，还具有较高的使用温度（550~650℃），与 TA19（Ti-6242S）钛合金相比，以 2Nb 取代了 TA19 中的 1Mo，略微降低了钼当量，提高了合金的高温抗氧化性，其在 550℃的高温持久、抗蠕变和热稳定性能优于 TA19 合金。BTi-6431S 钛合金的 Al 当量为 9.0，Mo 当量为 4.6，属于马氏体型 α+β 两相钛合金，使用温度高达 650~750℃，具有良好的热强性和可焊性，且具有较好的塑性，在 600~650℃的高温持久、抗蠕变和热稳定性能优于 BT18Y 合金。

3.4.1.2 阻燃钛合金

钛合金具有很高的氧化生成热，同时导热性能又很差，一旦出现诸如叶片与机匣间的高能摩擦，在高温、高压、高速气流下服役的发动机部件可能产生"钛火"，因此，需要阻燃钛合金。美国、俄罗斯、英国、中国都开展了阻燃钛合金的研究，已有的阻燃钛合金主要为 Ti-V-Cr 系列和 Ti-Cu-Al 系列。

在 Ti-V-Cr 系合金中，致密的 Cr_2O_3 保护膜和液相 V_2O_5 润滑共同产生阻燃作用，V 含量的优选范围为 22%~44%，Cr 含量的优选范围为 13%~36%。20 世纪 80 年代，美国研制出了 Alloy C 合金，又称

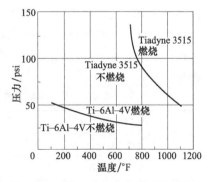

图 3-57 Alloy C 合金与 Ti-6Al-4V 合金阻燃性能对比（1psi=6894.76Pa）

3515TM 合金或 Ti1270 合金，其名义成分为 Ti-35V-15Cr，Mo 当量为 47%。图 3-57 为 Alloy C 合金与 Ti-6Al-4V 合金阻燃性能对比，相比于 Ti-6Al-4V 合金，Alloy C 合金具有较好的阻燃性能，已用于 F119-PW-100 发动机的内环、静子叶片和喷口调节片等多种零部件。

图 3-58　Ti40 合金制成的机匣零件

我国研发了一种高合金化的全 β 型钛合金 Ti-40，名义成分为 Ti-25V-15Cr-0.3Si，Mo 当量为 42.8，对 β 相起稳定作用和固溶强化作用，0.2%～0.5%的 Si 起改善蠕变性能的作用，具有良好的抗燃烧性能和高温性能。当温度不高于 500℃时，Ti40 合金具有优异的蠕变性能，适用于飞机发动机的机匣和叶片，图 3-58 为 Ti40 合金制成的机匣零件。

Ti-Cu-Al 系列合金含有较多的 Cu，优选范围为 13%～18%，对应固/液相线的低点，对阻燃性能起关键作用，一方面铜具有较高的导热性能，另一方面在 955～990℃的共晶温度下形成共晶体，在摩擦作用下发生局部或整体熔化，使干摩擦转变为润滑摩擦，有效起到减摩、降温作用。表 3-17 为俄罗斯研制的 2 种阻燃钛合金的力学性能，均为 Ti-Cu-Al 系合金，以 Cu 元素为主，添加 Al 元素提高合金的耐热性、降低密度和成本，但对阻燃性能贡献不大，添加 Mo 元素改善工艺性能，其中共析体大约占 50%，共析体在较低温度下软化而使其强度下降，因而可防止部件或者结构件在极端条件下起火燃烧。

表 3-17　俄罗斯研制的阻燃钛合金的力学性能

牌号	R_m/MPa	$R_{p0.2}$/MPa	A_5/%	Z/%	σ_{100}^{650}/MPa	σ_{100}^{650}/MPa	σ_{100}^{650}/MPa
BTT-1	950～1150	900～1100	4～8	15	720	550～600	300
BTT-3	600～750	420～460	10	—	320	—	—

3.4.1.3　Ti-Al 金属间化合物

超声速巡航弹、高超声速巡航弹、可重复使用运载器、亚轨道重复使用跨大气层飞行器等飞行器，要在大于 650℃的温度服役，单纯采用固溶强化难以满足 650℃以上服役环境对钛合金蠕变抗力和强度的要求。以金属间化合物 Ti_3Al（α_2）、TiAl（γ）为基的钛合金，具有高温强度高、抗氧化性强、弹性模量高等优点，因其具有有序结构而有很好的抗蠕变性能，可以使钛合金的服役温度分别提高到 650℃和 800℃。表 3-18 为 Ti-Al 化合物基合金与常规钛合金和镍合金的性能对比，可以看出，Ti-Al 化合物基合金在某些性能上与高温镍合金接近。

表 3-18　Ti-Al 化合物基合金与常规钛合金和镍合金性能对比

性能名称	Ti(基体)	Ti_3Al	γ-TiAl	高温镍合金
密度/(g/cm³)	4.5～4.7	4.1～4.7	3.7～3.9	7.9～8.5
弹性模量/GPa	95～115	120～145	160～180	206
屈服强度/MPa	380～1150	700～990	350～600	800～1200
抗拉强度/MPa	480～1200	800～1140	500～800	1250～1450

续表

性 能 名 称		Ti(基体)	Ti₃Al	γ-TiAl	高温镍合金
工作温度	抗蠕变极限温度/℃	550	750	750~800	800~1090
	抗氧化极限温度/℃	600	650	800~900	870~1090
20℃塑性/%		10~25	2~10	1~4	3~25
工作温度塑性/%		≥20	10~20/660℃	10~60/870℃	20~80/870℃
持久断裂寿命(760℃,270MPa)/h		—	20	100~300	60

与常规钛合金相比，Ti-Al 化合物基合金可节约钽、钨、铼等稀有合金元素，而且还可用便宜的铝来替代常规钛合金中 15%~33% 的钛，因而比常规钛合金的成本更低。但是，Ti-Al 化合物基合金具有室温脆性和加工困难的缺点，添加某些 β 稳定元素，通过合理的热变形和热处理获得均匀细小的等轴组织，可以改善 Ti-Al 化合物基合金的塑性。通常，Nb、V、Mo 等 β 稳定元素可以改善 Ti₃Al 基合金的塑性，Nb、V、Cr、Mn 等 β 稳定元素可以改善 TiAl 基合金的塑性。尽管 TiAl 基合金的常温塑性不如 Ti₃Al 基合金，但其长期稳定性较好，因此应用较多，已经应用于航天航空发动机涡轮和排气阀等零部件中，通常采用熔模精密铸造直接成型，或者先熔铸成 TiAl 合金锭坯，再通过锻造等方法成型。图 3-59 为 GE 公司为 B787 客机研制的 GEnx 发动机的低压涡轮第六和第七级叶片，为铸造 TiAl 合金叶片，取代高温镍基合金，获得了 72.5kg 的减重，这是 TiAl 合金首次在航空发动机上的应用。

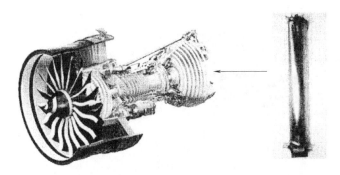

图 3-59　铸造 TiAl 合金叶片应用于航空发动机低压涡轮

图 3-60 为应用于航空发动机的锻造 TiAl 合金叶片，力学性能比铸造叶片大幅提高，可靠性也显著提高，但成本昂贵，主要应用于高性能军用航空发动机。

相比于 Ti 合金及 Ti₃Al 合金，γ-TiAl 合金具有优越的高温性能，与 Ni 基高温合金接近，但密度仅为 Ni 基高温合金的一半。图 3-61 为不同航空结构材料在不同温度下的比强度，可以看出，在 700~900℃ 温度范围内，TiAl 合金的比强度高于 Ti 合金和传统 Ni 基高温合金。相比于其他航空发动机结构材料，TiAl 合金的比刚度约高 50%，有利于延长叶片等部件的使用寿命，在 750~850℃ 温度范围，TiAl 合金具有高于普通高温合金的比强度，设计上可以实现结构减重或减少对相关支撑件的负荷，而且具有良好的阻燃能力。因此，TiAl 合金被认为是新型高推重比航空发动机、航天推进系统的静止件和转动件极具潜力的候选材料。

目前，已经研制出多种合金体系，如美国 Ti-48Al-2Cr-2Nb 合金、Ti-46.5Al-2Cr-3Nb-

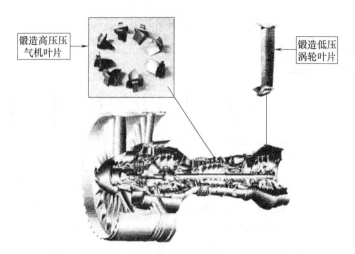

锻造高压压气机叶片

锻造低压涡轮叶片

图 3-60　应用于航空发动机的锻造 TiAl 合金叶片

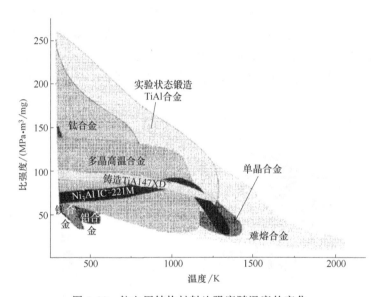

图 3-61　航空用结构材料比强度随温度的变化

0.2W 合金、Ti-47Al-2Mn-2Nb＋0.8TiB$_2$ 合金，欧洲 Ti-47Al-2W-0.5Si 合金，德国 Ti-47Al-3.5Cr-0.8Si 合金，中国 Ti-45Al-(8～10)Nb 合金。

采用真空自耗电弧熔炼方法制备大尺寸 TiAl 基合金铸锭，在控制铸造缺陷、Al 元素微观偏析和 Al 元素挥发方面具有一定的优势，俄罗斯 VSMPO 公司制备出了直径为 960mm、重达 1.0～2.5t 的 TiAl 基合金铸锭，我国制备了尺寸为 ϕ160mm×380mm 的 TiAl 基合金铸锭，主要成分在横截面分布均匀。德国已经采用单级等温锻造把 ϕ270mm×250mm 的 TiAl 基合金铸锭在 α_2＋γ 相区内加工成 ϕ400mm 的锻坯，我国采用两次等温锻造制备了 Ti-47Al-2Cr-1Nb 合金，经过退火热处理得到了晶粒尺寸为 15～20μm 的双态组织。我国采用真空自耗电弧熔炼方法制备的 Ti-43Al-9V-Y 合金铸锭，锻造出 ϕ480mm×46mm 的 TiAl 基合金锻坯，表现出优异的性能，室温屈服强度、抗拉强度、延伸率分别为 680MPa、834MPa、2％，700℃时相应指标分别为 589MPa、693MPa、12％，750℃时相应指标分为 487MPa、552MPa、50%。美国通用电气公司采用熔模精密铸造法铸造的 Ti-47Al-2Cr-2Nb 合金低压涡轮机叶片已安装在 CF6-80C2 型航空发动机上，还铸造出了长度为 200mm、最大宽度为 60 mm 的 GE-90 发动机用过渡导梁板。

3.4.2 低温钛合金

随着空间技术的发展，在低温和极低温环境应用的钛合金增多。表 3-19 为常见低温钛合金的典型力学性能，主要为 α 钛合金和 α+β 钛合金。

表 3-19 常见低温钛合金的典型力学性能

温度	性能指标	BT1-0	OT4	BT5-1	BT6C	BT14	BT16
20℃	R_m/MPa	470	830	820	860	980	870
	$R_{p0.2}$/MPa	400	770	800	810	890	780
	A_5/%	30	24	21	17	15	20
	Ψ/%	65	50	55	55	60	60
	a_k/(MJ/m^2)	2.0	0.9	1.0	1.4	1.3	1.4
−196℃	R_m/MPa	920	1430	1320	1310	1440	1380
	$R_{p0.2}$/MPa	700	1400	1310	1270	1380	1310
	A_5/%	48	13	16	16	10	15
	Ψ/%	60	19	27	48	45	40
	a_k/(MJ/m^2)	2.2	0.5	0.4	0.6	0.4	0.6
−253℃	R_m/MPa	1310	1560	1580	—	—	—
	$R_{p0.2}$/MPa	920	1410	1400	—	—	—
	A_5/%	24	16	15	—	—	—
	Ψ/%	17	10	9	—	—	—
	a_k/(MJ/m^2)	1.3	0.4	0.4	—	—	—

我国早期主要开展了 TA7、TC1、TA18 等钛合金的低温性能研究，3 种合金在 20℃ 的抗拉强度分别为 800MPa、600MPa、700MPa，延伸率分别为 10%、15%、15%；在−196℃ 的抗拉强度分别为 1240MPa、1150MPa、1179MPa，延伸率分别为 20%、25%、20%；在−253℃ 的抗拉强度分别为 1570MPa、1380MPa、1510MPa，延伸率分别为 19.5%、15.4%、2%。近年来，西北有色金属研究院研制出了具有自主知识产权的低温钛合金 CT20，其在 20℃ 的抗拉强度≥670MPa，延伸率≥33%，其在−253℃ 的抗拉强度≥1300MPa，延伸率≥13%。

对于含有 Al、Mo、V、Nb、Fe、Cr、Mn 等合金元素的二元钛合金，当温度由 20℃ 下降到−196℃ 或−253℃ 时，与钛形成固溶体的各种合金化元素对钛合金的冲击韧性有着不同的影响。当钛合金中的 Al 含量由 0 增加到 3% 时，其冲击韧性随着温度下降（由 20℃ 降至−196℃）而显著降低，而当钛合金中的 Al 含量由 3% 增加到 7% 时，其冲击韧性随着温度下降变化不大。能与钛形成共晶体的 Fe、Cr 元素，是最强的 β 相稳定元素，含有 Fe、Cr 元素的钛合金，其 20℃ 和−196℃ 的冲击韧性都会显著降低。

通过严格控制杂质含量（C≤0.08%，O≤0.10%，N≤0.03%，H≤0.008%）可提高钛合金的低温性能，使其能在 20K 温度环境下长期使用。我国常用的低温钛合金 TC4 ELI

和 TA7 ELI 就是降低了 H、O 等间隙元素的含量，其中 TC4 ELI 合金被用于制造低温高压气瓶以及低温导管等零件，TA7 ELI 在低温下具有更高的强度、更好的塑性和韧性，被用于制造液氢储箱等部件，在液氢环境下使用的 TA7 ELI 钛合金气瓶已应用于长征系列运载火箭。针对新一代运载火箭对大容积低温液氧、液氢高压气瓶的需求，我国制备出了 $\phi300mm \times 120mm$ 规格的 TC4 ELI、TA7 ELI 钛合金锻饼，但是，由于 TC4 ELI 和 TA7 ELI 超低间隙合金的工艺性能和冷成形性能较差，严重制约了其使用范围。日本研制出了新型低温结构钛合金 LT700（Ti-3Al-5Sn-1Mo-0.2Si），在低温下具有较高的屈服强度，塑性与 Ti-5Al-2.5Sn ELI 合金相当，且有较好的断裂韧性与屈服强度的配合，其高周疲劳强度高于 TA7 ELI 合金，当温度 $T = 77K$、循环次数 $N = 105$ 时，LT700 合金的最大疲劳强度可达 1300MPa，而 Ti-5Al-2.5Sn ELI 合金只有 1100MPa，LT700 已被用于制作液氢涡轮泵。

3.4.3 低强度钛合金

一般将抗拉强度在 700MPa 以下的钛合金归于低强度钛合金，通常具有较高的塑性和较好的耐腐蚀性能，也可归于高塑性钛合金。表 3-20 为常用高塑性钛合金，其加工性能和可焊性好，可以进行较大的冷变形，可进行机械加工和焊接，可加工成管材及复杂锻件、钣金件等，不能通过热处理强化，一般在退火状态使用，主要用于非承力结构件。

表 3-20 常用高塑性钛合金

牌号	名义成分	α/β 转变温度/℃	抗拉强度 R_m/MPa
TA1	99.2Ti	900	≥340
TA2	99.1Ti	910	≥370
TA3	99.0Ti	930	≥440
TA5	Ti-4Al-0.005B	990	≥680
TA6	Ti-5Al	1010	≥680
TA9	Ti-0.2Pd	910	≥370
TA10	Ti-0.3Mo-0.8Ni	900	≥480
TA16	Ti-2Al-2.5Zr	930	≥570
TA18	Ti-3Al-2.5V	935	≥670
TA21	Ti-1Al-1Mn	890	≥560
TC1	Ti-2Al-1.5Mn	930	≥660
ПT7M	Ti-2.2Al-2.0Zr	—	≥500
OT4-0	Ti-0.8Al-0.8Mn	—	≥500
OT4-1	Ti-1.8Al-1.6Mn	—	≥600
OT4-1V	Ti-3Al-2V	—	≥600

TA1、TA2、TA3 属于工业纯钛，钛含量不低于 99%，含有少量 Fe、C、O、N、H 等杂质，C 在工业纯钛中的溶解度很小，而 O、N 在工业纯钛中具有高的溶解度，因此，工业纯钛的强度水平主要取决于间隙元素 O、N 的含量，随着 O、N 含量的递增，工业纯钛的强度和硬度逐级增加，但塑性、韧性相应降低。工业纯钛塑性好，易于加工成形，可加工成板材、箔材、棒材、丝材、管材、锻件、铸件等各种半成品，焊接和切削加工性能良好，具有

优良的耐腐蚀性能，但是，耐热性能较差，长期使用温度不能高于300℃，且具有氢脆倾向，其室温强度较低，主要用于制造隔热内蒙皮、隔热板、机尾罩、减速板等非承力构件。TA1与美国的Ti40、俄罗斯的BT1-0相近，TA2与美国的Ti55相近，TA3与美国的Ti70相近，通常，有较高的成形性能要求时采用TA1，有较高的耐磨和强度要求时采用TA3，TA2的耐蚀性能和综合力学性能适中，较为常用。

TA10、TA16、TA18、TA21、TC1、ПT7M、OT4-0、OT4-1、OT4-1V为近α型钛合金，其中ПT7M、OT4-0、OT4-1、OT4-1V为俄罗斯的钛合金牌号。近α钛合金保留单相α钛合金所有优点，比α钛合金有更好的加工性能、高温强度和力学性能。TA16和TA18为管材专用钛合金，而TA21和TC1分别为500MPa、600MPa强度级别的高塑性钛合金，主要用于飞机结构板和蒙皮材料，也可用来制造锻件、模压件、棒材、型材、管材、丝材，以及焊接件和各种导管。TC1相当于OT4-1，含有2%的α稳定元素Al，对α相起固溶强化作用，含有1.5%的共析型β稳定元素Mn，具有强化β相并改善工艺塑性的作用，因此，具有比工业纯钛略高的使用强度和很好的工艺塑性，并具有良好的焊接性能和热稳定性，长时间工作温度为350℃，主要用于制造形状较复杂、强度要求不高的板材冲压成形并焊接的零部件，如战斗机后机身的机尾整流罩、蒙皮和外侧壁板等。OT4-0、OT4-1、OT4-1V含有少量Mn或V，为低铝（<3%）合金化的近α钛合金，通常含有3%～5%的β相组织，工艺塑性较高，而强度偏低，具有良好的成形加工性能。OT4-0可制成薄板、带材、箔材、棒材、型材、锻件、丝材、管材和冲压件等，OT4-1含有1.8%Al和1.6%Mn，目前已被OT4-1B（Ti-3Al-2.5V）取代，主要是用V替代了熔炼时易挥发、难控制的合金元素Mn。OT4-1V（Ti-3Al-2V）钛合金的物理性能、力学性能与Ti-2Al-2Mn钛合金相似，但采用等量的钒代替锰，在退火状态使用且有很好焊接性能，接头的强度和塑性几乎与基体金属相同，主要制作板材、带材、薄壁管材、型材、丝材，也可用来制作锻件、模压件、棒材、厚板和其他半成品。

3.4.4 中强度钛合金

中强度钛合金的抗拉强度在700～1000MPa范围，有良好的焊接性能和热稳定性，适于制造焊接结构件和部件，广泛应用于航空航天工业。表3-21为常用中强度钛合金，主要由α相和极少量的β相（平衡状态下占2%～7%）组成，通常在退火状态使用，有些中强度钛合金中增加了β相稳定元素（超过α-Ti中的溶解度）的含量，也可通过淬火和时效强化，但是，除Ti-6Al-4V钛合金外，强化效果都不是很好。

表3-21 常用中强度钛合金

牌号	名 义 成 分	α/β转变温度/℃	抗拉强度 R_m/MPa
TA7	Ti-5Al-2.5Sn	1010	≥780
TA17	Ti-4Al-2V	930	≥780
TC2	Ti-4Al-1.5Mn	940	≥700
TC3	Ti-5Al-4V	965	≥750
TC4	Ti-6Al-4V	995	≥800
TC6	Ti-6Al-2.5Mo-1.5Cr-0.5Fe-0.3Si	970	≥980
TA15	Ti-6.5Al-2Zr-1Mo-1V	1000	≥900

TA7 为具有 α 相的单相钛合金，与工业纯钛一样，对于多种腐蚀介质有较好的耐腐蚀性能，热成形性能良好，板材成形应在加热状态进行，可用于制造薄板、厚板、棒材、型材、锻件、模压件和其他半成品，其锻造和焊接结构具有很好的耐热性能，可以在 500℃ 以下温度长时间工作，也可以在 800～850℃ 短时间工作，用于制造机匣体、壁板等构件。

TA17 为典型的近 α 钛合金，具有良好的室温和高温性能，以及优异的抗冲击、抗疲劳和裂纹扩展能力，其耐蚀性能与工业纯钛差不多，主要用于制成板材，也可用于棒材、锻件、冲压产品和其他半成品，适用于各种焊接方法，其熔化焊接头的强度和延伸率大致接近基体，制造的结构件可在 400℃ 长时间工作。TA17 用途广泛，可制作导弹上的压力容器、火箭发动机壳体，以及飞机的压气机盘、叶片、隔套、防护板、蒙皮、肋、腹板、主翼、横梁、水平尾翼、旋翼桨毂、起落架、支撑架、机轮轮毂等。

TC2 在大多数腐蚀介质中都有很好的耐蚀性能，相比于 TC1，TC2 含有较高的 α 稳定元素 Al，因而具有较高的强度和热强性，而塑性和工艺性稍差，在热态和有限冷态下有良好的成形性能，在冲压复杂结构零件时需要加热。TC2 合金可制成板、带、棒、型材、锻件、模压件和管件等半成品，强度一般在 700～750MPa 范围，适于制造机翼、安定面、襟翼等受力的板材冲压件、焊接构件及各种导管等。由于 Mn 在熔炼过程中容易挥发，通常以 V 替代 Mn，如 Ti-4Al-1.5V 合金，其物理、力学性能类似于 TC2 钛合金，在板材冷成形时具有很好的塑性，其切削及其他机械加工性能良好，并且在大气、海水等大多数腐蚀介质中具有较高的耐蚀性能，被广泛用于钣金半成品、锻件、冲压件、轧棒和管材等，可用于各种焊接方法，熔化焊接头强度和塑性接近于基体的强度和塑性。

TC4 为典型的 α+β 型钛合金，Al 通过固溶强化 α 相来提高合金的室温强度和热强性，而 V 既提高强度又改善塑性，还能抑制 $α_2$ 相（Ti_3Al）的形成。TC4 合金具有良好的热加工成形性能，在加热条件下，可进行挤压、锻造、轧制、冲压等各种压力加工，可生产锻件、棒材、薄板、厚板、型材、丝材等，还可进行超塑性成形，可采用熔化焊、接触焊等多种焊接工艺，其熔化焊接头的强度极限不低于基体强度极限的 90%。TC4 合金可在退火状态使用，也可采用固溶时效强化，具有优异的综合性能，可在 350℃ 长时间工作，也可在 700～750℃ 的温度范围短时间工作。TC4 是应用最广的钛合金，其产量约占各种钛合金半成品总产量的 50%，在航空航天工业中则超过 80%，可用于制造发动机的风扇、压气机盘及叶片，也可用于制造飞机结构中的各种梁、接头、隔框等重要承力结构，还可用于制造高压容器。

TC6 为马氏体型 α+β 两相钛合金，相当于俄罗斯牌号 BT3-1，含有 α 稳定元素 Al、同晶型 β 稳定元素 Mo 和共析型 β 稳定元素 Cr、Fe、Si，β 稳定系数 $K_β=0.6$，加入 2%Mo 可以延缓共析分解，改善热稳定性和抑制脆化。TC6 合金的室温强度和在 450℃ 的热强性能高于 TC4 合金，还具有良好的耐蚀性能、优良的热加工工艺性能和焊接性能。TC6 合金的半成品有棒材、锻件等，一般在退火状态使用，也可进行适当的强化热处理，主要用来制造发动机的压气机盘和叶片等零件，还可用来制造飞机的隔框、接头等承力构件及紧固件。

TA15 对应俄罗斯牌号 BT20，属于高铝当量的近 α 型钛合金，含有中性元素 Zr 和少量 β 稳定元素（Mo、V），具有中等室温强度和高温强度，同时有良好的热稳定性和工艺性能。TA15 合金在退火状态以 α 相固溶体为基体，含有少量 β 相（5%～7%），既有 α 型钛合金良好的热强性和可焊性，又有接近于 α+β 型钛合金的工艺塑性，其热成形性能良好，冷成形塑性较低，在进行板材冲压时，需加热到 800～900℃。TA15 合金的半成品有薄板、厚板、轧棒、锻棒、模锻件、挤压型材、焊接环形件、环轧件、铸件等。相比于 TC4 合金，

TA15 合金有更高的室温和高温强度，可在 500℃ 长时间工作或者在 800℃ 短时间工作。TA15 合金还有比 TC4 合金更好的焊接性能，氩弧焊、接触焊和埋弧焊的焊接性能良好，接头的室温强度和高温强度系数均可达到基体强度的 0.9～0.95。TA15 合金主要用来制造在 500℃ 及以下温度长时间工作的结构零件和焊接结构件，如发动机的叶片、机匣及飞机的钣金件、梁、接头、大型壁板、焊接承力框等结构件。

3.4.5 高强度钛合金

高强度钛合金的抗拉强度大于 1000MPa，表 3-22 为常用高强度钛合金及抗拉强度。高强度钛合金存在淬透性较差和容易氧化等问题，在淬火时效过程中很容易出现变形，而且其 β 稳定元素含量的变化范围很大（4%～18%），致使其物理性能、力学性能和工艺性能具有较大的差别。

表 3-22 常用高强度钛合金及抗拉强度

牌号	名义成分	α/β 转变温度/℃	抗拉强度 R_m/MPa
TB2	Ti-5Mo-5V-8Cr-3Al	740±10	≥1100
TB3	Ti-10Mo-8V-1Fe-3.5Al	750±10	≥1100
TB5	Ti-15V-3Cr-3Sn-3Al	760±10	≥1080
TB6	Ti-10V-2Fe-3Al	805±25	≥1105
TB8	Ti-15Mo-2.7Nb-3Al-0.2Si	815±10	≥1250
TB10	Ti-5Mo-5V-2Cr-3Al	815±5	≥1250
TC18	Ti-4.75Mo-4.75V-1Cr-1Fe-5Al	870±20	≥1080
BT14	Ti-3Mo-1.4Vi-5Al	950	≥1100
BT15	Ti-7.5Mo-10.5Cr-2.5Al		≥1100
ST6	Ti-4.5Mo-6V-11Cr-3Al		≥1100
BT22	Ti-4.5Mo-4.5V-1.2Cr-1Fe-5Al		≥1150
BT37	Ti-4.5Mo-4.5V-1.2Cr-1.2Fe-3Zr-2.5Sn-5Al		≥1200
Ti-B19	Ti-5Mo-5V-4Cr-2Zr-3Al		≥1250
Ti-B20	Ti-5Mo-4V-2Cr-1Fe-2Zr-2Sn-3.5Al		≥1300

TB2（Ti5583）合金为亚稳定的 β 型钛合金，在固溶状态具有良好的冷成形性能和焊接性能，在时效状态具有高的强度和良好塑性的匹配，抗拉强度大于 1100MPa，伸长率保持在 7%～8%。主要半成品有板材、带材、箔材、棒材、丝材、锻件等，板材可制成钣金件、压力容器、固体火箭发动机壳体，带材可制成星箭连接带，箔材可制成波纹壳体和蜂窝结构，丝材能冷镦出各种头型螺钉，并能冷铆和热铆，棒材能冷镦出各种头型螺栓，可在固溶状态或固溶时效状态使用。

TB3（Ti22）合金为亚稳定 β 型钛合金，在固溶状态具有优异的冷成形性能，在时效状态具有高的强度和断裂韧度的良好匹配，适于制造航空航天紧固件，铆钉在固溶处理状态使用，长期工作温度不能超过 200℃，螺栓在时效状态使用，长期工作温度不能超过 300℃。

TB5 合金相当于美国的 Ti-15-3-3-3（Ti-15V-3Cr-3Sn-3Al），为亚稳定 β 钛合金，$K_β$ = 1.476，通过时效处理可获得大于 1080MPa 的强度。相比于 TB2 合金，TB5 合金大大减少了 β 共析型元素及高密度元素的含量，不仅降低了合金的密度，而且可简化熔炼工艺、提高合金成分的均匀性，具有优良的焊接性能。TB5 合金具有与工业纯钛相似的冷成形性能，冷轧变形量可达 90% 以上，可在室温成形中等复杂程度的钣金零件，还可冷镦铆钉和螺栓，铆钉已在歼击机上应用。TB5 合金可加工成板材、管材、棒材、铸件、锻件等，也可在 700℃ 以上进行超塑性成形，采用 TB5 合金板、带材，经吹塑成形的发动机波纹板和托锥已在卫星上应用。

TB6 合金是针对损伤容限设计需要而研制的高强高韧合金，名义成分为 Ti-10V-2Fe-3Al，相近牌号有美国的 Ti-1023、英国的 IMI310，为近 β 型钛合金，其 β 稳定元素总含量接近临界浓度，提高了合金的热处理强化能力，少量的 α 稳定元素 Al，不仅可进一步强化 α 相，还可抑制淬火和时效 ω 相的形成。TB6 合金具有比强度高、断裂韧性好、淬透性好、锻造温度低、耐疲劳性能好、抗应力腐蚀能力强等特点，代替 TC4 合金可减重 20％ 左右。TB6 合金的半成品主要有棒材和锻件，也可制成厚板和型材，可应用于主起落架、前起落架操纵机构和较大的襟翼导轨等，已在 B757、A320、B-1B、幻影 2000、B777 等飞机获得应用。TB6 合金的综合性能可以通过热处理在很大范围内调整，实现不同强度、韧性和高周疲劳性能匹配，满足损伤容限设计需要和高结构效益、高可靠性及低制造成本的要求，在航空航天领域具有很大的应用潜力。

TB8 合金是我国应高减重和长寿命设计需求而研制的可冷成形、锻造和焊接的亚稳定 β 型超高强度钛合金，采用较多的 Mo 元素，因而大大改善了合金的抗氧化性能和抗腐蚀性能。TB8 合金塑性成形性能优良，具有与 TB5 合金、工业纯钛相似的冷成形能力，可生产板材、带材、箔材、丝材、管材、棒材和锻件，其抗氧化性能是工业纯钛的 10 倍、TB5 合金的 100 倍。TB8 合金与美国的 β21S（Ti-15Mo-2.7Nb-3Al-0.2Si）相似，经时效后可达到很高的强度，且具有优良的高温强度和抗蠕变性能、优异的成形性能、较好的焊接性能、高温抗氧化性能和耐腐蚀性能，可在 550℃ 长期工作。TB8 合金广泛应用于飞机液压系统、蜂窝、燃油箱、紧固件、液压管材、钛基复合材料的箔材基体，可用于制造中等复杂程度的飞机冷成形钣金件。TB8 合金是第一个能耐热液压油腐蚀的高强度钛合金，因而可用于发动机舱等可能被液压油污染的部位，利用其良好的高温性能，可用于制造涡轮发动机的结构部件，利用其优良的抗氧化性，可用于制造高温导管和压力管线。

TB10 合金相当于 Ti-5523，名义成分为 Ti-5Mo-5V-2Cr-3Al，为近 β 型钛合金，其比强度高、断裂韧度高、淬透性较好，热加工工艺性能和机加工性能十分优异，加工温度和变形抗力远低于大多数工业钛合金，主要半成品为棒材、厚板、锻件，可通过热处理实现不同强度、塑性和韧性水平的匹配，可用于航天器构件、飞机机身和机翼结构中的锻造零件。

BT14 合金可在退火状态和热处理强化状态使用，在退火状态、淬火状态都有很好的塑性，在淬火＋时效状态具有较高的强度，在 880℃ 固溶 20min 后水淬，然后在 500℃ 时效 16h，抗拉强度可达 1255MPa，但是，淬透性不太好。BT14 合金具有良好的焊接性能、切削加工性能及较高的耐蚀性能，在大气环境及大多数腐蚀介质中都有较高的耐蚀性能，其冲压件及焊接构件可在 400℃ 以下长时间工作或者 750℃ 以下短时间工作。

BT15 合金是以 β 相为基的钛合金，通常在淬火＋时效状态使用，具有较好的淬透性，淬火状态具有良好塑性，时效状态具有高强度，机械加工性能较好，其板材具有良好的冷冲压性能。BT15 合金具有良好的焊接性能，适用于各种焊接方法，接头在退火后具有较好的塑性。BT15 合金在大气环境和大多数腐蚀介质中都具有较高的耐蚀性能，但是，该合金只能在 250～300℃ 温度范围内长时间工作。

ST6 合金与 BT15 合金相似，为以 β 相为基的钛合金，在退火状态和淬火状态都具有较高的塑性，时效会显著提高其强度极限。ST6 合金的机械加工性能良好，一般在 850～

1100℃温度范围进行锻造和热轧，板材在 800～850℃温度范围进行温轧，薄板、带材、箔材经过两次退火后的冷轧变形率可达 40%～60%，板材具有良好的冷冲压性能。ST6 合金具有较好的焊接性能，焊接头退火后的强度和塑性接近基体，但是，焊接头热处理时有严重变脆的倾向。用 ST6 合金制造的冲压和焊接构件，可在−70～300℃条件下长时间工作或者在 500～600℃温度条件下短时间工作。

BT22 合金的合金化元素含量较高，具有"临界成分"，即马氏体转变温度接近室温，具有良好的机械加工性能、焊接性能和较高的耐蚀性能，可在 350～400℃温度范围长时间工作或者在 750～800℃温度范围短时间工作，主要用于制造高承力零件和结构件、飞机起落架部件、发动机固定支撑结构、风扇和低压压气机的叶盘和叶片等。

TC18 合金相当俄罗斯的 BT22，为近 β 型钛合金，在退火状态具有数量大致相等的 α 相和 β 相，一般在双重退火状态下使用，是退火状态强度最高的钛合金，抗拉强度为 1080MPa。TC18 合金可以通过固溶时效强化，具有高强、高韧、高淬透性，强度极限大于 1200MPa，且有较高的塑性和冲击韧性，可淬透截面厚度高达 250mm。其半成品主要有厚板、棒材、管材、挤压型材、紧固件和锻件，可在 400℃长期工作，特别适用于制造飞机机身和起落架上的大型承力结构件，代替高强钢或 Ti-6Al-4V 合金，可减重 15%～20%。

BT37 合金在 BT22 合金基础上添加了 Sn、Zr 元素，通过淬火＋时效的热处理工艺加强弥散强化效果，提高裂纹抗力、疲劳强度和其他服役性能，主要应用于制造飞机发动机风扇和大尺寸压气机的轮盘和叶片，也常用于需要承受较高载荷的飞机零部件。

Ti-B19 合金是我国研制的高强高韧耐蚀的近 β 钛合金，名义成分为 Ti-5Mo-5V-4Cr-2Zr-3Al，其钼当量 $[Mo]_{eq}=15$，β 稳定化系数 $K_\beta=1.38$，具有较强的热处理强化能力，综合了两相钛合金和 β 钛合金的优点。TB19 合金的锻件经 β 区固溶、两相区时效处理后，抗拉强度可达 1250MPa 以上，同时塑性保持在 6% 以上，K_{IC} 可达 70MPa·$m^{1/2}$，具有较好的强度、塑性、韧性的匹配，加工性能好，而且具有优良的耐海水腐蚀性能，在航空、航天、航海等领域具有广阔的应用前景，特别适用于制作舰载机零部件。

Ti-B20 合金是我国开发的新型超高强度钛合金，具有强度、塑性和冲击韧性等的良好匹配，名义成分为 Ti-5Mo-4V-2Cr-1Fe-2Zr-2Sn-3.5Al，钼当量为 10.3，接近于亚稳 β 钛合金钼当量的下临界值。在 β 相变点以下固溶加时效有利于保持合金的塑性，在 500～600℃的温度范围时效可以获得优良的强度和塑性匹配，合金热加工后直接时效有更高的强化效果。

针对宇航工业中金属基复合材料对高温抗氧化钛合金的需求，美国 Timet 公司为麦道公司开发了 β21S（Ti-15Mo-2.7Nb-3Al-0.2Si）合金，合金中含有大量高熔点 β 同晶元素 Mo 和 Nb，为了保证成分的均匀性，合金元素必须以中间合金形式加入，并采用 3 次真空自耗电弧炉熔炼。与一般的 β 钛合金相比，β21S 钛合金的强度-韧性匹配好，通过时效强化可使抗拉强度达到 1450MPa 以上。β21S 钛合金冷加工性能优异，可轧制成薄板、箔材，在没有中间退火的情况下，冷变形可达 72%～85%，在固溶条件下也能进行变形量超过 70%的冷轧。β21S 钛合金可在 540℃长期工作，可在 650℃短时使用，高温强度和抗蠕变性能优于 Ti-6Al-4V，可代替钢和镍基高温合金制作发动机舱后整流罩隔热屏、衬套、喷管和尾椎等部件。

3.4.6 损伤容限型钛合金

美国在 20 世纪 70 年代开始采用损伤容限设计原则，最先将 900MPa 级别的中强损伤容限型钛合金 Ti-6Al-4V ELI 应用于 F-16 战斗机的水平尾翼转轴，随后将其应用在 UH60A "黑鹰"直升机的主旋翼和尾旋翼等转动部件。进入 80 年代以后，为了满足进一步减重的需要，将 1000MPa 级别的高强度损伤容限型钛合金 Ti-6-22-22S（Ti-6Al-2Sn-2Zr-2Cr-2Mo-0.15Si）应用在 F-117 和 F/A-18E/F 等战机上，后来在 F-22 和 F-35 等第四代战斗机大量应用了 Ti-6Al-4V β ELI 和 Ti-6-22-22S 损伤容限型钛合金，F-22 飞机的损伤容限型钛合金占其用钛总量的 80%，其中 Ti-6Al-4V ELI 为 73%，Ti-6-22-22S 为 7%。有了在战斗机上应用积累的经验，损伤容限型钛合金在大型运输机也获得了应用，如表 3-23 所示。

表 3-23　损伤容限型钛合金在国外大型飞机上的应用

飞机型号	耐损伤钛合金	应用部件	强度/MPa
B-767	Ti-6Al-4V ELI	座舱罩框架	860
B-777	Ti-6Al-4V ELI	水平尾轴	860
A-380/A350	Ti-6Al-4V β ELI	发动机吊舱	890
C-17	Ti-6Al-2Sn-2Zr-2Cr-2Mo-0.15Si Ti-6Al-4V	水平尾轴 吊舱支架等	1030 890

新一代飞机对高减重、高可靠、长寿命的要求越来越高，大尺寸的主承力结构对损伤容限型钛合金有强烈需求，航空航天强国都想在高性能损伤容限型钛合金等方面取得突破，满足损伤容限设计需要。为了提高损伤容限性能，美国对原用于发动机的高温材料 Ti-6-22-22S 钛合金进行工艺改进，使其具有良好的强度和塑性配合，室温抗拉强度和屈服强度分别大于 1300MPa 和 1200MPa，还具有较高的断裂韧性和损伤容限，以及与 Ti-6Al-4V 合金相当的疲劳裂纹扩展速率、优于 Ti-6Al-4V 合金的弹性模量和超塑性成形性。但是，由于没有通过合金化等手段根本改善或提高其强度、焊接性能、加工性能等综合性能，限制了该合金的大量应用，如在 F-22 飞机上，Ti-6-22-22S 合金只占 2.7% 的结构重量，而中强度的 Ti-6Al-4V ELI 却占 28.3%。在 1000MPa 以上的高强度水平，获得高韧性、低 da/dN 及优异的综合性能匹配是各国研发损伤容限钛合金需要突破的技术瓶颈。

我国先后发展了中强 TC4-DT 和高强 TC21 损伤容限型钛合金及其加工技术，实现了强度的"高低"搭配，并已经在飞机的关键承力构件中得到了应用。TC4-DT 钛合金是我国结合纯净化熔炼和新型 β 热处理工艺技术而研发的中强度高损伤容限型钛合金，具有中强（$R_m \geqslant 860$MPa）、高韧（$K_{IC} \geqslant 90$MPa·m$^{1/2}$）、高可焊（焊接接头综合性能与母材相当）、高疲劳寿命等综合性能，特别适合制造飞机大型整体框、梁、接头等关键承力构件。TC21 钛合金是我国自主研发的新型飞机结构用钛合金，属于高强（$R_m \geqslant 1100$MPa）、高韧（$K_{IC} \geqslant 70$MPa·m$^{1/2}$）、高可焊（焊接接头综合性能与母材相当）、优异的抗疲劳能力（较低的疲劳裂纹扩展速率 da/dN 值和较高的疲劳裂纹扩展门槛值 ΔK_{th}）等高综合性能的损伤容限型钛合金。与美国的 Ti-6-22-22S（已用于 F-22 飞机）和俄罗斯 BT20（苏-27 系列飞机广泛应用）钛合金相比，TC21 钛合金的综合力学性能更加优异，特别是其具有非常优异的电子束焊接性能，如表 3-24 所示，适合制造大型整体框、发动机挂架、梁、接头、起落架部件等重要承力构件。

图 3-62 为 TC21 钛合金与美国 Ti-6-22-22S 及 TC4 钛合金的综合性能对比，与 TC4 合金相比，TC21 合金具有非常明显的综合性能水平优势。目前，β 处理加工技术已经在中强

度 TC4-DT 和高强度 TC21 损伤容限型钛合金的实际构件中得到了应用，为了满足更高的应用需求，需要加强品种规格系列化和应用批量稳定化等工程应用研究。

表 3-24　三种钛合金的 EBW 焊接接头性能对比

合金	状态	R_m/MPa	$R_{p0.2}$/MPa	A/%	Z/%	α_{ku} /(J/cm²)	K_{IC} /(MPa·m$^{1/2}$)	σ_{-1}/MPa	
								$K_t=1$	$K_t=3$
TC21	EBW	1138	1051	8.3	20.8	29.8	88.6	643	315
	母材	1174	1083	11.3	20.0	51.5	90.6	653	277
Ti-6-22-22S	EBW	1171	1096	3.5	16.1	17.5	41.3	—	—
	母材	1182	1094	12.2	36.5	41.3	—	—	—
BT20	EBW	996	993	10.2	38.8	28.2	43.7	604	270
	母材	992	947	17.8	42.8	48.9	84.1	547	203

为了确保飞机的安全使用寿命，并进一步降低其结构重量，从而提高飞机的战斗力和舒适度、降低燃油率和使用成本，先进的破损-安全设计理念和损伤容限设计理念在现代飞机结构设计中得到了成功应用。作为飞机结构材料的钛合金材料，不再追求单一高强度，而要求钛合金结构材料不仅具有轻质、高强、高韧、低裂纹扩展速率，还要有低的缺口敏感性、良好的耐环境稳定性、长的抗疲劳寿命、优良的抗损伤能力、良好的抗应力腐蚀与抗氢脆能力等更高的综合性能。

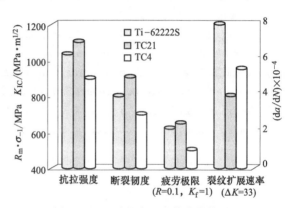

图 3-62　三种钛合金的综合性能对比

目前，我国基本具备了生产航空航天用钛合金的设备和生产线，并掌握了相关技术，且在大型航空模锻件近净成形技术、3D 打印技术等方面取得了突破性进展，成功生产出了部分急需的先进钛产品。随着我国大飞机计划的推进，航空用钛合金将出现巨大的市场需求，然而，与发达国家相比，我国航空用钛合金的生产及应用还存在着一定差距，生产的大型钛合金锻件、板材、棒材的性能均匀性和质量稳定性都不够理想，各类型材还无法实现批量生产，很多钛产品还没有通过国外航空认证，不能满足我国航空领域的高端需求。

参考文献

[1]　周廉，赵永庆，王向东. 中国钛合金材料及应用发展战略研究. 北京：化学工业出版社，2012.

[2]　赵永庆，陈永楠，张学敏，等. 钛合金相变及热处理. 长沙：中南大学出版社，2012.

[3]　林翠，杜楠. 钛合金选用与设计. 北京：化学工业出版社，2014.

[4]　邹武装，郭晓光，谢湘云，等. 钛手册. 北京：化学工业出版社，2012.

[5]　黄旭，朱知寿，王红红. 先进航空钛合金材料与应用. 北京：国防工业出版社，2012.

[6]　马宏声. 钛及难熔金属真空熔炼. 长沙：中南大学出版社，2010.

[7]　Lutjering G，Williams J C. 钛. 雷霆，杨晓源，方树铭，译. 北京：冶金工业出版社，2011.

[8]　杨保祥，胡鸿飞，何金勇，等. 钛基材料制造. 北京：冶金工业出版社，2015.

［9］ 邓国珠．钛冶金．北京：冶金工业出版社，2010.

［10］ 谢水生，刘相华．有色金属材料的控制加工．长沙：中南大学出版社，2013.

［11］ 张翥，王群骄，莫畏．钛的金属学和热处理．北京：冶金工业出版社，2009.

［12］ 张翥，叶镇焜，林乐耘．钛业综合技术．北京：冶金工业出版社，2011.

［13］ 马济民，贺金宇，庞克昌．钛铸锭和锻造．北京：冶金工业出版社，2012.

［14］ 谢成木，莫畏，李四清．钛近净成形工艺．北京：冶金工业出版社，2009.

［15］ 张凯锋，王国峰．先进材料超塑成形技术．北京：科学出版社，2012.

［16］ 徐吉林．航空材料概论．哈尔滨：哈尔滨工业大学出版社，2012.

［17］ 北京航空材料研究院．航空材料技术．北京：航空工业出版社，2013.

［18］ 北京太阳谷咨询有限公司．航空航天用钛合金研究发展及应用调研报告，2017.

［19］ Wang, Li J, Sun J Y, et al. Shear localization and its related microstructural evolution in the ultrafine grained titanium processed by multi-axial compression. Materials Science and Engineering A, 2014, 612: 227-235.

［20］ Wang, Sun J Y, Wang X Y, et al. Adiabatic shear localization in a near beta Ti-5Al-5Mo-5 V-1Cr-1Fe alloy. Materials Science and Engineering A, 2015, 630: 526-533.

［21］ Wang B F, Wang X Y, et al. Shear localization and microstructure in coarse grained beta titanium alloy. Materials Science and Engineering A, 2016, 652: 287-295.

［22］ Wang B F, Li J, Sun J Y, Luo X Z, et al. Adiabatic Shear Bands in Ti-6Al-4V Alloy with Lamellar Microstructure. Journal of Materials Engineering and Performance, 2014, 23（5）: 1896-1903.

第4章 航空航天用高温合金

4.1 概述

高温合金是指以第Ⅷ主族元素（铁、钴、镍）为基，加入大量强化元素，能在600℃以上的高温及一定应力作用下长期工作的一类金属材料。高温合金具有较高的高温强度以及良好的抗氧化、抗热腐蚀、抗疲劳性能，在高温下具有良好的组织稳定性和使用可靠性，因此，也被称为热强合金、耐热合金或超合金。在航空航天领域，高温合金主要应用于制造发动机涡轮热端部件，即涡轮盘、涡轮导向叶片、涡轮工作叶片、燃烧室和加力燃烧室的各种零部件。航空航天日益严苛的服役条件对高温合金提出了更高的性能要求，国内外科研工作者加大了新型高温合金材料的探索力度，并取得了一定成效。高熵合金就是近年来发展起来的可应用于航空航天领域的新型合金，其突破了传统金属材料对于材料热力学设计的概念，采用等原子比设计单相或者复相合金，使材料具有功能可设计性、力学性能优异，尤其是高温力学性能的特点，受到了材料学界和工程界的广泛重视。

4.1.1 分类与牌号表示法

根据合金基体元素种类，高温合金可分为铁基、镍基、钴基合金三类，目前使用的铁基合金镍含量高达25%～60%，这类合金有时又称铁镍合金；根据合金强化类型，高温合金可分为固溶强化型合金和时效沉淀强化型合金，不同强化型的合金有不同的热处理制度；根据合金材料成形方式，高温合金可分为变形合金、铸造合金、粉末冶金合金三类，变形合金可生产饼材、棒材、板材、环形材、管材、带材和丝材等，铸造合金则有等轴晶铸造合金、定向凝固合金和单晶合金之分，粉末冶金合金有普通粉末高温合金和氧化物弥散强化高温合金之分；根据使用特性，高温合金可分为高强度合金、高屈服强度合金、抗松弛合金、低膨胀合金、抗热腐蚀合金等。

国外的高温合金牌号根据开发生产厂家的注册商标命名，如表4-1所示。

表4-2和表4-3分别为部分美国铸造和变形镍基合金的化学成分，表4-4和表4-5分别为部分英国和俄罗斯高温合金的牌号和成分。

我国变形高温合金的牌号以汉语拼音字母GH后接四位阿拉伯数字来表示，GH后第一位数字表示分类号，其中 1 表示固溶强化型铁基合金，2 表示时效强化型铁基合金，3 表示固溶强化型镍基合金，4 表示时效强化型镍基合金，5 表示固溶强化型钴基合金，6 表示时效强化型钴基合金。GH 后第 2～4 位数字表示合金的编号，如 GH4169 表示时效强化型镍基高温合金，合金编号为 169。铸造高温合金则采用 K 作前缀，后接 3 位阿拉伯数字，K 后第 1 位数字表示分类号，其含义与变形合金相同，第 2、3 位数字表示合金编号，如 K418 表示时效强化型镍基铸造高温合金，合金编号为 18。粉末高温合金牌号则以 FGH 前缀后跟阿拉伯数字表示，以 MGH、DK 和 DD 等作为前缀的合金分别表示机械合金化粉末高温合金、定向凝固高温合金和单晶铸造高温合金。表 4-6 为部分中国铁基高温合金的牌号和化学成分，表 4-7 为部分中国镍基高温合金的牌号和化学成分等。

表 4-1　国外高温合金牌号及注册商家

牌　　号	注　册　商　家
CMSX	Cannon-Muskegon Corporation(佳能-穆斯克贡公司)
Discaloy	Westinghouse corporation(西屋公司)
Gatorize	United Aircraft Company(联合航空公司)
Haynes	Haynes Stellite Company(汉因斯·司泰特公司)
Hastelloy	Cabot Corporation(钴业公司)
Inconel	Inco Alloys International,Inc(国际因科合金公司)
Mar-M	Martin Marietta corporation(马丁·马丽塔公司)
Multiphase	Standard Pressed Steel Co(标准压制钢公司)
Nimonic	Mond Nickel Company(蒙特镍公司)
Rene	General Electric Company(通用电气公司)
REP	Whittaker Corporation(惠特克公司)
Udmit	Special Metal,Inc(特殊金属公司)
Unitemp	Universal-Cyclops steel Corporation(宇宙-独眼巨人钢公司)
Vitallium	Howmet Corporation(豪梅特公司)
Waspaloy	Pratt & Whitney Company(普拉特-惠脱尼公司)

4.1.2　合金元素及析出相

在 20 世纪 30 年代，高温合金仅以铁、钴、镍为基体，为提高氧化性，添加了部分 Cr 元素。其后，高温合金中加入了少量的 Al、Ti 和 Si，这些元素与氧的亲和力比较大，在高温下优先与氧形成尖晶石型氧化物，有效抑制了铁的氧化，提高了合金的热稳定性度。20 世纪 40 年代后期添加了合金元素 Mo，通过固溶和形成碳化物产生附加的强化效应。其后不久，难熔元素 W、Nb、Ta 和 Re 也被加入高温合金中。在几十年的发展历程中，添加的元素不断增多，以获得某些特别的力学性能和化学性能。20 世纪 50 至 70 年代，由于真空熔炼技术在高温合金领域得到发展，使大量合金元素的添加成为可能，目前高温合金所涉及的合金元素主要有 Fe、Co、Ni、Ti、V、Nb、Ta、Cr、Mo、W、Re、Al、Ce、Y、B 等，表 4-8 所示为高温合金中的合金元素及其作用。

除了主要的合金元素外，高温合金中还含有 S、Se、Te、As、Sb、Mg、Hf、Zr 等多种微量元素，有些微量元素是人为添加，有些则是原料中带来的杂质元素。高温合金中微量元素大致可分为有益元素和有害元素两类，如表 4-9 所示。

表4-2 部分美国铸造镍基合金的化学成分

化学成分（质量分数）/%

合金牌号	Ni	Cr	Co	Mo	W	Ta	Nb	Al	Ti	Fe	Mn	Si	C	B	Zr	其他
Alloy713C	74	12.5		4.2			2.0	6.1	0.8				0.1	0.012	0.10	
Alloy713LC	75	12.0		4.5			2.0	5.9	0.6				0.1	0.010	0.10	
B-1900	64	8.0	10.0	6.0		4.0		6.0	1.0				0.1	0.015	0.10	
IN100	60	10.0	15.0	3.0				5.5	4.7				0.2	0.014	0.06	1.0V
IN162	73	10.0		4.0	2.0	2.0	1.0	6.5	1.0				0.1	0.020	0.10	
IN731	67	9.5	10.0	2.5				5.5	4.6				0.2	0.015	0.06	1.0V
IN738	61	16.0	8.5	1.7	2.6	1.7	0.9	3.4	3.4				0.2	0.010	0.10	
IN792	61	12.4	9.0	1.9	3.8	3.9		3.1	4.5				0.1	0.020	0.10	
M-21	74	5.7		2.0	11.0	3.0	1.5	6.0					0.13	0.020	0.12	
M-22	71	5.7		2.0	11.0	3.0		6.3					0.13		0.60	
MAR 200	60	9.0	10.0		12.0		1.0	5.0	2.0				0.15	0.015	0.05	
MAR-M200(DS)	60	9.0	10.0		12.0		1.0	5.0	2.0				0.13	0.015	0.05	
MAR-M246	60	9.0	10.0	2.5	10.0	1.5		5.5	1.5				0.15	0.015	0.05	
MAR-M247	60	8.2	10.0	0.6	10.0	3.0		5.0	1.0				0.16	0.020	0.09	
MAR-M421	61	15.8	9.5	2.0	3.8		2.0	4.3	1.8				0.15	0.015	0.05	
MAR-M432	50	15.5	20.0		3.0	2.0	2.0	2.8	4.3				0.15	0.015	0.05	1.5Hf
MC-102	64	20.00	20.0	6.0	2.5	0.6	6.0				0.30	0.25	0.04			
NIMOCAST75	73	20.00						0.2	0.4	5.0	0.4	0.4	0.10			
NIMOCAST80	71	20.0						1.3	2.4	5.0	0.4	0.4	0.07			
NIMOCAST90	53	20.0	17.5					1.3	2.4	5.0	0.4	0.4	0.09			
NIMOCAST242	57	20.5	10.0	10.5				0.2	0.3	1.0	0.3	0.3	0.34	0.008	0.04	
NIMOCAST263	55	20.0	20.0	5.8				0.5	2.2	0.5	0.5		0.06			
NX188(DS)	74			18.0				8.0					0.04			
RENE77	58	14.6	15.0	4.2				4.3	3.3				0.07	0.016	0.04	
RENE80	60	14.0	9.5	4.0	4.0			3.0	5.0				0.17	0.015	0.03	
TAZ-8A	68	6.0	5.0	4.0	4.0	8.0	2.5	6.0					0.12	0.004	1.00	
TAZ-8B(DS)	64	6.0	5.0	4.0	4.0	8.0	1.5	6.0					0.12	0.004	1.00	
UDIMET500	52	18.0	19.0	4.2				3.0	3.0				0.07	0.007	0.05	
UDIMET710	55	18.0	15.0	3.0	1.5			2.5	5.0				0.07	0.020	0.05	
WAZ-20(DS)	72				20.0			6.5					0.20		1.50	

① (DS) 表示定向结晶合金。

航空航天用先进材料

表 4-3　部分美国变形镍基合金的化学成分表

化学成分(质量分数)/%

合金牌号	Ni	Cr	Co	Mo	W	Ta	Nb	Al	Ti	Fe	Mn	Si	C	B	Zr	其他
Astroloy	55.0	15.0	17.0	5.3				4.0	3.5				0.06	0.030		
D-979	45		4.0	4.0				1.0	3.0	27.0	0.25	0.20	0.05	0.010		
HASTELLOYX	47	22.0	1.5	9.0	0.6					18.5	0.50	0.50	0.10			
HASTELLOYS	67	15.5		14.5				0.2		1.0	0.05	0.04	0.02m	0.009		0.02La
INCONEL600	76	15.5								8.0	0.50	0.20	0.08			
INCONEL601	60.5	23.0						1.4		14.1	0.50	0.20	0.05			
INCONEL617	54	22.0	12.5	9.0				1.0					0.07			
INCONEL625	61	21.5		9.0			3.6	0.2	0.2	2.5	0.20	0.20	0.05			
INCONEL690	60	30.0								9.5			0.03			
INCONEL706	41.5	16.0					2.9	0.2	1.8	40.0	0.20	0.20	0.03			
INCONEL718	52.5	19.0		3.0			5.1	0.5	0.3	18.5	0.20	0.20	0.04			
INCONELX750	73	15.5					1.0	0.7	2.5	7.0	0.50	0.20	0.04			
INCONELMA754	78	20.0						0.3	0.5				0.05			0.6Y$_2$O$_3$
IN-102	68	15.0		3.0	3.0		3.0	0.4	0.6	7.0			0.06	0.005	0.030	0.02Mg
IN-587	47	28.5	20.0				0.7	1.2	2.3				0.05	0.003	0.050	
IN-597	48	24.5	20.0	1.5			1.0	1.5	3.0				0.05	0.012	0.050	0.02Mg
M-252	55	20.0	10.0	10.0				1.0	2.6	3.0			0.15	0.005		
NIMONIC75	76	19.5							0.4		0.50	0.50	0.10			
NIMONIC80A	76	19.5	20.0					1.4	2.4		0.30	0.30	0.06	0.003	0.060	
NIMONIC81	67	30.0						0.9	1.8		0.30	0.30	0.03	0.003	0.060	
NIMONIC90	59	19.5	16.5					14.5	2.5		0.30	0.30	0.07	0.003	0.060	
NIMONIC105	53	15.0	20.0	5.0				4.7	1.2		0.30	0.30	0.13	0.005	0.100	
NIMONIC115	60	14.3	13.2	3.3				4.9	3.7				0.15	0.160	0.040	
NIMONIC263	51	20.0	20.0	5.9				0.5	2.2		0.40	0.25	0.06	0.001	0.020	
NIMONIC942	49.5	12.5		6.0				0.6	3.7	37.0	0.20	0.30	0.03	0.010		
NIMONIC PE11	38	18.0		5.2				0.8	2.3	35.0	0.20	0.30	0.05	0.030	0.200	
NIMONIC PE16	43.5	16.5		3.2				1.2	1.2	34.4			0.05	0.003	0.040	0.02Mg
NIMONIC PK16	56	19.0	14.0	7.0				1.9	2.0				0.04	0.003		
PYROMET860	43	12.6	4.0	6.0				1.3	3.0	30.0	0.05	0.05	0.05	0.010		
RENE41	55	19.0	11.0	10.0				1.5	3.1				0.09	0.050		

续表

化学成分（质量分数）/%

合金牌号	Ni	Cr	Co	Mo	W	Ta	Nb	Ti	Al	Fe	Mn	Si	C	B	Zr	其他
RENE95	61	14.0	8.0	3.5	3.5		3.5	2.5	3.5				0.15	0.010	0.050	
TD Nickel	98															2.0ThO$_2$
TD NiCr	78	20.0														2.0ThO$_2$
UDIMET400	60	17.5	14.0	4.0			0.1	2.5	1.5				0.06	0.008	0.060	
UDIMET500	54	18.0	18.5	4.0				2.9	2.9				0.08	0.006	0.050	
UDIMET520	57	19.0	12.0	6.0	1.0			3.0	2.0				0.05	0.005		

表4-4　部分英国的高温合金牌号及成分

化学成分（质量分数）/%

合金	牌号	C	Cr	Co	Mo	Ti	Al	Fe	B	Zr	Ni	其他
Nimonic	75	0.12	20.0			0.4		<5.0			Bal.	
	80	<0.10	20.0			2.25	1.0	<5.0			Bal.	
	80A	0.05	20.0	<0.20		2.3	1.3	<3.0			Bal.	
	90	0.08	20.0	17.0		0.8/3.0	0.8/1.8	<3.0			Bal.	
	95	0.08	20.0	16.0		4	1.4/2.5	0.5			Bal.	
	100	0.30	11.0	20.0	5.0	1.5	5.0	<2.0	0.003	0.05	Bal.	
	105	0.15	15.0	20.0	5.0	1.2	4.7	2.0	0.003	0.05	Bal.	
	108	0.15	15.0	20.0	5.28	1.25	5.0		0.006		Bal.	
	110	0.15	15.0	20.0	5.0	1.75	5.75	<1.0	0.03	0.10	Bal.	
	115	0.16	15.0	15.0	3.5	4.0	5.0		0.014	0.04	Bal.	
	120		12.5	10.0	7.5	3.5	4.5				Bal.	
EPK	81	0.05	30.0	20.0		1.8	0.9		0.003	0.05	Bal.	0.7Nb
EPK	55	0.05	28.5	20.0		2.3	1.2		0.003	0.05	Bal.	1.0Nb
	57	0.05	24.5	20.0	1.5	3.0	1.5		0.0012	0.05	Bal.	
铸造合金	Nimocast80	0.05	20			2.4	1.2				Bal.	
	Nimocast90	0.1	20	16		2.4	1.2				Bal.	
	Nimocast713C	<0.2	13.4		4.5	1.0	6.2		0.01	0.01	Bal.	2.3Nb
	Nimocast PK16		6.0		2.0		6.0				Bal.	11W,1.5Nb
	IN738	0.17	16.0	8.5	1.7	3.4	3.4				Bal.	2.6W,0.9Nb 1.8Ta
	G64	0.12	11.0		3.0		6.0		0.25		Bal.	3.5W,2.0Nb
	G67	0.12	16.0		3.0	1.0	6.0				Bal.	4.0W 加 B
	G104	0.08	5.0	15.0	3.5		6.0		0.1	0.05	Bal.	8.0W,8.0Ta

表4-5　部分俄罗斯的高温合金牌号与化学成分

化学成分(质量分数)/%

牌号	Ni	Fe	Al	Mo	Ti	Mn	Cr	Si	C	W	Co	其　他
ЭИ435	75.0	余量		0.2	0.4	0.70	19.0~23.0	0.80	0.12			Cu0.20
ЭИ437	基	4.0		0.80	2.0~2.8	0.60	19.0~22.0	1.0	0.08			Cu0.20,Ce0.1
ЭИ437A	基	1.0		0.55~0.95	2.20~2.70	0.35	19~22	0.65	0.06			B0.01,Ce0.1
ЭИ437B	基	4.0		0.55~0.95	2.30~2.70	0.40	19~22	0.60	0.06			B0.01,Ce0.1
ЭИ444	基		4.0	0.70	2.50	0.50	20	0.60				N(名义成分)
ЭИ445P	基		4.5	0.7~1.7	2.2~2.8	0.50	17.0~20.0	0.60	0.08			Ce0.01,B0.01
ЭИ559	基	19.0		3.30		0.45	16.20	0.13	0.05			Ce0.30
ЭИ598	基	5.0	4.0~5.0	1.00~1.70	1.9~2.8	0.50	15~19	0.01	0.12	2.3~2.5		B0.01,Ce0.02
ЭИ602	基	3.00	1.8~2.3	0.35~0.75	0.35~0.75	0.40	19~22	0.80	0.08			
ЭИ607	基	3.0	2.0~4.0	0.50~1.00	1.80~2.30	1.00	15~18	0.80	0.06			
ЭИ617	基	5.0		1.70~2.30	1.80~2.30		13.0~18.0		0.07	5~7	0.015	V0.1~0.5,B0.02,Ce0.20
ЭИ661	基		9.0~12.0	4.0~4.7					0.09	4.0~6.0		Ce0.01
ЭИ675	基	0.76	4.2	1.94	1.30		14.5			5.2		B0.008
ЭИ698	基	2.0	1.3~1.7	2.8~3.2	2.35~2.75	0.4	13~16	0.6	0.08			Nb1.8~2.2,B0.005,Ce0.005
ЭИ765	基	3.0	3.0~5.0	1.70~2.30	0.9~1.4	0.50	13~16	0.60	0.10~0.16	4~6	0.035	B0.010
ЭИ826	基	5.0	2.5~4.0	2.40~2.90	1.70~2.20	0.50	13~16	0.60	0.12	5~7		V0.1~0.5,Ce0.02
ЭИ828	基	4.0	8.0~10.0	4.1~4.6		0.40	9.0~11.0	0.40	0.07	4.5~5.5		B0.01~0.02
ЭИ868	基	4.0	4.0	0.50	0.30~0.70	0.50	23.5~26.5	0.80	0.10	13~16		
ЭИ893	基		3.50~5.00	1.20~1.60	1.20~1.60	0.50	15.0~17.0	0.50	0.08	8.0~10	14.0	Ce0.025,B0.01
ЭИ929	基		5.0	4.0	1.7		10.5			6.0		V0.5,B0.01
ЭП57	基	5.0	4.0~6.0	3.7~4.7	2.0~2.8		9.0~12.0		0.10	5.0~7.0	14.0~16.0	V0.2~0.8
ЭП99	基	5.0	2.5~3.5	3.50~5.0	1.0~1.5	0.4	21~24	0.6	0.10	6.0~8.0	5.0~8.0	B0.005,Ce0.002
ЭП220	基	3.0	3.9~4.8	5.0~7.0	2.2~2.9	0.5	9.0~12.0	0.5	0.02	5.0~7.0	14.0~15.5	B0.02
ЭП539	基		3.3	2.76	2.5		17.0		0.05	5.77		B0.012,Ce0.01~0.02
ЭП590	基	8.0~10.0	8.0~10.0	1.0~1.5	2.2~2.8	0.5	17.0~19.0	0.5	0.07	1.5~2.2		B0.005,Ce0.01
ЭП487	基	4.0	9.0~11.0	1.0~1.5	2.20~2.80		17.0~20		0.08	4~5		Ce0.01,B0.01
ЭП199	基	4.0	4.0~6.0	2.1~2.6	1.1~1.6	0.5	19.0~22.0	0.6	0.10	9.0~11		B0.008

表 4-6 部分中国铁基高温合金的牌号和化学成分

合金牌号	C	Mn	Si	Cr	Ni	Fe	W	Mo	Al	Ti	Nb	B	N	其他	使用温度/℃
									化学成分(质量分数)/%						
GH1013	0.06	≤1.9	≤1.8	20.0	25.0	余		1.5		0.8	0.8	0.01		0.05Ce	700
GH1139	≤0.12	5.0~7.0	≤1.0	23.0~26.0	15.0~18.0	余						≤0.02	0.3~0.45		700
GH1140	0.06~0.12	≤0.7	≤0.8	20.0~23.0	35.0~40.0	余		2.0~2.5	0.2~0.5	0.70~1.05					800
GH1131(ЭИ126)	≤0.10	≤1.2	≤0.8	19.0~22.0	25.0~30.0	余	1.4~1.8	2.8~3.5			0.7~1.3	0.005	0.15~0.30	0.05Zr 0.05Ce	900
GH1138	≤0.10	1.0~1.2	≤0.8	18.0~22.0	35.0~40.0	余	4.8~6.0	2.0~2.6	≤0.5		1.0~1.7	0.008	0.1~0.25		900
GH1015	≤0.08	≤1.5	≤0.6	19.0~22.0	34.0~39.0	余	4.8~5.8	2.5~3.2			1.1~1.6	0.01		0.05Ce	900
GH1016	≤0.08	≤1.8	≤0.6	19.0~22.0	32.0~36.0	余	5.0~6.0	2.6~3.3			0.9~1.4	0.01	≤0.25	0.1~0.3V 0.05Ce	900
GH1014	≤0.08	≤1.5	≤0.6	19.0~22.0	28.0~34.0	余	7.5~9.5	1.5~2.5			0.8~1.3	0.01	0.15~0.25	0.05Ce	950
GH1167	≤0.08	≤0.5	≤0.5	13.0~16.0	36.0~40.0	余	5.0~6.5	1.5~2.5	1.4~2.0	2.6~3.4		0.01		0.03Zr 0.02Ce	800~850 时效板材

表 4-7 部分中国镍基高温合金的牌号和化学成分及主要用途

合金牌号	化学成分(质量分数)/%														使用温度
	C	Cr	Ni	Co	W	Mo	Al	Ti	Fe	Nb	V	B	Zr	其他	
GH3030	≤0.12	19.0~22.0	余				≤0.15	0.15~0.35	≤1.0						用于800℃以下的燃烧室,加力燃烧室,该合金可用GH140替代
GH4145	≤0.08	14~17	余	≤1.0			0.4~1.0	2.25~2.75	5.0~7.0	Nb+Ta 0.7~1.2					用于600℃以下工作的航空发动机和燃气轮机弹性承力件,如密封片、高温弹簧等
GH4169	0.045	19.09	余			3.25	0.88	0.83	18.0	Nb+Ta 5.08		0.005			用作350~750℃工作的抗氧化热强材料等
GH3039	≤0.08	19.0~22.0	余			1.80~2.30	0.35~0.75	0.35~0.75	≤3.0	0.90~1.30					用于850℃以下的火焰筒及加力燃烧室等材料
GH3333	≤0.08	24~27	44~47	2.5~4.0	2.5~4.0	2.5~4.0	≤0.2	≤0.2	余	≤0.2		≤0.006			用于900℃以下长期工作的燃气涡轮火焰筒等
GH3128	≤0.05	19.0~22.0	余		7.5~9.0	7.5~9.0	0.4~0.8	0.4~0.8	≤1.0			0.005	0.04		用于950℃工作的燃烧室、加力燃烧室等零件
GH4033	≤0.06	19.0~22.0	余				0.55~0.95	2.2~2.7	≤1.0			≤0.01		Ce0.05	用于700℃的涡轮叶片和750℃的涡轮盘等零件
GH4133	≤0.07	19~22	余				0.7~1.2	2.5~3.0	≤1.5			≤0.01			用作700~750℃工作的涡轮盘或叶片材料
GH4180	0.04~0.10	18.0~21.0	余	≤2.0			1.0~1.8	1.8~2.7	≤1.5	1.15~1.65		≤0.008		Ce≤0.01	用作750℃以下的涡轮叶片和700℃以下工作的涡轮盘等零件
GH4037	≤0.10	13.0~16.0	余		5.0~7.0	2.0~4.0	1.7~2.3	1.8~2.3	≤0.5		0.1~0.5	≤0.02		Ce≤0.02	用于800~850℃涡轮叶片材料

续表

合金牌号	化学成分（质量分数）/%													使用温度
	C	Cr	Ni	Co	W	Mo	Al	Ti	Fe	Nb	V	B	Zr	其他	
GH4146	≤0.15	13.0~20.0	余	13.0~20.0		3.5~5.0	2.5~3.25	2.5~3.25	≤4.0			≤0.01			用于工作温度870℃左右的燃气涡轮叶片等
GH4049	≤0.07	9.5~11.0	余	14.0~16.0	5.0~6.0	4.5~5.5	3.7~4.4	1.4~1.9	≤1.5		0.2~0.5	0.015~0.025		Ce0.02	用于900℃的燃气涡轮工作叶片及其他受力较大的高温部件
GH4151	0.05~0.11	9.5~10.0	余	15.0~16.5	6.0~7.5	2.5~3.1	5.7~6.2		<0.7	1.95~2.35		0.012~0.02	0.03~0.05	Ce0.02	用于950℃的燃气涡轮工作叶片
GH4118	≤0.20	14.0~16.0	余	13.5~15.5		3.0~5.0	4.5~5.0	3.5~4.5	≤1.0			0.01~0.025	≤0.15		用于工作温度950℃以下的涡轮工作叶片
GH4710	0.05~0.10	16.5~19.5	余	13.5~16.0	1.0~2.0	2.5~3.5	2.0~3.0	4.5~5.5	≤1.0			0.01~0.03	0.05		用于980℃以下使用的燃气涡轮工作叶片和涡轮盘、整体涡轮盘、后轴等
GH4738	0.03~0.10	18.0~21.0	余	12.0~15.0		3.5~5.0	1.2~1.6	2.75~3.25	≤2.0			0.003~0.03	0.02~0.08		用于815℃以下工作的涡轮叶片、涡轮盘和压气机盘等
GH4698	≤0.08	13~16	余			2.8~3.2	1.3~1.7	2.35~2.75	≤2.0	1.8~2.2		≤0.005		Ce≤0.05	用于550~800℃的涡轮盘
GH4220	≤0.08	9.0~12.0	余	14.0~15.0	5.0~6.5	5.0~7.0	3.9~4.8	2.2~2.9	≤3.0		0.2~0.8	≤0.02		Mg微量	用于900~950℃的涡轮工作叶片
K406	0.1~0.2	14.0~17.0	余			4.5~6.0	3.25~4.0	2.0~3.0	<5.0			0.05~0.10			用于750~850℃的燃气涡轮叶片、导向叶片和其他高温受力部件
K401	≤0.1	14.0~17.0	余		7.0~10.0		4.5~5.5	1.4~2.0	≤1.0			≤0.12			用于900℃以下的涡轮导向器叶片
K418	0.08~0.16	11.5~13.5	余			3.8~4.8	5.5~6.4	0.5~1.0	≤1.0	1.8~2.5		0.005~0.02	0.06~0.15		用于950℃以下的涡轮导向器叶片和工作叶片以及整体铸造涡轮和整体导向器

续表

化学成分(质量分数)/%

合金牌号	C	Cr	Ni	Co	W	Mo	Al	Ti	Fe	Nb	V	B	Zr	其他	使用温度
K423	0.11~0.18	15.0~16.5	余	9.0~11.0		7.5~9.0	3.8~4.5	3.3~3.8	≤0.5			0.005~0.015		N<0.5	可用于制造900℃以下使用的燃气涡轮导向叶片
K403	0.11~0.18	10.0~12.0	余	4.5~6.0	4.8~5.5	3.8~4.5	5.3~5.9	2.3~2.9	≤2.0			0.01~0.03	0.1	Ce0.01~0.03	可用作900~1000℃工作的燃气涡轮导向叶片和800℃以下工作的涡轮叶片
K405	0.10~0.18	9.5~11.0	余	9.5~10.5	4.5~5.2	3.5~4.2	5.0~5.8	2.0~2.9	≤1.0			0.015~0.026	0.05~0.10	Ce0.01	用于制作温度950℃以下工作的燃气涡轮工作叶片
K409	0.08~0.13	7.5~8.5	余	9.5~10.5	≤0.10	5.75~6.25	5.75~6.25	0.8~1.8	≤0.35	≤0.10	≤0.10	0.01~0.02	0.05~0.10	Ta4.0~4.5	用作900~950℃长期使用的燃气涡轮工作叶片和导向叶片
K417	0.13~0.22	8.5~9.5	余	14.0~16.0		2.5~3.5	4.8~5.7	4.7~5.3	≤1.0		0.6~0.9	0.010~0.022	0.05~0.09		用于950℃以下工作的涡轮叶片和导向叶片
K417G	0.13~0.22	8.5~9.5	余	9.0~11.0		2.5~3.5	4.8~5.7	4.1~4.7	≤1.0		0.6~0.9	0.013~0.024	0.05~0.09		用于900℃长期工作的燃气涡轮发动机涡轮转子叶片
DZ5	0.05~0.12	10.0~11.0	余	9.5~10.5	4.5~5.2	3.5~4.2	5.0~6.0	2.0~3.0				0.015~0.030	0.1	Ce<0.01	用于制作980℃以下工作的航空燃气轮机的涡轮叶片和导向叶片
DZ3	0.08~0.13	10.0~11.0	余	4.5~6.0	4.8~5.5	3.8~4.8	5.3~6.0	2.3~3.2	≤2.0			0.015	0.01	Ta2.25~2.75 Hf1.3~1.7	适用于980~1000℃工作的航空发动机和工业燃气轮机的涡轮叶片和导向叶片
K4002	0.13~0.17	8.0~10.0	余	9.0~11.0	9.0~11.0	≤0.5	5.25~5.75	1.25~1.75	≤0.5			0.01~0.02	0.03~0.08		用于800~1040℃工作的燃气涡轮工作叶片,也可用作整铸涡轮
K419	0.09~0.14	5.5~6.5	余	11.0~13.0	9.5~10.7	1.7~2.3	5.2~5.7	1.1~1.5		2.5~3.5		0.05~0.10	0.03~0.08		用于850~1050℃工作的涡轮叶片和1050℃工作的导向叶片

表 4-8　高温合金中的合金元素及其作用

作用		铁基	钴基	镍基
固溶强化		Cr,Mo	Nb,Cr,Mo,Ni,W,Ta	Co,Fe,Cr,Mo,W,V,Ta,Ti
形成碳化物	MC 型	Ti	Ti	W,Ta,Ti,Mo,Nb
	M_7C_3 型		Cr	Cr
	$M_{23}C_6$ 型	Cr	Cr	Cr,Mo,W
	M_6C 型	Mo	Mo,W	Mo,W
形成相	γ' 相	Al,Ni,Ti		Al,Ti,Nb,Ta
	η 相	Al,Zr		
	金属间化合物	Al,Ti,Nb	Al,Mo,Ti,W,Ta	Al,Ti,Nb
提高抗氧化性		Cr	Al,Cr	Cr,Al
提高抗硫化性		Cr	Cr	Cr
提高耐腐蚀性		La,Y	La,Y,Th	La,Th,Al,Cr
提高蠕变性能		B		B
改善加工性能			Ni,Ti	
导致晶界偏析			B,Zr	B

表 4-9　高温合金中的微量元素

类　型		元　素
有益	净化基体	Mg,Ca,Ce,La
	高含量合金化元素	Hf,Zr
	微量合金化元素	B,Mg,C,Zr,Hf
有害	残余气体	N,H,O,Ar,He
	非金属夹杂	P,S
	金属及金属夹杂	Pb,Bi,Sb,As,Se,Ag,Cu,Ti

　　加入高温合金中的十余种合金元素可形成 20 余种相，这些相可归纳为固溶体、金属间化合物和间隙化合物三大类。

4.1.2.1　固溶体

　　由于原子尺寸、晶体结构、电子层结构等因素的不同，不同合金元素的固溶度差别很大，每个元素在高温合金中的溶解度与其在二元合金中的溶解度相差也较大。高温合金的基体是面心立方 γ 固溶体，构成这种奥氏体基体的元素主要有 Ni、Co、Fe、Cr、Mo、W 等。

4.1.2.2　金属间化合物

　　高温合金常见的金属间化合物几乎都是过渡族金属元素之间的化合物，按晶体结构可以分为几何密排（GCP）相和拓扑密排（TCP）相两大类。

　　GCP 相是密排的有序结构，晶体结构都是由密排面按不同方式堆垛而成，只是由于密排面上 A 原子和 B 原子的有序排列方式不同而密排面的堆垛方式不同，形成了多种不同的结构，这些相的配位数为 12，分子式为 B_3A，B 为 Mn、Fe、Co、Ni 等元素，A 指原子半径较大的 Ti、V、Cr 各族元素。在高温合金中，常见的几何密排相有 Cu_3Au 型面心立方有序结构的 γ' 相 (Ni_3Al)，Ni_3Ti 型密排六方有序结构 η 相 (Ni_3Ti)，Cu_3Ti 型正交有序结构的 δ 相 (Ni_3Nb)。

TCP 相的晶体结构很复杂，其共同点是原子排列比等径球体的最密排列还要紧密，配位数达到 14～16，原子间距极短。为了得到较高的空间利用率，TCP 相要求由两种大小不同的原子组成，得到全部或主要为四面体堆垛结构。TCP 相又属于电子化合物，相的稳定性与电子/原子有密切关系，原子外层电子之间的相互作用强烈。在高温合金中常见的 TCP 相有 B_2A 型的 Laves 相、BA 型的 σ 相、B_7A_6 型的 μ 相，其中 A 通常指周期表中的 Ti、V、Cr 各族元素，B 指 Fe、Co、Ni 等元素。

4.1.2.3　间隙化合物

过渡族元素常与 C、N、B 等元素形成碳化物、氮化物和硼化物等间隙相。其晶体结构特点是金属原子尽可能密排，而原子半径小的 C、N 和 B 原子位于金属原子的间隙中。间隙相按晶体结构可分为八面体间隙相、三棱柱间隙相和复杂结构间隙相三类。在高温合金中 Ti、V、Nb、Ta、Zr、Hf 等元素的碳化物属于八面体间隙相，M_3C 和 M_7C_3 属于三棱柱间隙相，M_6C 和 $M_{23}C_6$ 属于复杂结构间隙相。

间隙相大多以固溶体的形式存在。不仅金属原子可以互相取代，C、N、B 原子也可以相互部分取代。高温合金中 MC 型碳化物的金属原子"M"是由不同比例的 Hf、Zr、Ta、Nb、Ti、V 等元素组成，而 TiC 常常由于 C 被部分 N 取代形成 Ti(CN)。碳化物的金属原子"M"中各元素的相互取代，会对碳化物的稳定性产生明显的影响，与碳元素生成的碳化物稳定性越高的元素置换"M"时使碳化物更加稳定，如用 Hf 置换 TiC 中的部分 Ti 形成碳化物 (Hf、Ti)C 稳定性更高。W 和 Mo 在镍基高温合金中不能生成 WC 或 MoC，但在 MC 碳化物中可以溶入这两种元素，而 W 和 Mo 的溶入使 MC 碳化物的稳定性降低，因而这类碳化物在高温下更容易转变成 M_6C 或 $M_{23}C_6$ 碳化物。

高温合金中还存在四方晶体结构的 M_3B_2 硼化物和六方结构的 M_2SC 碳化硫物等两种间隙相。M_3B_2 中 M 通常是 Cr、Mo、W、Nb、Ti、Fe、Co、Ni 等元素，M_2SC 的 M 通常是 Ti、Zr、Hf 等元素。这两种间隙相稳定，在高温长期使用时很难分解。

4.1.3　高温合金在航空发动机中的应用

图 4-1 为涡轮发动机实物照片及其结构示意图，当发动机启动后，空气由进气道进入压气机内，经增压后进入燃烧室，与喷油嘴喷出的燃油混合，形成均匀的混合气迅速在燃烧室内点火燃烧，产生高温燃气流经导向器进入涡轮，涡轮在高温高压燃气流推动下高速转动（正常转速可达 1100r/min），经涡轮出来的燃气从尾喷管向外喷出产生推力。由于震动、气流的冲刷，特别是旋转造成的离心作用，航空发动机高温部件将承受较大的应力，燃气中含有大量的氧、水汽，并存在 SO_2、H_2S 等腐蚀性气体，将对高温零件起氧化和腐蚀作用。无论是军机、民机，除结构和功能性能外，还要求安全稳固，因此对现代发动机除了高推重比、高温、高压比等性能外，还有严格的可靠性、耐久性、维修性要求。

高温合金具有较高的热稳定性和热强度，能在高温下具有良好的抗腐蚀、抗氧化能力，是制造航空涡轮发动机热端部件必不可少的关键材料，主要应用于制造发动机涡轮热端部

(a) 某战机发动机实物图

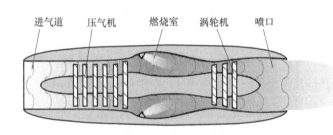

(b) 涡轮发动机结构示意图

图 4-1　涡轮发动机实物及其结构示意图

件，即涡轮盘、涡轮导向叶片、涡轮工作叶片、燃烧室和加力燃烧室的各种零部件。在现代先进的航空发动机中，高温合金材料用量占发动机总量的 40%～60%。可以说，没有高温合金，就没有现在的航空工业。

下面主要介绍航空航天发动机零部件用高温合金的使用条件、性能要求及代表性的牌号。

4.1.3.1　燃烧室

燃烧室是发动机各零部件中工作温度最高的区域，燃烧室内燃气温度达到 1500～2000℃时，室壁合金承受温度可达 800～900℃，局部可达 1100℃。用作燃烧室的合金承受急热急冷的热应力和燃气冲击力作用，特别是在起飞、加速和停车时，温度变化更为急剧。由于周期循环加热冷却，燃烧室常出现变形、翘曲、边缘热疲劳裂纹等。

早期制造燃烧室选用奥氏体不锈钢，后改为 Inconel600 或 L605 钴基合金，用陶瓷涂层防护使用。近年来，燃烧室采用的高温合金大部分是固溶强化型合金，合金中含有大量 W、Mo、Nb 等固溶强化元素，高温强度高，成形焊接性能良好，具有代表性的牌号有 GH1140、GH3030、GH3039、GH3333、GH3018、GH3022、GH3044、GH3128、GH3170 等。

4.1.3.2　导向叶片

导向叶片是调整从燃烧室出来的燃气流动方向的部件，也称导向器，是涡轮发动机上受热冲击大的零件之一，尤其是当燃烧室内燃烧不均匀、工作不良时，导向叶片所受热负荷更大，先进涡轮发动机导向叶片工作温度可达 1100℃。由热应力引起的扭曲、由温度剧烈变化引起的热疲劳裂纹及局部烧伤是导向叶片在工作中的主要缺陷。

用作导向叶片的合金，大多数采用精密铸造工艺生产，合金中可以加入较多的 W、Mo、Nb、Al、Ti 等固溶强化和时效强化元素，且合金中 C、B 含量也比变形高温合金高。有些导向叶片也采用时效强化的板材直接焊接而成。先进的航空发动机多采用空心铸造叶片，其冷却效果好，可以提高使用温度。国内导向叶片合金的使用温度可达 1000～1050℃，代表性精密铸造合金有 K214、K233、K406、K417、K403、K409、K408、K423B 等。定向凝固工艺的发展为发动机涡轮盘温度的不断提高创造了条件，用定向凝固合金制作的导向叶片，如低成本、无 Hf 高性能的 DZ404 定向凝固合金（使用温度达 980～1000℃）及低密度、高熔点 Ni_3Al 基的 JG4006（IC6）定向凝固合金（使用温度达 1100℃），均已取得了良好的应用效果。

随着发动机的发展，为满足发动机涡轮盘温度的进一步提高，导向叶片的结构也发生变化，尝试采用 GH5605 和 GH5188。变形高温合金板材焊接的层板结构作为导向器叶片。

4.1.3.3　涡轮叶片

涡轮叶片是航空发动机中工作条件最恶劣的部件，工作环境温度高，转动时承受很大的离心应力、振动应力、热应力、气流冲刷力等，叶身部分承受拉应力大约 140MPa，叶根部分承受平均应力为 280～560MPa，叶身和叶根部分承受温度分别为 650～980℃和 760℃左右。先进航空发动机的燃气进口温度已达 1380℃，推力达 226kN。

早期发动机涡轮叶片一般采用变形高温合金，典型牌号有 GH4033、GH4037、GH4143、GH4049、GH4151、GH4118、GH4220 等，可在 750～950℃使用。随着发动机推重比的提高，发动机涡轮进口温度也随之提高，设计部门要求使用承温能力更高的涡轮工作叶片，从而逐渐开始用高合金化、热强性更高的铸造高温合金取代变形高温合金。以铸代锻，不仅提高了叶片的使用温度，而且节省了大量昂贵的合金材料。当涡轮工作叶片的结构改为负载型腔的冷却结构时，精铸工艺更显示出独特的优越性。因此，在新机研制和老机种改性时，都选用铸造高温合金制造涡轮叶片。铸造合金典型的牌号有 K403、K417、K417G、K418、K403、K405、K4002 等。

定向凝固工艺出现后，定向凝固合金和单晶合金开始应用于涡轮叶片。目前，DZ404 已批量用于 WP13B、WP13F、FWP14 发动机上涡轮叶片，DZ417G、DZ4125L 等其他高温合金用于制作 FWS10 发动机低压和高压涡轮工作叶片，DD402 单晶高温合金用于制作涡轮叶片。

4.1.3.4 涡轮盘

涡轮盘在航空发动机部件中所占质量最大，单件质量在 50kg 以上，大型涡轮盘单件质量达到几百千克。涡轮盘工作室，一般轮缘温度可达 550～650℃，而轮心温度只有约300℃，整个涡轮盘温差很大。因此，会产生较大径向的热应力。涡轮正常转动时带着涡轮叶片高速旋转，承受很大的离心力，榫齿部分所受的应力更为复杂，既有拉应力，又有扭曲应力，在起动和停车过程中构成一次大应力低周疲劳。

涡轮盘用变形高温合金，一类为铁镍基高温合金，典型的合金牌号有 GH2132、GH2135、GH2901、GH4761 等，工作温度在 650℃ 以下；另一类为镍基高温合金，典型牌号有 GH4196、GH4133、GH4133B、GH4033A、GH4698 等，使用温度可达 700～800℃。值得指出的是，粉末冶金涡轮盘发展很快，并已在 F100 发动机上使用，目前已生产万件以上 IN-100 合金涡轮盘。

4.1.4 高温合金在火箭发动机中的应用

运载火箭是把各种航天器送入空间轨道的运载工具，高温合金在航天领域主要应用于推力运载火箭发动机上。图 4-2 是液体燃料火箭发动机实物及其结构示意图，是将推进剂储箱或运载工具内的反应物（推进剂）变成高速射流而产生推力，由图 4-2（b）可看出，火箭发动机喷嘴处气流达到 2500m/s，温度高达 1350℃。

火箭发动机用高温合金原则上都可以采用航空涡轮发动机用合金，但对比航空发动机，火箭发动机用材还有一些新的特点：①火箭发动机燃料箱、泵传送器等部件工作是在以液氧-煤油或液氢-液氧以及作为氧化剂的发烟硝酸和四氧化氮特殊介质中使用，具有特别强烈的侵蚀性。除了在 1000℃ 以上的工作温度下出于腐蚀而引起的问题之外，流过的气态燃烧产物也产生冲蚀性，因此，所需材料不仅要求高温化学稳定性好，还需要适应低于 -253℃ 的低温环境。②火箭启动时从零到满载时间极短，一般只需 0.2～0.5s，其加速度是 5～6倍于地球的引力加速度，由于加速度增高引起的高度过载会对材料施加巨大的机械负荷，所以，要求充分考虑材料的热冲击和热膨胀问题。③由于常规火箭涡轮一次性使用，所以一般对材料的持久强度和热疲劳强度要求较低。④火箭本身重量必须尽可能的小，因此，金属材料的比强度在火箭制造中具有特别重要的意义。⑤弹道火箭进入大气层时，热流量为 10000～25000kcal/(m² • s)（1kcal＝4186J），在短时间内引起巨大的温度梯度，长时间作用则会建立起平衡温度，因此，对金属材料的耐热性有特殊要求。

国内研制的 GH169 合金管的疲劳寿命约为 1Cr18Ni9Ti 钢管的 3 倍以上，具有良好弯管和焊接等工艺性能，可用于发动机涡轮转子和主轴。喷注器面板上固定有许多氢气、氧气喷嘴，氢气和氧气喷进燃烧室进行燃烧，面板两侧的温度差异极大，一面为超低温 -150℃，另一面为超高温 3500℃。GH30 合金丝网多孔发散冷却材料用于制作火箭发动机喷注器面板，既作防热材料又作结构材料使用，能承受发动机点火瞬间产生强烈振动使面板受到的较大冲击载荷，并成功地用于通信卫星上。GH131 铁基高温合金旋压管用于大型液体火箭发动机涡轮燃气进气导管，还用于 900～1000℃ 使用的大型火箭发动机燃烧室、隔热板、涡轮进气导管，以及航空发动机的加力燃烧室、鱼鳞片等。GH188A 合金与国际上高强化型-钴基变形合金 HS-188 相当，用于液体火箭姿态控制器发动机头部与身部结合处的高温弹性密封件。

(a) 火箭发动机实物

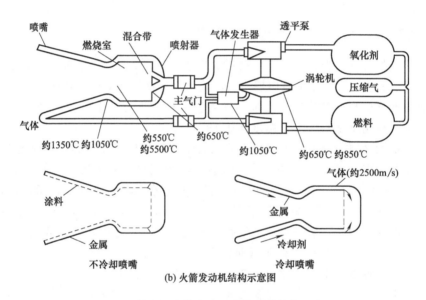

(b) 火箭发动机结构示意图

图 4-2　液体燃料火箭发动机实物及其结构示意图

4.1.5　高温合金国内外发展概况

　　高温合金的发展可以追溯到 20 世纪初，早在 1906 年，Marsh 发现 Ni-Cr 合金在高温下具有良好的抗氧化性，特别是 Ni-20Cr 合金的使用温度可以达到 1100℃。1929 年，英国、美国的 Merica、Bedford 和 Piling 等人将少量的 Ti 和 Al 加入 80Ni-20Cr 电工合金中，使合金具有显著的蠕变强化作用。1939 年英国 Mond 镍公司研制出 Nimonic75 作发动机涡轮叶片，随后又研制出性能更优越的 Nimonic80 合金，并在 1942 年成功用作涡轮喷气发动机的叶片材料，成为最早的 Ni_3（Al，Ti）强化的涡轮叶片材料。此后该公司又在合金中加入 B、Zr、Co、Mo 等合金元素，相继开发成功 Nimonic80A、Nimonic90 等合金，形成 Nimonic 合金系列。

　　美国 Halliwell 公司于 1932 年开发出含 Al、Ti 的弥散强化型镍基合金 K42B，该合金在 20 世纪 40 年代初广泛应用于活塞式发动机的增压涡轮。20 世纪 50 年代美国的 PW 公司、

GE 公司和特殊金属公司分别开发出了 Waspalloy、M-252、Udmit500 等合金，并在这些合金的基础上形成了 Inconel、Mar-M 和 Udmit 等牌号系列。

我国于 1956 年正式开始研制高温合金，在苏联专家的指导下炼出第一炉高温合金 GH3030，拉开了我国研制和生产的序幕。20 世纪 60 年代初，先后研制成功 GH4037、GH3039、GH3044、GH4049、K417 等高温合金。至 20 世纪 70 年代初，我国高温合金的生产试制和研究已经初具规模，在这一阶段通过仿制、消化和发展苏联高温合金为主体的合金及其工艺，质量达到苏联标准和实物水平，航空发动机所需材料全部立足于国内。20 世纪 70 年代后，我国开始引进欧美发动机 WS-8、WS-9、WZ-6、WZ-8，并研制生产 WP-13 等发动机，相应引进和试制了一批欧美体系的高温合金，并按欧美标准进行质量管理和生产，生产水平接近西方工业国家的水平。20 世纪 90 年代后期至今，随着新型先进航空发动机的设计、研制和生产，我国应用和开发出一批新工艺，研制和生产了一系列高性能高档次的新合金。

几十年来，我国在自力更生的基础上，学习、吸收外国先进技术，结合我国航空发动机研究和生产需要，研制、生产了 200 多种高温合金，根据 2012 年出版的《中国高温合金手册》，我国注册的高温合金牌号达 205 个，形成了较为完备的研究生产体系，同时发展了一系列具有特色的工艺技术，为我国航空事业提供了有力的保障。

在高温合金发展过程中，工艺对合金的发展起着极大的推进作用。20 世纪 40 年代到 50 年代中期，主要是通过合金成分的调整来提高合金的性能。20 世纪 50 年代真空熔炼技术的出现，合金有害杂质和气体的去除，特别是合金成分的精确控制，使高温合金前进了一大步，出现了一大批如 Mar-M200、In100、B1900 等高性能的铸造高温合金。进入 20 世纪 60 年代之后，定向凝固、单晶合金、粉末冶金等新型工艺的研究开发蓬勃发展，成为高温合金发展的主要推动力，其中定向凝固工艺所起的作用尤为重要，采用定向凝固工艺制造出的单晶合金，使用温度接近合金熔点的 90%，至今各国先进航空发动机均优先采用单晶高温合金涡轮叶片。

4.2 铸造高温合金

铸造高温合金是由合金锭重熔后直接浇注或定向凝固成零件的高温合金，其发展始于 20 世纪 40 年代。1943 年美国首次在涡轮喷气发动机 J-33 上选用了 HS-21 制作涡轮工作叶片，替代变形合金 Hastelloy-B 的叶片，开创了航空发动机使用铸造高温合金的先例。随着航空发动机的发展，对高温合金性能提出越来越高的要求，为了提高热强性能，在变形高温合金中相继加入了多种合金元素，导致变形加工困难的问题，于是，航空和冶金工作者越来越重视铸造合金的研究。20 世纪 50 年代末，真空熔炼技术出现，合金中有害杂质和气体去除，合金成分得到精确控制，高温性能不断提高，研制出 IN100、B1900、MAR-M200 等多种性能优异的合金。20 世纪 60 年代定向凝固技术的发展，促进了定向柱状晶和单晶高温合金的蓬勃发展，使航空发动机的使用温度达到 1700℃ 以上。

铸造高温合金不再考虑锻造变形性能，可通过精密铸造方法或定向凝固工艺铸造出形状复杂且有通畅内腔的无余量空心薄壁叶片。因此，铸造高温合金元素总量要显著高于变形高温合金，其中，固溶强化元素增添了 Re、Ru 等元素，难熔金属元素 W 的含量提高（有些合金超过 10％）沉淀强化合金元素除 Al、Ti 之外，还加入 Nb、Ta、Hf、V 等元素。研究表明，铸造高温合金元素含量总和可达 50％，沉淀强化相 γ′ 相含量达 60％～70％，此外，铸造高温合金粗大的晶粒和凝固偏析引起的枝晶骨架以及晶界和枝晶间形成的一次碳化物骨架，可有效地强化合金，因此，铸造高温合金持久强度、抗拉强度都明显高于变形高温合金。同成分的铸造高温合金要比变形高温合金使用温度提高 10～30℃，同时，加入更多的合金元素也有利于开发新合金。

铸造高温合金按凝固方法分类可分为等轴晶铸造高温合金、定向凝固柱晶高温合金和单晶高温合金三类。

4.2.1 等轴晶铸造高温合金

在一般条件下铸造高温合金时，熔融的合金在铸型中逐渐冷却，由多个晶核产生多个晶粒，随着温度降低，晶粒不断长大，最后充满整个零件。由于合金冷却时散热的方向未加控制，晶粒长大也是任意的，得到的晶粒形状近似球形，称为等轴晶铸造高温合金。

早期的铸造高温合金通常是用真空熔炼母合金，在大气中或惰性气体中铸造，操作过程中会发生活性元素的某种氧化反应而降低使用性能。20 世纪 50 年代末期，出现了真空熔模精密铸造工艺并成功应用于铸造高温合金。熔模精密铸造又称熔模铸造或失蜡铸造，用易熔材料制成精确光洁的模型-熔模，在熔模上涂覆多层耐火材料的陶瓷浆料，硬化干燥后形成铸型，然后将铸型中的熔模熔化流出，再将熔融的金属液浇注入焙烧后的铸型，液态金属在铸型冷却凝固后成为精确光洁的铸件。高温合金的熔模精密铸造是采用特殊成分的低温蜡或中温蜡制备熔模和多层耐火材料加黏结剂制成陶瓷型壳，然后在真空感应炉内将液态高温合金浇入其中制成高温合金铸件。熔模精密铸造精度高，表面粗糙度低，可铸出壁薄质量小且形状复杂的零件。

在普通熔模精铸工艺生产条件下，铸造高温合金的组织以大小不等的等轴晶为主，局部有少量柱状晶，晶粒平均尺寸大于 4mm，较典型的为 4～9mm。由于晶粒粗大及组织、性能上的各向异性，很容易导致铸件在使用过程中疲劳裂纹的产生和发展，这对于铸件的疲劳性能尤其是低周疲劳性能极为不利，并且造成铸件力学性能数据过于分散，降低了设计容限。随着对发动机的整体寿命和性能要求的进一步提高，改善铸件的中低温疲劳性能及其他力学性能显得十分重要，促使了细晶铸造技术的产生和发展。

细晶铸造技术的原理是通过控制普通熔模铸造工艺，强化合金的形核机制，在铸造过程中使合金形成大量结晶核心，并阻止晶粒长大，从而获得平均晶粒尺寸小于 1.6mm 的均匀、细小、各向同性的等轴晶铸件。细晶铸造在使铸件晶粒细化的同时，还使高温合金中的初生碳化物和强化相 γ′ 尺寸减小，形态改善。因此，细晶铸造的突出优点是大幅提高铸件在中低温（≤760℃）条件下的低周疲劳寿命，并显著减小铸件力学性能数据的分散度，从而提高铸造零件的设计容限。同时该技术还在一定程度上改善铸件抗拉性能和持久性能，并使铸件具有良好的热处理性能。

等轴晶铸造高温合金晶界上往往存在许多杂质和缺陷，是最薄弱的易破坏区域。采用细晶铸造工艺虽然能在一定程度上改善铸造高温合金的持久强度和疲劳性能，但是无论如何净化晶界或提高晶界强度，始终不能改变晶界作为最薄弱环节的事实。且对于铸造的构件，在同一铸件内力学性能都有可能不同，如整体铸造的涡轮盘，在轮毂和叶片剖面之间晶粒度差别很大，热处理期间叶片会变脆。相对于定向凝固高温合金，等轴晶铸造高温合金制作方法简单，成本低，因此，其在高温合金领域得以快速发展及应用。

4.2.2 定向凝固柱状晶高温合金

定向凝固高温合金是通过定向凝固技术制备出晶界平行于主应力轴从而消除有害横向晶界的柱状晶高温合金。20 世纪 60 年代中期，美国 PW 公司发明了定向凝固工艺并用于生产镍基合金柱状晶涡轮叶片，可提高叶片工作温度 50℃。我国于 20 世纪 70 年代开始定向凝固合金研究工作，到现在已研制出多种定向凝固柱状晶高温合金，并在多种型号的发动机上使用，某些定向凝固合金叶片已开始批量生产。

为达到定向凝固的目标，在整个合金结晶过程中必须满足两个基本条件：一是在整个凝固过程中，铸件的固-液相界面上的热流应保证从一个方向扩散，即定向散热；二是结晶前沿区域内必须维持正向温度梯度，以阻止形成新的晶核。图 4-3 和图 4-4 为 Bridgman 定向凝固和整套装置示意图，定向凝固时液态金属注入壳型，首先与水冷铜板相接触，由于板面温度很低，靠近板面的那一层液态金属迅速冷却到结晶温度以下并开始结晶，此时形成的晶粒位向紊乱，随后的凝固过程中由于热流通过已结晶的固态金属有方向地向冷却板散热，且结晶前沿存在着正向温度梯度，具有<100>方向的晶粒择优长大，排挤其他方向的晶粒，只要凝固条件维持不变，柱状晶就可以维持生长，直到整个叶片。定向凝固工艺用于飞机涡轮盘制备中，在涡轮盘的横截面上会形成指向盘心部的柱状晶，如图 4-5 所示。制备定向凝固柱状晶高温合金的方法有很多，如用发热剂控制晶粒按<100>方向优先长大的发热铸型法；通过功率来控制晶粒长大的功率降低法（PD 法）；用可移动水冷铜板和铸型及增设辐射挡板来实现低功率方法来控制晶粒长大的快速凝固法（HRS 法）；用液态金属（如热锡槽）以冷却铸型进行导热方式控制晶粒长大的液态金属冷却法（LMC 法）等。目前应用最为广泛的是快速凝固法。

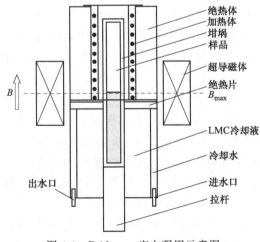

图 4-3 Bridgman 定向凝固示意图

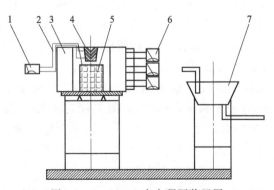

图 4-4 Bridgman 定向凝固装置图

1—测温仪表；2—测温热电偶；3—定向凝固炉；4—凝固坩埚；5—耐火砖；6—XCT101 温控仪表；7—水池

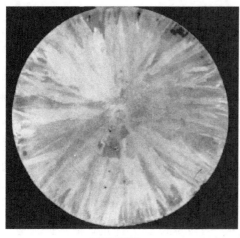

(a) 宏观照片　　　　　　　　　　　　　　(b) 微观组织

图 4-5　定向凝固涡轮盘

定向凝固柱状晶高温合金组织中晶粒沿主应力方向呈柱状晶排列（工业生产中柱晶取向与主应力方向之间有一定偏差，通常控制在 10°～15° 以内），消除了薄弱的横向晶界，只有平行于主应力轴的纵向晶界，因而推迟了蠕变裂纹的形核与扩展，使蠕变断裂时间（持久时间）明显延长，同时明显增加第三阶段蠕变应变，改善蠕变断裂塑性（持久塑性）。研究结果表明，定向凝固合金 DZ403 与同成分的普通等轴晶铸造合金 K403 相比，750～850℃ 的持久强度提高了 60～130MPa。由于涡轮叶片、导向片等零件薄壁截面尺寸很小，往往造成蠕变断裂强度的明显降低，等轴晶高温合金晶界面积大，垂直于受力方向的横向晶界多，晶界穿透薄壁的概率大，因而断裂强度大。定向凝固柱晶高温合金只有纵向晶界，大大降低了穿透薄壁的概率，因此，具有良好的薄壁性能。

第一代定向凝固柱状晶高温合金最初由同成分的等轴晶铸造合金经定向凝固工艺制备而成，力学性能得到改善，但存在不同程度的热裂倾向，随后发展的第一代定向凝固合金中加入 1.0%～2.0% 的元素 Hf 以降低热裂倾向，提高中温性能，改善横向力学性能。第二代定向凝固柱状晶高温合金化学成分的特点是加入了 3% 左右的元素 Re，显著提高了第二代柱状晶合金的强度。第三代定向凝固柱状晶高温合金是由第三代单晶高温合金 TMS-75 发展而来的，两者主要成分完全相同，只是添加了 0.07% 的 C 和 0.015% 的 B 作为晶界强化元素。定向凝固高温合金已发展到第四代，其综合性能水平也在不断提高，图 4-6 所示为第一至第四代定向凝固柱晶高温合金蠕变断裂强度，使用温度随着代次逐渐升高。第二代定向凝固高温合金 CM186LC 的承温能力比第一代 IN792DS 高 45～50℃，第三代定向凝固高温合金 TMD-103 合金的承温能力比第二代 CM186LC 高 25～36℃，且每一代定向凝固合金的承温能力通常与前一代单晶合金相同，如第二代定向凝固柱状晶合金性能水平达到了第一代单晶合金水平。与单晶合金比较，第二代定向凝固高温合金型壳制备较容易，无须制备和安装籽晶，定向凝固过程较短，节省时间和能源，叶片检验不需要昂贵的仪器测量叶片取向，制造成本较低，价格便宜。因此，在一定条件下，定向凝固柱状晶高温合金完全可以代替单晶合金制作先进航空发动机零部件。

4.2.3 单晶高温合金

采用定向凝固工艺消除所有晶界的高温合金称为单晶高温合金。在20世纪60年代中期，单晶高温合金几乎是与定向凝固柱状晶合金同时出现的。当时，由于单晶高温合金与含元素 Hf 定向凝固合金相比，在力学性能上没有明显优势，加上其合格率低、成本高，因而实际使用受到限制，没有获得应有发展。20世纪70年代中期，J. Jackson 等人在研究 MAR-M200＋Hf 合金时，发现其持久寿命与细小 γ' 相（$\leqslant 0.5\mu m$）体积分数有

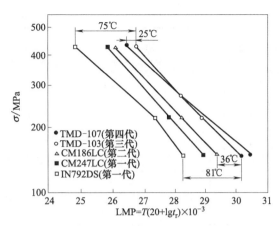

图 4-6　第一至第四代定向凝固柱
晶高温合金蠕变断裂强度

很大关系，而最大程度提高细小 γ' 相体积分数的关键是提高合金固溶温度。M. Gell 等人根据这一重要发现，提出并施行了发展新型单晶合金的原则：去除 C、B、Zr、Hf 降低合金初熔点的元素，增加难熔元素 Ta 的含量，从而大幅度提高固溶温度，使初生 γ' 相完全溶解，在后期时效析出细小 γ' 相的数量达到最多，以显著提高合金的蠕变断裂性能。以此原理成功研制了耐温能力比定向凝固合金 PWA1422 高 25～50℃的单晶合金 PWA1480，并应用于 PW2037、JT9D-7R4 等六种先进的航空发动机。从此，单晶合金的研究获得了突破性进展，美、英、法、俄、日等国纷纷开展研究，相继研制出 CM-SX-2/3、SRR99、AM1、KC32 等单晶高温合金，其性能水平与 PWA1480 相当，属于第一代单晶高温合金。20世纪80年代以来。随着合金设计理论水平的提高，成分不断改进，熔炼工艺优化，铸造技术进步，使其力学性能的提高一再获得突破，如今，单晶高温合金已经发展到第五代。典型的镍单晶高温合金如表 4-10 所示。

表 4-10　典型镍单晶高温合金

代及合金号		成分/%										
		Cr	Co	Mo	W	Ta	Re	Hf	Al	Ti	Ni	其他
1	PWA1480	10	5	—	4	12	—	—	5	1.5	Bal.	
	René N4	9	8	2	6	4	—	—	3.7	4.2	Bal.	0.5Nb
	SRR99	8	5	—	10	3	—	—	5.5	2.2	Bal.	
	RR2000	10	15	3	—	—	—	—	5.5	4	Bal.	1V
	AM1	8	6	2	6	9	—	—	5.2	1.2	Bal.	
	AM3	8	6	2	5	4	—	—	6	2	Bal.	
	CMSX-2	8	5	0.6	8	6	—	—	5.6	1	Bal.	
	CMSX-3	8	5	0.6	8	6	—	0.1	5.6	1	Bal.	
	CMSX-6	10	5	3	—	2	—	0.1	4.8	4.7	Bal.	
	SC-16	16	—	2.8	—	3.5	—	—	3.5	3.5	Bal.	
	AF-56	12	8	2	4	5	—	—	3.4	4	Bal.	
	СИК7	14.8	8.8	0.4	6.9	—	—	—	4.1	3.9	Bal.	0.08C,0.01B,0.02Ce
	DD403	9.5	5	3.8	5.2	—	—	—	5.9	2.1	Bal.	
	DD408	16	8.5	—	6	—	—	—	3.9	3.8	Bal.	

续表

代及合金号		成分/%										
		Cr	Co	Mo	W	Ta	Re	Hf	Al	Ti	Ni	其他
2	PWA1484	5	10	2	6	9	3	0.1	5.6	—	Bal.	
	René N5	7	8	2	5	7	3	0.2	6.2	—	Bal.	0.05C 0.004B 0.01Y
	CMSX-4	6.5	9	0.6	6	6.5	3	0.1	5.6	1	Bal.	
	SC180	5	10	2	5	8.5	3	0.1	5.2	1	Bal.	
	ЖC32	5	9	1.1	8.5	4	4	—	6	1.5	Bal.	0.15C 1.6Nb 0.015B
	ЖC36	4.2	8.7	1	12	—	2		6	1.2	Bal.	1Nb,RE
3	René N6	4.2	12	1.4	6	7.2	5.4	0.15	5.75	—	Bal.	0.05C,0.004B,0.01Y
	CMSX-10	3.3	2.2	0.4	5.6	8.4	6.4	0.04	5.74	0.2	Bal.	0.1Nb
4	TMS-138	3.2	5.8	2.8	5.9	5.6	5.0	0.1	5.9	—	Bal.	2.0Ru
	MC-NC	4	—	4	5	6	3	0.1	5.8	—	Bal.	4Ru
5	TMS-162	3.0	5.8	3.9	5.8	5.6	4.9	0.1	5.8	—	Bal.	6.0Ru
	TMS-196	4.6	5.6	2.4	5.0	5.6	6.4	0.1	5.6	—	Bal.	5.0Ru

　　从热流控制角度来看，单晶法也属于定向凝固，但单晶铸造工艺在型壳设计上增加了单晶选择通道，使一定数量的晶粒进入单晶选择通道底部，只有一个晶粒从选择通道顶部露出并充满整个型腔。单晶选择通道一般采用小直径向上角度的螺旋体或几个直角转弯的通道，典型的螺旋体直径为 0.3～0.5cm。与定向凝固相同，在水冷铜板上首先形成许多任意取向的晶粒，然而在择优取向生长原则下，〈100〉取向的晶粒优先生长，有更快的生长速度，通常有 2～6 个〈100〉或〈110〉取向的晶粒进入单晶选择通道，通过一圈或两圈的螺旋体后，只有 1 个〈100〉晶粒出现于型腔底部并生长，从而制得单晶叶片。为阻止型壳内各部分形核发生，单晶型壳的预热温度高，典型的模温为 1500～1600℃。为保证横截面尺寸改变引起产生晶核，温度梯度由 36℃/cm 提高到 72℃/cm。

　　单晶高温合金中加入了大量 W、Mo、Ta、Re、Ru 等难熔金属元素，其含量比同代次定向凝固柱状晶合金都高。难熔金属产生固溶强化，提高固溶温度，时效时大量析出沉淀强化相 γ′相。第一代单晶高温合金不含稀土金属元素 Re，随后，发现添加元素 Re 后 80％原子能进入 γ 固溶体，引起较大的晶格畸变，20％的元素 Re 直接进入 γ′相，提高 γ′相的溶解度，增加 γ′相体积分数，从而提高合金承温能力，而且 Re 原子的加入有助于减小单晶晶粒缺陷和表面再结晶倾向。从第二代单晶合金开始添加元素 Re，3％Re 和 6％Re 是第二代和第三代单晶高温合金的标志，但 Re 原子加入会促进有害的 TCP 相生成和次生反应区（SRZ）生成，降低组织稳定性。第四代和第五代单晶合金以分别加入 3％和 6％的元素 Ru，抑制

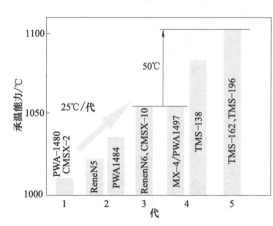

图 4-7　第一至第五代单晶高温合金在 137MPa、1000h 条件下的承温能力

TCP 相析出，增加合金组织稳定性。第一至第五代单晶高温合金在 137MPa、1000h 条件下的承温能力如图 4-7 所示，可见，每代单晶高温合金承温能力可提高 25℃左右。

单晶高温合金的力学性能受晶体取向的影响，通常单晶高温合金沿〈100〉取向抗蠕变性能最好，在某些合金或试验条件下也可能〈111〉取向最好。如 PWA1480 合金在 760℃时〈100〉取向蠕变强度最高，〈111〉取向最低，而在 982℃时〈111〉取向最高；CMSX-2 单晶合金是〈111〉取向持久寿命最长。为了减小单晶零件的各向异性，必须对凝固过程进行双取向控制，使零件在纵向和横向上，都具有理想的结晶取向。

等轴晶高温合金的高温蠕变断裂通常都是由垂直于主应力轴方向的裂纹沿横向形核和扩展造成的。定向凝固柱状晶高温合金消除了横向晶界，只有纵向晶界，持久断裂寿命和塑性得到大幅度提高，而单晶高温合金消除了晶界，持久强度和塑性较定向凝固高温合金又得到进一步提高。表 4-11 为不同铸造类型得到的 M-M200 合金高温力学性能，可以看出，单晶高温合金各项性能均优于定向凝固和等轴晶铸造高温合金。此外，单晶高温合金难熔金属中沉淀强化相 γ' 相含量达到 60%以上，都大大提高了其高温持久性能和蠕变强度，目前先进航空发动机以采用单晶叶片为特色。

表 4-11　等轴晶、定向凝固及单晶 M-M200 的蠕变和持久性能

合金类型	760℃，689MPa			871℃，345MPa			982℃，209MPa		
	持久寿命/h	A/%	最小蠕变速率/[mm/(nm·h)]	持久寿命/h	A/%	最小蠕变速率/[mm/(nm·h)]	持久寿命/h	A/%	最小蠕变速率/[mm/(nm·h)]
等轴晶	4.9	0.45	70.0×10^{-5}	245.9	2.2	3.4×10^{-5}	35.6	2.6	23.8×10^{-5}
定向凝固	366.0	12.5	14.5×10^{-5}	280.0	35.8	7.7×10^{-5}	67.0	23.6	25.6×10^{-5}
单晶	1914.0	14.5	2.2×10^{-5}	848.0	18.1	1.4×10^{-5}	107.0	23.3	16.1×10^{-5}

4.3　变形高温合金

变形高温合金是指将铸锭进行冷、热加工制成各种型材或零件毛坯，最后制成热端零件的高温合金，其关键是合金锭具有成形能力。变形高温合金是最先用于航空发动机的高温合金，1939 年英国首先研制成功 Nimonic75，1944 年 Nimonic80A 正式使用，1956 年中国发展了第一种变形高温合金 GH3030，之后又相继研制了 GH4033 等合金，经过 60 多年的发展，全世界目前生产的变形高温合金超过 200 种，中国生产的变形高温合金超过 70 种。

与铸造高温合金相比，变形高温合金合金化程度低，因此，熔点较高，热加工温度上限较高，合金再结晶温度较低，降低热加工温度下限，因此，变形高温合金热加工范围较铸造高温合金宽。此外，变形高温合金偏析较轻，合金组织中的 γ' 析出相数量较少，变形抗力低，加工变形性能良好，因而可以通过热加工和冷加工工艺制备出不同形状的型材和零件毛坯。

按基体元素的不同，变形高温合金可分为铁基变形高温合金、镍基变形高温合金和钴基变形高温合金。

4.3.1　铁基变形高温合金

铁基变形高温合金是从奥氏体不锈钢发展起来的。20 世纪 40 年代，美国发现在 18-8 型

不锈钢中加入 Mo、Cr、Ti 等元素可提高这种钢在 500~700℃ 条件下的持久强度，从而研制出以 25-16-6（Fe-25Ni-16Cr-6Mo）为代表的加工硬化型奥氏体耐热钢。随着航空工业不断发展和对高温材料的需要，20 世纪 50 年代开发出了一系列面心立方金属间化合物沉淀强化型 Fe-Ni-Cr 系、Fe-Ni-Co-Cr 系高温合金，如 A-286、AF-71、Incoloy 901 等。第二次世界大战期间，德、日等国迫于战争需要和镍资源缺乏，发展出 Fe-Cr-Mn 系高温合金。中国结合本国资源条件，于 50 年代末开始研制铁基高温合金，发展出了一系列 Fe-Ni-Cr 系固溶强化型、沉淀强化型的高温合金，如 GH140、GH130、GH135 等。

铁基变形高温合金 Fe 含量在 18%~45%，为稳定奥氏体，通常要加入 25%~45% 的元素 Ni，也可加入适量的元素 Mn、N、Co 代替部分元素 Ni。为保证合金有充分的抗氧化腐蚀能力，铁基变形合金中还加入 11%~23% 的元素 Cr，所以铁基高温合金实际上是以 Fe-Ni-Cr 三元系为基，当 Ni 含量大于 40% 时一般也称作铁镍基高温合金。铁基高温合金的基体通常有 Fe-15Cr-25Ni 型、Fe-15Cr-35Ni 型、Fe-15Cr-45Ni 型。常用铁基变形高温合金的牌号、化学成分及使用温度如表 4-12 所示。

表 4-12 常用铁基变形高温合金的牌号、化学成分及使用温度

合金牌号	化学成分/%												使用温度/℃
	C	Cr	Ni	Mn	W	Mo	Al	Ti	V	B	其他	Al+Ti+Nb	
GH1040	≤0.12	15~17.5	24~27	1~2		5.5~7.5					Nb0.1~0.2		600
GH2036	0.34~0.4	11.5~13.5	7~9	7.5~8.5		1.1~1.4		≤0.12	1.25~1.55		Nb0.25~0.5	约1.4	650
GH2132	≤0.08	13.5~16	24~27	1~2		1~1.5	≤0.4	1.75~2.3	1.25~1.55	0.001~0.01		约2.2	700
GH2136	≤0.06	13~16	24.5~28.5	≤0.35		1.0~1.75	≤0.35	2.4~3.2	0.01~0.1	0.005~0.025		约3.0	700
GH2135	≤0.06	14~16	33~36	≤0.4	1.7~2.2	1.7~2.2	2.0~2.8	2.1~2.5		≤0.015	Ce≤0.03	约4.7	700~750
GH901	0.02~0.06	11~14	40~45	≤0.4		5~6.5	≤0.3	2.8~3.1		0.001~0.02		约3.2	750
GH2130	≤0.8	12~16	35~40	≤0.5	5~6.5		1.4~2.2	2.4~3.2		≤0.02	Ce≤0.02	约4.6	800
GH2302	≤0.08	12~16	38~42	≤0.6	3.5~4.5	1.2~2.5	1.8~2.3	2.3~2.8		≤0.01	Zr≤0.05	约4.6	800
GH907	0.01~0.02		37.6	0.05			<0.2	1.53		0.006	Co13.4, Nb4.89		650

铁基高温合金主要沉淀强化相有 γ'[Ni$_3$(Ti、Al)] 和 γ''(Ni$_3$N$_b$) 相两类。此外，还有微量碳化物、硼化物、Laves（如 Fe$_2$Mo）相和 δ 相等。铁基高温合金的沉淀强化相数量不多，通常在 20% 以下，我国研制的铁基高温合金 γ' 相的数量在 3%~20% 范围。铁基高温合金中含有较多的 W、Mo、Cr 等元素，易造成组织不稳定，在热处理或工作温度长期时效时，容易析出 σ 相（如 Fe$_x$Cr$_y$）、G 相（如 Fe$_6$Ni$_{16}$Si$_7$）、μ 相（如 Fe$_7$Mo$_6$）和 Laves 相等 TCP 相，当这些相呈颗粒状分布于晶界和晶内且数量较少时，对力学性能影响不明显。如果这些相呈片状大量析出，往往引起力学性能的严重降低，特别是导致持久强度、塑性和拉伸性能严重降低。

铁基变形高温合金一大特点是在工艺过程中容易控制组织。由于铁基高温合金中 γ' 相

和 γ'' 相属亚稳相，容易转变为 η 相和 δ 相，因此，在热加工和热处理过程中合理控制工艺，可获得分布合理和大小适宜的强化相，提高拉伸性能和持久性能，改善疲劳性能。如对 GH2901 合金选用 900℃、8h 空冷时效处理，颗粒状第二相 η-Ni_3Ti 沿晶界析出，然后，在再结晶温度以上，第二相溶解温度以下进行热加工，可以获得晶粒度 10～13 级的细晶组织。

铁基变形高温合金按其强化方式可分为三类：第一类是碳化物、氮化物或复合碳氮化物强化合金，其使用温度在 550～600℃，现已逐渐被其他合金取代；第二类是固溶强化合金，在高温下有良好的抗氧化和抗腐蚀能力，使用温度在 800～950℃，主要用作板材，制造承力不大但工作温度较高的零件；第三类是金属间化合物强化合金，使用温度在 600～750℃。表 4-13 为部分铁基高温合金在高温下的力学性能。铁基变形高温合金具有良好的中温力学性能和热加工塑性，并随着铁含量增多可锻性越来越好。铁的价格比镍和钴低廉，铁基高温合金成本低于镍基高温合金和钴基高温合金，铁基高温合金产品以管材为主，广泛应用于航空航天发动机零部件。但是，铁基变形高温合金组织不够稳定，抗氧化性较差，高温强度不足，因而，服役温度受到限制。

表 4-13　铁基变形高温合金高温力学性能

牌号	650℃			760℃			1000h 持久强度/MPa		
	σ_b/MPa	$\sigma_{0.2}$/MPa	A/%	σ_b/MPa	$\sigma_{0.2}$/MPa	A/%	600℃	650℃	700℃
GH2901	960	760	13.0	725	635	19.0	660	495	340
GH2706	1035	860	24.0	725	660	32.0	—	580	365
GH2033	1020	600	22.0	700	590	20.0	588	470	314
GH2133	991	676	25.0	778	671	15.0	—	581	368

4.3.2　镍基变形高温合金

国际镍公司的 Huntington 分部于 1939 年开始研制 Ni-Cr-Fe 系合金系列，英国于 1941 年首先生产出镍基合金 Nimonic 75（Ni-20Cr-0.4Ti），其后为提高蠕变强度又添加铝，研制出 Nimonic 80（Ni-20Cr-2.5Ti-1.3Al）。我国于 20 世纪 50 年代中期开始镍基变形高温合金的研制和开发，表 4-14 为我国常用镍基变形高温合金的牌号、化学成分及使用温度。图 4-8 为在涡轮叶片和盘片上，高温合金应用的发展趋势。

镍为面心立方结构，从室温到高温没有同素异构转变，是一种非常良好的基体金属，而且镍化学稳定性良好，在 500℃ 以下几乎不氧化，常温下不受湿气、水及盐类水溶液的作用。镍基变形高温合金通常加入 10%～25% 的 Cr 元素，以保证合金具有良好的抗氧化腐蚀性能，所以镍基合金实际上以 Ni-Cr 为基体。此外，有些合金在 Ni-Cr 固溶体中加入元素 Co(15%～20%)、Mo(约 15%) 或 W（约 11%），分别构成以 Ni-Cr-Co、Ni-Cr-Mo、Ni-Cr-W 为基体的三元系变形高温合金。

由于镍元素第三电子壳层接近被填满，所以镍在合金化时可以容纳更多的合金元素而不改变合金的稳定性，不析出 TCP 相，对比铁基变形高温合金，镍基变形高温合金不仅采用元素 W 和 Mo 进行固溶强化，还添加 Co、Cr、Fe、Mo、W、Ta 等多种元素，固溶元素数量远远大于铁基高温合金。不同的固溶强化元素加入基体中，对晶格畸变产生更大影响，而且固溶强化因素之间还发生交互作用，导致合金元素在 γ 固溶体中溶解度增大，强烈提高合

表 4-14　中国常用镍基变形高温合金的牌号、化学成分及使用温度

合金牌号	化学成分（质量分数）/%											使用温度 ℃
	C	Cr	Co	W	Mo	Al	Ti	Fe	Nb	B	其他	
GH3030	≤0.12	19.0~22.0				≤0.15	0.15~0.35	≤1.0				800
GH4169	≤0.08	17.0~21.0			2.8~3.3	0.2~0.8	0.65~1.15	17.0~20.0	4.75~5.55	≤0.01		−253~703
GH3039	≤0.08	19.0~22.0			1.8~2.3	0.35~0.75	0.35~0.37	≤3.0	0.9~1.3			850
GH3044	≤0.1	23.5~26.5		13.0~16.0	<1.5	≤0.5	0.3~0.7	≤4.0				900
GH3128	≤0.05	19.0~22.0		7.5~9.0	7.5~9.0	0.4~0.8	0.4~0.8	≤1.0		0.005	Zr0.04 Ce0.05	950
GH4033	≤0.06	19.0~22.0				0.55~0.95	2.2~2.7	≤1.0		≤0.01	Ce≤0.01	700~750
GH4133	≤0.07	19.0~22.0				0.7~1.2	2.5~3.0	≤1.5	1.15~1.65	≤0.01		700~750
GH4037	≤0.1	13.0~16.0		5.0~7.0	2.0~4.0	1.7~2.3	1.8~2.3	≤0.5		≤0.02	V0.01~0.2 Ce0.02	800~850
GH4049	≤0.07	9.5~11.0	1.40~16.0	5.0~6.0	4.5~5.5	3.7~4.4	1.4~1.9	≤1.5		0.015	V0.2~0.5 Ce0.02	900
GH141	0.06~0.12	18.0~20.0	10.0~12.0		9.0~10.5	1.4~1.8	3.0~3.5	≤5.0		0.003~0.01		900
GH151	0.05~0.11	9.5~10.0	15.0~16.5	6.0~7.5	2.5~3.1	5.7~6.2		0.7	1.95~2.35	0.012~0.02	Zr0.03~0.05 Ce0.02	950
GH118	≤0.20	14.0~16.0	13.5~15.5		3.0~5.0	4.5~5.0	3.5~4.5	≤1.0		0.01~0.2	Zr≤0.15	950
GH738	0.03~0.1	18.0~21.0	12.0~15.0		3.5~5.0	1.2~1.6	2.75~3.25	≤2.0		0.003~0.03	Zr0.02~0.08	815
GH698	≤0.08	13.0~16.0			2.8~3.2	1.3~1.7	2.35~2.75	≤2.0	1.8~2.2	≤0.005	Ce≤0.005	550~800
GH220	≤0.08	9.0~12.0	14.0~15.0	5.0~6.5	5.0~7.0	3.9~4.8	2.2~2.9	≤3.0		≤0.02	V0.2~0.8	900~950

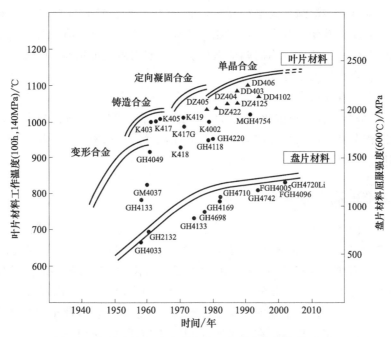

图 4-8　高温合金在叶片和盘片上应用的发展趋势和对比

金固溶强化效果，镍基变形高温合金还添加 C、B、Zr 等多种微合金化元素进行综合晶界强化。高温合金沉淀强化相 γ' 典型成分为 $Ni_3(Al, Ti)$ 或 $(Ni, Co)_3(Al, Ti)$，其中 Al 和 Ni 占主导地位。镍基变形合金中 γ' 相晶格常数与 γ 基体相近，所以通常 γ' 与 γ 呈共格关系，γ/γ' 间错配度在 $0 \sim 0.2\%$，呈球形。镍基变形高温合金中元素 Al、Ti 含量较高，可以形成大量的 γ' 相，含量最高可达到 65% 以上，远远高于铁基高温合金的 20%。

表 4-15　镍基变形高温合金高温力学性能

合金	650℃			760℃			870℃			1000h 的持久强度/MPa			
	σ_b /MPa	$\sigma_{0.2}$ /MPa	A /%	σ_b /MPa	$\sigma_{0.2}$ /MPa	A /%	σ_b /MPa	$\sigma_{0.2}$ /MPa	A /%	650℃	760℃	870℃	980℃
Nimonic80A	795	550	21	600	505	17	310	260	30	420	160	—	—
Nimonic90	940	685	14	655	540	12	330	260	23	455	205	60	—
Nimonic105	1095	765	24	930	740	25	660	490	27	—	330	130	30
Nimonic115	1125	815	23	1085	800	24	830	550	16	—	420	185	70
Udmet500	1215	760	28	1040	730	29	640	495	20	760	325	125	—
Udmet700	1240	855	16	1035	825	20	690	635	27	705	425	200	55
IN100	1110	890	6	1035	825	20	690	635	27	—	515	255	105
MM-002	1070	825	7	1035	860	7	885	695	6	—	565	305	125
Incoloy901	960	760	13	725	635	19	—	—	—	525	205	—	—
GH2302	1115	706	17	838	738	8	647	284	17	570	294	85	—

镍基变形高温合金固溶强化元素种类多，沉淀强化元素 Al＋Ti 含量高，具有较好的组织稳定性。与铁基和钴基变形高温合金相比，镍基变形高温合金具有良好的抗氧化、抗热腐蚀和抗冷、热疲劳性能，塑性、高温蠕变强度优异，使用温度可达 800℃以上。表 4-15 为常用镍基变形高温合金高温力学性能。

镍基高温合金在现代航空航天发动机中使用最广泛，牌号最多，用量最大，被称为"发动机的心脏"。镍基高温合金按强化方式有固溶强化型合金和沉淀强化型合金，固溶强化型合金用于制造工作温度较高、承受应力不大的部件，沉淀强化型合金可用于制作高温下承受应力较高的部件。

4.3.3 钴基变形高温合金

钴基变形高温合金的发展始于 20 世纪 40 年代，1943 年美国首次研制出 X-40 钴基变形高温合金，1957 年美国钨金属研究所在 X-40 合金基础上降低 4％Cr 研制出 WI-52 合金，1963 年通用电气公司通过降低 X-40 合金的碳含量发展出 X-45 合金，改善了合金的焊接性能，1968 年该公司增加了 X-45 合金的 Cr 含量，研制出具有优异抗高温氧化和腐蚀性能的 FSX-414 合金。几十年来，钴基变形高温合金得到迅速发展，相继数十种牌号问世，在航空航天领域发挥了重要作用，我国已在 WZ8A 发动机上应用国产的 L-605 和 HS-188 合金制作导向叶片、火焰环等多种零件。

钴在 400℃以下具有密排六方结构，在高温时会发生同素异构转变为面心立方结构，且这种转变具有非热特性，在温度循环过程中具有可逆性，为使钴基合金具有稳定面心立方结构的 γ 奥氏体，通常加入 5％～25％的镍或 9％～20％的铁，此外，还通常加入 20％左右的元素 Cr，以便在合金表面形成防护性能良好的 Cr_2O_3 氧化膜来提高钴基变形高温合金的抗氧化性能和抗腐蚀性能。所以，钴基变形高温合金实质上是以 Co-Ni-Cr 三元系为基，另含 W、Mo、Nb、Ta 等固溶强化元素和碳化物形成元素。表 4-16 为有代表性的钴基变形高温合金的化学成分。

表 4-16　部分钴基变形高温合金的化学成分（质量分数）

牌号	合金元素/%									
	C	Cr	Ni	W	Mo	Nb	Si	Fe	Co	其他
S-816	0.4	20	20	4	4	4	—	4	余量	—
L-605	0.1	20	10	15	—	—	—	—	余量	—
HS-188	0.1	22	22	14	—	—	—	1.5	余量	0.8La
Mar-M918	0.05	20	22	—	—	—	0.5	—	余量	0.10Zr
J-1570	0.2	20	28	7	—	—	—	2	余量	4Ti
J-1650	0.2	19	27	12	2	—	2	—	余量	3.8Ti
GH5188	0.1	22	22	14.5	—	—	0.35	3.0	余量	0.015B
GH5605	0.1	20	10	15	—	—	0.4	3.0	余量	—
GH5941	0.1	21	21	18	—	—	0.5	1.5	余量	—
GH6159	0.04	19	余量	—	7	0.5	0.2	9	36	0.03B
GH6783	0.03	3	28	—	—	3.0	0.5	25.5	余量	0.008B

钴基变形高温合金主要依靠碳化物强化，不同种类的碳化物以不同形态分布于基体中产

生第二相沉淀强化。钴基变形高温合金中碳化物可分为两类：一类是以元素 Cr 为主的 $M_{23}C_6$、M_7C_3、M_3C_2 型碳化物，其中元素 Cr 可以部分被 W、Mo、Co 等原子取代；另一类是以难熔金属元素为主的 M_6C、MC 型碳化物。此外，钴基变形高温合金中容易形成堆垛层错。堆垛层错沿 γ 奥氏体中密排方向排列，位错与层错交互作用，能够产生显著的强化效果。因为位错和层错具有较高能量，二次碳化物在其上形核可以降低反应激活能，二次碳化物质点择优在位错和层错上形核，其强化效果更好。

钴基变形高温合金与镍基变形高温合金相比，其加工硬化速率较大，零件成形后的表面质量较好，但在成形过程中，一般需要较多的热加工加热火次或冷变形中间退火次数，其加工成形设备的吨位也要求较大。钴基变形高温合金在高于 980℃时，其强度很高，抗热疲劳、热腐蚀和耐磨腐蚀性优异，但是，钴基变形高温合金以碳化物为主要强化相，缺少共格类的强化相，在较低和中等温度范围内持久强度比镍基变形高温合金低。表 4-17 列出了有代表性的钴基变形高温合金的高温力学性能。钴是重要的战略物资，大多数国家缺乏，因此，钴基高温合金发展受到严重限制，且钴基高温合金比镍基合金比重高约 10%，在一定程度上影响了钴基变形高温合金在航空航天领域的应用。

表 4-17 钴基变形高温合金高温力学性能

合金	800℃			900℃			1000℃			1000h 的持久强度/MPa			
	σ_b /MPa	$\sigma_{0.2}$ /MPa	A /%	σ_b /MPa	$\sigma_{0.2}$ /MPa	A /%	σ_b /MPa	$\sigma_{0.2}$ /MPa	A /%	815℃	870℃	980℃	1100℃
GH5188	460	273	85	282	240	96	163	131	69	110	70	25	8.3
GH5605	309	232	14	209	—	16	139	—	20	121	72	25	—
GH6159	1565	1482	8	1407	1282	15	896	690	34	690	—	—	—
GH3044	396	236	46	211	118	55	142	64	55	75	30	—	—

4.4 粉末高温合金

随着高温合金工作温度和强度的不断提高以及综合性能的改善，合金中强化元素含量不断增加，成分越来越复杂，热加工性能变得很差，不少高性能镍基高温合金已不能热加工变形，只能以铸态使用。然而，由于铸造组织偏析严重导致了显微组织的不均匀和力学性能的波动，故而开始采用粉末冶金工艺生产高温合金克服上述缺点，得到几乎无偏析、组织均匀、热加工性能良好的高温合金材料。粉末高温合金是先进航空发动机关键热端部件的优选材料，主要用于制造涡轮盘、压气机盘、鼓筒轴、涡轮盘、高压挡板等发动机热端高温承力转动部件。目前，用粉末冶金法制得的高温合金可分为普通粉末（powder metallurgy，PM）高温合金和氧化物弥散强化（oxide dispersion strengthened，ODS）高温合金两类。目前，已经研制了四代粉末高温合金，制备出的涡轮盘等多种粉末高温合金关键零部件已成功应用于先进航空发动机。

4.4.1 普通粉末高温合金

1971 年美国惠普公司将当时镍基铸造高温合金 IN100 制成预合金粉末，经等温锻造工艺制成 F-100 战机发动机零部件，1972 年装备在 F-15 和 F-16 战机上，以取代原来的 Wapsaloy 变形高温合金，每台发动机减重 58.5kg，成本降低 15％。美国 GE 公司也于 1972 年采取氩气雾化和热等静压工艺，降低难变形镍基高温合金 René95 碳含量，成功制成粉末高温合金涡轮盘，从此拉开研制粉末高温合金的大序幕。美国于 20 世纪 90 年代开始新一代航空发动机的研制，新一代航空发动机要求具有超声速巡航的能力，其压气机、高压涡轮等部件需在高温、高应力下长时间工作，其热时寿命是现役三代发动机的 20～30 倍。由于第一、二代粉末高温合金都无法满足如此高的要求，于是研制了具有高强度、高损伤容限，耐高温，持久性能好，使用温度 700～750℃ 的第三代粉末高温合金。典型的第三代粉末高温合金有 Honeywell 开发的 Alloy10，NASA/GE/P&WA 合作开发的 Rene104（ME3）等。法国在 N18 基础上研发的 NR3、NR6，N19 等合金也属于第三代粉末高温合金。美欧研发的粉末高温合金成分及合金特性如表 4-18 所示。

表 4-18　部分美国、欧洲的粉末冶金高温合金的化学成分与性能

代	牌号	国家	成分(Ni Bal)/%												物理参数		
			C	Co	Cr	W	Mo	Al	Ti	Nb	B	Zr	Hf	其他	w(γ')/%	T(γ')/℃	ρ/(g/cm³)
1	PA101	美国	0.15	9.0	12.5	4.0	2.0	3.5	4.0	—	0.015	0.10	1.0	4.0Ta			
	AF115	美国	0.05	15.0	10.5	6.0	2.8	3.8	3.9	1.8	0.02	0.05	0.8	—	55	1193	8.33
	IN100	美国	0.08	18.5	12.5	—	3.4	5.5	4.5	—	0.02	0.05	—	0.75V	61	1185	7.90
	René95	美国	0.06	8.0	13.0	3.5	3.5	3.5	2.5	3.5	0.01	0.05	—	—	50	1160	8.26
	Astroloy	美国	0.04	17.0	15.0	—	5.0	4.0	3.5	—	0.025	0.04	—	—	45	1145	8.02
	LC Astroloy	美国	0.03	17.0	15.0	—	5.0	4.0	3.5	—	0.025	0.04	—	—	45	1145	8.0
	MERL76	美国	0.02	18.5	12.4	—	3.2	5.0	4.3	1.4	0.02	0.06	0.4	—	64	1190	7.95
	U720	美国	0.035	14.7	18.0	1.25	3.0	2.5	5.0	—	0.033	0.03	—	—	45	1150	8.10
	API	英国	0.03	17.0	15.0	—	5.0	4.0	3.5	—			—	—	50	1140	—
2	René88DT	美国	0.03	13.0	16.0	4.0	4.0	2.0	3.7	0.7	0.015	0.05	—	—	37	1135	8.26
	U720Li	美国	0.025	15.0	16.6	1.25	3.0	2.5	5.0	—	0.012	0.03	—	—	45	1150	8.10
	N18	法国	0.02	15.5	11.5	—	6.5	4.3	4.3	—	0.015	0.03	0.5	—	55	1195	8.00
3	René104	美国	0.04	20.0	13.1	1.9	3.8	3.7	3.5	1.2	0.03	0.05	—	2.3Ta	51	1160	8.30
	Alloy10	美国	0.04	15.0	11.0	5.7	2.5	3.8	1.8	1.8	0.03	0.10	—	0.9Ta	55	1180	
	LSHR	美国	0.03	21.3	12.9	4.3	2.7	3.4	3.6	1.4	0.03	0.05	—	1.7Ta	60	1160	
	NF3	美国	0.03	18.0	10.5	3.0	2.9	3.6	3.6	2.0	0.03	0.05	—	2.5Ta	55	1175	
	CH98	美国	0.05	17.9	11.6	—	2.9	3.9	4.0	—	0.03	0.05	—	2.9Ta	58	1175	
	KM4	美国	0.03	18.3	12.0	—	4.0	3.8	4.9	1.9	0.03	0.05	—	—	56	1170	
	SR3	美国	0.03	11.9	12.8	—	5.1	2.6	4.9	0.015	0.03	0.03	0.2	—	49	1170	
	RR1000	英国	0.03	15.0	14.5	—	4.5	3.0	3.6	—	0.02	0.06	0.75	15Ta	46	1160	
	N19	法国	0.015	12.2	13.3	3.0	4.6	2.9	3.6	1.5	0.03	—	0.25	—	43	1145	8.31
	NR3	法国	0.02	14.9	12.5	—	3.55	3.4	5.5	—	0.01	0.03	—	—	53	1205	8.05
	NR6	法国	0.02	15.3	13.9	3.7	2.2	2.9	4.6	—	0.01	0.03	—	—	45	1175	8.29

俄罗斯几乎是和美国同时开展粉末高温合金的研究，在多年的研究中，始终坚持自己的特色，并取得了巨大的成功。与美国、欧洲相比，俄罗斯的粉末高温合金牌号要少得多，同时，对粉末高温合金的划分没有代的概念。俄罗斯研发的粉末高温合金成分及合金特性如表 4-19 所示。

1977 年北京钢铁研究总院从德国 Heraeus 公司引进了雾化制粉装置开始，我国研制出了 FGH100 粉末高温合金，1995 年于 3000t 水压机上包套锻压出直径 630mm 的 FGH95 粉末盘。近年来，我国粉末高温合金取得重大进展，性能达到国外同类产品水平。根据国家型

号需求，陆续开展了 FGH95 合金，FGH96 合金，FGH97 合金，FGH98 合金和 FGH91 合金的研制，我国粉末高温合金的成分及特性如表 4-20 所示。我国三种涡轮盘粉末冶金高温合金的性能见表 4-21 所示。

表 4-19　部分俄罗斯研发的粉末高温合金成分及性能

牌号	成分(Ni Bal.)/%												物理参数		
	C	Co	Cr	W	Mo	Al	Ti	Nb	B	Zr	Hf	其他	$w(\gamma')$ /%	$T(\gamma')$ /℃	ρ /(g/cm³)
EP962P	0.04	9.8	12.5	3.2	4.3	3.7	2.4	3.4	0.012	—	0.55	0.34V	50	1160	8.28
EP975P	0.06	12.0	10.0	10.0	3.5	7.0	3.0	3.5	—	—	0.7	—	60	1230	8.47
EP741NP	0.04	16.0	9.0	5.5	3.9	5.0	1.8	2.6	0.015	0.015	0.3	0.01Ce	60	1180	8.35
EP962NP	0.04	16.2	9.0	5.3	3.8	3.8	3.7	1.8	0.015	0.015	0.4	—	57	1200	8.28
VV750P	0.055	15.0	10.0	5.8	3.3	3.7	3.7	1.8	0.015	0.01	0.25	0.02Mg	57	—	—
VV751P	0.06	15.0	11.0	3.0	4.5	3.95	2.8	3.25	0.015	—	0.05	0.02La 0.01Mg	—	—	—
VV752P	0.09	14.0	11.0	5.1	3.1	4.1	3.0	3.45	0.005~ 0.05	0.001~ 0.05	0.05~ 0.2	0.001~ 0.05Mg	—	—	—

表 4-20　部分中国的粉末冶金高温合金化学成分与性能

牌号	成分(Ni Bal.)/%												物理参数		
	C	Co	Cr	W	Mo	Al	Ti	Nb	B	Zr	Hf	其他	$w(\gamma')$ /%	$T(\gamma')$ /℃	ρ /(g/cm³)
FGH91	0.03	17.0	15.0	—	5.0	4.0	3.5	—	微量	微量	—	—	45	1145	8.00
FGH95	0.055	8.47	12.2	3.42	3.61	3.51	2.55	3.4	微量	微量	—	—	50	1160	8.27
FGH96	0.03	13.0	15.8	4.14	4.33	2.26	3.88	0.82	微量	微量	—	—	37	1135	8.32
FGH97	0.04	15.8	9.1	5.6	3.9	5.1	1.8	2.6	微量	微量	0.3	0.008Ce	60	1180	8.30
FGH98	0.05	20.6	13.0	2.1	3.8	3.4	3.7	0.9	微量	微量	—	2.4Ta	50	1160	8.26
FGH981	0.05	20.6	13.0	3.8	2.7	3.5	3.5	1.5	微量	微量	0.2	1.6Ta	55	1165	—
FGH99	0.03	20.0	13.0	4.3	2.9	3.6	3.5	1.5	微量	微量	0.35	1.5Ta	—	—	—

表 4-21　中国研制的三种涡轮盘粉末冶金高温合金性能

牌号	拉伸性能(650℃)				持久性能(650℃)				疲劳裂纹扩展速度/(mm/圈)	
	σ_b /MPa	$\sigma_{0.2}$ /MPa	A /%	ψ /%	1000MPa		1030MPa		$\Delta K = 40MPa \cdot m^{1/2}$	$\Delta K = 60MPa \cdot m^{1/2}$
					τ/h	δ/%	τ/h	A/%		
FGH4095	1510	1140	15	16	521	3	250	5	3.6×10^{-2}	9.5×10^{-2}
FGH4096	1430	975	14	16	124	2	63	3	1.6×10^{-2}	2.9×10^{-2}
FGH4097	1340	1030	23	23	536	7	168	8	1.4×10^{-3}	8.6×10^{-3}

　　粉末高温合金的工艺流程大致如下：制备粉末→固实→热加工变形→热处理。粉末的质量严重影响着粉末高温合金的性能，通常要求粉末的气体含量及夹杂物含量低，粒度分布及形状合适。高温合金粉末的制备方法主要有惰性气体雾化法、旋转电机法和真空雾化法三种。惰性气体雾化法应用最广泛，在整个真空及密闭的设备中，经真空熔炼的合金熔体经注口流下，在高压高速的气流中雾化成粉末。所用的气体通常是氩气，所得粉末中气体含量约为 $40\sim200\mu g/g$，粉末主要呈球状，也有一些空心颗粒、串状颗粒或片状颗粒，粒度分布较宽，有粗大的也有特别细小的颗粒，需经筛分后再集取。

　　松散的高温合金粉末只有通过固实工艺处理才能得到致密化的材料。固实工艺不仅要获得具有一定形状的部件或预成形坯，还要使粉末经受塑性变形和扩散蠕变流动以达到紧密连接及相应的组织变化的目标。固实的主要方法有真空热压、热等静压、热挤压、锻造等几种。

目前，国外粉末高温合金已研制成功 40 多种，至今已发展了三代粉末高温合金。第一代主要是沿用铸造高温合金的成分，已得到大量应用。从第二代开始，粉末高温合金的化学成分都是专门研制的，或者在第一代、第二代基础上调整成分而发展的，粉末冶金高温合金采用镍为基体，加入元素 Cr 保证抗氧化性和抗腐蚀性能，加入 W、Mo 等难熔金属元素进行固溶强化，加入 Al、Ti、Nb、Ta、Hf 等元素进行沉淀强化，加入 B、Zr、C 等微量元素进行晶界强化。

粉末高温合金的性能强烈地受制粉、固实化工艺的影响，如表 4-22 和表 4-23 所示。值得注意的是，不同制粉工艺的粒度分布差异对合金的晶粒和性能有一定的影响，在热等静压合金中能表现出来，但在热挤压合金中破碎完全，已显示不出粒度分布的影响。

表 4-22　不同制粉工艺对 IN100 持久性能的影响（挤压材）

工　艺	752℃,686MPa		
	τ/h	$A/\%$	$\psi/\%$
惰性气体雾化法	96.7	8.0	6.3
	90.4	5.3	9.3
旋转电极法	104.7	6.0	5.5
	106.0	5.0	8.9
真空雾化法	111.6	6.0	7.1
	97.2	5.0	5.5

表 4-23　不同固实化工艺对 Astroloy 持久性能的影响

固实化工艺	760℃,549MPa		704℃,755MPa	
	τ/h	$A/\%$	τ/h	$A/\%$
热等静压(1288℃)	40.5	12.3	110.1	27.8
	31.1	10.9	124.9	24.2
热等静压(1232℃)	44.9	21.4	127.5	27.1
	37.8	20.7	138.7	9.6
挤压	23.1	17.2	112.7	20.0
	18.1	21.4	125.3	21.4
锻造	52.9	19.3	130.4	15.1
	37.1	19.3	116.1	27.8

此外，制备粉末高温合金各工艺过程容易带来缺陷，严重影响合金的性能，主要缺陷类型有陶瓷夹杂、异金属夹杂、热诱导空洞和原始颗粒边界等。陶瓷夹杂主要来源于耐火材料坩埚、喷嘴等，在制粉的各个工艺中应严格控制母合金的清洁度。热诱导空洞是由不溶于合金的氩气、氮气引起的，在热成型和热处理过程中，这些残留气体在粉末颗粒间膨胀，致使合金中产生不连续的空洞，导致合金的性能下降，尤其是降低低周疲劳性能。合金中存在的氩气、氮气主要来源：一是粉末颗粒内部包含氩气泡形成空心粉；二是粉末脱气不完全，粉末颗粒表面存在着吸附的氩或氮。针对上述来源，应该在包套之前把空心粉去除，选择合适的除气温度和时间以便消除热诱导空洞。原始晶粒边界的形成是在热等静压或热挤压前的加热过程中，合金粉末表面析出了一层 MC 型碳化物。由于氧化而形成了碳-氮-氧化物薄膜，阻碍粉末颗粒之间的扩散连接，从而降低了合金的性能，可采用对粉末预处理、调整热等静

压工艺、调整合金元素、降低含碳量、加入 Ni、Hf 等强碳化物等措施来消除原始颗粒边界。

粉末高温合金颗粒很小，制粉时凝固速度很快，急冷时可达 $10^6℃/s$，甚至更快，由此消除了粉末中的成分偏析，改善了合金的热加工性能，可以把一些高合金化高强度的铸造高温合金，如 Mar-M246、René95、IN100 等，通过粉末成型变为变形高温合金。从某种意义上说，粉末冶金消除了目前变形高温合金和铸造高温合金的界线。粉末高温合金组织均匀，性能稳定，大大降低了大型零件各部位的性能差异，对高性能大型涡轮盘、压气机盘具有重要意义。同时，粉末高温合金低温持久性能高于普通铸造或变形高温合金，但随着温度的升高，粉末高温合金的持久性能下降较快。粉末高温合金 IN100 在 732℃，68.6MPa 应力下的持久寿命为 161h，而铸造合金的持久寿命只有 50h，在 760℃ 时两者的持久寿命相差不大，但是，在 982℃ 时粉末高温合金 IN100 的持久性能比铸造合金 IN100 低得多。其原因是，粉末高温合金晶粒细小，在中低温范围内蠕变不起主要作用，因而具有较高的强度，而高温时由于晶界的滑动使细晶对持久性能产生了不利影响，如果通过适当热处理，便可使晶粒粗化，持久性能会大大提高。此外，粉末高温合金节省原料，降低成本，采用粉末冶金热等静压加锻造法来生产的预制坯，与传统工艺来比可节约近 2/3 重量的合金原料，降低 12% 的成本。

4.4.2 氧化物弥散强化高温合金

对于传统的高温合金和普通粉末高温合金来说，γ' 析出相及碳（氮）化物强化是其主要强化手段之一。但是，在高温下，γ' 析出相及碳（氮）化物发生粗化和溶解于基体而失去强化作用，氧化物弥散强化高温合金（ODS）是将细小的氧化物颗粒（一般选用 Y_2O_3）均匀地分散于高温合金基体中，通过阻碍位错运动而产生强化效果的一类合金。

20 世纪初人们就开始研究 ODS 合金，当时采用的是传统的粉末冶金工艺，用机械混合法将 W 粉与氧化物颗粒混合，但很难分散均匀，在随后的拔丝过程中仍难以使氧化物颗粒的分散均匀性得到满意改善。此后的几十年中，如何将超细的氧化物颗粒均匀地分散于合金基体一直是该合金研究的焦点，直到 20 世纪 70 年代初，J. S. Benjamin 等人发明了机械合金化工艺才使 ODS 合金快速发展起来，并相继研究出十几个牌号。我国于 1965 年开始研究 ODS 合金，1967 年采用 ThO_2 水溶胶共同沉淀法制成 TD-Ni（2% ThO_2）合金，由于 ThO_2 有放射性危害故不久后停止研究，1976 年我国制成容积 9L 的高能球磨机开始了 ODS 合金研究新阶段，1985 年以来先后研制出 MA956、MA754、MA6000 等十余种牌号的 ODS 合金，其力学性能达到美国同类合金水平。几种典型的 ODS 镍基高温合金，如表 4-24 所示。

表 4-24 几种典型的 ODS 镍基高温合金   %

合金	Cr	Al	Co	Ti	Mo	W	Ta	Y_2O_3	Ni
MA754	20.0	0.3		0.5				0.60	
MA758	30.0	0.3		0.5				0.60	
MA760	20.0	6.0				2.0	3.5	0.95	镍基
MA6000	15.0	4.5		2.5	2.0	4.0	2.0	1.10	
TM02	6.0	4.2	9.7		2.0	12.4	4.7	1.10	
Alloy98	6.8	5.2	5.1			8.6	5.7	1.10	

ODS合金工艺流程与普通粉末高温合金相同，但粉末制备方法上有着本质的区别。ODS合金粉末制备的关键是将超细的氧化物质点均匀分散于合金粉末中，采用普通的粉末冶金工艺不能实现。ODS合金粉末制备方法主要有内氧化法、化学共沉淀法和机械合金化法三种，其中机械合金化法是目前最常用的方法。

机械合金化工艺的发明是ODS高温合金发展史上的一个里程碑，机械合金化是在高能球磨机内完成的，常用的高能球磨机有搅拌式、振动式和滚筒式三种。将合金成分所要求的各种金属元素的粉末、中间合金粉末、超细氧化物粉末装入球磨桶内，按照一定的球料比装入钢球，在惰性气体保护下进行长时间干式球磨。在球磨过程中，由于钢球高能量的碰撞和碾压，金属粉末会发生超塑性变形并产生冷焊现象。氧化物颗粒被镶嵌在冷焊界面上，随着球磨时间的延长，金属粉末因严重的加工硬化而破碎，新鲜的破断表面又会产生新的冷焊并发生原子扩散。如此过程反复，使合金元素粉末完全固溶于基体粉末颗粒之中，氧化物颗粒也均匀地分散在基体粉末颗粒内，最终得到含有均匀分布氧化物质点、成分与合金成分完全相同的合金化粉末。

ODS高温合金力学性能最大的特点是高温强度。加入的氧化物颗粒Y_2O_3具有很高的熔点（2417℃），且不与基体发生反应，所以具有非常好的热稳定性和化学稳定性，其强化作用可以维持到接近合金的熔点温度，因此，ODS高温合金的使用温度可以达到$0.9T_m$。为了使ODS高温合金充分发挥其高温强度的优越性，通常在使用ODS合金时都采用热机械处理，通过二次再结晶，获得沿加工方向长大的粗大柱状晶粒。这样不仅减少了晶界密度，而且减少了横向晶界。由于裂纹往往在横向晶界萌生，横向晶界的减少意味着高温强度的提高，对不同的合金采用不同的热机械热处理工艺，柱状晶的尺寸会有所变化，其长径比一般为5~10或更大。ODS高温合金存在明显的各向异性，沿纵向（平行于加工方向）具有很高的强度和塑性，横向（垂直于加工方向）性能相对较低。

目前，国内外已生产和研制的ODS高温合金主要有三类：第一类ODS高温合金含有γ′沉淀强化相，以Ni为基，如MA6000，其中γ′相的体积分数为50%~55%，保证了合金在中温下具有较高的强度，而在高温下虽然γ′强化作用消失，但Y_2O_3弥散相的强化作用使合金的强度远远大于普通铸造或变形高温合金，此类合金是在充分强化的镍基高温合金的基体上进行弥散强化，保证了合金在中温和高温都具有较高的强度；第二类ODS高温合金为不含γ′沉淀强化相，以Ni或Ni-Cr为基，如MA754，是一个单相奥氏体合金，其强度在1000℃以上时高于普通高温合金，但中低温不如某些铸造或变形高温合金；第三类ODS高温合金，Fe-Cr-Al铁素体耐热钢，如MA956，其特点是熔点高，密度小，较高的温度强度，优良的抗氧化性、耐腐蚀性，其抗氧化温度可高达1350℃。

4.5 新型高熵高温合金

4.5.1 高熵合金简介

传统意义上的合金体系通常是以一种或者两种元素为主，通过添加少量其他元素来改善合金的微观组织结构，以满足特殊性能要求，如高强度、高硬度、良好塑性、特殊电磁性能等。传统合金中合金成分的自由度较低，从而使得材料中的特殊微观结构消失以及力学性能受到限制。大尺寸非晶合金材料迅速发展，非晶合金是由原子半径明显不同的三种或者三种以上元素熔液从高温液态迅速冷却到固态来制备的，大致保持了液态金属下的微观结构，日益引起了国内外科研工作者的关注。非晶合金虽然异于传统合金，但其仍然没有脱离以一种合金为主的传统合金设计理念。合金的微观结构、物化性能以及力学性能受到其中主要元素的影响，严重制约合金的综合性能，同时也会对微观组织和性能的研究带来一定的难度。2004 年，中国台湾学者叶均蔚等人突破性的提出了异于传统合金的设计理念，也就是高熵合金体系。高熵合金由五种或五种以上主要元素组成，每种元素的原子百分比介于 5％～35％。高熵合金虽然组成元素复杂，但其一般容易形成一些简单结构的晶体，如面心立方结构等。目前，有研究者提出四种元素按照等原子比例结合，也能产生高性能中熵合金，或者通过复相结构设计，进一步提升高熵合金的综合性能。由于拥有不同于传统合金的独特结构以及优异性能，高熵合金日益受到科研工作者的关注。很多相关文献以及报道认为高熵合金具有四大效应，即热力学上的高熵效应、动力学上的迟滞扩散效应、结构上的晶格畸变效应、性能上的"鸡尾酒"效应。

高熵合金理念的提出解放了单一死板的合金设计理念，给予了材料科研工作者更大的空间，开拓了一个全新的合金世界。至今，国内外的许多研究机构或大学已经对高熵合金展开了一系列的研究和工程化应用。高熵合金制备工艺简单、价格低廉，在科学研究和实际应用方面具有极大的潜力。高熵合金具有高强度、高硬度、较好的拉伸和压缩性能、耐磨，耐腐蚀和耐氧化等特点，可以用于制备工业生产以及日常生活中的各类模具、工具等；高熵合金具有高硬度、高强度、耐磨性和较低的弹性模量等特点，可以用于制备轧制辊筒的硬面、高尔夫球杆的球头以及其他运动器械等；高熵合金具有耐高温和高强度等特点，可以用于制备焊接材料、涡轮叶片、高温设备的耐热部件和热交换器等；高熵合金具有比不锈钢等耐腐蚀材料更优异的耐腐蚀性、耐氧化性、抗压强度和耐高温性等特点，可以用于制备耐腐蚀容器、船体材料和航空航天材料等；此外高熵合金还具有一些特殊的电、光、磁和热效应，可以用于制备电子元件、发电机中的磁元件和高频变压器等。自高熵合金的提出到现在才短短十几年，人们对于高熵合金的制备工艺、力学性能等研究正在深入。因此，高熵合金制备工艺的完善和力学性能的提高可以极大的挖掘其性能潜力和拓展其应用范围。高熵合金的研究无疑可以改善人类的日常生活需求、促进工业材料的应用和推动航空航天的发展。

4.5.2　高熵合金的制备方法

在传统合金的制备基础上，高熵合金的制备方法也得到了相对充分的研究。叶均蔚等人最开始制备高熵合金时使用的方法是真空电弧熔铸法，它也是当今科研领域最常用的一种制备高熵合金的方法。铸造所得的合金尺寸和形状经常会受到限制，而且产品的内应力较大，微观组织在制备过程中比较难控制，成分偏析、脆性相、空隙以及缩孔等缺陷容易出现，这些缺陷往往会使材料的综合性能受到严重的影响，故而限制了产品的推广。随着国内外科研工作者研究的深入，到目前为止已经研究出了有很多种适合高熵合金的制备方法，如真空熔炼法、激光熔覆法、机械合金化法、粉末冶金法等。高熵合金涂层主要采用电化学法、热喷涂法、磁控溅射法等技术制备。

4.5.2.1 真空熔炼法

这项技术是用来制备高熵合金最传统、应用次数最多的方法。真空熔炼法主要是将一定比例的纯金属放入坩埚中，不断抽气达到真空状态，再充入保护性气体氩气（Ar）以防原材料被污染，等到所有金属均匀融化后放入水冷铜模中浇铸成型。

根据原理，真空熔炼分为真空电弧熔炼法和真空热感应熔炼法：

① 真空电弧熔炼法。真空电弧熔炼法设备如图 4-9 所示，利用电热，即在电极和装有需要被熔炼物质的坩埚之间产生电弧以得到高温，但是在熔化之前，要在真空熔炼炉中反复抽真空后充入惰性气体进行保护。这种方法可以用来制备熔点比较高的合金，而且对清除某些比较容易挥发的杂质与气体非常有效。真空电弧熔炼法与其他制备高熵合金的方法相比在操作上更加容易，但是用该方法制作出来的铸锭内各个区域的各元素含量不均匀，需要之后再进行二次熔解、热处理等方法来去除偏析现象。

② 真空热感应熔炼法。真空热感应熔炼法原理如图 4-10 所示。利用电磁感应技术，热感应炉可以在感应过程中产生涡电流，炉料本身也有电阻，可以将涡电流转化成自身的热量达到熔化金属的目的。该项技术可以同时熔炼大量的合金，然而对金属元素的熔点有一定限制，只能熔炼一些熔点不高的原材料。在选取组成高熵合金的金属元素时，一般会选取一个或者多个熔点较高的金属元素，所以，该种方法应用得不太广泛。

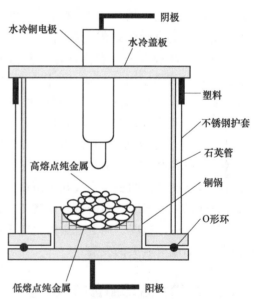

图 4-9　真空电弧熔炼法制备装置　　　图 4-10　真空热感应熔炼法制备高熵合金

由于热膨胀以及冷凝会导致铸造时合金易产生成分偏析、缩孔等缺陷，因此，真空熔炼法制备的高熵合金的组织和性能难以控制。

4.5.2.2 激光熔覆法

激光熔覆法，又叫激光包覆法，是一种用来改善基体材料表面性能的技术。原理是，在材料基体表面附着一种熔覆材料并利用高能密度的激光束对表面进行辐照，激光束能够在瞬间产生大量的热，使熔覆材料在基体表面迅速熔化，随后在基体材料的表面进行扩散和凝固，形成具有特殊要求性能涂层。由于辐射在基体表面的高能密度激光具有非常高的能量密度，因而其加热速度非常快，能够迅速熔融涂覆材料，对基体的热影响较小。另外，还可通过控制激光输入功率来控制激光的高能密度并控制原始熔覆材料熔融速度和熔融程度从而控制基体材料涂层的性能。利用激光熔覆可在涂层材料和基体材料间得到十分致密的合金层从而使涂层能够稳定存在。由于激光熔覆法的加热和冷却速度都比较快，最高能达到 10^6 ℃/s，因而可在基体表面形成一层具有优异性能的致密的涂层，并且该涂层微观缺陷较少。激光熔覆在实现粉末材料冶金化制造高熵合金涂层的过程中对高熵合金组成元素几乎没有限制，特别是由于激光熔覆法加热速度极快，它可以使得熔覆材料达到很高温度而基体材料热量来不及扩散仍然处于较低温度，因而激光熔覆法在低熔点金属表面熔覆高熔点合金特别具有优势，因此，激光熔覆技术在一定程度上具有制备高熵合金涂层的优势。张晖等学者利用激光熔覆技术成功制备出了 $FeCoNiCrAl_2Si$ 高熵合金涂层，并且其在 600～1000℃退火处理后的相关性能进行了研究，结果表明利用该种方法能够制备出预想的高熵合金且能较好地达到改善表面的效果。

4.5.2.3 机械合金化法

机械合金法是一种固态加工工艺，将固态的合金粉末放置于球磨罐中加入一定数量的磨球，再将球磨罐放置于高能球磨机中，球磨罐在高能球磨机中进行高速旋转，从而研磨球对粉末颗粒进行长时间快速打击研磨，从而使得元素粉末发生原子扩散使各元素充分混合均匀，最终实现固态合金化。由于该制备技术是通过磨球的碰撞打击使得各元素进行合金化，因而其较易得到纳米晶和非晶结构，因此机械合金方法在制备非晶合金粉末以及纳米晶粉末等材料有较大优势。机械合金化特点使其制备的高熵合金与传统的熔炼铸造方法相比有着较好的综合性能。该方法制备的高熵合金具有稳定的微观结构，较好元素均匀性和较好的力学性能。印度学者 Svaralakshmi 在 2007 年利用该种方法制备了 AlFeTiCrZnCu 高熵合金。

4.5.2.4 粉末冶金法

粉末冶金法是以制成粉末状态的金属或非金属作为原料，再将原料粉末进行压制、烧结，最终得到高熵合金制品。由于粉末冶金方法能够进行低温度烧结且能够避免枝晶偏析，这是传统的熔炼与铸造的方法无法做到的，因而可以用粉末冶金的方法来制取用普通的熔炼与铸造方法难以制备的一些材料，并且该方法材料利用率较高，一般能够达到 90% 以上，充分节约了制备的成本。基于粉末冶金法的优势，其越来越受到众多研究者的青睐。粉末冶金法中令人关注的一种技术是，等离子烧结技术（Spark Plasma Sintering，SPS）。该技术是通过在粉末颗粒间或空隙内开关直流脉冲电压产生瞬间高温的等离子体，这些等离子体能将粉末颗粒表面吸附的杂质和气体迅速消除，并能够提高物质扩散和迁移的效率，使物质在低温和短时间内完成烧结。

制备方法和设备如图 4-11 和图 4-12 所示。该技术的优点：①具有高达 100K/s 的升温速率，能实现快速升温；②烧结后得到的产品晶粒很小，可以比其他制备粉末的方法小 1 个数量级，细晶效果非常明显；③烧结能使材料的致密度快速提升，几分钟的时间就能达到 98% 的致密度；④烧结工艺简单，一般不用对粉末进行预先的压片处理，也无须添加任何黏结剂；⑤烧结后的材料力学性能较好。

粉末冶金法中的放电等离子体烧结技术在制备高熵合金时表现突出，可以制备传统方法

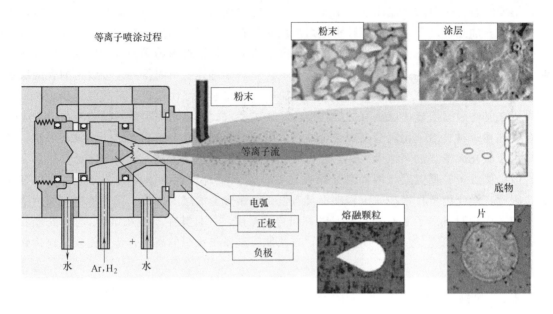

等离子喷涂过程

粉末

涂层

粉末

等离子流

底物

电弧

正极

负极

熔融颗粒

片

水　Ar,H₂　水

图 4-11　放电等离子烧结法制备高熵合金

图 4-12　放电等离子烧结法制备装置

难以获得的一些特殊材料，在一定程度上可以避免成分的偏析，而且制备过程中材料的利用率非常高。此外，还具有烧结温度低、烧结过程短以及产品致密度高等特点。放电等离子烧结法和真空熔炼法制备的高熵合金微结构如图 4-13 所示。因此，放电等离子体烧结技术是制备高熵合金的一种有效的方法。

粉末冶金放电等离子体烧结技术制备的高熵合金性能优越，备受材料工作者的青睐。刘咏等人采用放电等离子体烧结技术制备了 CrMnFeCoNi 高熵合金，此合金在室温下的拉伸强度高达 1000MPa，比铸造的同种高熵合金高得多，并且保留着一定的韧性。Long 等人通过机械合金化和放电等离子烧结成功地合成了 NbMoTaWVTi 难熔高熵合金，其压缩屈服强度、断裂强度和总断裂应变分别为 2709MPa、3115MPa 和 11.4％。Song 等人通过机械合金化和放电等离子烧结法合成了一种新型的 CrMnFeVTi 高熵合金，该合金具有极高的抗压强度（2279.53MPa）和硬度（835HV）。

4.5.3　高熵合金力学性能

当前，有代表性的高熵合金主要以过渡金属（如 Cr、Fe、Ni、Co、Cu、Mn）或难熔金属（如 V、Nb、Cr、Ta、W、Mo、Hf、Ti、Zr）为主要元素的。高熵合金与常规结构材料力学性能之比较，如图 4-14～图 4-16 所示。可见，高熵结构的新型合金较于传统结构金属，具有更加优异的比强度、加工硬化率、比屈服强度等力学性能。

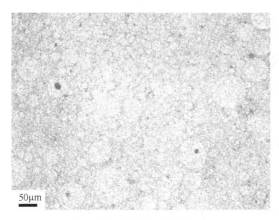

(a) 放电等离子烧结法制备   (b) 真空熔炼法制备

图 4-13 FeCoNiCrMn 高熵合金金相图

国内外已有预期能够应用于航空发动机领域的高温高熵合金被报道，例如，在通常情况下耐腐蚀性远优于常规 304 不锈钢的 $Cu_{0.5}NiAlCoCrFeSi$ 高熵合金等；具备良好的结构稳定性、耐腐蚀性的 FeCoNiCrMn 高熵合金有望在航空和航海等领域广泛应用。目前，已经采用等离子烧结技术成功制备了 FeCoNiCrMn 高熵合金，具有致密的结构和没有元素偏析现象，图 4-17 表明相较于常规结构材料和镍基超合金，FeCoNiCrMn 高熵合金具有更佳的应变硬化率。

高熵合金具有强烈的应变速率敏感性，如图 4-18 所示。图 4-19 表明，在高速率变形时，高熵合金的应力-应变曲线会有一定程度的波动，现在称之为"锯齿行为"。许多科研工作在对高熵合金进行一定条件下的变形研究时观察到了该合金的锯齿行为。其中，高熵合金

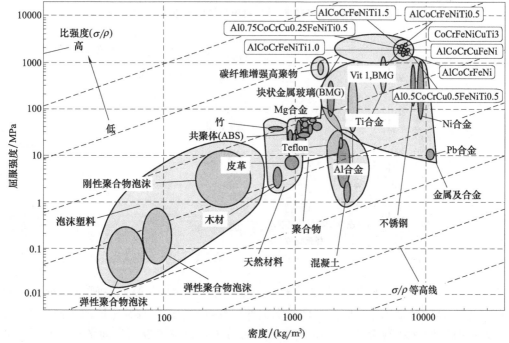

图 4-14 高熵合金与常规结构材料密度-屈服强度

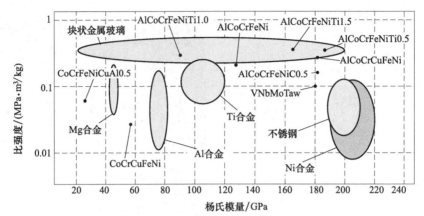

图 4-15　高熵合金与常规结构材料的杨氏模量-比强度

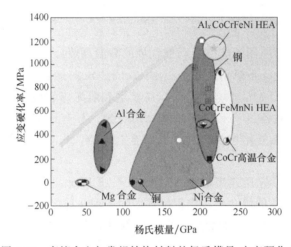

图 4-16　高熵合金与常规结构材料的杨氏模量-应变硬化率

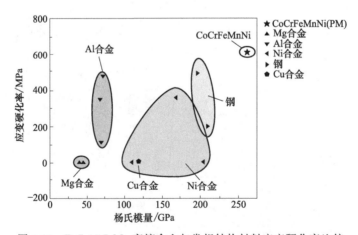

图 4-17　FeCoNiCrMn 高熵合金与常规结构材料应变硬化率比较

NiCrFeCoMn 在压缩和拉伸试验中都能观察到锯齿行为。Otto 等人在研究了变形温度对 CoCrFeMnNi 高熵合金拉伸性能及其微观组织的影响，发现晶粒尺寸不同的拉伸样在变形温度为 673K 时拉伸应力-应变曲线上都出现了锯齿行为，而在该温度区间范围以外的其他拉伸应力-应变曲线都很平滑。Samal 等人在研究 CoCuFeNiTi 高熵合金热压变形中，在应变

速率为 $1\times10^{-1}\mathrm{s}^{-1}$ 以及 $1\times10^{-3}\mathrm{s}^{-1}$ 时相应应力-应变曲线上均出现锯齿行为，而随着温度的增加，锯齿振幅逐渐变小。此外，经研究发现，相较应变率为 $1\times10^{-4}\,\mathrm{s}^{-1}$ 或 $10\mathrm{s}^{-1}$，高熵合金在应变率为 $1\times10^{-3}\,\mathrm{s}^{-1}$ 下锯齿行为更为明显，随着温度升高则更加突出。

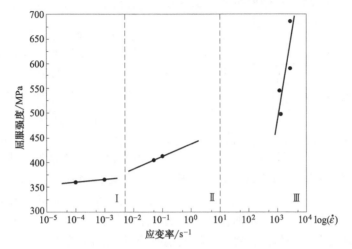

图 4-18　FeCoNiCrMn 高熵合金应变速率敏感性

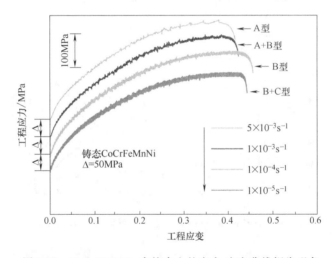

图 4-19　FeCoNiCrMn 高熵合金的应力-应变曲线锯齿现象

　　难熔高熵合金主要由Ⅵ族元素 Cr/Mo/W、Ⅴ族元素 V/Nb/Ta、Ⅳ族元素 Ti/Zr/Hf 中的几种和其他的少量合金化元素组合而成。美国空军联合实验室的 Senkov 等人，基于Ⅵ族元素和Ⅴ族元素开发了具有单一 BCC 结构的 WMoTaNbV、WMoTaNb 系列高熵合金，该类高熵合金在 1600℃高温下还能保持 405MPa 的屈服强度，是理想的超高温结构材料，具有替代超高温陶瓷材料的潜力。难熔高熵合金优异的高温性能除了与难熔高熵合金自身具有较高的熔点有关外，还与高熵合金所具有的高熵效应、缓慢扩散效应和严重晶格畸变效应有重要关联。但WMoTaNbV、WMoTaNb 系列高熵合金的密度高达 $12\sim13.8\mathrm{g/cm^3}$，约比镍基超合金高70%，且该类合金的熔点高达 2600℃。高熵合金与镍基高温合金相比，在高温下屈服强度具有明显优势。据相关文献报道（如图 4-20 所示），镍基高温合金 Inconel 718 在 650℃左右屈服强度迅速下降，在 900℃左右时降至 200MPa 左右，在 1200℃时将丧失屈服强度，而VNbMoTaW 高熵合金和 NbMoTaW 中熵合金的屈服强度在 1000℃时分别在 800MPa 和

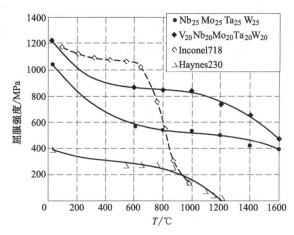

图 4-20　高熵合金与镍基高温合金高温力学性能

550MPa 左右，在 1200℃ 时分别在 750MPa 和 500MPa 左右，即便到了 1600℃ 二者的屈服强度仍然维持在 400MPa 左右。另有文献表明，Al-CoCrFeNi 高熵合金在1000℃高温下屈服强度和抗拉强度可以达到 100MPa 左右，而且其锻造态高熵合金在 1000℃ 和 $0.001s^{-1}$ 变形条件下具有超塑性，如图 4-21 和图 4-22 所示。

高熵合金通过特殊的合金设计理念，为新型高温合金的开发开辟了一个广阔的天地。目前开发出来的几种可预期用于航空航天发动机领域的高熵合金材料，在高温力学性能上体现出相对于目前使用的高温合金的优势，是一种可预期用于工程领域的新型高综合性能高温合金。然而，对于高温高熵合金性能的系统整理，特别是持久性能等，还十分缺乏，材料工程师和研究人员需要进一步关注高熵合金在航空航天领域的应用。

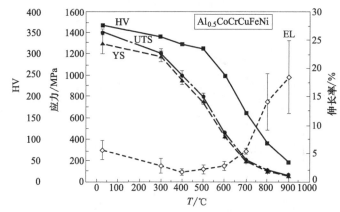

图 4-21　AlCoCrFeNi 高熵合金在不同温度下力学性能

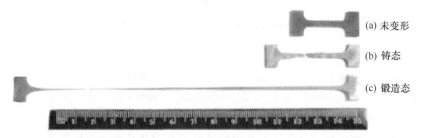

(a) 未变形

(b) 铸态

(c) 锻造态

图 4-22　AlCoCrFeNi 高熵合金在 1000℃高温和 $0.001s^{-1}$ 应变率下的延展性

参考文献

[1]　师昌绪，仲增墉. 我国高温合金的发展与创新. 金属学报，2010，46（11）：1281-1288.

[2] 黄乾尧, 李汉康, 等. 高温合金. 北京: 冶金工业出版社, 2000.

[3] Yeh J W, Chen S K, Lin S J, et al. Nanostructured High-Entropy Alloys with Multiple Principal Elements: Novel Alloy Design Concepts and Outcomes. Advanced Engineering Materials, 2004, 6 (5): 299-303.

[4] Cantor B. High-Entropy Alloys. Encyclopedia of Materials Science & Technology, 2011:1-3.

[5] Zhang Y, Zuo T T, Tang Z, et al. Microstructures and properties of high-entropy alloys. Prog Mater Sci, 2014 (61) 1-93.

[6] Liu Y, Wang J S, Fang Q H, et al. Preparation of superfine-grained high entropy alloy by spark plasma sintering gas atomized powder. Intermetallics, 2016 (68): 16-22.

[7] Wang B F, Fu A, Huang X X, et al. Mechanical properties and microstructure of the CoCrFeMnNi high entropy alloy under high strain rate compression. J Mater Eng Perform, 2016 (25): 2985-2992.

[8] Zhang Y, Liu J P, Chen S Y, et al. Serration and noise behaviors in materials. Prog Mater Sci, 2017 (90): 358-460.

[9] Liao S J, Han Y F. A study of the heat parameters during bidirectional solidification. Science and Technology of Advanced Materials, 2001, 2 (1): 281-284.

[10] Wang B F, Huang, X X, Fu A, et al. Serration behavior and microstructure of high entropy alloy CoCrFeMnNi prepared by powder metallurgy. Materials Science and Engineering: A, 2018, 726: 37-44.

[11] 张义文, 刘建涛. 粉末高温合金研究进展. 中国材料进展, 2013, 32 (1): 1-11.

[12] 孙晓峰, 金涛, 周亦胄, 胡壮麒, 镍基单晶高温合金研究进展. 中国材料进展, 2012, 31 (12): 1-10.

[13] 郭建亭. 高温合金材料学. 北京: 科学出版社, 2008.

[14] 陆世英. 超级不锈钢和高镍耐蚀合金. 北京: 化学工业出版社, 2012.

[15] 格辛格. 粉末高温合金. 张义文, 等译. 北京: 冶金工业出版社, 2017.

[16] 雷景富, 郑勇, 余俊, 吕学鹏, 杜娜. 镍基粉末高温合金的研究进展. 航空材料学院, 2006, 3, 244-250.

第 5 章 航空航天用复合材料

金属、陶瓷、聚合物等单一材料发展到一定程度，其本征的某些性质难有质的提高，不能完全满足航空航天服役环境多样化和服役条件日趋苛刻的要求。把两种或两种以上具有不同物理、化学性质的材料，以微观、细观和宏观等不同结构层次，经过复杂的空间组合而形成的复合材料，可弥补单一材料的不足，产生单一材料所不具备的新性能，从而满足现代航空航天工业不断提高的材料性能要求。航空航天工业的发展及其对复合材料的需求推动了先进复合材料的发展，而先进的复合材料的发展和应用又促进了航空航天工业的进步，复合材料在飞行器结构中的用量已经成为体现航空航天结构先进性的重要标志。

5.1 概　述

复合材料是用含有一定数量比的两种或多种复合组元，通过人工复合成具有明显界面和特殊性能的材料。

5.1.1 复合材料的分类及命名

复合材料的分类方式很多，图 5-1 为复合材料的分类方式及主要类别。按照基体种类，复合材料可以分为聚合物基复合材料、金属基复合材料、无机非金属基复合材料等。按照增强体种类，复合材料可以分为金属纤维复合材料、有机纤维复合材料、陶瓷纤维复合材料、碳纤维复合材料等。按照增强体形态，复合材料可以分为颗粒增强复合材料、短纤维增强复合材料、连续纤维增强复合材料、编织体增强复合材料等。按照用途，复合材料可分为结构复合材料、功能复合材料。

对于复合材料，各国没有统一的命名方法，通常根据增强体和基体的名称来命名，主要有以基体材料命名、以增强体材料命名、以基体和增强体材料命名三种情况。强调基体时，以基体材料命名，如树脂基复合材料、金属基复合材料、陶瓷基复合材料等。强调增强体时，以增强体材料命名，如玻璃纤维增强复合材料、碳纤维增强复合材料、陶瓷颗粒增强复合材料。基体与增强体材料名称并用的命名方法，通常表示某一种具体的复合材料，习惯将增强体材料的名称放在前面，基体材料的名称放在后边，如"玻璃纤维增强环氧树脂复合材料"，或简称为"玻璃纤维/环氧树脂复合材料"或"玻璃纤维/环氧"，我国通常将这类复合

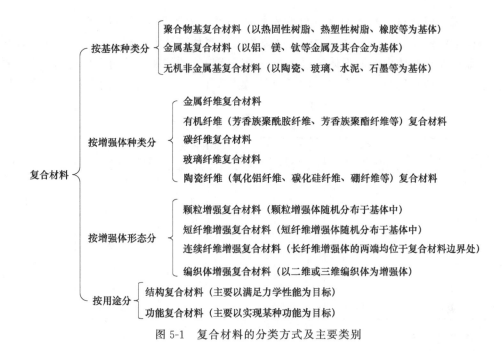

图 5-1 复合材料的分类方式及主要类别

材料统称为"玻璃钢"。

国外常用英文简称表示，如 PMC 或 PMCs（polymer matrix composites）表示聚合物基复合材料，FRP（fiber reinforced plastics）表示纤维增强塑料，GF/Epoxy 或 G/Ep（G-Ep）表示玻璃纤维/环氧，MMC 或 MMCs（metal matrix composites）表示金属基复合材料，Ti MMC 表示钛基复合材料，CMC 或 CMCs（ceramic matrix composites）表示陶瓷基复合材料。

5.1.2　复合材料的优势及问题

不同于合金和化合物，复合材料组元之间存在着明显的界面，组元之间一般不会发生充分的反应，各组元可保持其结构状态和固有的物理、化学性能，还可以通过组元的复合效应（包括线性效应和非线性效应）产生单组元所不具备的特殊性能，非线性效应极大促进了复合材料尤其是功能复合材料的发展，丰富了材料体系。由于各组元间存在多种复合效应，使复合材料具有极强的可设计性，通过合理设计组元及其配比、设计复合方式和制备工艺，可以获得预期的性能，因此复合材料具有较大的优势和应用潜力。

5.1.2.1　复合材料的优势

（1）比强度和比模量高

多数复合材料的增强体为密度不大而强度和模量很高的材料（如碳、硼、玻璃纤维），或者基体材料为密度较小的物质（如高聚物），或者二者的密度都不高（如碳纤维增强树脂复合材料、碳/碳复合材料），复合导致材料的密度减小而强度和模量增加，因而具有较高的比强度和比模量。表 5-1 为不同材料的比强度和比模量，所列复合材料的抗拉强度和弹性模量与钢相当，而密度则低很多，具有较高的比强度和比模量。

（2）抗疲劳性能好

一般来说，复合材料基体拥有良好的塑性和韧性，承受载荷时能够消除或减小应力集中，抑制微裂纹的萌生，即使材料内部存在微裂纹，塑性变形也能有效钝化裂纹尖端而减缓其扩展，而密布在基体中的增强体可以阻挡或者减缓裂纹的扩展，因而大幅提高复合材料的抗疲劳性能。一般金属材料的疲劳强度只有抗拉强度的 $30\%\sim50\%$，而碳纤维增强树脂的疲劳强度达到了抗拉强度的 $70\%\sim80\%$。

表 5-1　不同材料的比强度和比模量

材料	密度 /(g/cm³)	抗拉强度 /10³ MPa	弹性模量 /10⁵ MPa	比强度 /(10⁷GPa·cm³/g)	比模量 /(10⁹GPa·cm³/g)
钢	7.8	1.03	2.1	0.13	0.27
钛合金	4.5	0.96	1.14	0.21	0.25
铝合金	2.8	0.47	0.75	0.17	0.26
硼纤维/铝复合材料	2.65	1.0	2.0	0.38	0.57
硼纤维/环氧复合材料	2.1	1.38	2.1	0.66	1.0
碳纤维Ⅰ/环氧复合材料	1.6	1.07	2.4	0.67	1.5
碳纤维Ⅱ/环氧复合材料	1.45	1.50	1.4	1.03	0.97

（3）热膨胀系数小

复合材料中的碳纤维、碳化硅纤维、硼纤维、晶须、颗粒等增强材料均具有很小的热膨胀系数，高模量、超高模量的石墨纤维甚至有负的热膨胀系数。当石墨纤维含量达到 48% 时，石墨纤维增强镁基复合材料的热膨胀系数为零，这对人造卫星构件有特别重要的意义，即使卫星阳面和阴面的温差达到数百摄氏度，卫星构件的尺寸仍然保持稳定。

（4）高温性能好

由于增强纤维、晶须、颗粒在高温下仍然保留有很高的强度和模量，因此复合材料具有比基体更好的高温性能。聚合物基复合材料的使用温度为 $100\sim350℃$，金属基复合材料的使用温度为 $350\sim1100℃$，SiC 纤维、Al_2O_3 纤维陶瓷复合材料在 $1200\sim1400℃$ 范围内保持很高的强度，碳纤维复合材料在 $2400\sim2800℃$ 的非氧化气氛下可长期使用，而碳/碳复合材料在高温下甚至具有比室温更好的力学性能和摩擦性能，可应用于大飞机起落架刹车片、航天耐热元器件等。

（5）减振能力强

材料的减振能力与其自振频率相关，自振频率又与材料本身的结构有关，而且正比于其弹性模量与密度之比的平方根。复合材料拥有较高的比模量，自振频率很高，大部分基体材料的阻尼比较大且具有良好的塑性，在基体与增强体之间存在大量界面，具有很强的反射和吸收振动能量的作用。因此，复合材料的减振能力比金属材料强得多，用同样形状和尺寸的梁进行测试，碳纤维复合材料梁只要 2.5s 就能停止振动，而金属梁则需要 9s。

除上述优点外，复合材料还可以实现材料与构件制造一体化，大部分复合材料无须经过二次加工，构件制备成形后可直接使用。复合材料优越的综合性能可适应未来航空航天飞行器的发展趋势，在某些情况下，复合材料的用量已经成为体现飞行器先进性的重要标志，但是，目前复合材料尚存在一些问题，影响了其应用。

5.1.2.2　存在的问题

（1）可靠性问题

可靠性问题是制约复合材料发展的关键问题。复合材料的制备工艺比较复杂，制造产品的质量具有较大的离散性，可能存在重大的安全隐患。

计算机辅助设计、计算机模拟方法的广泛应用，推动了复合材料设计的进步，利用成熟的仿真设计系统进行科学的复合材料设计，可以实现复合材料性能的综合优化，应用计算机自动控制技术促进复合材料生产的自动化、标准化，能使复合材料的可靠性得到提高。

（2）成本控制问题

复合材料特别是增强体的价格偏高，制造工艺复杂且技术设备要求较高，通常不能利用现有设备，导致复合材料建线投资较大，制品的生产成本较高。在航空航天复合材料构件生产中，需要大量采用大型热压罐成形装备，极高的一次性设备投资和较长的热压罐生产周期导致复合材料构件的生产成本居高不下，严重限制了其在航空航天领域的推广应用。

随着计算机技术的发展，新的设计和制造方法不断出现及完善，为降低复合材料设计和制造成本提供了新的途径。随着以高效率的树脂传递模塑成形（RTM）技术、树脂膜浸渗（RFI）技术及其衍生技术为主的非热压罐固化成形技术的发展，复合材料的生产成本得到大幅度降低。

（3）循环利用问题

由于复合材料是多相材料，各组元之间物理、化学性能差异巨大，而且很多为难以降解的材料，回收利用率不如传统材料，在复合材料用量逐年增长的情况下，复合材料的绿色生产和回收利用问题日益严峻。如何低成本高效的分离各组元，实现复合材料的综合处理与再生一直是相关产业重点关注的课题。

利用天然材料、工业副产品、矿渣、废弃物等廉价原材料，制造中、低档性能的复合材料来替代需求量大的传统材料，同时研究发展高效、简便的工艺方法及连续生产的工艺设备，在降低生产成本的同时可以提高资源利用率，减少环境污染。

5.1.3 复合材料在航空领域的应用

由于军用飞机对减重和性能先进性的要求较高，在复合材料应用方面，军机一直走在民机的前列，同时代的军机往往具有较高的复合材料质量占比。随着复合材料技术的成熟，复合材料构件安全性大幅提高，才逐渐在民用航空领域得到广泛应用。

5.1.3.1 在固定翼飞机中的应用

军用固定翼飞机最早实现了复合材料的应用，随着使用性能和减重效果的提高，复合材料在军机上的使用量和应用位置逐年增加，其发展大致可以分为两个阶段。

第一阶段始于20世纪60年代，随着商业化聚丙烯腈（PAN）基碳纤维的工业化生产，连续碳纤维增强复合材料开始应用于军用飞机的垂直尾翼、水平尾翼等受力较大和尺寸较大的次承力构件上，这一时期的F-15、F-16、米格29、幻影2000等第三代战斗机均采用了复合材料，复合材料构件占飞机总质量的5%～10%。

第二阶段始于20世纪70年代末，随着复合材料性能的不断提高和制备工艺的日渐成熟，复合材料开始在飞机主承力结构中应用，F/A-18战斗机首次采用了复合材料机翼，由此，复合材料的航空应用进入新的时代。这一时期的战斗机，其机体结构质量的20%～50%采用复合材料制造，例如，法国阵风战斗机的机翼、尾翼、垂尾等结构均采用复合材料制造，复合材料占总结构质量的30%以上；美国B-2隐形轰炸机采用复合材料制造了很多机身构件，复合材料结构用量达到了 50%；欧洲 A400M 大型运输机的垂直尾翼、水平安定面、方向舵、副翼、前机身和机翼蒙皮等均采用了复合材料。时至今日，先进复合材料已广泛应用于飞机的主、次承载构件，复合材料已经成为重要的航空材料。

复合材料在民用航空领域的应用明显晚于军用航空领域。一方面，民用飞机需要经过严苛的适航认证，在复合材料的研制初期，可靠性和耐损伤性能数据的积累欠缺，限制了其在民航领域的应用。另一方面，复合材料研制之初的成本较高，大量应用会导致飞机制造成本成倍增长，因而影响了复合材料在民用航空领域的应用进程。随着先进复合材料在军用飞机中的成熟应用，民用航空领域也逐渐开始应用，图 5-2 为复合材料在大型民航客机中的使用情况，B747 飞机的复合材料使用比例还不到 2%，B777、A340 等机型的复合材料使用比例为 11% 左右。

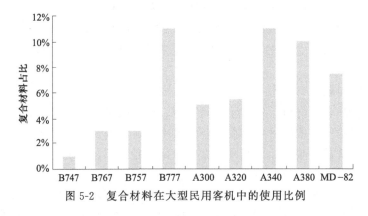

图 5-2　复合材料在大型民用客机中的使用比例

民航飞机应用复合材料的历程可以分为三个阶段。第一阶段始于 20 世纪 70 年代中期，复合材料被应用于飞机的板盖、整流罩等受力较小的中小型构件，并逐步过渡到飞机的舵面、襟副翼等受力不大的大中型构件。21 世纪前后，复合材料进入第二发展阶段，民航飞机的垂尾、平尾等受力较大的次承力构件开始使用复合材料，用量超过 10%。第三阶段以波音 787 和空客 A350XWB 客机大量应用复合材料为标志，复合材料在民机上的用量首次达到 50% 及以上。图 5-3 为 B787 和 A350XWB 的用材比例，B787 飞机采用了 50% 的复合材料，其采用了碳纤维增强材料（CFRP）的机身使飞机进一步减重，而 A350XWB 机身结构的复合材料用量比波音 787 还略高，达到了 52%。

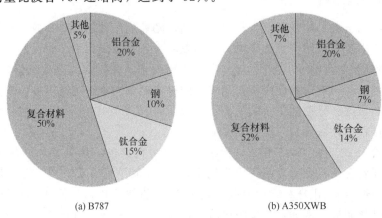

图 5-3　两种新型民用飞机的用材比例

5.1.3.2　在旋翼机中的应用

旋翼机依靠螺旋桨的旋转获得升力，桨叶要承受离心力、升力等多种应力，对桨叶材料的强度、疲劳性能等提出了较高的要求，而低空坠落、弹药毁伤等方面的损伤容限设计，要求材料在具有优良力学性能和耐损伤性能的同时，还要有较低的自重，因此，复合材料成为旋翼机的重要结构材料。1979 年，美国陆军航空应用技术研究所制定了"先进复合材料机体计划"，即 ACAP 计划，在 20 世纪 80 年代，依托 ACAP 计划出现了西科斯基 S-75、贝尔 D292、波音 360 等具有全复合材料机体的试验机。与普通金属结构机体相比，复合材料机体的应用使直升机的质量（重量）和维护费用大幅下降，同时表现出优异的耐坠毁和弹伤容限性能，以 V-22 "鱼鹰"倾转旋翼机为例，机身和机翼的大部分结构、发动机悬挂接头及紧固装置均采用了复合材料，用量接近 3000kg，占结构质量的 45％。

20 世纪 90 年代后，旋翼机应用复合材料又达到新的高度，"虎"直升机机体的复合材料占结构质量的比例超过 80％，而"阿帕奇"武装直升机采用复合材料旋翼使其自重下降的同时大幅提升了动力性能。随着复合材料技术的不断发展，复合材料在直升机上的应用不断扩大，21 世纪初，欧洲联合研制的 NH-90 直升机的复合材料使用量达到了 90％，其空重仅 5～5.5t，最大起飞质量接近 10t，隐身性能优良，充分体现了复合材料带来的减重效果和隐身效果。

大规模使用复合材料制造飞机结构件，是现代飞机制造史上的一次革命性变化，大幅度减轻了飞机的重量，同时提高了其强度、耐疲劳和耐腐蚀性能。配合先进的计算机、激光、CT 扫描等技术，可以在生产过程中提高复合材料的性能稳定性，提高复合材料结构件的质量，能够更可靠地保证飞机的安全性能。与此同时，由于高强度碳纤维逐渐实现规模化生产，复合材料飞机结构件的制造成本不断降低。

5.1.4　复合材料在航天领域的应用

先进复合材料具有多功能性、结构整体性、可设计性等众多特点，在航天器中应用能够有效减重和提高其性能，从而提高其可靠性和降低发射成本、运行成本。

5.1.4.1　在导弹和运载火箭中的应用

为了赋予有效载荷所需的动能，导弹和运载火箭必须携带大量燃料，通常其有效载荷占总结构质量的比例不到 5％，因此，火箭和导弹有非常强烈的结构轻量化需求。如战略导弹固体火箭发动机第三级结构质量每减少 1kg 可增加射程 16km，弹头质量每减少 1kg 可增加射程 20km，运载火箭结构质量每减少 1kg 可以节省发射成本 1 万美元以上。

复合材料在导弹和运载火箭上的应用经历了从玻璃钢到先进复合材料的发展过程。20 世纪 60 年代初，用玻璃钢制作的"北极星"A-3 导弹的发动机壳体，比"北极星"A-1 所用的合金钢壳体减重 60％，此后采用芳纶纤维和碳纤维复合材料制作发动机壳体，获得了更加显著的减重效果。美国空军实验室设计制造了以碳纤维增强复合材料为加强筋的 AGS 整流罩，比同样结构的铝合金整流罩减重 60％。美国"三叉戟-1"潜地导弹仪器舱采用碳纤维、石墨纤维复合材料部件，比铝合金部件轻 25％～30％，减重效果非常显著，而"三叉戟-2"仪器舱采用整体复合材料"交叉梁"结构，进一步减轻了结构质量。固体火箭发动机（SRM）中的喉衬、扩张段、延伸出口锥结构需要承受发射时的高温烧蚀，20 世纪 70 年代，首次采用多维编织增强体的高密度沥青基碳/碳复合材料制作了 SRM 喉衬，有力推动了 SRM 喷管材料的发展，而采用碳/碳复合材料大大降低了烧蚀率，使喷管效率提高了 1%～3%，并大大提高了 SRM 的比冲。

5.1.4.2　在卫星上的应用

由于复合材料具有较高的比强度、较大的比刚度和良好的抗疲劳性能，适合用来制造卫星的本体结构件，包括卫星外壳、中心承力筒、各种仪器安装结构板等，如日本使用 M40JB 碳纤维增强复合材料制作了 JERS-1 地球资源卫星的推力筒、仪器支架、支撑杆、分隔环等构件。卫星的大型太阳能电池阵以及大型抛物面天线要在进入太空后再展开，并且要在温度急剧变化的空间环境中保持稳定的外形，采用质量轻、线膨胀系数小的复合材料制造这些结构部件，可比相同结构的铝合金部件减重 50%左右。

5.1.4.3　在航天飞机上的应用

美国国家航天局（NASA）在航天飞机上采用复合材料获得了良好的减重效果，如表 5-2所示，共计减重 2872kg。

表 5-2　复合材料应用于航天飞机获得的减重效果

使用部位	复合材料	减重/kg
行李舱门	碳/环氧	408
机翼前缘	碳/碳	437
升降副翼	碳/聚酰亚胺	481
垂直尾翼	碳/聚酰亚胺	397
OMS 吊舱	碳/环氧	150
后部机身	碳/聚酰亚胺	216
	碳/环氧增强钛	317
起落架门	碳/聚酰亚胺	122
中央机身支柱(内部)	硼/铝	145
压力容器(内部)	凯芙拉/环氧	199

此外，压电、阻尼、光电、热烧蚀等功能复合材料，在航天器的电子元件、热障保护系统等方面都得到了广泛的应用。

随着航空航天高新技术的发展，对复合材料的要求越来越高，促使复合材料向着高性能化、低成本化、多功能化方向发展。复合材料的可设计性，使复合材料具有较大的性能提升潜力，预计到 2020 年，复合材料可获得 20%～25%的性能提升。航空航天工业对功能复合材料中的透波（透微波、透光）材料、隐身功能（微波隐身、声波隐身）材料、梯度功能材料等均给予了较大的关注，多功能化将是下一代功能复合材料的研究重点。

5.2　复合材料的组成

除了层状复合材料，结构复合材料通常由基体、增强体及界面组成。功能复合材料则由基体和功能体组成，也可由多种功能体组成。基体是复合材料中的主要组分，在选择复合材料基体时，要充分考虑到基体自身的性能特征和制备加工性能，同时还需要考虑基体对增强相的润湿情况和界面结合情况。

5.2.1　基体

复合材料的基体主要起黏结、均衡及分散载荷、保护增强体或功能体的作用，金属及其合金、陶瓷、碳、聚合物等均可作为基体，基体材料的物理化学性质一定程度决定了复合材料的最终性能。作为结构复合材料，对基体的力学性能有一定要求，主要包括抗拉强度、拉伸模量、断裂伸长率、抗弯强度、弯曲模量、冲击强度和表面硬度等。

5.2.1.1　聚合物基体

聚合物是航空航天复合材料中应用最多的基体材料，不同类型聚合物的工艺性能、物理化学性能有很大的差异，可满足航空航天构件的不同服役要求。热固性树脂开发较早、性能稳定，被大量用来制造航空航天器的构件，占据了主导地位，但是，由于其在回收利用、成形加工、维护修补等方面的缺陷日益凸显，热塑性树脂开始受到关注，在民用航空领域的应用逐渐增加。

（1）热固性树脂

热固性树脂是在加热、加压或在固化剂、紫外光作用下进行化学反应，交联固化成为不溶不熔的合成树脂，其固化反应是不可逆的，加热成形后不会再度软化或流动，温度过高则直接分解或炭化。表 5-3 给出了常见热固性树脂的物理性能，主要有酚醛树脂、聚酰亚胺树脂、环氧树脂、双马来酰亚胺树脂、氰酸酯树脂等。

表 5-3　常见热固性树脂的物理性能

性能	酚醛树脂	聚酰亚胺树脂	环氧树脂	双马来酰亚胺树脂	氰酸酯树脂
密度/(g/cm³)	1.30～1.32	约 1.32	1.2～1.3	1.22～1.40	—
抗拉强度/MPa	42～64	41～82	55～130	40～95	57～90
弹性模量/GPa	约 3.2	约 3.7	4.75～4.10	4.1～4.8	3.0～3.2
抗弯强度/MPa	80～110	约 130	90～150	150～185	95～180
弯曲模量/GPa	—	约 4.5	3.0～4.0	3.9～4.1	约 3.0
断裂伸长率/%	1.5～2.0	1.3～2.3	1.0～3.5	1.3～2.3	1.0～2.6
线膨胀系数/$10^{-6}K^{-1}$	16～25	45～50	46～65	—	—
固化收缩率/%	8～10		1～2		
介电强度/(V/mil)①	—		400	400	390
介电常数 ε_r(60Hz)	—	3.1～3.9	4.0～4.8	4.0～4.8	2.7～3.2
介电损耗角正切(60Hz)	0.03	—	0.005～0.038	0.004～0.035	0.001～0.005

① 1mil＝0.0254mm。

酚醛树脂是最早人工合成的树脂，其成本低廉，有优异的耐酸耐热性能，但是固化后较脆，不利于同纤维的结合，一般需要在制备复合材料前进行有针对性的改性处理。

聚酰亚胺树脂分为热固性和热塑性两类。热固性聚酰亚胺树脂具有优异的热氧化稳定性、成形工艺性和综合力学性能，长期服役温度可达 340～370℃，作为耐高温树脂基体复合材料被广泛使用，应用最多的是单体反应物原位聚合（PMR）聚酰亚胺。但是，PMR 树脂制备技术非常复杂，需要特定的溶剂体系制备反应中间体，然后再把中间体与醇类溶液进行特殊配比反应制成树脂溶液，在生产过程中可能释放出有致癌作用的物质，严重限制了PMR树脂的推广应用。

环氧树脂可以有多种固化剂、促进剂、改性剂、添加剂等，可以进行多种多样的组合和配比，从而获得各种性能、各具特色的环氧固化物材料，因此，环氧树脂的种类和牌号最多。相比于其他热固性树脂，环氧树脂中含有独特的环氧基，以及羟基、醚键等活性基团和极性基团，因而具有力学性能高、黏结强度高、固化收缩率小、介电性能优良、稳定性及耐热性较好的特点。用高性能环氧树脂作为基体，与高性能的纤维增强体复合，能得到性能非常优异的复合材料，在航空航天领域得到了大量应用，但是，由于需要加入交联剂和促进剂，配方及工艺比其他树脂复杂，其生产成本较高。

双马来酰亚胺树脂（简称双马树脂）具有与环氧树脂相近的成形工艺性，其耐热性接近聚酰亚胺树脂，工作温度（180～230℃）远高于环氧树脂的最高工作温度（150℃），玻璃化转变温度（T_g）大于250℃，热分解温度（T_d）达到420℃。双马树脂的固化反应属于加成聚合反应，固化物结构致密，缺陷少，因而具有较高的强度和模量，但是，由于固化物的交联密度高、分子链刚性强而呈现出极大的脆性，其抗冲击强度差、断裂伸长率小、断裂韧性差，阻碍了其应用领域的扩大，因此，提高韧性就成为扩大双马树脂应用的关键。

氰酸酯树脂具有优良的高温力学性能，且抗弯强度和抗拉强度都比环氧树脂高，有极低的吸水率（<1.5%），成形收缩率低，尺寸稳定性好，耐热性好，玻璃化温度在240～260℃范围，最高能达到400℃，而且耐湿热性、阻燃性都很好。此外，氰酸酯树脂电性能优异，具有极低的介电常数（2.8～3.2）和极低的介电损耗角正切值（0.002～0.008），并且介电性能对温度和电磁波频率的变化都显示特有的稳定性（即具有宽频带性）。氰酸酯树脂在常温下多为固态或半固态物质，表现出优良的黏结性、涂覆性及流变学特性，其工艺性能与环氧树脂相近，不但可以用传统的注塑、模压等工艺成形，也适用于缠绕、热压罐、真空袋和树脂传递模塑等复合材料成形工艺。

（2）热塑性树脂

热塑性树脂在成形后可反复加热软化、冷却固化，在常温下为高分子量固体，是线型或带少量支链的聚合物，分子间无交联，仅借助范德华力或氢键互相吸引。对树脂加压、加热，其分子链的直接相互作用减弱，较容易发生滑动，因而可以在模具内成型，经冷却定型即可制得所需形状的制品。在反复受热过程中，热塑性树脂的分子结构基本不发生变化，当温度过高、时间过长时，则会发生降解或分解。表5-4列出了常见热塑性树脂的物理性能，主要有聚醚醚酮、聚醚砜、N-聚合物、聚苯硫醚等树脂。

表5-4　常见热塑性树脂的物理性能

热塑性树脂	抗拉强度/MPa	拉伸模量/GPa	抗弯强度/MPa	弯曲模量/GPa	断裂伸长率/%
聚醚醚酮	103	3.8	110	3.8	40
聚醚砜	84	2.6	129	2.6	40～80
N-聚合物	110	4.1	117	4.2	6
聚苯硫醚	82	4.3	96	3.8	3.5

聚醚醚酮树脂、聚醚砜树脂、N-聚合物树脂等具有良好的热稳定性和耐疲劳、耐腐蚀特性，是非常理想的复合材料基体。随着对热塑性树脂性能要求的提高，共混热塑性树脂逐

渐成为热塑性树脂基体的主要发展方向，通过不同的共混手段，可以使不同热塑性树脂之间发生共混改性，获得具有较好综合性能的共混热塑性树脂基体。

5.2.1.2 金属基体

相比于聚合物基体，金属基体具有较高的熔点，对于温度高于聚合物服役温度的环境，金属是理想的复合材料基体。金属基体既可以起到传递载荷的作用，又可以凭借自身的强度对复合材料的强度产生影响。理论上，金属及合金都可以作为金属基复合材料的基体，常用的金属基体有铝及铝合金、镁及镁合金、钛及钛合金以及镍基高温合金等，表5-5为常用金属基体的性能。

表5-5 常用金属基体的性能

合金种类	牌号	密度/(g/cm³)	抗拉强度/MPa	弹性模量/GPa	线膨胀系数/$10^{-6}K^{-1}$	热导率/[W/(m·K)]
铝合金	AA359	2.69	276~324	72.4	23.5	138
	AA6061	2.70	124	68.9	25.5	180
镁合金	AZ91	1.81	150~255	44.0	28.7	78.5
钛合金	TC4	4.44	895~1100	118	9.1~10	6.8~11.8
	TB2	4.83	912~961	110	8.5	8.9

通过加入低密度、高模量的增强体，可以在减小密度的同时提高弹性模量，进而获得高比强、高比模的复合材料。应用于航空航天装备构件的复合材料，通常要求其具有高的比强度和比刚度，对于使用温度低于450℃的构件，可以采用铝及铝合金、镁及镁合金作为基体，对于使用温度在450~650℃的构件，需要采用钛合金作为基体，而对于在更高温度服役的复合材料构件，需要采用镍基高温合金或金属间化合物作为基体。加入合适的功能体，可以显著改善金属基体的耐磨性、导热性、导电性等性能，获得具有特定功能的功能复合材料。随着高性能增强体、功能体的不断出现，金属基复合材料的性能有望获得飞跃发展。

5.2.1.3 陶瓷基体

陶瓷是采用无机非金属化合物为原料，通过原料处理、成形和烧结制成，主要包括氧化物陶瓷、氮化物陶瓷、碳化硅陶瓷、石英陶瓷等。同金属材料相比，陶瓷基体具有优良的热稳定性、抗氧化性和机械强度，但是，由于陶瓷的脆性较大，限制了其应用。表5-6为常用陶瓷基体的性能数据，可以看出陶瓷基体普遍具有较高的模量，但断裂韧度极低，因此，提高陶瓷韧性是扩大陶瓷基复合材料应用的关键。

表5-6 常用陶瓷基体的性能

陶瓷种类	密度/(g/cm³)	弹性模量/GPa	抗弯强度/MPa	线膨胀系数/$10^{-6}K^{-1}$	断裂韧度
Al_2O_3	3.99	390	300~400	8.9	2.5~4
SiC	3.2	440	400~600	4.5	2~3
Si_3N_4	3.2	300	500~800	3	4~5.5
AlN	2.36	320	—	6	—
Mullite(莫来石)	2.8	150	200	5.5	2.2

陶瓷基复合材料可以通过纤维补强等方法改善陶瓷基体韧性差的缺点，选取弹性模量、线膨胀系数与增强体相匹配的陶瓷基体，可以获得高性能陶瓷基复合材料，在航空航天领域具有较大应用潜力。

5.2.1.4 碳基体

碳/石墨具有化学惰性，弹性模量高，耐高温、抗热振、导热性好，是适用于惰性氛围和烧蚀环境的高温材料。图 5-4 为典型碳/石墨材料的强度与温度的关系，可以看出碳/石墨材料的强度和温度呈正相关关系，具有优异的高温性能，强度随温度升高而增加。

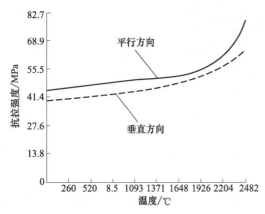

图 5-4　碳/石墨材料的强度与温度的关系

采用碳纤维作增强体，通过液相浸渍、化学气相沉积等方法，可以实现优异性能的结合，使碳材料成为极具前景的复合材料。但是，碳材料在有氧环境下极易氧化分解，提高碳基体在有氧环境中的稳定性是扩大碳基体应用的关键。

5.2.2 增强体

增强体起增加强度、改善性能的作用。按照三维形态，增强体可以分为颗粒（零维）增强体、晶须及纤维（一维）增强体、晶须或纤维编织的片状编织物（二维）增强体和立体编织物（三维）增强体。按照化学性质，编织物可以分为无机非金属类、有机聚合物类、金属类。

5.2.2.1 纤维增强体

图 5-5 为几种典型纤维的抗拉强度和弹性模量，以碳纤维、硼纤维、碳化硅纤维为代表的无机非金属纤维具有较好的性能。

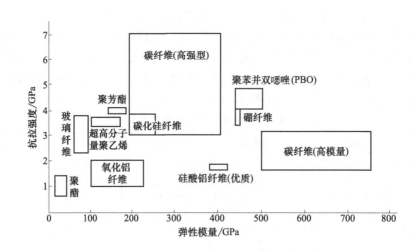

图 5-5　不同纤维的抗拉强度和弹性模量

图 5-6 为不同类型纤维的比强度和比模量分布图，可以根据复合材料设计需要选用合适的比强度比模量匹配。

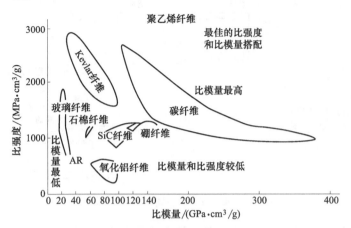

图 5-6　不同类型纤维的比强度和比模量

（1）玻璃纤维

玻璃纤维的原料成分和拉丝工艺对纤维的性能有较大影响，通过调整成分和工艺可以获得具有耐火、耐热、高强、高化学稳定性等不同性能特点的玻璃纤维。目前常用玻璃纤维的生产方法主要有坩埚法和池窑法。图 5-7 为坩埚法生产玻璃纤维的示意图，首先在加热炉中将玻璃原料熔化，熔融玻璃随后流入弹珠成型机制备玻璃球，玻璃球在坩埚中再熔融后通过模套拉丝得到玻璃纤维单丝，数根单丝通过集束器制成玻璃纤维原丝。

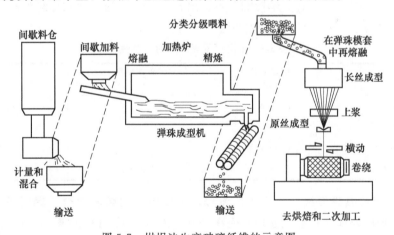

图 5-7　坩埚法生产玻璃纤维的示意图

图 5-8 为池窑法生产玻璃纤维的示意图，玻璃原料在加热炉内熔融，进行澄清均匀化后流入装有铂铑合金成型模套的模具中，玻璃液从加热炉窑中流出后直接拉丝制成玻璃纤维。相比于坩埚法，池窑法减少了玻璃球的制备过程和再熔化过程，大大降低了能耗。

相比于同质的块状材料，纤维材料的强度更高，例如，E-玻璃的强度为 $40\sim100$MPa，当 E-玻璃纤维的直径为 $10\mu m$ 时，强度达到 1000MPa，当其直径降为 $5\mu m$ 以下时，强度甚至高达 2400MPa，纤维状比块状的强度高 $10\sim60$ 倍。良好的柔曲性使得纤维容易适应复合材料的不同制备工艺，可以编织使用，可以在构件不同部位排布。

（2）碳纤维

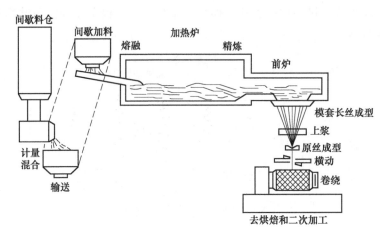

图 5-8 池窑法生产玻璃纤维的示意图

碳纤维通常采用先驱体纺丝工艺制备，按照先驱体的不同，分为聚丙烯腈（PAN）基碳纤维、沥青基碳纤维和人造丝碳纤维，表 5-7 为不同类型碳纤维的力学性能，其中 PAN基碳纤维具有最高的强度和弹性模量。PAN 基碳纤维还具有纤维缺陷少、可编织性好、密度小（$1.7\sim2.1\text{g/cm}^3$）、耐疲劳、自润滑、耐磨损、吸能减振、尺寸稳定、导热性好、导电性好（电阻率为 $2\sim15\mu\Omega\cdot\text{m}$）等特性。相比于 PAN 基碳纤维，沥青基碳纤维的强度和弹性模量并没有优势，但是，沥青基碳纤维原料来源广泛，制备工艺相对简单，导热、导电性能优良，广泛应用于一些非结构性碳纤维增强复合材料中。人造丝碳纤维是有机人造丝经过高温碳化形成的碳纤维，其力学性能并不突出，但有较好的柔性和可编织性，在隔热防护材料、耐烧蚀材料中有着不可替代的作用。

表 5-7　不同类型碳纤维的力学性能

先驱丝	抗拉强度/GPa	弹性模量/GPa	伸长率/%
PAN	$3.5\sim8.0$	$230\sim600$	$0.6\sim2.0$
人造丝	$0.7\sim1.8$	40	1.8
均质沥青	$0.8\sim1.2$	40	2.0
中间相沥青	$2.0\sim4.0$	$200\sim850$	$0.3\sim0.7$

图 5-9 为 PAN 基碳纤维的生产工艺流程，主要包含丙烯腈聚合、聚丙烯腈纤维纺丝、预氧化处理、碳化处理、石墨化处理。先在 $200\sim300℃$ 的空气中对聚丙烯腈纤维进行预氧化，再通过环化、脱氢、氧化产生梯形结构。通过预氧化可以避免直接碳化时产生有害的闭环结构并提高碳含量。最后在 $1000\sim1500℃$ 的高纯氮气或氩气中进行碳化处理，纤维中形成碳环结构并且长大，纤维强度和模量均有提高，制得高强度碳纤维成品。PAN 法可以进一步生产高模量碳纤维，需要在高纯氩气中升温到 $2000\sim3000℃$ 进行石墨化处理，引发碳纤维内部石墨化结晶，提高纤维模量。

目前，PAN 基碳纤维是主流的碳纤维产品，占全部碳纤维产量的 80% 以上，主要来自日本东丽、东邦、三菱人造丝公司。表 5-8 为日本东丽公司部分碳纤维产品的牌号及性能，其中 T 开头的牌号代表高强度碳纤维，M 开头的牌号代表高模量碳纤维，从 T300 到T1000G、从 M30S 到 M60J，碳纤维的性能不断提高。但是，目前碳纤维的抗拉强度仅为理

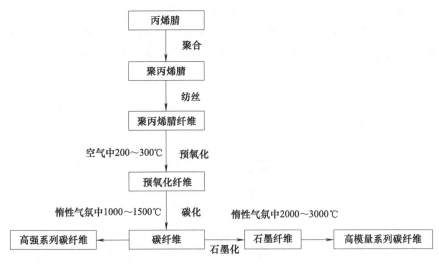

图 5-9 PAN 基碳纤维的生产工艺流程

论值的 4.76%（石墨晶体的理论强度为 180GPa），仍有很大的提升空间，进一步使碳纤维直径细化、均质化及表面无缺陷化，是开发高强度碳纤维的基本途径。

表 5-8 日本东丽公司部分碳纤维产品的牌号及性能

牌号	抗拉强度/GPa	弹性模量/GPa	断裂伸长率/%	密度/(g/cm³)
T300	3.53	230	1.5	1.76
T300J	4.21	230	1.8	1.78
T400H	4.41	250	1.8	1.8
T600S	4.12	230	1.9	1.79
T700S	4.9	230	2.1	1.8
T700G	4.9	240	2.0	1.78
T800H	5.49	294	1.9	1.81
T1000G	6.37	294	2.2	1.80
M30S	5.49	294	1.9	1.73
M30G	5.10	294	1.7	1.73
M35J	4.70	343	1.4	1.75
M40	2.74	392	0.7	1.81
M40J	4.41	377	1.2	1.77
M46J	4.21	436	1.0	1.84
M50J	4.12	475	0.8	1.88
M60J	3.92	588	0.7	1.94

（3）陶瓷纤维

陶瓷纤维具有耐高温、抗氧化、高硬度和较低蠕变速率等特点，对于制备高温结构材料具有无可比拟的优势。Al_2O_3 纤维是目前应用最广泛的陶瓷纤维，主要由 Al_2O_3 构成，同时含有少量 MgO、SiO_2、B_2O_3 等氧化物，具有高温抗氧化能力，同时具有极佳的力学性能。如美国 3M 公司的 nextel610 系列 Al_2O_3 纤维，抗拉强度达到了 3.2GPa，弹性模量达到

370GPa，使其在航空航天高温构件、耐烧蚀构件中得到广泛应用。SiC 纤维具有高强度、高模量以及优异的抗氧化性、耐腐蚀性、耐烧蚀性，能抗中子辐射且具有透波、吸波特性，特别是对于隐身材料，SiC 纤维具有独特的作用。表 5-9 为几种典型 SiC 纤维的性能指标。

表 5-9　几种典型的 SiC 纤维的性能指标

牌号	制造商	纤维组成/%	密度/(g/cm³)	直径/μm	抗拉强度/GPa	弹性模量/GPa
NL202	日本碳公司	Si57C31O12	2.55	14	3.0	220
Hi-Nicalon	日本碳公司	Si62C32O0.5	2.74	14	2.8	270
Hi-Nicalon-S	日本碳公司	Si68.9C30.9O0.2	3.10	12	2.6	420
Tyranno LoxM	日本宇部兴产	Si55.4C32.4O10.2Ti2.0	2.48	11	3.3	187
Tyranno ZM	日本宇部兴产	Si55.3C33.9O9.8Zr1.0	2.48	11	3.3	192
SiBNC	德国 Bayer	Si-B-N-C	1.8~1.9	8~14	3.0	358
UF SiC	美国 3M	SiC(98.9)O1.1	2.70	10~12	2.8	210~240
SCS-6	美国 Textron	SiC(C)	3.00	140	4.0	390
Sylamic	美国 Dow Corning	SiC(95)TiB₂(3)B₄C(1.3)	3.00	10	3.4	386
KD-1	国防科技大学	SiC-C-O	2.42	12~15	2.3~2.4	150~190
SiC(W 芯)	中科院金属所	SiC(W)	3.4	100±3	3.7	426

传统的 SiC 纤维采用化学气相沉积（CVD）法生产，纤维的单丝直径较大（＞100μm），且生产效率较低。图 5-10 为采用聚碳硅烷先驱体转化法生产 SiC 纤维的工艺流程，SiC 纤维单丝直径可以达到 10~15μm，且力学性能同 CVD 法生产的纤维相当。

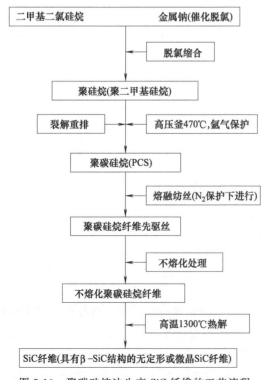

图 5-10　聚碳硅烷法生产 SiC 纤维的工艺流程

由于高性能 SiC 纤维的生产具有较高技术难度，导致纤维价格高昂（3000~10000 美元/kg），限制了其在民用领域的应用。

（4）有机纤维

有机纤维包含芳纶纤维、聚芳酯纤维、有机杂环类纤维等，其中芳纶纤维具有较高的比强度、比模量，同时成本较低，在火箭壳体等大型非承力构件中应用较多，但是，由于其分子链中存在易高温分解的官能团，限制了其应用范围，有机杂环类纤维可以改善这一弊端，从而提高纤维的服役温度。

5.2.2.2　晶须增强体

晶须是具有一定长度的纤维状单晶体，属于非连续纤维，直径小（0.1μm 至数微米）、长径比大、内部缺陷少，接近于理想晶体，具有很高的抗拉强度（接近理论强度）和弹性模量，高温性能和抗蠕变性能比纤维增强体更优异。常用的晶须增强体包括碳化硅晶须、氮化硅晶须、氧化铝晶须、硼酸铝晶须、钛酸钾晶须等。作为复合材料的增强体，晶须更适合成本低的复合工艺，如液相浸渗、化学气相沉积（CVD）、化学气相渗透（CVI）、LANXIDE、挤压铸造、注射成形等，多数用来增强金属和陶瓷。但是，在制造复合材料过程中，晶须难以预先分散，限制了其应用。

5.2.2.3 颗粒增强体

目前能够使用的颗粒增强体有 SiC、TiC、B_4C、WC、Al_2O_3、MoS_2、Si_3N_4、TiB_2、BN、C（石墨）等，颗粒的平均尺寸为 $3.5\sim10\mu m$，最小的颗粒尺寸达到纳米级（$1\sim100nm$），最粗的粒径大于 $30\mu m$，可以弥散强化陶瓷、增强金属和聚合物。颗粒还可以添加到聚合物中作为填料，提高材料的导电性、屏蔽性或耐磨性。此外，颗粒增强复合材料可以通过相变增韧和微裂纹增韧机制产生增韧效果。当材料受到破坏应力时，相变增韧机制发挥作用，位于裂纹尖端的颗粒在外力作用下发生相变，消耗裂纹能量并使裂纹尖端应力场松弛，从而提高复合材料的韧性。微裂纹增韧机制是第二相颗粒使裂纹扩展的路径发生改变，产生裂纹偏转、弯曲、分叉、裂纹桥接或裂纹钉扎等作用，从而产生增韧效果。有时两种增韧机制同时发生作用，产生混合增韧效果。

5.2.2.4 功能体

与结构复合材料不同，功能复合材料是加入功能体到基体中，主要用来产生声、光、电、磁等特定的功能效应。功能体的形式有很多，可以是颗粒、纤维以及层片，涵盖金属、非金属等不同种类的材料。

功能体的功能特点决定了功能复合材料的性质，如导电复合材料中往往通过加入金属、碳/石墨的颗粒或纤维来使复合材料具有导电特性，在隐身复合材料中则加入吸波特性好的碳化硅纤维、改性碳纤维等特殊纤维以实现对电磁波的吸收，磁性复合材料中需要加入磁性粉体使其具有磁性。值得注意的是，许多功能体本身也可在结构材料中作为增强体，其功能特性的实现同复合材料的设计、制备过程有密切的联系。

5.2.3 界面

界面是基体与增强体连接的纽带，也是载荷传递的桥梁，其结构既不同于基体也不同于增强体，并随基体和增强体的不同而发生变化。作为增强体与基体连接的"纽带"，界面对复合材料的物理、化学及力学性能有着至关重要的影响，是产生复合效应的基础和影响复合材料性能的重要因素。在结构复合材料中，界面对力学性能的作用尤为显著，界面层使基体与增强体形成一个整体，并通过其传递应力，若增强体与基体的相容性不好，界面不完整，则应力传递面仅为增强体总面积的一部分，则增强体没有得到充分利用。界面具有共格、半共格、非共格三种结构特征，具有机械结合、溶解与润湿结合、反应结合、交换反应结合、混合结合五种类型的结合方式。机械结合界面靠增强体的粗糙表面及基体的摩擦力结合；溶解与润湿结合界面依靠原子扩散和溶解而形成溶质原子过渡带；反应结合界面是发生了化学反应而形成化合物的结合界面；交换反应结合界面不仅发生化学反应生成化合物，还通过扩散发生元素交换形成固溶体；混合结合界面以上述几种方式的组合形式结合。

5.2.3.1 聚合物基复合材料的界面

聚合物基复合材料是由增强体（纤维、颗粒、晶须）与聚合物基体（热固性或热塑性树脂）复合而成的多相材料，界面在成型过程中形成，增强体与基体接触及润湿，倾向于优先吸附那些降低其表面能的物质或基团，从而形成与聚合物本体结构不同的界面。

在聚合物基复合材料中，最重要的界面作用机理是浸润理论和化学键理论。浸润吸附理论认为，如果增强体不能被液态基体充分浸润，会使界面结合强度低于基体的强度，在界面产生空隙和应力集中区，引发裂纹形核并导致开裂。化学键理论认为，基体和增强体之间通过化学键结合形成界面，如图 5-11（a）所示，增强体和基体表面含有能发生化学反应的活性官能团，并形成以化学键结合的界面，如果两相间不能直接进行化学反应形成化学键，如图 5-11（b）所示，可以通过加入偶联剂，利用偶联剂的桥梁作用在基体和增强体之间产生化学键相互结合。

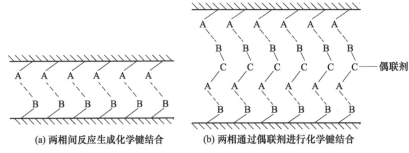

(a) 两相间反应生成化学键结合　　　(b) 两相通过偶联剂进行化学键结合

图 5-11　界面化学键结合

根据界面作用的机理，可以通过改善树脂基体对增强体的浸润度、调整界面黏结强度、减小残余应力、调节界面内应力和应力集中等几个方面对界面结合状态进行改善。

5.2.3.2 金属基复合材料的界面

金属基复合材料的界面主要有平整型、凹凸型、反应型三种类型，表 5-10 为三种界面类型的特点及实例，只含原始组分的界面为平整型界面，当组分之间发生扩散、溶解效应，破坏了各组分原有表面时，形成凹凸状界面，各组分在界面处发生化学反应则形成反应型界面。

表 5-10　金属基复合材料的界面类型

界面类型	平整型	凹凸型	反应型
特点	界面平整,机械结合	发生溶解或扩散,溶解与浸润结合	发生化学反应
实例	W 丝/Cu SiC 纤维/Al B 纤维/Al 或 Mg Al_2O_3 纤维/Cu 或 Ag	碳纤维/Ni W 丝/Ni 镀 Cr 钨丝/Cu	碳纤维/Al B 纤维/Ti 及 TiAl SiC 纤维/Ti

金属基复合材料的界面结合主要有表面粗糙形态的物理结合、基体增强体之间的溶解浸润结合、化学反应生成反应层等方式，影响界面结合的因素主要是物理因素和化学因素。物理因素改变，增强体或者基体会发生表面形态的改变，或者发生两相之间的溶解浸润，导致原有的界面结合状态被破坏，例如，当温度高于 600℃ 时，碳纤维会溶入镍基合金中析出石

墨，而镍也会溶入碳纤维，对碳纤维的强度造成损失。化学因素也会对界面结合产生较大影响，合金中的元素富集和偏析、界面反应生成的反应物均会对界面的结合状态产生影响。

通过增强体表面改性、增强体表面涂层、基体成分改变、制备工艺优化的方法进行界面控制，可以改善复合材料的界面结合状态，最常用的界面控制方式为增强体表面改性和增强体表面涂层。通过对碳纤维进行表面氧化、表面晶须化、等离子处理，使得碳纤维表面粗糙度发生改变或者在表面增加了部分基团，提高了碳纤维和树脂基体之间的黏结力。在金属基和陶瓷基复合材料中，为了避免基体和增强体之间有害的界面反应发生，可以通过增强体表面涂层减少有害界面相的生成，同时保护纤维不受化学侵蚀。聚合物基复合材料中，可以通过偶联剂对玻璃纤维表面进行处理，调节玻璃纤维和树脂之间的结合强度，形成理想的界面，也可以通过蒸汽沉积、电聚合、电沉积的方法，预先在碳纤维表面涂覆一定厚度的沉积物或者形成支链，能够显著提高聚合物基复合材料的抗剪强度和抗冲击性能。

5.3 聚合物基复合材料

聚合物基复合材料（polymer matrix composites，PMCs）由聚合物基体和分散于基体中的一种或多种细小分散相（增强体）组成。影响聚合物基复合材料性能的因素很多，因此，聚合物基复合材料的设计有很大自由度，可以根据需要选择基体和增强体的类型、变换配比和复合方法，以充分发挥基体和增强体的优点，从而实现 PMCs 的优化设计。以碳纤维、有机纤维、玻璃纤维、硼纤维等为增强体的先进聚合物基复合材料在航空航天领域应用广泛。

5.3.1 聚合物基复合材料的特点

与传统的金属材料相比，聚合物基复合材料具有比强度高、比刚度高、耐腐蚀、耐疲劳、易成形等优点，已经成为航空领域的主要结构材料，在航天领域也有一定用量。

5.3.1.1 高比强度、高比模量

由于增强体（特别是高性能碳纤维）具有较好的力学性能，使聚合物基复合材料的力学性能可以达到甚至超过金属材料，而多数聚合物基复合材料的密度较金属材料低。如图 5-12 所示，高强度碳纤维/环氧复合材料的比强度、比模量均远高于钛合金、钢和铝合金，用来替代金属材料可以产生非常明显的减重效果。

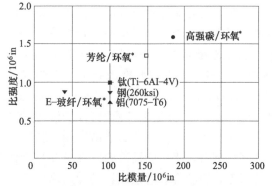

图 5-12　比强度和比模量比较
（1in＝2.54cm；1ksi＝6.895MPa）
*[±45°，0°，90°]$_s$

5.3.1.2 热膨胀系数低

当温度变化时，材料的低热膨胀系数可以使零部件具有更高的尺寸稳定性，对精密仪器具有较大意义。纤维增强聚合物的热膨胀系数比金属材料要低很多，其中碳纤维增强聚合物

的热膨胀系数接近零，结合其高模量的特点，纤维增强塑料特别适合于制造一些尺寸精密、稳定性要求高的构件。

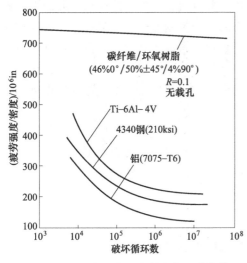

图 5-13　几种航空航天材料的抗疲劳性能

5.3.1.3　抗疲劳性能好

聚合物基复合材料中的增强体和界面可以有效缓解应力集中、阻止裂纹扩展，如图 5-13 所示，聚合物基复合材料的抗疲劳性能远高于金属材料。通常金属材料的疲劳极限只有抗拉强度的 $30\%\sim50\%$，而碳纤维增强聚合物的疲劳极限可达到其抗拉强度的 $70\%\sim80\%$，作为航空结构材料，具有很大的优势和应用前景。

此外，聚合物基复合材料还具有良好的介电性能、较低的热导率，而且制备原料丰富，有良好的成形性。但是，与传统金属材料相比，聚合物基复合材料也存在耐热性差、易发烟燃烧、表面易损伤、抗冲击性能差、生产成本高等缺点。

5.3.2　聚合物基复合材料的制备

聚合物基复合材料的制备很大程度决定了复合材料构件的质量、成本和性能。先进聚合物基复合材料的制备可以分为湿法成型和干法成型两大类。

湿法成型又称一步成型，是直接将液体树脂与增强体混合并成型，包括低压接触成型（手糊成型）、挤压成型、喷射成型等工艺。湿法成型工艺和设备都较简单，但是，固化时树脂中的溶剂、水分、低分子挥发物不易完全去除，会在制品中产生气泡或空洞，而且树脂分布不均匀，易在制品中形成富胶区或贫胶区，严重时会出现未浸胶区（俗称"白丝"现象），造成制品性能下降。为了提高生产效率、降低制造成本，发展了液体树脂成型（LCM）工艺，包括树脂传递模塑成型（RTM）、树脂膜浸渗成型（RFI）、结构反应注射成型（SSRIM）等。在 RTM 的基础上，开发了真空辅助 RTM（VARTM）、热膨胀型 RTM（TERTM）、共聚型 RTM（CPRTM）等派生技术。此外，纤维缠绕成型（FW）、拉挤成型（pultrusion）方法也日趋成熟，用其制造的复合材料部件已在航空航天领域成功应用。

干法成型是最早用于制造高性能树脂基复合材料的成型技术，又称二步成型。第一步是预浸料的制备，将树脂浸涂到纤维或纤维织物上并进行一定处理后制备成半成品；第二步是固化成型，对叠合好的预浸料进行加热加压，固化、成型，得到需要的复合材料制件。固化成型包括热压罐成型、真空辅助热压、热膨胀加压、模压成型等工艺，对于尺寸较大、形状较复杂、整体化程度较高的制件，通常采用热压罐成型，对于尺寸较小、精度较高的制件，通常采用模压成型。

5.3.2.1　低压接触成型

低压接触成型又称手糊成型，是最早采用的复合材料制备工艺，主要工作由手工完成，对设备及工具要求不高，在生产大型复合材料制品时具有不可替代的作用。图 5-14 为低压接触成型工艺流程与工件成型示意图，在模具上涂刷含有固化剂的树脂混合物并在其上铺贴一层按要求剪裁好的纤维织物，用刷子、压辊或刮刀压挤织物，使其均匀浸渍和排除气泡，然后再涂刷树脂混合物和铺贴第二层纤维织物，反复上述过程直至达到所需厚度为止，通过抽真空或施加一定压力使制件固化（冷压成型或热压成型），最后脱模得到复合材料制品。

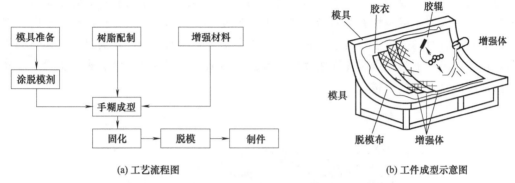

(a) 工艺流程图   (b) 工件成型示意图

图 5-14　低压接触成型工艺流程与工件成型示意图

低压接触成型具有设备简单、投资少、见效快、不受制品形状和尺寸的限制、生产操作简单等优点。但是，生产效率低、人工成本较高、产品质量不稳定、产品力学性能较低，限制了低压接触成型在航空航天领域的应用。

5.3.2.2　喷射成型

喷射成型是在低压接触成型的基础上发展起来的，用喷射设备替代手工完成纤维铺覆和浸胶工作。图 5-15 为喷射成型工艺流程图，首先利用喷射设备将液态树脂雾化后与切断的短纤维在空间混合，喷射沉积到模具表面，然后合模加压排出气泡，最后固化成型。

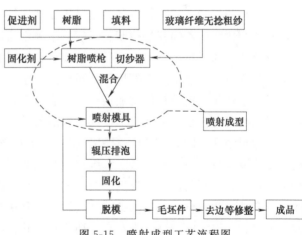

图 5-15　喷射成型工艺流程图

与手糊成型相比，喷射成型具有生产效率高、生产成本低、制品整体性好等优点，改善了纤维和树脂之间浸渍不均匀的问题，解决了纤维在模具内分布不均匀问题。但是，喷射成型仍然有很大程度依赖人工操作，产品质量的稳定性较差，而且短纤维增强复合材料制品的强度较低。因此，喷射成型仅用于低成本制作一些低强度、结构简单的复合材料制品，限制了其在航空航天复合材料制备中的进一步应用。

5.3.2.3　拉挤成型

拉挤成型已经发展为较成熟的自动化生产工艺，是将连续纤维及其织物在树脂中浸渍，在牵引力作用下使浸渍树脂的连续增强体通过模具挤压成型、加热固化，最后经后加工得到所需形状的型材或制品。拉挤成型生产过程连续、自动化水平高，制品的质量稳定可靠，可以生产宽度大于 1m 的中空复合材料制品，既能生产几何形状平直的等截面型材，也能生产曲面型材。

拉挤成型可以分为间歇式和连续式、立式和卧式、湿法和干法等类型。连续湿法卧式拉挤是较为典型的拉挤成型，其工艺流程如图 5-16 所示，在牵引力作用下将增强体引出，经过导纱装置进入树脂浸胶槽充分浸渍，然后进入预成型模，通过预成型模的合理导向，根据制品的截面形状对增强体进行合理配置，同时排出多余树脂和气泡，最后进入已预热的成型模具，在一定温度下与树脂基体发生反应、凝胶、固化，从而得到连续、表面平滑、尺寸稳定且高强度的复合材料型材。

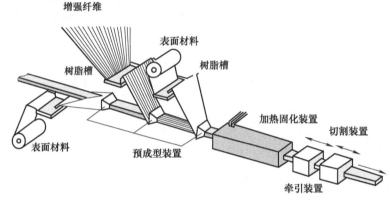

图 5-16　连续湿法卧式拉挤成型示意图

拉挤成型的树脂基复合材料制品可采用玻璃纤维、碳纤维、芳纶纤维等作为增强体，采用不饱和聚酯树脂、乙烯基酯树脂、环氧树脂等作为基体，与传统铝合金型材相比，具有更高的比抗拉强度和比拉伸模量，还具有抗疲劳和抗蠕变、耐腐蚀、绝缘、电磁透过性好、维护成本低等优点，在航空航天领域得到了广泛应用。

采用纤维丝作原料进行拉挤成型时，只能生产增强体单向分布的拉挤复合材料制品，将复合材料预浸料与拉挤工艺结合形成的高性能预浸料拉挤技术，可以生产增强体不同方向铺叠的复合材料制品。图 5-17 为预浸料拉挤成型示意图，同传统拉挤成型相比，预浸料拉挤成型采用预浸料直接成型并省去了纤维浸渍和预成型过程，既提高了产品质量和可靠性，又减少了模具中脱模剂的使用，促进了拉挤成型在航空航天领域的应用。国外高性能预浸料拉挤成型已实现了产业化，日本 JAMCO 公司已经利用高性能预浸料拉挤成型技术生产了大量不同截面形状、尺寸的产品，为空客系列飞机提供复合材料梁、长桁、加强筋等，A380 飞机上层机舱地板 I 形梁就应用了高性能预浸料拉挤成型产品。

为了适应大尺寸、复杂截面、厚壁产品的生产需要，在拉挤成型基础上发展了系列新工艺，其中有代表性的是反应注射拉挤成型（RIM）和曲面拉挤成型。反应注射拉挤成型是树脂传递模塑与拉挤工艺的结合，要求树脂黏度低，可以降低合模力和拉挤模具造价，适于生产大尺寸制品，增强纤维在进入成型模具之前先进入连续树脂传递模塑的模具中，注入的液态树脂与增强纤维充分结合后再进入模具固化成型。曲面拉挤可以连续生产曲面型材，采用活动的旋转模代替固定模，通过旋转模的阴模和阳模之间的相对旋转，将浸渍了树脂的增强体按模具的形状弯曲定型、固化。

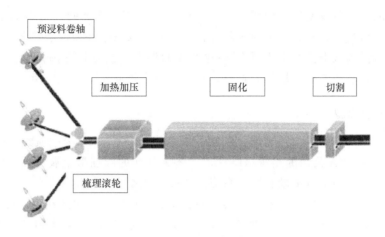

图 5-17 预浸料拉挤成型示意图

5.3.2.4 模压成型

模压成型是常用的复合材料成型方法，对热固性树脂和热塑性树脂基复合材料都适用，先将经过预处理的模压料放入已预热的模具内，施加较高压力使其填充模腔，再在一定压力和温度下使模压料固化，最后将制品取出并进行必要的辅助加工。模压料可以是预浸物料、预混物料以及坯料，均含有树脂基体和增强体，目前所用模压料主要有预浸布、纤维预混料、片状模塑料（SMC）、块状模塑料（BMC）、团状模塑料（DMC）、高强模塑料（HMC）、厚层模塑料（TMC）等品种。

模压成型工艺的主要优点表现在：①生产效率高，便于实现专业化和自动化生产；②制件表面质量好、光洁度高、尺寸精度高，可重复性好；③流动性好，能适合不同形状和尺寸的制品成型；④可实现批量生产，降低生产成本。模压成型的不足之处在于模具制造复杂，模具的压机投资较大，制品尺寸受模具、模压设备限制。

随着复合材料生产自动化和复合材料半成品工业的发展，以长纤维或短纤维为增强体，以热塑性、热固性树脂为基体的各类复合材料模压制品发展很快，产品性价比高、环境污染小、生产率高，在航空航天领域得到了越来越多的应用。

5.3.2.5 层压成型

层压成型是发展较早、较成熟的复合材料成型方法，如图 5-18 所示，增强材料经浸胶机浸渍树脂、烘干后制成预浸料，预浸料经过裁切、叠合，在压力机中承受适当压力和温度并保持一定时间而得到层压制品。

图 5-18 层压成型工艺流程

层压成型主要用于生产平面尺寸大、厚度大的层压板、绝缘板、波形板、覆铜箔层压板或结构形状简单的制品。优点是生产的机械化、自动化程度较高，制品质量比较稳定，缺点是制品规格受设备的限制，一次性投资较大，且生产效率较低。

采用层压成型，可以使用两种或两种以上的纤维层共同增强同一树脂基体，组成结构-功能一体化复合材料，又称超混杂结构复合材料。根据服役条件和技术要求，可以利用各种纤维复合材料、金属或非金属材料进行多种形式的混杂，获得具有高强度、高刚度、耐磨损、抗静电等特点的超混杂结构复合材料，在航空航天领域发挥重要作用。

5.3.2.6 热压罐成型

热压罐是一种具有整体加热、加压功能的罐状设备，图 5-19 为中航泰达公司生产的热压罐示意图和韩国 SFA 公司的热压罐照片，主体为卧式的圆柱形金属容器，同时配备有加温、加压、抽真空、冷却等辅助和控制系统。热压罐成型主要利用热空气、蒸汽或内置加热元件对预浸料加热，高压气体在复合材料成型过程中提供压力。树脂在固化过程中会产生一定空气和挥发成分，如不能及时从树脂中排出就会导致树脂固化后产生孔隙，增加热压罐成型压力可以显著降低复合材料制品中的孔隙率。此外，热压罐压力可以使溶剂和水蒸气等溶解于树脂中，从而改善复合材料制品质量。

(a) 热压罐示意图　　　　　　　　　(b) 热压罐照片

图 5-19　热压罐示意图和热压罐照片

热压罐成型过程主要包括预浸料的下料和剪裁及铺叠毛坯、预浸料的装袋及进模、加热加压固化、出罐脱模等步骤。如图 5-20 所示，预浸料隔离铺敷在模具中，外层为真空密封系统，整体放入热压罐中进行成型。

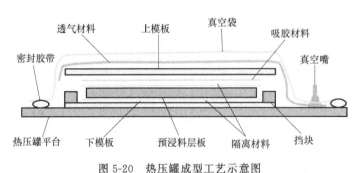

图 5-20　热压罐成型工艺示意图

热压罐成型具有罐内温度场和压力场均匀、成型模具结构相对较简单、成型工艺稳定可靠、成型的构件质量好（孔隙率较低，树脂含量均匀）和性能稳定等优点，适合制备高体积含量纤维的复合材料，可制备大面积的、复杂结构的、高质量的复合材料构件，尤其适用于蒙皮、壁板和壳体的成型，广泛应用于航空航天领域。在航空航天领域，由热压罐成型生产的复合材料占整个复合材料产量的比重高达 80%。表 5-11 为热压罐成型的复合材料构件在典型飞机上的应用情况，多型飞机的机翼、尾翼等构件都采用热压罐成型制造。

表 5-11　热压罐成型的复合材料构件在典型飞机上的应用

复合材料构件	F-22	F-35	波音 787	A380	A350
舱门	√	√		√	
方向舵	√	√	√	√	√
升降舵	√	√	√	√	√
垂尾	√		√	√	√
平尾	√	√	√	√	√
副翼			√		
扰流板			√	√	√
襟翼		√	√	√	√
中央翼盒			√	√	√
机身			√		
机翼	√	√	√		√

　　热压罐成型的缺点：一是热压罐属压力容器，结构复杂，前期设备投资成本较高；二是能源消耗较大，真空系统维护成本较高；三是热压罐属于密闭容器，受容器体积限制，大型复杂结构制品的生产有一定困难。

5.3.2.7　缠绕成型

　　图 5-21 为缠绕成型示意图，在张力控制下，浸渍树脂的纤维按照预定方式缠绕在转动的芯模上，最后固化并除去芯模获得制件，使用的增强材料包括玻璃纤维、碳纤维、芳纶纤维等，使用的树脂基体包括聚酯、乙烯基酯、环氧和 BMI 树脂等。按照缠绕方式，缠绕成型可以分为极向缠绕、螺旋缠绕、周向缠绕等类型。根据工艺特点，缠绕成型可以分为干法、湿法、半干法三种类型，其中以湿法缠绕应用最为普遍。

　　缠绕成型的主要优点：①节省原材料、可整体成型、操作人员少，生产成本低；②缠绕机可以根据设计的程序将浸渍

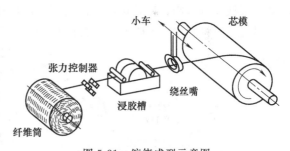

图 5-21　缠绕成型示意图

纤维精确地缠绕在芯模上，制件重复性、可靠性较高；③产品质量高，可以根据产品的受力状况设计缠绕方式，实现等强度结构产品的制造。缠绕成型的主要缺点是制件固化后需除去芯模，且不适宜于带凹槽的曲表面制件的制造，使其应用范围受到限制。

　　经过不断发展，缠绕成型已经进入 3D 缠绕时代，既适用于制备筒、罐、管、球、锥等简单的旋转体，也可用于制备非旋转体部件。在航空航天领域，可以用来制造飞机机身、机翼、火箭发动机壳体、高压燃料储箱、喷管、天线架、雷达罩、导弹仪器舱等。

5.3.2.8　RTM 成型

　　为了实现聚合物基复合材料的低成本制造，提高大厚度、复杂形状复合材料构件的成型质量和生产效率，以 RTM（Resin Transfer Molding）树脂传递模塑成型为代表的复合材料液态成型技术得到了广泛重视。图 5-22 为 RTM 成型示意图，将增强体织物或预成型件放

入成型模腔中，再将混合后的树脂、固化剂、添加剂注入模腔，使其流动浸渍增强体，最后在一定温度下固化成型。

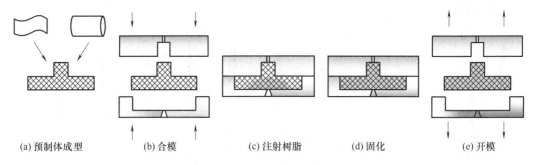

(a) 预制体成型   (b) 合模   (c) 注射树脂   (d) 固化   (e) 开模

图 5-22　RTM 成型示意图

RTM 成型省去了复杂的预浸料工序及昂贵设备，还省去了将预浸料存放于低温条件的高昂储存成本，相比于热压罐成型，RTM 工艺能够精确控制尺寸，同时大幅减少设备的投入费用。因此，RTM 成型得到了广泛的应用和发展，已衍生出真空辅助 RTM（VARTM）、轻质 RTM（L-RTM）、压缩 RTM（CRTM）、热膨胀 RTM（TERTM）、柔性 RTM（FRTM）等多种形式的 RTM 工艺及树脂渗透模塑（SCRIMP）、真空渗透法（VIP）、真空辅助树脂注射（VARI）、树脂膜熔浸成型（RFI）、结构反应注射模塑（SRIM）等 RTM 派生工艺。其中以轻质 RTM 工艺、树脂渗透模塑工艺、树脂膜熔浸成型工艺最有代表性。

轻质 RTM（L-RTM）工艺主要是对传统 RTM 工艺的模具进行了改进，保留了 RTM 工艺的对模工艺，但是，其上模采用半刚性的复合材料，利用真空辅助即可实现模具闭合，可显著降低模具费用，模具可以多次使用，成型压力较低，适合于批量较大的产品制造。

树脂渗透模塑（SCRIMP）是 RTM 技术的延伸和发展，如图 5-23 所示，针对 RTM 的

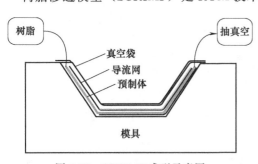

图 5-23　SCRIMP 成型示意图

双边闭合模进行了改进，只采用单边硬模来铺放纤维增强体，另一面则采用真空袋覆盖，由电脑控制树脂分配系统使树脂胶液迅速在长度方向充分流动渗透，并在真空压力下向厚度方向缓慢浸润，从而大大改善了浸渍效果，减少了缺陷发生，使产品性能的均匀性、重复性、质量都得到有效保证。SCRIMP 制品尺寸不受限制、纤维含量高、力学性能优良，并且可以进行芯材、加筋结构件的一次成型，使大尺寸、几何形状复杂、整体性要求高的构件制造成为可能。与手糊成型相比，采用同样原材料的生产成本可节约 50%，树脂浪费率低于 5%，而制件的强度、刚度及其他物理特性提高 30%～50%。此外，由于采用封闭成型，挥发性有机物和有毒空气污染物均得到很好的控制。

树脂膜熔浸成型（RFI）是真空辅助 RTM 技术的延伸，将带有固化剂的树脂膜或树脂块放入模腔内，在其上覆以纤维织物或纤维预成型体，再用真空袋封闭模腔，抽真空并加热模具，使模腔内的树脂膜熔化，并在真空状态下渗透到纤维层（一般是由下至上），最后进行固化制得制品。由于所用树脂是固态树脂膜，可归类于复合材料的干法成型。RFI 已发展成为低成本的飞机用复合材料制造技术，广泛应用于 F-22、F-35 及 A-380 等大型商用飞机的制造。

RTM 及其派生工艺具有下述优点：①制件成型质量较高，尺寸精度高，成型公差可精确控制，并且产品表面光洁度好；②增强体材料形式多样，采用预制体时，可增加复合材料结构的可设计性，改善复合材料层间性能，实现局部的增强；③成型周期短，工作效率高，劳动强度低，可快速批量制造大型复杂形状和结构的产品；④可以生产大型复杂结构部件，符合一体化生产理念，大大减少连接件的使用。当然，RTM 工艺也存在一定局限性，主要有：树脂流动控制困难且难以监控，易形成气泡、干斑、褶皱、翘曲等结构缺陷，在模具边角处还会形成富树脂或贫树脂区域。

目前，以 RTM 技术为代表的液体成型技术已经逐渐成为先进复合材料制造技术的主流，特别是在构件减重方面，RTM 整体制造技术体现了无可替代的优越性。F-22 飞机上的5250-4RTM 树脂基复合材料的正弦波梁就是采用 RTM 工艺制造的，紧固件和加强件减少了 50%，F-22 的驾驶舱支架、地板加强肋和接头等处也应用了 RTM 构件，大幅降低了生产成本。F-35 战斗机垂尾主承力盒段，制件前缘长 3.65m，重约 90kg，其加强筋采用编织体，再和蒙皮制作成整体结构，利用 RTM 技术整体成型，使零件数从原来的 13 个变为 1个，减少紧固件 1000 多个，降低成本 60%。

在航空发动机部件制造方面，RTM 成型工艺也得到了广泛应用。发动机叶片的外形通常较为复杂，而且对制造精度要求很高，采用传统的热压罐预浸料铺贴工艺很难实现低成本、高效率制造，而 RTM 成型的尺寸精度和表面质量可满足叶片的要求。图 5-24 为 CFMI公司的 LEAP-X 发动机及 RTM 成型的复合材料叶片，最显著的特点是采用了三维编织技术制备预制体，高度整体化的复合材料叶片具有良好的安全寿命及显著的减重、降噪效果，维护成本也较低。美国通用电气（GE）研发的 GEnx 发动机采用了 RTM 成型的复合材料机匣，先用二维编织工艺制造碳纤维管套，然后用压扁的编织管套缠绕形成机匣预制体，最后RTM 固化成型，通过两步预成型的 RTM 工艺可以显著降低制造大尺寸制件的生产成本，并提高原材料利用率和生产效率，制品尺寸精度高，装配和制造成本显著降低。

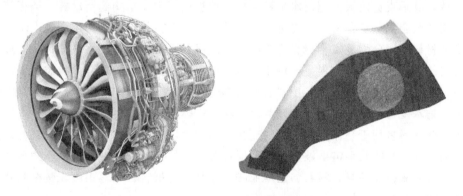

图 5-24　LEAP-X 发动机及 RTM 成型的复合材料叶片

5.3.2.9　自动铺带技术

图 5-25 为自动铺带机的照片，翼面类复合材料结构件可以直接在模具上进行铺叠，完成铺层的铺叠后，采用热压罐工艺进行固化，最终得到翼面类小曲率结构件，如波音 787 的机翼蒙皮、空客 A350 的机翼蒙皮及中央翼蒙皮、A400M 机翼蒙皮等，也可以通过平面铺带结合热成型工艺进行梁类大型复合材料构件的自动化制造，如 A400M 机翼大梁、A350

的机翼长桁筋条等。

图 5-25　自动铺带机的照片

自动铺带技术是复合材料行业智能化、自动化发展的一个里程碑，解决了制备大尺寸和小曲率零件铺叠质量不稳定、效率低等问题，制备的复合材料构件具有尺寸精度较高、内应力低等特点，已经在航空工业中获得了广泛的工程化应用。相比于传统工艺，自动铺带工艺具有以下优点：①节省劳动力，生产效率是手工铺叠的数倍；②按照模具的形状进行自动下料铺放，大大减少了铺层的边角废料，材料利用率远高于手工铺层工艺；③铺放自由度高，可任意曲面成形，成形压力可控，能有效地保证制品的性能和质量；④采用自动控制系统，可以精确控制构件尺寸，快速成型，稳定批次生产。

5.3.3　主要聚合物基复合材料

美国波音公司和欧洲空中客车公司都在各自的飞机中大量使用复合材料以减轻质量、提高性能，从尾翼垂直稳定板、尾翼水平稳定板、地板梁等主要结构到活动翼、地板等二次结构，都使用了聚合物基复合材料。先进聚合物基复合材料在战机中的应用更为广泛，以碳纤维等为增强材料的聚合物基复合材料主要应用于战机的主翼、尾翼、水平翼等，以玻璃纤维为增强材料的聚合物基复合材料主要用于机体外板等。直升机中的复合材料应用也很多，部分直升机中聚合物基复合材料结构所占比例已经达到结构质量的 80% 以上，以碳纤维增强材料的聚合物基复合材料主要用于旋转翼、尾翼、机体结构等。在航天工业上，碳纤维增强聚合物基复合材料多用于制作多段火箭的连接结构和固体火箭壳体、卫星的主结构及太阳能板、卫星用广播电视线及宇宙电波望远镜反射板等。在航空航天领域应用较广的聚合物基复合材料主要有环氧树脂基复合材料、聚酰亚胺树脂基复合材料、双马来酰亚胺树脂基复合材料、氰酸酯树脂基复合材料。

5.3.3.1　环氧树脂基复合材料

环氧树脂基复合材料是最早应用于航空航天领域的复合材料，增强体主要为纤维，环氧树脂基体具有工艺性好、价格低廉、综合性能优异的优点。通常按照最高使用温度将环氧树脂基复合材料分为低温型（80℃）、中温型（100℃）、高温型（120～150℃）三类，以满足在不同温度服役的构件需求。

对于中温、低温环氧树脂基复合材料，国内开发出了阻燃、抗冲击、抗疲劳等综合性能优异且成本较低的环氧树脂基复合材料体系，在马赫数＜1.5的飞行器上得到了广泛应用。

对于高温型环氧树脂基复合材料，国内先后开发了三代产品。第一代产品以648环氧树脂体系为基体，具有较好的工艺性、力学性能，但存在耐湿热性能差、脆性大的缺点；第二代产品以5222树脂（主要成分为TGD-DM/DDS）体系为基体，总体性能好于第一代，但在耐湿热性和韧性方面仍然存在不足；第三代产品改善了耐湿热性能、耐热性和韧性，相继开发成功10余个牌号，最高使用温度超过130℃，抗拉强度超过1600MPa，模量可达150GPa，并且在结构、隐身一体化方面取得了长足进步，使高性能环氧树脂基复合材料在新一代军用飞机上得到广泛应用。

5.3.3.2 聚酰亚胺树脂基复合材料

第四代战斗机提出了超声速巡航的要求，飞行器表面的气动加热明显增强，对机身蒙皮用树脂基复合材料提出了更严苛的耐高温、耐湿热、抗氧化性能要求。同时，为了进一步提高航空发动机的推重比，需要采用耐高温树脂基复合材料取代部分金属材料，以降低发动机质量和提高发动机燃料效率。因此，热固性聚酰亚胺基复合材料在耐高温蒙皮及航空发动机领域得到了广泛应用。

PMR聚酰亚胺复合材料是目前使用温度最高的聚合物基复合材料，其长期服役温度可达320～370℃，且热氧化稳定性突出，在B-2隐身轰炸机、F-22隐身战斗机等军机上得以应用。英国罗·罗公司已经使用PMR聚酰亚胺基复合材料替代涡轮发动机冷端部件中的金属材料，大幅度减轻了发动机质量，从而明显降低了发动机的油耗和单位成本。

航天飞机轨道器和巡航导弹在高速巡航时，表面蒙皮温度高达200～300℃，常规的蒙皮材料（如7050铝合金、环氧树脂基复合材料）都不能满足使用要求，只能使用钛合金或聚酰亚胺基复合材料，相比之下，聚酰亚胺基复合材料质量更轻、成本更低。此外，如果选用适当的增强体，聚酰亚胺基复合材料还可以具有优良的介电性能和透波性能，可作为导弹雷达天线罩材料。

5.3.3.3 双马来酰亚胺树脂基复合材料

20世纪60年代末，法国罗纳-普朗克公司制备出M-33BMI树脂及其复合材料，顺应了飞行器部件服役温度不断提高的发展趋势，迅速在航空航天领域得到应用。目前，双马来酰亚胺（BMI）树脂基复合材料的增强体主要是碳纤维，制备连续纤维增强复合材料，用作飞机或宇航器件的承力构件，如机翼蒙皮、尾椎、垂尾、飞机机身和骨架等。我国在20世纪70年代初开始双马树脂基复合材料的研究工作，表5-12为我国开发的几种双马来酰亚胺树脂基复合材料的性能及用途，其中QY8911、QY9511、5405、5428等牌号已商品化。

表5-12 国内双马来酰亚胺树脂基复合材料的性能及用途

树脂牌号	使用温度/℃	可选用工艺	性能及用途
QY8911	150	热压罐、模压	良好的韧性和耐湿热性能，可用于制造飞机主、次承力构件
QY8911-Ⅲ	150	热压罐、模压	良好的韧性和耐湿热性能，可用于制造飞机主、次承力构件
5405	150	热压罐、模压	良好的力学性能和耐湿热性能，可用于制造飞机主、次承力构件
5429	150	热压罐、模压	良好的力学性能和耐湿热性能，可用于制造飞机主、次承力构件
QY8911-Ⅱ	220	热压罐、模压	良好的耐湿热性能，可用于制造飞机主、次承力构件
QY8911-Ⅳ	150	RTM	可用于大型整体飞机复合材料构件的低成本制造

续表

树脂牌号	使用温度/℃	可选用工艺	性能及用途
6421	180	树脂传递模塑成型	可用于大型整体飞机复合材料构件的低成本制造
5428	170	热压罐、模压成型	良好的韧性和耐湿热性能，可用于制造飞机主、次承力构件
QY9511	177	热压罐成型	高韧性(CAI 可达 300MPa)和耐湿热性能，可用于制造飞机主、次承力构件
QY9611	177	热压罐成型	采用新型"零点加压"热压工艺成形，简化了热压成形工艺过程，降低了制造成本，提高了成品率
QY9512	150	树脂膜熔浸成型	适用于 RFI 工艺，制造成本低，可用于制造具有良好抗冲击性能的整体结构件
QY260	260	热压罐成型	良好的耐湿热性能

目前，双马来酰亚胺复合材料主要应用于航空航天结构材料、绝缘材料及耐磨材料。双马树脂基复合材料在第四代军用飞机上得到了广泛应用，在 F-22 "猛禽"隐身战斗机中，采用 RTM 工艺制造了包括内翼肋、桁条、T 形和 I 形横梁在内的多种双马来酰亚胺树脂复合材料构件，与环氧树脂基复合材料在 F-22 机身上的应用比例几乎相当。在 F-35 "闪电"联合攻击战斗机中，采用自动铺丝技术（AFP）制备了机翼的上下蒙皮和发动机机舱罩等大型构件，采用预浸料热压罐成型和手糊成型技术制备了复杂异形构件。

5.3.3.4 氰酸酯树脂基复合材料

氰酸酯树脂对玻璃纤维、碳纤维、芳纶纤维等增强材料具有良好的浸润性，与环氧树脂具有相近的工艺性能，可以采用环氧树脂基复合材料的成型工艺进行成型。表 5-13 列出了 3 种树脂基复合材料的性能，氰酸酯树脂基复合材料的主要性能指标优于环氧树脂基复合材料，具有优异的高温性能。此外，氰酸酯树脂基复合材料还具有优异的介电特性，在隐身结构、航天结构部件、雷达罩、人造卫星等领域得到广泛应用。

表 5-13 3 种树脂基复合材料的性能对比

项目	双马来酰亚胺复合材料	氰酸酯复合材料	环氧树脂复合材料
固化温度/℃	180～200	177	177
后处理温度/℃	240	204	—
固化时间/h	16～24	3～4	3～4
纯树脂饱和吸湿率/%	2.93	1.56	4.13
玻璃化转变温度(干态)/℃	300	250～290	≤250
玻璃化转变温度(湿态)/℃	200	214	—
降低率/%	33	9	—
20℃	吸湿<0.6%	吸湿<0.6%	无影响
100℃	严重下降	有影响	线性下降
冲击后压缩强度/MPa	214	236～276	—
工作温度/℃	<250	<177	<177

（1）在隐身结构中的应用

目前，较为成熟的隐身材料是用透波性好、强度高的复合材料作表面层，以吸波涂层或吸波填充蜂窝状结构为夹芯的结构-性能一体化材料。氰酸酯的透波率极高，透明度好，是制作透波层的极佳材料，雷达波在透过表面层时，一部分波被反射，另一部分波进入蜂窝夹心，进入的雷达波一部分被吸收，另一部分沿入射方向反射，通过结构设计使两次反射的波相位相反而相互抵消，可降低反射雷达波强度从而达到隐身目的。

（2）在雷达罩中的应用

由于金属具有电磁屏蔽效应，制造雷达罩一般选用树脂基复合材料，但是，对于在 600MHz～100GHz 的频率范围内工作的雷达罩来讲，要求基体树脂具有良好的介电性能，并且具有优良的耐湿热性能。氰酸酯树脂基复合材料能够满足上述要求，已成功用作雷达罩材料，如 BASF 公司开发了一种石英纤维/氰酸酯复合材料用作雷达罩，与用环氧树脂基和双马树脂基复合材料制作的雷达罩相比，介质损耗降低了 75％，介电常数降低了 10％，吸湿率也有所降低。

（3）在航空航天结构部件中的应用

美国 Narmco 公司的 R-5425C 复合材料是最早应用于航空航天领域的氰酸酯基复合材料，是用碳纤维增强的氰酸酯与其他树脂的混合物。随后，开发了用高强度的碳纤维增强环氧改性的 BT 树脂复合材料，其表征冲击韧性的冲击后压缩强度（CAI）值达 220MPa，并可在湿度为 132％～149％RH 的高湿热环境使用。在氰酸酯中加入玻璃化温度高于 170℃的非晶态热塑性树脂，可以使氰酸酯在保持优良的耐湿热性能和介电性能的同时，CAI 值达到 240～320MPa，有效地解决了复合材料的易开裂问题。采用氰酸酯树脂包覆真空陶瓷微球，可以使氰酸酯的线膨胀系数降低到 $1.3 \times 10^{-5} K^{-1}$，并且在 173～230℃仍能保持较高的力学性能，已用于制造航天飞行器支撑板、承力结构件等。

（4）在人造卫星中的应用

在太空真空和高低温交替的环境下，普通树脂中残余挥发物会覆盖在光学和电子部件的表面而使其失去功能，氰酸酯的聚合反应属于加聚反应，聚合过程中无低分子物等挥发成分放出，因而可避免此类问题。此外，氰酸酯基复合材料具有高尺寸稳定性、抗辐射能力、抗微裂纹能力等优异性能，使其在卫星中的应用日益扩大，广泛应用于先进通信卫星构架、抛物面天线、太阳电池基板、支撑结构、精密片状反射器、光具座等。

随着航空航天装备对聚合物基复合材料需求的增加，对复合材料的性能和成本也提出了更高的要求。聚合物基复合材料的整体化、自动化、数字化和智能化制造技术是实现复合材料高性能的基础，高效、节能、一体化的制造技术是实现复合材料低成本化的前提。

5.4 金属基复合材料

金属基复合材料（metal matrix composites，MMCs）是以金属或金属间化合物作为基体，将性质不同的一种或多种增强体（包括氧化物、碳化物、硼化物等）与基体结合而成的复合材料。金属基复合材料既可以继承金属基体的优点，又可以弥补单一金属材料的不足，相比于单质金属材料，具有更高的比强度和比模量，更耐高温和耐磨损，而且具有热膨胀系数可调控的优势。金属基复合材料的高温性能远远超过了聚合物基复合材料，而且金属性质稳定、组织致密，不会出现老化、分解、吸潮等问题，更不会发生性能的自然退化，不会分解出低分子污染仪器和环境，这一特点对于空间飞行器特别重要。基于以上优点，金属基复合材料在航空航天领域受到越来越多的关注，其应用前景越来越广阔。

5.4.1 金属基复合材料的概述

5.4.1.1 金属基复合材料的性能

金属基复合材料具有较好的综合性能，包括高比强度、高比模量、高冲击韧性、高耐磨性、良好的导电导热性、优异的热稳定性和优异的加工性能，此外，热膨胀系数低且可控。

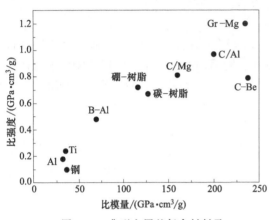

图 5-26　典型金属基复合材料及
基体金属的比强度和比模量

（1）高的比强度和比模量

金属基复合材料通常采用强度和模量均远高于金属基体的增强体，如硼纤维强度为 2300～8000MPa，模量为 350～450GPa，而高强碳纤维的最高强度可以达到 7000MPa，高模量石墨纤维的模量达到 230～830GPa。图 5-26 示出了典型金属基复合材料及基体金属的比强度和比模量，在复合材料中加入高性能纤维作为增强体，其比强度、比模量数倍于基体金属及合金。

（2）良好的耐磨性能

在基体金属中加入大量陶瓷纤维、晶须、颗粒增强体，特别是细小的陶瓷颗粒，由于其硬度高、耐磨、化学性质稳定，不仅提高了材料的强度和刚度，也提高了材料的硬度和耐磨性。

（3）良好的高温性能

图 5-27 为不同材料的比强度随温度的变化趋势。相比于铝合金、钛合金，铝基和钛基复合材料的高温性能好很多，铝基体在 300℃的强度降到 100MPa 以下，而石墨纤维增强的铝基复合材料在 500℃高温的强度仍保持有 600MPa。金属基复合材料良好的高温性能，对于发动机等高温零部件特别有意义，可大幅度提高发动机的性能和效率。

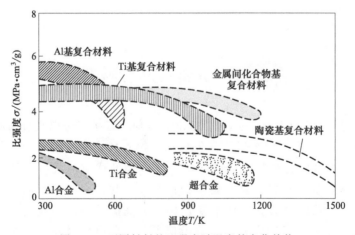

图 5-27　不同材料的比强度随温度的变化趋势

（4）良好的导电导热性能

金属基复合材料中的金属基体所占体积分数一般在 60%以上，因此，MMCs 能继承金属优良的导电导热性能。良好的导电性可以防止飞行器构件产生危险的静电聚集现象，良好的导热性可以有效地传递热量，有利于复合材料构件在受热后迅速散热以减少温度梯度，这一特点对尺寸稳定性要求高的构件和高集成度的电子器件来说特别有意义。

（5）热膨胀系数可调控

加入具有较小热膨胀系数的增强体，可使金属基复合材料的热膨胀系数明显下降，根据不同使用要求调整增强体的含量，可以获得不同热膨胀系数的金属基复合材料。例如，当石墨纤维体积分数达到48％时，石墨纤维增强镁基复合材料的热膨胀系数为零，使用这种复合材料制备的零件，在温度变化条件下服役时不会发生变形，这一特点对人造卫星的部分构件特别重要。

5.4.1.2　基体与增强体

金属基复合材料的基体涵盖了大多数金属及部分金属间化合物，增强体包含颗粒、纤维、层状等形态，通常以陶瓷相作为增强体，少数情况以金属相作为增强体，如用作电子封装材料的Cu-Mo、Cu-W。通过对基体材料和增强体组分的选择，可以对复合材料的综合性能进行设计和主观控制。

（1）常用基体

陶瓷材料的抗热冲击性能较差，有机高分子材料对温度变化十分敏感，而金属材料的性能对温度变化不敏感，这对于高模量的结构复合材料是十分有益的。铝及铝合金具有密度低、热膨胀系数小、尺寸稳定性良好、比强度和比模量较高、塑性较好、易制备、加工性能良好等优点，成为金属基复合材料最常用的基体。镁合金与铝合金具有相似的密度、熔点、加工性能，并且镁基复合材料比铝基复合材料具有更明显的制备成本优势，但是其耐蚀性较差，致使镁基复合材料无法广泛使用。钛及钛合金具有比强度高、比刚度高、耐蚀、耐高温、热导率小等性能优势，钛基复合材料具有更高的服役温度，强韧性更好，耐蚀性能更好，与碳纤维结合更好，但比起铝基复合材料，其材料成本和制备费用十分昂贵。

（2）层状增强体

韧脆交替的微叠层 MMCs 越来越引起关注，主要包括金属/金属、金属/陶瓷、金属/MMCs 微叠层材料，通过微叠层来补偿单层材料内在性能的不足，以满足特殊的应用需求，如耐高温材料、硬度材料、热障涂层材料等。图 5-28 为几种典型的层状复合材料，图 5-28（a）为铜包铝板坯，图 5-28（b）为双金属焊合板，图 5-28（c）为铝-树脂-铝复合板。层状复合材料通常是在韧性和成形性较好的金属基体材料中加入重复排列的高强度、高模量的片层状增强体，可通过正交叠层改善各向异性。在纤维方向，连续纤维增强的复合材料的强度通常高于层状复合材料，但在增强平面的各个方向，薄片增强体对强度和模量都有增强效果，比纤维单向增强的复合材料更有优势。

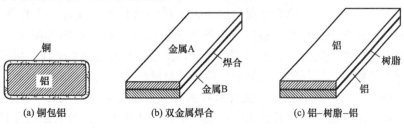

(a) 铜包铝　　　　　　(b) 双金属焊合　　　　　　(c) 铝-树脂-铝

图 5-28　几种典型的层状复合材料

层状铝基复合材料在现代航空工业中的应用十分广泛，如用作飞机蒙皮的 GLARE 层板是由玻纤增强树脂层与铝箔构成的层状铝基复合材料，在 A380 飞机上的用量达机体结构质量的 3%。

（3）纤维增强体

早期的金属基复合材料主要以连续纤维为增强体。根据长度，纤维可分为长纤维、短纤维和晶须，均属一维增强体，由纤维增强的复合材料具有各向异性特征。金属基复合材料对纤维的尺寸、形状、性能及性能的一致性均有要求，要求高强度、高模量、抗损伤、抗磨损、化学稳定性好、容易制造和价格低廉。纤维增强体主要包括硼纤维、碳（石墨）纤维、碳化硅纤维、氧化铝纤维等，表 5-14 列出了常用增强纤维的特性。具有低密度、高模量、高强度纤维的加入可大幅提高基体材料比强度和比模量。对于采用固相法制备金属基复合材料，大直径的圆纤维的表面积小，化学反应也比较小，容易借助金属基体的塑性流动和基体结合。

表 5-14　常用增强纤维的特性

纤维种类	制备方法	直径 /μm	密度 /(g/cm³)	拉伸弹性模量 /GPa	抗拉强度 /MPa
硼纤维	化学气相沉积	100~150	2.6	400	3200
复硼 SiC 纤维	化学气相沉积	100~150	2.7	400	3100
SiC 纤维	化学气相沉积	100	3.5	400	2700
碳纤维	热解	70	1.9	150	2000
B₄C 纤维	化学气相沉积	70~100	2.7	400	2400
高强度石墨纤维	热解	7	1.75	250	2700
高模量石墨纤维	热解	7	1.95	400	2000
Al₂O₃	熔体拉制	250	4.0	250	2400

硼纤维具有比模量和比强度高、与固态铝的化学相容性好、直径大、价格适宜等特点，在铝基复合材料中应用较广泛。B₄C 和 SiC 纤维比硼纤维具有更好的抗蠕变性能，主要作为高温增强材料。氧化铝单晶纤维的典型直径为 250μm，具有很高的强度，但是，对磨损很敏感，而且很贵。石墨纤维或丝束有优良的比模量和比强度，但是，纤维容易和熔融金属发生反应，对表面磨损十分敏感。

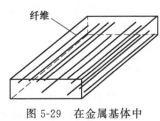

图 5-29　在金属基体中
加入连续纤维示意图

图 5-29 为在金属基体中加入连续纤维的示意图，可以通过调整纤维在不同方向的排布调控复合材料构件在不同方向的性能，加入 30%~50% 的高性能纤维作为复合材料的主要承载体，复合材料的比强度、比模量数倍于基体合金的比强度和比模量。

与金属材料相比，纤维复合材料对缺口、应力集中敏感性小，而且纤维与基体的界面可以使扩展的裂纹尖端变钝或改变方向，阻止裂纹的迅速扩展，此外，当纤维增强复合材料构件遇到超负荷而有少量纤维断裂时，构件上的负荷能迅速地重新分配到未断裂的纤维上，从而使整个构件在短期内不致丧失工作能力，具有较好的破损安全性。由于纤维本身的缺陷少，耐疲劳性能好，用纤维增强金属能够提高材料的疲劳强度，一般金属材料的疲劳极限是抗拉强度的 30%~50%，而单向复合材料的疲劳极限是抗拉强度的 40%~80%。纤维增强复合材料的耐热性能好，而且在大幅度温度变化的环境下，纤维增强复合材料的结构部件具有非常微小的热变形。由于纤维增强金属基复合材料的比模量较大，因而材料的自振频率较高，而界面具有吸收及反射振动的作用，相界面的增多使复合材料的阻尼能力大大提高，可使激起的振动迅速衰减，具有较好减振性能。

但是，连续纤维价格昂贵，制造工艺复杂，导致连续纤维增强复合材料的成本很高，阻碍了其实际应用。

（4）非连续增强体

非连续增强体包括晶须、颗粒，如图 5-30 所示，在金属基体中加入非连续增强体，可以使金属基复合材料具有较好的耐磨和耐热性、较高的高温力学性能和弹性模量，同时具有较低的热膨胀系数。相对于纤维增强金属基复合材料，颗粒增强金属基复合材料具有基体合金可选择范围宽、可用常规金属加工设备制备和加工、能实现批量和大规模生产、成本低的优势，制备的材料比强度和比模量高、耐磨、耐热、耐腐蚀，以及有良好的尺寸稳定性和各向同性。

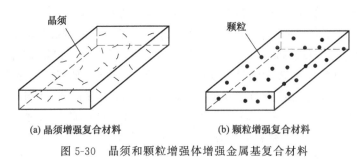

(a) 晶须增强复合材料   (b) 颗粒增强复合材料

图 5-30　晶须和颗粒增强体增强金属基复合材料

金属基复合材料的常用颗粒增强体主要有氧化物（Al_2O_3、ZrO_2 等）、碳化物（SiC、TiC、B_4C 等）、硼化物（TiB_2、ZrB_2 等）、氮化物（AlN、Si_3N_4 等）。6061 铝合金和 2024 铝合金的密度分别为 $2.68g/cm^3$ 和 $2.75g/cm^3$，弹性模量分别为 70.3GPa 和 72.3GPa，热膨胀系数分别为 $2.34×10^{-5}K^{-1}$ 和 $2.3×10^{-5}K^{-1}$。表 5-15 列出了常用颗粒增强体的密度、弹性模量、热膨胀系数，可以看出，相比于铝合金基体，增强体具有较高的弹性模量和较低的热膨胀系数，特别是在较高温度时有较高的弹性模量，TiC 和 TiB_2 在 1100 ℃的弹性模量分别为 269GPa 和 414GPa，Al_2O_3 在 100℃的弹性模量为 329GPa。

表 5-15　常用颗粒增强体的性能

增强体	密度/(g/cm³)	弹性模量/GPa	热膨胀系数/10^{-6}K^{-1}
Al_2O_3	3.98	329(100℃)	7.92
ZrO_2	5.85	220(25℃)	6.50
SiC	3.20	450(25℃)	3.40
TiC	4.93	269(1100℃)	7.60
B_4C	2.52	448(25℃)	5.28
TiB_2	4.50	414(1100℃)	8.28
ZrB_2	6.08	34(25℃)	8.28
AlN	3.26	345(25℃)	3.30
Si_3N_4	3.18	207(25℃)	1.5

晶须对金属基体的增强作用主要源于基体可以通过结合牢固的两相界面将作用于其上的载荷转移到晶须上，利用陶瓷晶须的高强度和高硬度来承受各种作用力。由于载荷转移主要通过晶须与基体界面上的剪切力转移，因此，复合材料中晶须的承载能力与界面面积有关，当晶须增强体的直径一定时，其承载能力取决于晶须的长度是否能超过一定的临界长度。晶须的尺度一般为微米级，且长径比一般大于 10，在基体中的分布与常规的颗粒增强体或一

维长纤维有所不同，微观上有一定的各向异性，较为宏观的尺度上又与颗粒增强体相类似。

5.4.1.3　强化机制

金属基复合材料主要有直接强化和间接强化两种强化机制。直接强化源于从基体向增强体的载荷转移，间接强化指增强体影响基体的微观组织或变形模式。通常根据混合定律预测金属基复合材料的弹性模量与流变强度，分别用式（5-1）和式（5-2）计算。

$$E_c = V_m E_m + V_u E_u \tag{5-1}$$

$$\sigma_c = V_m \sigma_m + V_u \sigma_u \tag{5-2}$$

式中，E_c、E_m、E_u分别为复合材料、基体金属和增强体的弹性模量；σ_c、σ_m、σ_u分别为复合材料、基体金属和增强体的强度；V_m、V_u分别为基体金属和增强体的体积百分数。

混合定律考虑了增强体的体积百分数及其与基体平均应力的作用，但是忽略了增强体形状、分布及其与基体组织相互作用等因素对复合材料性能的影响。

实际上，金属基复合材料的性能不仅取决于基体和增强体的种类和配比，更取决于增强体在基体中的空间配置模式（形状、尺寸、连续形式和对称性）、界面结合状态。通过引入不同种类（如 TiB 和 TiC 混杂增强钛基 MMCs）、不同形态（如晶须和颗粒混杂增强镁基 MMCs）、不同尺度（双峰 SiC 颗粒增强铝基 MMCs）的增强相，通过相与相、相界面与界面之间的耦合作用，实现多元复合强化（混杂增强），可得到比单一增强相复合更优越的性能。此外，在选择金属基复合材料的增强体时，不仅要考虑其与基体的润湿性，也要考虑其与基体的界面结合性，对增强体进行适当的涂层处理改善其与金属基体的润湿性和结合性，充分发挥界面效应、混杂效应、复合效应，才能实现增强体与基体性能的提高与互补，满足复合材料对结构和设计的要求。

5.4.2　金属基复合材料的制备

相对于树脂基复合材料，金属基复合材料的制备难度大、费用昂贵，主要体现在成形及加工温度高、金属基体与增强体间润湿性差、增强体分散困难等方面，界面在较高温度还有可能发生较为强烈的化学反应，因此，制备金属基复合材料必须避免发生不利的化学反应，改善增强体与基体的润湿性，使增强体按要求均匀地分布于基体中。此外，要尽量实现复合材料制品的近终形制造，减少或避免后续加工，力求设备投资少、工艺简单、可操作性强。

金属基复合材料的制备方法可以分为固态法、液态法、喷射与喷涂沉积法、原位复合法、表面复合法等。固态法包括粉末冶金法、热压法、热等静压法、扩散结合法、轧制法、挤压和拉拔法、爆炸焊接法等，基体金属在固态下与增强体复合，可减少金属基体和增强体之间的界面反应。液态法又称熔铸法，包括挤压铸造法、压铸法、搅拌铸造法、液态（相）浸渍法、无压浸渗法、真空压力浸渗法等，基体金属在熔融状态下与增强体复合，制备温度高于金属基体的熔点。原位复合法包括共晶合金定向凝固法、直接金属氧化法、反应自生成法。表面复合法包括物理气相沉积法、化学气相沉积法、热喷涂法、化学镀法、电镀法、复合镀法等。

5.4.2.1　层状金属基复合材料的制备

根据复合界面的结合特点，层状金属基复合材料的制备分为机械复合法、冶金复合法两大类。其中冶金复合法又分为热压复合、轧制复合（热轧复合、冷轧复合＋扩散热处理、固-液相轧制复合）、挤压复合、粉末复合、摩擦焊接、铸造复合（包覆铸造、反向凝固、双流铸造、双结晶器铸造等）、液固复合、爆炸复合等。对于比较精密的小尺寸制品，也可采用电镀（电沉积）、溅射、化学气相沉积等方法。

（1）热压复合

热压复合是在加热和加压共同作用下，两种或多种材料在界面处发生扩散而牢固地结合在一起，包括板坯准备、表面处理、热压、扩散热处理、热轧和冷轧、消除应力处理等工序。表面处理采用机械处理和化学处理相结合的方法，确保复合面的光洁和活化，在处理后至复合前，采用真空或保护气氛保护。热压在带有加热装置的热压机进行，容易氧化的材料要在真空进行热压，正确选择热压温度、单位面积压力、保温保压时间，可得到冶金结合良好的界面，而且不形成脆性化合物。合理的轧制温度和道次变形量，可保证各层均匀变形、界面结合良好，适当热处理可促进界面金属的相互扩散和消除应力。

（2）轧制复合

根据坯料是否加热及加热温度高低，轧制复合可分为热轧复合、温轧复合、冷轧复合。通常需要预先对接合面进行处理，以保证表面清洁和无氧化物，有时还要进行打磨，以提高粗糙度，将两层或多层金属板组装并定位（将各层金属板周边焊接或用机械方法连接）制成复合板坯。

热轧复合的复合板坯加热到再结晶温度以上，在轧制压力作用下通过变形结合（焊合）成一体，直至所需厚度，当界面较清洁时，可获得高性能的复合界面。当被复合材料为铝、钛等活性金属时，热轧容易在界面生成脆性金属间化合物，此外，由于坯料长度受限，轧制后切头剪边所占比例较大，生产率不高。冷轧复合采用大变形量（压下率＞70％）使两种不同金属复合在一起，可根据需要在复合界面添加有机联结材料，通常在复合后进行扩散热处理，以提高界面接合强度，由于无加热带来的氧化问题，可以不在真空或保护气氛下进行，同时金属组合的自由度大、组合面广。对于冷轧复合界面接合较困难的材料，如图5-31所示，可在轧制复合前进行低温加热，在轧后进行扩散热处理，或采用温轧复合。

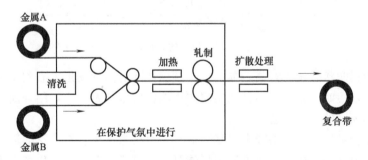

图 5-31　轧制复合示意图

（3）液固复合

液固复合又称铸轧复合，将连续铸轧工艺与复合工艺结合在一起，可以连续复合制造双金属长带，如图5-32所示，熔点较高的基材（固相）经表面清理打磨后直接进入复合轧机，熔点较低的覆层材料熔化后浇在基材上和基材一同进入轧机，液相覆层材料在复合轧机中凝固并和基材同时发生变形而结合在一起。

与冷轧复合相比，液固复合不需要大轧制力的轧机，覆层带材直接采用液态铸造，不需要事前准备，大大降低成本，复合材料的界面结合强度也有较大提高，还可以使用特定助焊

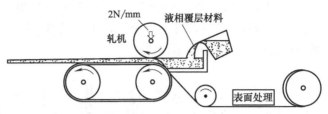

图 5-32 连续铸轧与复合示意图

剂提高结合强度。但是，基材和覆材的熔点应有较大差别，而且不能发生有害的反应，使应用范围受到限制。

(4) 爆炸复合

有些金属，常温不易轧制复合，热轧复合又存在坯料前处理复杂、金属间易发生反应而形成脆性化合物、成品率低的问题，采用爆炸复合然后进行常规轧制，可以有效解决上述问题。爆炸复合可以生产不同金属的复合板材、带材、管材或棒材等，如图 5-33 所示，将复板放置于基层金属板上，两板间留有平行或带角度（1°～3°）间隙，间隙厚度大约与复板厚度相等，以利于形成冲击。在复板上铺设一层炸药，或在炸药与复板间垫以塑料、橡皮或硬纸板作为缓冲层，避免金属表面出现伤痕或细裂纹。炸药引爆后，产生瞬时超高压和超高速冲击波，复板以几百米每秒的速度撞击基板，接触面附近材料的压力剧增，产生塑性流动和高速射流，形成两种金属的冶金结合。

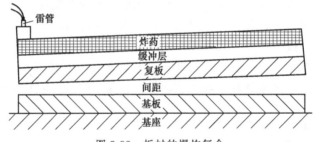

图 5-33 板材的爆炸复合

爆炸复合的瞬时接合压力很高，加上接合过程伴随有塑性变形，有利于结合界面原子扩散，由于复合在很短时间完成，活性金属间的化学反应来不及发生，结合面为波状结构，对结合强度和抗拉强度的提高有益。

采用爆炸复合可以制成两层或多层复合材料，对材料的组合有广泛的适应性，熔点、线膨胀系数、硬度差别很大的材料都可采用爆炸复合，生产工艺简单、生产灵活。但是，不能实现连续生产，生产安全性要求高，而且技术要求高、难于精确控制，母材性能（韧性、冲击性能等）、炸药性能、初始参数（单位面积炸药量、基复板间距等）和动态参数（碰撞角、复板碰撞速度等）的选择与系统配合对复合板的成品率及质量有直接影响。

5.4.2.2 连续纤维增强金属基复合材料的制备

图 5-34 为纤维增强复合材料的制备流程及主要方法。相比于颗粒、晶须、短纤维，连续纤维增强金属基复合材料的制造工艺较复杂，通常要先制造预浸线、预制带、预制体，再通过固相扩散法、液相浸渗法等制备成复合材料或制品。

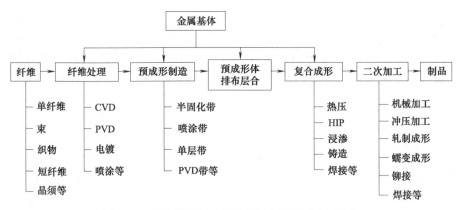

图 5-34　纤维增强复合材料的制备流程及主要方法

(1) 纤维处理及预制件的制备

纤维与熔体的润湿性差,容易导致浸渗不完全,纤维与金属液还会发生高温界面反应,产生脆性相导致纤维与基体界面结合不好。纤维处理一般是对纤维表面涂覆适当的薄涂层,不仅可以增加纤维与基体金属的润湿性,而且可以阻隔纤维与基体发生高温界面反应,获得合适的界面结构和结合强度,有助于纤维的规则排列、减少纤维与基体间的应力集中。纤维表面的涂层有单层和多层之分,而单层又包括金属涂层和非金属涂层,主要的涂层技术为化学气相沉积法(CVD)、物理气相沉积(PVD)、喷涂法、溶胶-凝胶法、化学镀法、溶液法、电镀法等。常用的金属涂层有 Ni、Cu、Ag、Ti、Cr 等,主要起提高润湿性的功能,常用的非金属涂层有 C、TiC、B_4C、SiO_2、TiO_2 等,主要起阻止纤维元素向铝基体扩散的作用,对纤维有很好的理化保护性,防止纤维与基体金属的反应。使用多层涂层时,既能起到增加润湿性、阻挡界面反应的作用,还能起到释放残余应力、调节界面抗剪强度等作用。

预制线的制造有连续挤拉法、电镀法、真空沉积法等,用连续挤拉法制备预制线时,先将纤维束通过金属液,使金属液浸到纤维之间,然后再将纤维间多余的金属液挤出,同时对其进行固化。

预制带(片)包括半固化带、喷涂带、单层带、PVD 带等。半固化带是用于较粗的纤维增强复合材料,以 B/Al 复合材料为例,将硼纤维以一定间隔单向排列在铝箔上,再用环氧树脂将其固定。喷涂带可用于粗纤维和细纤维,将金属液喷涂在已排布好的纤维上,使得纤维固定在金属箔上。单层带是先在金属箔上开槽,然后将纤维下到槽里,再在上面放同样的金属箔,形成有纤维夹层的金属箔带。

预制体是根据所需的纤维排列方向和分布状态,将预制线或预制带按纤维取向和规定的厚度进行层合、加温和加压成形,制造方法有物理方法、化学方法、机械方法,也可采用几种方法的组合。

(2) 固态复合成形

① 热压扩散结合法　热压扩散结合法是固态法制备连续纤维增强金属基复合材料的最具代表性的工艺,在较高温度和压力下,使固态金属基体与增强体的接触界面通过原子间相互扩散黏结,特别适用于铝基和钛基复合材料。图 5-35 为热压扩散结合法示意图,先将连续纤维与金属基体(金属箔)制成复合材料预制片,然后根据所要制作的零部件的形状尺寸对预制片进行剪裁和叠层排布,在真空或惰性气体保护条件下对其进行加热、加压,增强体和金属基体相互扩散黏结在一起,得到连续纤维增强的金属基复合材料或制品。

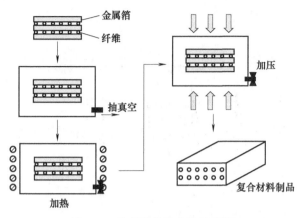

图 5-35 热压扩散结合法示意图

根据加压方式,热压扩散结合法可分为热压法和热等静压法。热压法通过模具传递压力,只进行单方向的加压,而热等静压通过流体或陶瓷颗粒传递压力,预制片在各个方向受到均等静压力的作用,可使坯料获得更高、更均匀的压力,制得的复合材料组织均匀、致密度高,无缩孔、气孔等缺陷。采用热等静压法制备复合材料需在高压容器内进行,将叠层预制片装入抽真空的金属薄壁成形包套中,焊封后进行热等静压,除去包套即可获得接近所需形状的部件,金属基体与增强体的复合和成形可一起完成。

热压扩散结合法利用了金属的塑性变形和原子的扩散作用,可以改善纤维和金属基体之间的界面结合状况,有效改善了金属基复合材料制品的性能。但是,制备设备昂贵,生产率低,限制了其批量生产。

② 粉末冶金法 粉末冶金法是最早用来制备金属基复合材料的方法,早在 1961 年,Kopenaal 等人就利用粉末冶金法制备了碳纤维增强的铝基复合材料,但是性能较差。采用粉末冶金工艺制备的长纤维增强金属基复合材料,纤维的体积百分含量为 40%~60%,最高可达 75%。

粉末冶金法制备长纤维增强金属基复合材料,要分两步进行,首先将预先设计好的一定体积百分比的长纤维和金属基体粉末混装于容器中,在真空或保护气氛下预烧结,然后对预烧结体进行热等静压(HIP)烧结致密化。图 5-36 为典型热等静压装置的示意图,其主要由压力容器、气体增压设备、加热系统、控制系统组成。把预烧结工件置于热等静压机的高压容器中,热等静压机通过流体介质,将高温和高压同时均等地作用于材料的全部表面,使之致密化,能消除材料内部缺陷和孔隙,从而显著提高工件的性能。

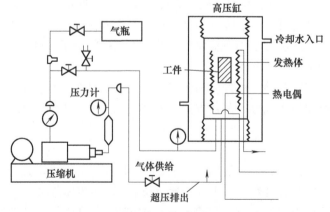

图 5-36 典型热等静压装置的示意图

热等静压的烧结和致密化机理与热压相似,与热压不同的是,热等静压采用的压力较高且较均匀,因此,压制效果更好,可以采用较低的温度烧结而实现更高的致密程度。采用热等静压工艺可以压制大型复杂零件，从而实现航空航天大型结构件的近终成形，减少残料损失和大量的机械加工，使材料的利用率大大提高。

③ 超声波焊接法　图 5-37 为超声波焊接示意图，将连续纤维放置于金属箔片之间制备预成形工件，将工件置于铁砧上并固定，旋转焊接模与工件接触并施加一定压力，焊接模按预先设定的焊接速度逆时针旋转，同时横向振荡进行焊接。超声波能量传递到工件上诱导位错运动使金属基体发生塑性变形，焊接模对工件施压使金属箔配合面间发生摩擦，使金属与金属间原子扩散而发生融合，从而将纤维包覆于金属中，得到连续纤维增强的复合材料。

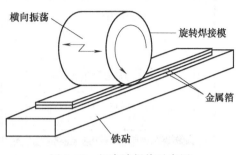

图 5-37　超声波焊接示意图

超声波焊具有对焊接金属表面要求低、焊接时间短、焊接无火花、接近冷态加工等优点，能最大限度降低纤维的损伤和变形，降低纤维与基体金属发生界面反应的倾向，使纤维和基体复合良好，在纤维增强金属基复合材料的制备方面具有一定发展潜力。缺点是焊接金属不能太厚，需要加压，对工艺的要求较高。

（3）液态复合法

液态复合法是指熔融金属与连续纤维复合，液态复合法通过液态金属浸渗（渍）增强体制备金属基复合材料。压力浸渗法在制备金属基复合材料中应用很普遍，在一定压力作用下使金属液/增强相强制润湿，可用于多种金属基体和连续纤维、短纤维、晶须、颗粒等增强体的复合。根据复合时所需压力大小，液态复合法分为低压液态成型和高压液态成型，低压液态成型主要有液态金属浸渍法、真空吸铸法和真空气压浸渗法，高压液态成型主要有加压凝固铸造法和压铸法。

① 液态金属浸渍法　液态金属浸渍法通过熔融态金属浸渍纤维或纤维预制件而制成金属基复合材料。碳（或石墨）纤维表面经活化处理后，与液态金属的湿润性提高，当纤维束经过金属熔池时，金属液自发浸渍纤维束，形成纤维增强复合材料。图 5-38 为液态金属浸渍法制备碳/铝复合丝的示意图，碳纤维先经过预处理炉，将纤维表面的有机涂层烧掉，进入 CVD 炉进行化学气相沉积，在每根纤维表面沉积一层极薄的 Ti-B 涂层，经 Ti-B 处理后的碳纤维进入熔化炉中，液态铝自发浸渍到纤维束中，形成复合丝。

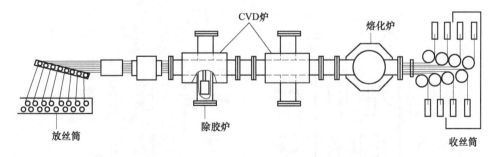

图 5-38　液态金属浸渍法制备连续纤维增强金属基复合材料

图 5-39 为液态金属浸渍纤维预制体示意图，将纤维预制体放入容器内，预制体可以置于液态金属上方或容器底部，液态金属自发渗透预制体间隙中，也可以抽真空，利用渗透压

迫使熔融金属浸透到纤维的间隙中。

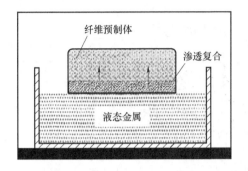 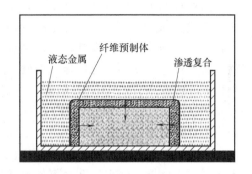

图 5-39　液态金属浸渍纤维预制体示意图

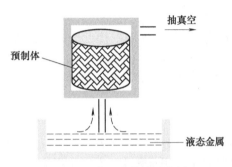

图 5-40　真空吸铸法示意图

② 真空吸铸法　真空吸铸法广泛应用于铝、镁、铜、镍基复合材料的制备，增强体既可以是纤维预制体，也可以是颗粒增强体，在制备航空航天复杂薄壁构件时应用较多。图 5-40 为真空吸铸法示意图，放有预制体的铸型，利用真空产生负压将液态金属吸入铸型浸透纤维预制体，在金属充分浸润增强体后凝固，获得复合材料或构件。

真空吸铸可保证铸件充型完整，降低气泡、夹杂等铸造缺陷，真空环境下充型还可以避免金属液和纤维的氧化。但是，较高的操作温度容易导致复合材料发生严重的界面反应，形成由脆性相组成的沿界面连续分布的反应层。

③ 真空气压浸渗法　真空气压浸渗也称真空加压铸造，浸渗在真空和压力条件下进行，制品组织致密，无气孔、疏松、缩孔等铸造缺陷。图 5-41 为真空气压浸渗法制备纤维增强金属基复合材料示意图，预制体放入铸型后抽真空，图 5-41（a）为反重力浸渗，金属熔化后，通过惰性气体对熔体施加压力，强制熔体通过升液管自下而上进入铸型，直至金属熔体完全浸透预制体，图 5-41（b）为重力浸渗，熔体自上而下浸渗纤维。对纤维和铸型预热，可以减小熔体流动的黏滞阻力，提高充型能力，在真空和惰性气体环境中，可以防止纤维和

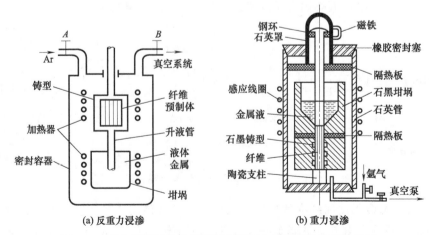

(a) 反重力浸渗　　(b) 重力浸渗

图 5-41　真空气压浸渗法制备纤维增强金属基复合材料示意图

金属在加热过程中氧化，有利于纤维表面净化，改善其浸润性，从而显著减少复合材料和制品的缺陷。

真空压力浸渗法工艺简单，参数易于控制，可根据增强体和基体的物理化学特性，通过控制温度和压力等参数来避免严重的界面反应、减小基体成分及组织的非均匀性，特别适合于制造性能要求高的复杂精密部件，可实现近净成形。但是，存在设备昂贵、工件尺寸受限制，以及生产效率低等缺点。

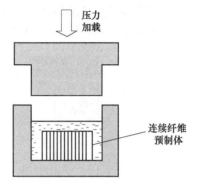

图 5-42　加压凝固法制备
纤维增强金属基复合材料

④ 加压凝固法　加压凝固法又称挤压铸造，如图5-42所示，将纤维预制体放入铸型中，向铸型中注入熔体后，通过压机的冲头施压，将熔体强行压入预制体后凝固，开模取出制件后，进行二次加工除去多余合金。

液态金属在压力作用下充型和凝固，可以提高其对纤维预制体间隙的充填性。但是，对于纤维增强金属基复合材料，要实现完全浸渗所需要的压力较高，可能压碎预制体或使增强材料排挤一堆，造成复合材料组织不均匀。此外，挤压铸造难以实现近净成形，而且只能铸造中小型铸件。

⑤ 压铸法　图 5-43 为压铸法制备复合材料的示意图，将纤维预制体放入铸型中，将熔体压射到铸型模内，使其渗入预制体中凝固，当所施加的比压为 $50\sim500\text{MPa}$ 时，填充速度达到 $0.5\sim120\text{m/s}$，成型时间不足 1s。

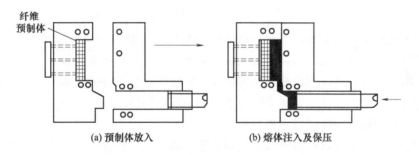

(a) 预制体放入　　　　　　(b) 熔体注入及保压

图 5-43　压铸法制备复合材料示意图

压铸法生产率高，可以压铸形状复杂的薄壁壳体铸件，铸件尺寸精度高，可以嵌铸其他材料，但是，铸件晶粒较粗大、存在气孔缺陷，力学性能不如加压凝固法制备的铸件。

5.4.2.3　非连续增强金属基复合材料的制备

非连续增强体包括颗粒、晶须、短纤维，在金属熔体中容易团聚，增强体尺寸越细小，团聚现象越严重，较高的操作温度容易导致增强颗粒与金属熔体的过度化学反应，并在界面生成脆性相，成为复合材料的裂纹源或应力集中源，降低材料的强度和韧性。通过改变基体金属的化学成分（在金属中添加合金元素）、改变增强体的表面化学组成、对增强体表面进行预处理（清洗、抛光、刻蚀、涂层等）、提高液态金属的浸渗压力、缩短高温加工时间（最大限度减少基体与增强体间的界面反应时间）、引入外场（如电磁振荡、超声处理等）、搅拌铸造等措施，可显著改善增强体与金属基体的界面润湿性和相容性、提高增强体在基体中的分散性、减少增强体和基体间的化学反应，从而改善复合材料的界面结合状态。

根据增强体的添加方式，非连续增强金属基复合材料的制备方法分为内生法和外加法。内生法的增强体是在基体中自发生成的，外加法要预先制备增强颗粒或预制体，在制备过程中从外部添加至金属基体中，或使熔融金属浸渗进入预制件。图 5-44 为采用搅拌和挤水制备预制坯的示意图，图 5-45 为通过搅拌和抽吸制备预制坯示意图。

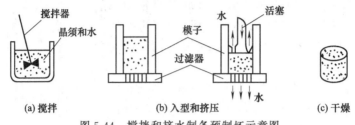

图 5-44　搅拌和挤水制备预制坯示意图

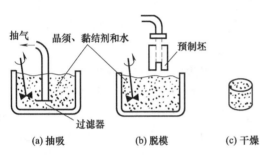

图 5-45　搅拌和抽吸制备预制坯示意图

中国专利 ZL201410816993.X 发明了一种含高体积分数（60％～75％）SiC 的金属基复合电子封装件的制备方法：首先按质量比配取粘接剂和 SiC 颗粒并混合均匀，得到 SiC 预制体备用料后，通过 3D 打印得到设定尺寸、形状的 SiC 坯体，然后采用低温多段烧结的方式得到 SiC 多孔预制体，最后进行金属熔液浸渗（无压浸渗、气压浸渗、真空浸渗中的一种）处理得到制品。该发明可制备任意复杂形状的电子封装件，而且可高精度控制成型过程，能够精确控制 SiC 体积分数、孔隙率、预制体孔径和孔长，可精确控制材料的力学性能和热物理性能。由于不需后续机械加工和连接组装，可忽略高体积分数的 SiC 复合材料焊接性能差的缺点，规避了传统组装成型时产品连接处力学性能差、整体力学性能不均匀等缺陷的出现；由于封装结构整体性的提高，其力学性能和热物理性能进一步提高。

非连续增强金属基复合材料可以采用固态法、液态法（搅拌铸造，半固态铸造，浸渗铸造，挤压铸造）、喷射沉积、原位自生成等方法制造，并可以用挤压、锻造、轧制、旋压等加工方法成形，适合于大批量的生产，大大降低了制造成本，在航天航空工业中有广阔的应用前景。

（1）固态法

粉末冶金是固态法制备非连续增强金属基复合材料的主要方法，适用于铝、钛、高温合金基体的非连续增强复合材料的制备。图 5-46 为传统粉末冶金的流程图，将原料（基体金属粉末和增强体按设计要求配比）经过混粉、成型、烧结制成复合材料，通常采用超声波或球磨等方法将金属粉末与增强体混匀，然后冷压预成型得到复合坯件，再通过热压烧结致密化获得复合材料。

图 5-46　传统粉末冶金的流程图

粉末冶金的原料可以是两种或两种以上的固态金属粉末（或预合金粉）和增强颗粒。增强颗粒的粒径越小、含量越多，复合材料的强化效果越好，但颗粒团聚现象越明显，复合材料的致密度越低。增强颗粒的分布情况很大程度取决于混粉方式，选取机械搅拌、高能球磨两种混粉方式分别对 5% nano-SiC/Al 复合粉末进行混合，图 5-47 为经过烧结后的 SiC/Al 复合材料的金相组织。由图 5-47（a）可以看出，机械搅拌混粉方式制备的复合材料中 SiC 颗粒大量团聚，且大部分 SiC 颗粒集中沿着晶界分布；由图 5-47（b）可以看出，高能球磨混粉方式制备的复合材料中，增强颗粒总体分布较为均匀，颗粒之间的距离比较均衡，表明高能球磨能促进增强颗粒的均匀分布。

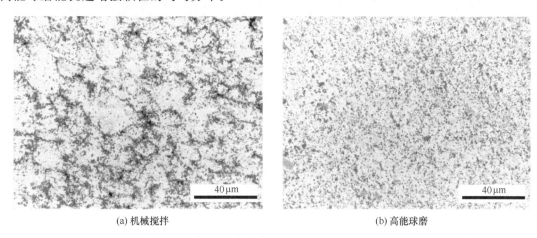

(a) 机械搅拌　　　　　　　　　　　　　　　　(b) 高能球磨

图 5-47　不同混粉方式制备的 SiC/Al 复合材料的金相组织

成型工艺包括普通模压成型、热压成型、热等静压与准等静压成型、粉末热挤压成型、喷雾沉积成型、注模成型、粉末轧制成型等。原料经过成型和除气处理，真空加热到固相或固液两相区，在高温高压条件下扩散、烧结制得粉末冶金锭坯。

粉末冶金法适用于任何合金，具有增强体的体积分数和尺寸大小不受限制、界面反应易于控制、烧结工艺参数选择性多、可生产复杂形状产品等特点，广泛应用于航空航天领域。但是，传统粉末冶金法存在工艺复杂、制备周期长、烧结温度高、保温时间长等问题，致使生产成本较高，而且所制备零件的尺寸受到限制，制备出的复合材料致密度不高，往往需要致密化及挤压、轧制、锻压等后续的压力加工。

放电等离子烧结（SPS）被认为是粉末冶金的一次重大变革。图 5-48 为放电等离子烧结装置示意图，包括轴向加压装置、脉冲电流发生器、水冷系统、控制系统等。SPS 烧结的工艺流程主要分为三个阶段：第一阶段，向粉末工件施加初始压力，使粉末颗粒之间充分接触，以便能够在粉末工件内产生均匀且充分的放电等离子；第二阶段，施加脉冲电流，在脉冲电流作用下，粉末颗粒接触点产生放电

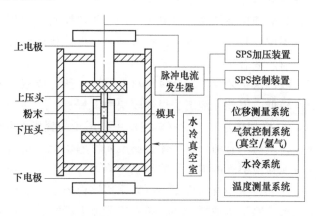

图 5-48　放电等离子烧结装置示意图

等离子，颗粒表面由于活化产生微放热现象；第三阶段，关闭脉冲电源，对工件进行电阻加热，直至达到预定的烧结温度且工件收缩完全为止，最后卸压。

通过对粉体同时施加脉冲电流，可起到清洁颗粒表面杂质、提高粉末物质的扩散速率、细化晶粒的作用，在热和外加载荷的共同作用下实现粉体的致密化，可提高界面的结合强度。图 5-49 为制备的 5％ micro-SiC/Al 复合材料的微观组织，可以看出，SiC 颗粒在铝基中分布较为均匀，与 Al 基体间的间隙较少，增强相与基体间较紧密结合。

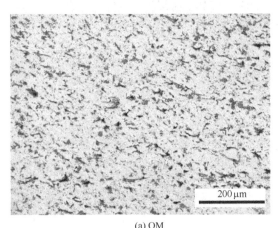
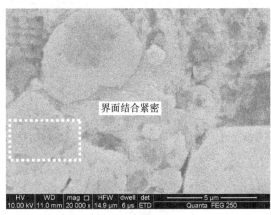

(a) OM (b) SEM

图 5-49　SPS 制备 5％ micro-SiC/Al 复合材料的微观组织

中国专利 ZL201610099212.9 发明了一种放电等离子烧结制备硼化钛颗粒增强铝基复合材料的方法：按设计组分配取 TiB_2 颗粒和基体粉末，球磨活化得到活化后的混合粉末，所得混合粉末装入放电等离子烧结设备中进行放电等离子烧结，随炉冷却后，得到硼化钛颗粒增强铝基复合材料。与常规烧结和无压烧结法制备 TiB_2/Al 复合材料相比，SPS 制备 TiB_2/Al 复合材料时不需模压成型步骤，烧结温度明显降低、保温时间明显缩短，可有效避免增强颗粒与基体间发生不良反应，TiB_2 颗粒大小和含量可控，制备的复合材料致密度高、性能好。

SPS 的可控脉冲电流可让粉体快速升温，可以克服传统烧结方法的不足，实现有效烧结和粉体快速致密化。与冷压烧结、热压烧结、热等静压烧结等传统粉末冶金法相比，SPS 烧结温度低（比传统粉末冶金方法可以低 100～300℃）、保温时间短（3～20min），而热压烧结、热等静压烧结通常需要 2～5h。合理控制初始压力、烧结时间、压力、加压持续时间、烧结温度、升温速率等工艺参数，可获得综合性能良好的制品。

（2）液态法

液态法工艺与传统金属材料的铸造、压铸成型工艺非常相似，大部分设备可通用，制备成本较低，因此，液态法得到较快的发展。

① 搅拌铸造法　搅拌铸造法主要用于陶瓷颗粒增强金属基复合材料的制造。图 5-50 为搅拌铸造法示意图，将基体金属放入坩埚熔化，旋转叶片搅拌金属液，逐步加入增强颗粒，通过搅拌使引入的增强颗粒与基体均匀分散混合并相互浸润，混合均匀后进行脱氧处理，最后浇注到铸型中凝固成型。可以采用熔模铸造直接成型零件，也可先制成铸坯，再经二次加工成型。除了机械搅拌外，还有高能超声搅拌、电磁搅拌、复合搅拌、底部真空反旋涡搅拌等搅拌方法。

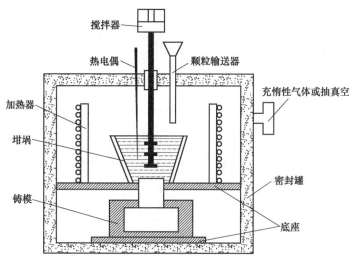

图 5-50　搅拌铸造法示意图

　　搅拌铸造法具有设备简单、工艺流程短、生产成本较低、材料尺寸不受限制且容易操作等优点，适合于规模生产。但是，当增强颗粒与基体之间润湿性较差、增强体的体积分数较高时，轻微搅拌难以使增强体均匀分布在熔融金属中，而强烈搅拌又会将气体或表面金属氧化物卷入金属熔体中。此外，搅拌器（或超声振头）与熔体接触，在较高的搅拌温度下会产生高温腐蚀，缩短搅拌器的寿命，同时对铝熔体产生污染。

　　② 半固态复合铸造　主要是针对搅拌法的缺点而提出的改进工艺，将颗粒加入半固态的金属基体中，通过搅拌使颗粒在金属基体中均匀分布，并获得良好的界面结合。半固态复合铸造高效节能，在铝、镁基复合材料的制备中有较多应用，增强体可以是颗粒、晶须及短纤维。

　　③ 浸渗铸造法　浸渗铸造法简称浸渗法，包括无压浸渗和压力浸渗，是通过液态金属渗入预制件的孔隙中，制得高体积分数且颗粒分散均匀的复合材料，可近终成形，适宜生产形状复杂的零件。

　　无压浸渗又称常压铸造法，如图 5-51 所示，是将增强材料制成预制体置于容器内，再将基体金属置于预制体上方或周围，在可控气氛的加热炉中把基体合金加热到液相线以上温度，同时预热浇铸模中的预制坯，金属熔体自发渗入预制坯并凝固。无压浸渗法制备金属基复合材料的优点是工艺简单，可采用常规铸模和铸造设备，从而降低制造成本，可制作大型复杂构件，增强材料的体积可调控，甚至可达 75%。但是，与传统铸造法一样，无压浸渗法存在增强体与金属的润湿性问题，基体与增强体容易发生化学反应而生成脆性化合物，致使界面结合强度降低，可能存在气孔和铸造缺陷，而且增强体的某些部位（尖角等）不能完全渗透，目前主要应用于与基体浸润性好的颗粒增强铝基复合材料的制备。

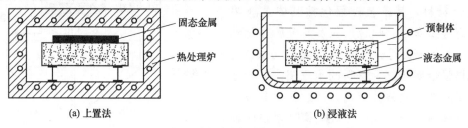

图 5-51　无压浸渗制备颗粒增强金属基复合材料

　　图 5-52 为真空气压浸渗制备非连续增强金属基复合材料示意图。金属基体在熔化炉坩埚中熔化，通过导管进入浸渍炉浸渗到预制体中，真空或气压（氩气）助渗可减少缩松、气孔等缺陷，使复合材料的组织更加致密。

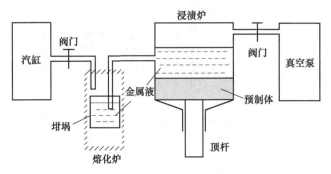

图 5-52　真空气压浸渗制备非连续增强金属基复合材料示意图

　　真空压力浸渗法也可用来制备混杂复合材料，增强体的形状、尺寸、含量基本不受限制，可直接制成复合材料零件，特别是形状复杂的零件，可实现近净成形，但是，真空压力浸渗设备昂贵，工艺较复杂。

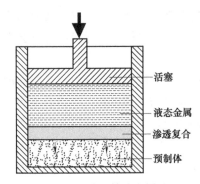

图 5-53　挤压铸造金属基复合材料示意图

　　④ 挤压铸造法　图 5-53 为挤压铸造金属基复合材料示意图，将增强体预制件放入模具中，注入熔体，施加压力，使液态金属在压力（70~100MPa）作用下充型和凝固，可以提高液态金属对增强体的浸润性和对预制体间隙的充填性。对于晶须或短纤维，制成预制体放入铸型，严格控制挤压温度、预热温度、挤压压力等参数，可以获得晶须随机取向并均匀分布的金属基复合材料。对于颗粒增强金属基复合材料，通过提高液态金属的浸渗压力和采取措施提高增强颗粒的分散性后，可以按照金属铸造工艺生产。

　　挤压铸造法可以应用于铝、锌、镁、铜基复合材料的制备，增强材料不需要进行表面预处理，熔体与增强材料在高温下接触时间短，不会出现严重的界面反应。但是，只能用于形状简单的中小型零部件的制备，制件取出后需进行二次加工除去多余合金。

　　（3）喷射沉积法

　　喷射沉积法主要用于生产陶瓷颗粒增强金属基复合材料，其工艺过程包括基体金属熔化、液态金属雾化、颗粒加入及与金属雾化流混合、沉积和凝固等。图 5-54 为喷射沉积法制备颗粒增强金属基复合材料的示意图，熔融金属从炉子底部的浇铸孔流出，通过雾化器被高速惰性气体流雾化，同时，气体携带增强体颗粒加入金属喷射流中混合、沉降，基体和增强

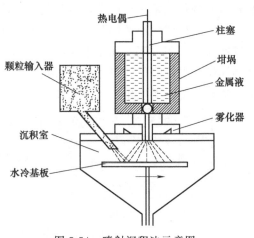

图 5-54　喷射沉积法示意图

体颗粒共同沉积在基板或特定收集器上，冷却凝固即可获得颗粒增强金属基复合材料。

喷射沉积法可直接生产不同规格的管、板、锻坯、圆锭等，陶瓷颗粒分布均匀，其快速凝固特性可使晶粒得到显著细化，避免宏观偏析，降低界面反应，采用气体-增强颗粒两相流作为雾化介质还可提高生产效率，并使得增强体更为均匀分散。喷射沉积法介于粉末冶金法与铸造法间，制备工艺相对简单，增强体的体积分数及尺寸大小可不受限制，适用性广，但是，材料的孔隙率高，一般都需要结合热等静压或挤压进一步加工致密化，不适应对力学性能要求较高的结构件制备。

（4）原位自生成法

原位自生成法主要包括共晶合金定向凝固法、Lanxide法、自蔓延高温合成法、原位反应合成法，增强材料直接在基体中生成和生长。以原位自生成法制备的金属基复合材料，基体与增强材料间的相容性好，界面干净，结合牢固，特别当增强材料与基体之间有共格或半共格关系时，能非常有效地传递应力。

① 共晶合金定向凝固法 共晶合金定向凝固法要求合金成分为共晶或接近共晶成分，以及有包晶或偏晶反应的两相结合。合金原料在真空或惰性气体中通过感应加热熔化，增强材料以共晶的形式从基体中凝固析出，通过定向凝固，在连续基体中沿凝固方向生长出排列整齐的类似纤维的条状或片层状共晶增强体。

② Lanxide法 主要包括DIMOX™和PRIMEX™工艺，可以制备金属基复合材料和陶瓷基复合材料。通过基体金属的氧化或氮化来获取增强体，以DIMOX™制备Al_2O_3/Al为例，熔化温度上升到900～1300℃，远超过铝的熔点660℃，同时加入促进氧化反应的合金元素Si和Mg，使熔化金属通过显微通道渗透到氧化层外边，通过顺序氧化获取Al_2O_3增强相，可以根据氧化程度来控制增强相的含量，如果工艺过程在所有金属被氧化之前停止的话，则所制备的复合材料是致密互连的Al_2O_3陶瓷基复合材料，其中含有5%～30%的Al。采用DIMOX™工艺还可以直接氮化获得AlN/Al、ZrN/Al、TiN/Ti等金属基或陶瓷基复合材料。PRIMEX™工艺主要特点是采用增强材料预成型体，无压浸渗到预成型体中，同时液态合金与周围气体反应生成新的粒子。如将含有质量分数为3%～10%Mg的Al锭和Al_2O_3预成型体一起放入N_2和Ar的混合气氛中，加热到900℃以上并保温一段时间后，上述两个过程同时发生，冷却后获得原位生成的AlN粒子和Al_2O_3粒子，增强的Al基复合材料，复合材料的组织和性能容易通过调整熔体成分，N_2的分压和处理温度而得到有效控制。基体金属在可控气氛的加热炉中加热到液相线以上温度，形成液态金属。

③ 自蔓延高温合成法 自蔓延高温合成（self-propagation high-temperature synthesis，SHS）又称燃烧合成（combustion synthesis），通过外部能量触发反应物间的化学反应，释放的化学反应热进一步加热和触发周围物质的化学反应，使得反应以燃烧波或慢速爆炸波的形式推进，因此，反应物一旦被触发（引燃），便会自动向尚未反应的区域传播，直至反应完全完成。

SHS法制备颗粒增强金属基复合材料，利用化学反应热自加热和自传导作用，首先将增强体组分的粉末和金属粉末混合后压坯成型，通过外部热源引发放热化学反应，反应放出的热量进一步促进粉体前端的反应（自蔓延），通过相继引发各组分之间的放热反应生成增强体，直至反应完全得到具有弥散分布增强体的金属基复合材料。自蔓延高温合成法主要用于化合物材料和包含化合物组成相的材料合成，从而可用于化合物颗粒增强复合材料的制备，可形成的化合物包括氧化物、碳化物、氮化物、硼化物等，因此，可制备Al_2O_3、TiC、SiC、TiB_2等颗粒增强的金属基复合材料。

与传统工艺比较，自蔓延高温合成法工序减少，流程缩短，反应迅速，一经引燃就不再需要提供能量，节能降耗。燃烧波通过工件产生的高温，可将易挥发杂质排除，使产品纯度提高，燃烧过程中有较大的温度梯度和较快的冷凝速度，有可能形成复杂相，因此，可用较便宜的原料生产高附加值的产品，具有较好的经济效益。SHS 法还可以由原料直接转变为产品，将材料的合成与成形过程结合起来，实现近终成形，具有清洁、高效、优质、低耗的特点。但是，SHS 法制品孔隙率较高，反应过程难以控制，应用范围受反应体系的限制。

④ 原位反应合成法　主要用于制造金属间化合物复合材料，增强材料由加入基体中的元素间反应生成，或者由合金熔体中的某种组分与加入元素或化合物间反应生成。原位反应合成法由自蔓延高温合成（SHS）法衍生，与 SHS 技术不同的是，原位反应合成法不需引燃过程。原位反应合成法已在铝、钛、铜、铁、镍基复合材料的制备中得到应用，成功制备了 TiC/Al、TiB_2/Al、$TiB_2/Al-Li$、B_4C/Ti 等金属基复合材料制品。

表 5-16 为可用于制备颗粒增强铝基复合材料的原位自生成法，根据增强颗粒的生成方式细分成 VLS 法、混合盐反应法、接触反应法、自蔓延高温合成（SHS）法、直接氧化法、固液反应法等。

表 5-16　可用于制备颗粒增强铝基复合材料的原位自生成法

原位反应法种类	制备原理
VLS 法	将气体通入熔融 Al 中，气体因热分解出某元素（C、N 等），与铝合金中某元素（Ti 等）形成增强颗粒（TiC、TiN 等）
混合盐反应法	将能发生反应的混合盐类（如含 Ti 的 K_2TiF_6 和含 B 的 KBF_4）加入 Al 合金熔体中，形成增强颗粒（TiB_2），反应副产物以炉渣形式被去除
接触反应法	将反应元素粉末（如 C 粉和 Ti 粉）混合用钟罩加入熔融 Al 合金中，元素粉末发生热爆反应生成增强颗粒（TiC），铸造得到 TiC 颗粒/Al 复合材料
自蔓延高温合成（SHS）法	通过外部热源引发放热化学反应，自身放出的热量进一步促进粉体前端的反应（自蔓延），直至反应完全生成增强颗粒
直接氧化法	将熔融 Al 合金暴露于空气中，表面氧化生成 Al_2O_3，内部 Al 逐渐向表层扩散继续被氧化，形成 Al_2O_3 颗粒/Al 复合材料
固液反应法	将固态元素粉末（如 C 或 B）直接加入熔融 Al 合金中，使元素粉末与 Al 合金中某元素（如 Ti）直接反应形成增强颗粒（TiC）

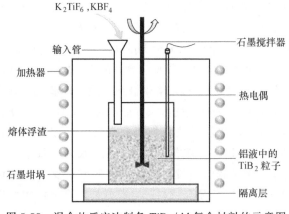

图 5-55　混合盐反应法制备 TiB_2/Al 复合材料的示意图

图 5-55 为采用混合盐反应法制备 TiB_2/Al 复合材料的示意图，将 KBF_4 和 K_2TiF_6 混合盐加入熔融铝液中，搅拌形成 $Al-KBF_4-K_2TiF_6$ 反应体系，反应形成 TiB_2 增强颗粒。

采用混合盐反应法制备 TiB_2/Al-4.5Cu 复合材料，并对不同 TiB_2 含量复合材料进行 XRD 分析，图 5-56 为 XRD 谱，只有 Al、Al_2Cu、TiB_2 相对应的峰，说明原位生成的颗粒主要是 TiB_2 相，随着复合材料中 TiB_2 颗粒含量的逐步增加，TiB_2 峰强度相应增强，$CuAl_2$ 峰强度基本无变化，但是 Al 峰强度有所下降，宽度有所增加。

图 5-57 为不同 TiB_2 含量的 TiB_2 / Al-4.5Cu 基复合材料的扫描电镜照片及能谱。对比图 5-57（a）和图 5-57（c）可知，TiB_2 颗粒含量增加到 7.2％时，基体晶粒尺寸大大减小，大量白色颗粒聚集在晶界区域；对比图 5-57（b）和图 5-57（d）可知，TiB_2 颗粒含量增加到 7.2％时，团聚现象更明显，存在很多粗大颗粒；图 5-57（e）为图 5-57（d）中标记的粗大白色颗粒的能谱分析结果，表明晶界处大量的白色颗粒为 TiB_2 颗粒。

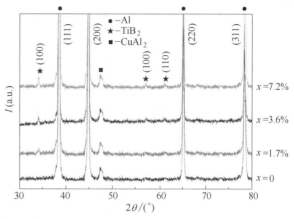

图 5-56　不同 TiB_2 含量（体积分数）复合材料的 XRD 谱

由图 5-57 可以看到，基体对增强颗粒的润湿性较外加法好，颗粒分布较均匀，界面结合较紧密。

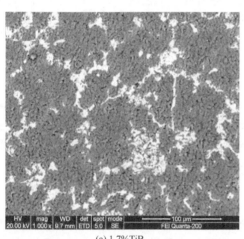

(a) 1.7%TiB_2

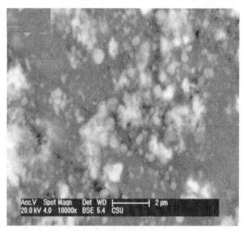

(b) 1.7%TiB_2

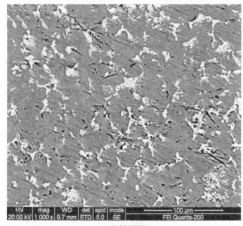

(c) 7.2%TiB_2

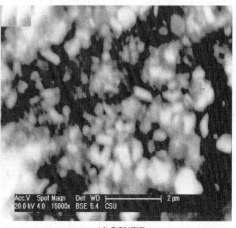

(d) 7.2%TiB_2

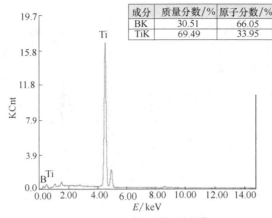

成分	质量分数/%	原子分数/%
BK	30.51	66.05
TiK	69.49	33.95

(e) 图(d)中粗大粒子的能谱

图 5-57　TiB_2/Al-4.5Cu 基复合材料微观组织及粗大粒子能谱

与传统制备技术相比，原位自生成法制备的复合材料中的增强颗粒热力学稳定、尺寸细小且分布相对均匀，与基体界面没有污染、润湿性较好、结合力强。同时，增强体的生成与复合材料的制备同时进行，省去了增强颗粒预处理等流程，工艺简单、生产成本低，还可以根据实际需要进行设计。但是，原位反应中难免存在副反应夹杂物，同时对增强体的体积分数也难以精确控制。

5.4.3　主要金属基复合材料

金属基复合材料兴起于对材料性能要求极高的航空航天领域，主要应用于飞机、卫星、导弹等结构件，以及发动机耐高温部件、蓄电池极板等。航空航天领域对铝基、钛基、镍基复合材料的需求相对较多，由于镍基复合材料的制造工艺及其可靠性等问题尚未完全解决，因而未能取得满意的应用结果。

5.4.3.1　铝基复合材料

铝基复合材料是研究最多、应用最广泛的金属基复合材料。铝基复合材料的常用基体主要有 Al-Mg、Al-Si、Al-Cu、Al-Li 和 Al-Fe 等，增强材料包括层片、纤维、晶须、颗粒等，增强体以陶瓷颗粒或者纤维居多。表 5-17 给出了铝基复合材料常用增强体及部分性能指标，复合材料的性能需求不同，选择的增强体种类相应不同，例如，要求低膨胀系数时，可选择 SiC、AlN 增强体。在进行增强体选择时，除了考虑增强体本身性能之外，还应该充分考虑增强体与基体之间的性能匹配程度、与基体之间的化学反应情况。

表 5-17　常用增强体及部分性能指标

	材料	密度/(g/cm³)	杨氏模量/GPa	泊松比	强度/MPa	热导率/[W/(m·K)]	热膨胀系数/$10^{-6}K^{-1}$
碳化物	SiCw	3.21	400	0.20	3000	32	3.4
	SiCp	3.21	400	0.20	300	120	3.4
	B_4C	2.52	448	0.21	330	39	3.5
氮化物	AlN	3.26	345	0.25	310	150	3.3
	Si_3N_4	3.18	207	0.27	—	28	1.5
	BN	2.25	—	—	200	39	3.5
氧化物	Al_2O_3	3.98	379	0.25	300	30	7.0
	SiO_2	2.66	73.1	0.17	850	1.4	<1
	Al_2TiO_3	3.68	30.3	0.2	—	2.0	1.0
其他	C_f	2.18	690	—	—	400	−1.5
	Si	2.33	112	0.42	—	100	3.0
	TiB_2	4.50	414	—	—	25	8.1

TiB$_2$、SiC 颗粒是 Al 基复合材料常用增强颗粒。TiB$_2$ 粒子热力学稳定，具有熔点高、硬度高、弹性模量高、耐腐蚀、抗氧化等优点，同时，能够成为 α-Al 的形核点从而细化晶粒。SiC 颗粒具有高硬度、高强度、低热膨胀系数、与 Al 基热失配较小、价格低廉、获取成本低等优点，而且熔融 Al 合金对 SiC 颗粒的润湿性好（相比于 Al$_2$O$_3$、AlN），是 Al 基复合材料中应用最广、最常见的增强颗粒。

与铝合金基体相比，铝基复合材料具有更高的模量和强度、更高的使用温度及热稳定性、更好的耐磨损和耐疲劳性能，而且还具有阻尼性能好、热膨胀系数低的特点，并且随着加入颗粒尺寸的减小和数量的增多而变得更好。但是，塑性和耐蚀性较基体金属差，影响其耐腐蚀性能的因素主要有孔隙、杂质相、颗粒/基体界面处的高密度位错、界面反应产物、增强相的种类及大小和含量、基体的成分等，通常要根据材料及其服役环境来选择控制腐蚀的方法。与其他复合材料一样，铝基复合材料也能组合出特定的力学和物理性能来满足产品不同的需要，不同合金基体与不同增强体的优化组合，使得复合材料具有优异的综合性能和很多特殊性能，尤其是弥散增强的铝基复合材料，不仅具有各向同性特征，而且具有可加工和价格相对低廉的优点，得到了更多的关注和应用。

（1）连续纤维增强铝基复合材料

长纤维在铝基体中有单向纤维、二维织布、三维织物三种存在方式，常见的有 B$_f$/Al、C$_f$/Al、SiC$_f$/Al、Al$_2$O$_{3f}$/Al 等纤维增强铝基复合材料，如表 5-18 所示。可根据不同需求选用不同的铝合金基体，如用于轻质高刚度构件，可采用 Al-Li 合金作基体，用于耐高温的零部件，可采用 Al-Fe 合金作基体。

表 5-18 铝基复合材料常用的纤维增强体

增强体	铝基复合材料的性能	铝基复合材料的用途
B 纤维	沿纤维方向的抗拉强度达到 1500MPa 左右,弹性模量为 210GPa,疲劳强度稍低于碳纤维增强复合材料	已用于航天飞机构件、飞机机身结构和飞机发动机风扇叶片、压缩机叶片等零部件
C 纤维	高强度、高弹性模量,耐磨性和导电性好,有优异的耐热性,250℃的抗拉强度保持在室温的 80% 以上,疲劳强度比铝合金高近 40%	航天器构件、飞机构件、发动机零部件、集成电路的封装件、电子设备的基板等
SiC 纤维	质量轻,高的比强度、比刚度,优良的抗疲劳性能	飞机、导弹及发动机结构件,可替代 100～300℃服役的钛合金零件
Al$_2$O$_3$纤维	比强度、比模量大,600℃的强度和弹性模量几乎与室温下的相同,疲劳强度高,耐腐蚀性能比其他纤维增强复合材料好	航天器中某些设备和构件

① B$_f$/Al 复合材料 硼纤维的比模量约为钢、铝、镁等工程材料的 5～6 倍，B$_f$/Al 复合材料具有硼纤维的高模量、高强度、低密度，横向抗拉强度和抗剪强度与铝合金基体相当，同时还具有铝合金基体的高导电性、导热性、塑性、韧性、耐磨性、连接性及易加工性、可热处理性、不可燃性和工程可靠性，因此，B$_f$/Al 复合材料是最有发展前途的铝基复合材料。表 5-19 列出了典型 B$_f$/Al 复合材料的抗拉强度和拉伸模量，其具有很高的纵向抗拉强度和拉伸模量。

表 5-19 典型 B$_f$/Al 复合材料的抗拉强度和拉伸模量

基体合金	纤维体积含量/%	纵向抗拉强度/MPa	拉伸模量/GPa
2024 合金	47	1420	222
2024 合金	64	1528	276
6061 合金	48	1343	217
6061 合金	51	1417	231

制备 B_f/Al 复合材料主要有两条途径：一是纤维与基体的组装压合和零件成形同时进行，类似于铸件；二是先加工成复合材料的预制品，再加工成最终形状的零件，类似于先铸成铸锭再锻造成型。制备过程分为纤维排列、复合材料组分的组装压合、零件层压三个阶段。

美国 NASA 将硼纤维增强铝基复合材料（50%B_f/6061Al）用在航天飞机轨道器货舱段的加强桁架中，是金属基复合材料在航天器的首次成功应用，整个结构采用了 300 件 B_f/Al 复合材料管形支柱，与采用铝合金相比，减重 145kg，减重率为 44%。B_f/Al 复合材料在 F-111、S-3A 等飞机的机身结构中也得到了应用，此外，B_f/Al 复合材料还应用在"阿特拉斯"导弹壳体。俄罗斯航空材料研究所将 B_f/Al 复合材料用于安-28 飞机的机体结构上，零件质量减少 25%左右。

② C_f/Al 复合材料 碳纤维的密度小、力学性能优异，是目前金属基复合材料所用高性能纤维中价格最便宜的，不同来源的碳纤维的性能有所不同，相应复合材料的性能明显不同。表 5-20 为典型 C_f/Al 复合材料的力学性能，碳纤维的体积含量对复合材料的力学性能影响很大。

表 5-20　典型 C_f/Al 复合材料的力学性能

基体合金	纤维体积含量/%	弯曲模量/GPa	拉伸模量/GPa	抗弯强度/MPa	抗拉强度/MPa	延伸率/%
纯铝	36.8	160	179	682	686	1.20
纯铝	42.8	162	189	670	543	0.73
6061 合金	30.0	157	154	574	525	0.93
6061 合金	42.5	169	215	760	641	0.83

C_f/Al 复合材料的制备可采用扩散结合、挤压铸造、液态金属浸渍等方法。在 400～450℃时，碳纤维与铝基体的界面会发生明显的反应生成 Al_4C_3，石墨纤维的反应产物 Al_4、C_3 量较少，抗拉强度较高，未经石墨化的碳纤维的 Al_4C_3 量较多，抗拉强度大大降低，不宜直接作铝基体的增强体。为了减少界面反应，纤维表面需要涂覆陶瓷层（SiC 最佳，TiN 次之），也可在表面涂覆钽、镍、银等金属，为改善界面的润湿性，在 SiC 涂层外再涂一层铬。

C_f/Al 复合材料已经应用在人造卫星和大型空间结构上，如卫星支撑架、平面天线体、可折式抛物面天线肋等。哈勃太空望远镜的天线悬架使用了 60%石墨纤维/6061 铝基复合材料，其高轴向刚度和低轴向膨胀系数可以使望远镜天线在太空运行时处在正确位置，同时，这种复合材料具有良好的导电性，能很好承担波导的功能，保持飞行器与控制系统之间的信号传输。由于 C_f/Al 复合材料具有很高的比强度和比模量，CH47 直升机传动机构采用 C_f/Al 复合材料后，大大减轻了振动、噪声。

③ SiC_f/Al 复合材料 SiC 具有优异的室温和高温力学性能，与铝基体的界面结合状态良好。美国 Textron 公司特种材料部生产的 SiC（C 芯）纤维系列产品（SCS-2、SCS-6、SCS-8）、英国 DRA 公司生产的 SiC（W 芯）纤维系列产品（SM1040、SM1140、SM1240），由于纤维表面均涂敷有不同的保护涂层，所制备的 SiC 纤维强度均大于 4000MPa，近年又制备出 ultra-SCS 及 SM2156，强度超过 6000MPa，SiC 层均为细晶 β-SiC。

表 5-21 为典型 SiC_f/Al 复合材料的拉伸模量和抗拉强度，有芯 SCS-2 碳化硅纤维增强 6061 合金的复合材料，其室温抗拉强度和拉伸模量均比无芯 Nicalon 碳化硅纤维增强 6061 合金的复合材料高。SiC_f/Al 复合材料主要用于飞机、导弹以及发动机的结构件。

表 5-21 典型 SiC$_f$/Al 复合材料的拉伸模量和抗拉强度

基体合金	纤维体积含量/%	拉伸模量/GPa	抗拉强度/MPa
6061 合金	47(SCS-2)	204	1462
6061 合金	34(SCS-2)	172	1034
6061 合金	35(Nicalon)	100～110	800～900

④ Al$_2$O$_{3f}$/Al 复合材料 由于 Al$_2$O$_3$ 与铝基体的润湿性差，在铝基体中添加 Li 元素可显著改善界面润湿性，同时还可抑制界面的化学反应。氧化铝纤维的结构主要有 α-Al$_2$O$_3$ 和 γ-Al$_2$O$_3$，不同结构的氧化铝纤维具有不同的力学性能，如表 5-22 所示。

表 5-22 不同结构的 Al$_2$O$_{3f}$/Al 复合材料的力学性能

纤维结构	纤维体积含量/%	体积密度/(g/cm³)	弹性模量/GPa	剪切模量/GPa	抗拉强度(450℃)/MPa	抗弯强度/MPa	抗压强度/MPa
α-Al$_2$O$_3$	50	3.25	220	262	585	1030	2800
γ-Al$_2$O$_3$	50	2.9	150	135	860	1100	1400

Al$_2$O$_{3f}$/Al 复合材料具有高模量、高强度、高蠕变抗力和疲劳抗力，从室温到 450℃ 能保持很好的稳定性，如 50％ 的 γ-Al$_2$O$_3$ 在 450℃ 时的抗拉强度仍保持在 860MPa。

(2) 晶须和颗粒增强铝基复合材料

晶须和颗粒增强 Al 基复合材料具有原料价格低廉、制备工艺简单、复合材料各向异性较小等特点，日益受到重视，颗粒增强铝基复合材料已在飞机、火箭、导弹和卫星等飞行器上应用。SiC 晶须、SiC 颗粒和 Al$_2$O$_3$ 颗粒是目前铝基复合材料中最常用的非连续增强体。

① SiC 晶须增强铝基复合材料 SiC 晶须增强铝基复合材料主要应用于导弹等航天器构件、发动机部件、飞机尾翼平衡器等。晶须增强铝基复合材料一般采用挤压铸造法制备，将晶须制成具有一定体积分数的预制块，液态铝合金在压力下渗透到预制块的孔隙中而得到复合材料。表 5-23 为 SiC$_w$ 晶须增强 2024 铝合金的性能，经过 T6 时效处理后，屈服强度和抗拉强度均得到大幅提高。

表 5-23 20％SiC$_w$/2024 Al 复合材料的性能

热处理状态	拉伸模量/GPa	屈服强度/MPa	抗拉强度/MPa	热膨胀系数/10⁻⁶K⁻¹
—	111	298	384	16
T6	—	351	496	16

用 SiC 晶须增强 2124 合金，随体积分数增加，抗拉强度、弹性模量均显著增加，但是，SiC 晶须的价格较贵，优化工艺、控制成本是 SiC 晶须增强铝基复合材料要突破的问题。

② SiC 颗粒增强铝基复合材料 SiC 颗粒增强铝基复合材料的 SiC$_p$ 含量一般为 20％～65％，具有密度低、比强度和比模量高、热导率高、与基体热膨胀匹配、尺寸稳定性好等特点，且适用于钎焊，在航空航天领域及微电子器件领域得到广泛应用。表 5-24 为 SiC$_p$ 增强铝基复合材料的力学性能，随着 SiC$_p$ 体积分数的增加，复合材料的强度和模量均得到大幅提高。

表 5-24 SiC$_p$/Al 复合材料的力学性能

基体	增强体体积分数/%	拉伸模量/GPa	屈服强度/MPa	抗拉强度/MPa
5052 铝合金	0	68	101	182
	20	106	125	231
6061 铝合金	0	74	310	350
	20	103	414	496
	40	145	448	586
2124 铝合金	0	68	375	427
	20	105	405	560

在航空领域，SiC 颗粒增强铝基复合材料制造飞机蒙皮、发动机构件、设备支架、起落架支柱龙骨、纵梁管、液压管、阀门等零部件。美国洛克希德·马丁公司用 25% SiC_p/6061Al 复合材料制作战斗机放置机载设备的支架，比采用 7075 铝合金，密度下降了 17%，模量提高了 65%。F-16 战斗机的腹鳍采用 SiC/6092Al 复合材料替代原有的 2214 铝合金，刚度提高 50%，使用寿命由原来的数百小时提高到 8000h。图 5-58 为波音 777 发动机的风扇导向流叶片，与采用石墨纤维环氧树脂基复合材料相比，采用 SiC 颗粒增强铝基复合材料的耐冲击（冰雹、鸟撞等外物冲击）能力更好，抗冲蚀（沙子、雨水等）能力是树脂基复合材料的 7 倍，成本下降 1/3 以上，而且损伤容易发现。

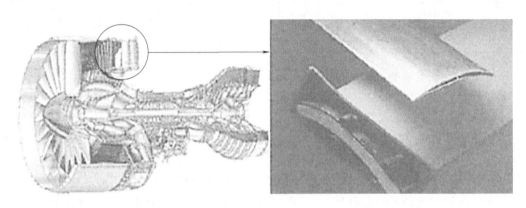

图 5-58 SiC_p/Al 复合材料用于波音 777 发动机导向流叶片

在航天领域，SiC 颗粒增强铝基复合材料可用来制造卫星支架、结构连接件、波导天线、导弹翼、制导元件等。采用 SiC 颗粒增强铝基复合材料制作超轻空间望远镜的激光反射镜、卫星太阳能反射镜、空间遥感器中扫描用高速摆镜的结构件，使质量大大减轻。用高体积分数 SiC 颗粒/铝基复合材料替代铍材，已用于某型惯性环形激光螺旋仪制导系统，该材料还被用于三叉戟导弹的惯性导向球及其惯性测量单元（IMU）的检查口盖，成本比铍材低 2/3。

如何避免在制备过程中发生不利的界面反应及基体金属的氧化反应，是未来 SiC 颗粒增强铝基复合材料的研究重点。此外，还要优化制备工艺、简化工艺流程、减少辅助设施，解决制备成本居高不下的问题，才能促进 SiC_p/Al 复合材料的推广应用。

③ Al_2O_3 颗粒增强铝基复合材料 Al_2O_3 颗粒增强铝基复合材料具有密度低、比刚度高、韧性好的优点，20% Al_2O_3/6061Al 已在飞机上得到应用。近年来，原位生成颗粒增强铝基复合材料越来越受到关注。采用 Al 粉、ZrO_2 粉、B 粉球磨混合，然后冷挤成块，在真空炉内升温至 800℃ 左右，使预制块发生热爆反应，不同 B/ZrO_2 摩尔比复合材料的微观组织照片和 XRD 谱如图 5-59 所示。当 B/ZrO_2 摩尔比为 0 时，如图 5-59（a）和图 5-59（b）所示，反应产物由块状物和颗粒组成，块状物为 Al_3Zr，颗粒为 α-Al_2O_3；当 B/ZrO_2 摩尔比为 1 时，如图 5-59（c）和图 5-59（d）所示，块状 Al_3Zr 有所减少，出现了新相 ZrB_2；当 B/ZrO_2 摩尔比为 2 时，如图 5-59（e）和图 5-59（f）所示，颗粒增强体弥散均匀分布，观察不到块状 Al_3Zr，几乎全部为粒状的 ZrB_2 和 α-Al_2O_3。

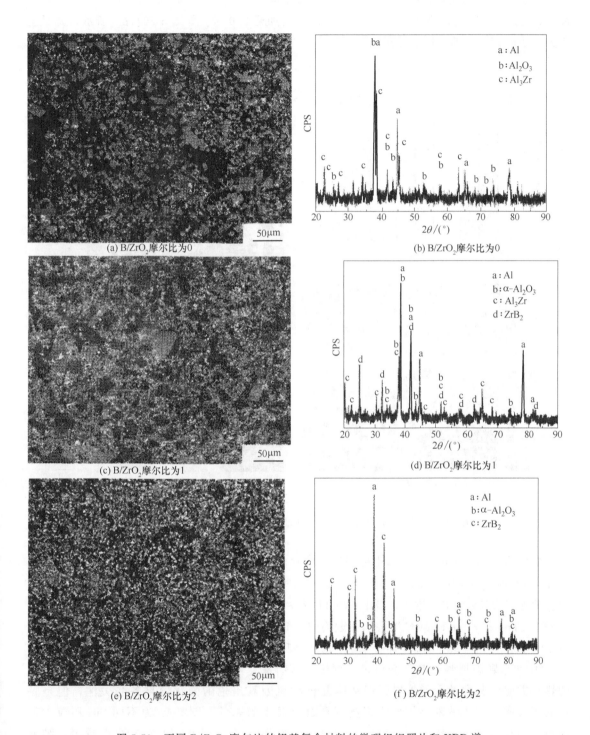

图 5-59　不同 B/ZrO₂ 摩尔比的铝基复合材料的微观组织照片和 XRD 谱

　　图 5-60 为不同 B/ZrO₂ 摩尔比的铝基复合材料的拉伸性能及断口形貌。当 B/ZrO₂ 摩尔比由 0 增加至 2.0 时，如图 5-60（a）所示，抗拉强度由 190MPa 增加至 250MPa，伸长率由 4.0％增加至 12.2％。当 B/ZrO₂ 摩尔比为 0 时，如图 5-60（b）所示，块状 Al₃Zr 发生了断

裂，α-Al₂O₃ 颗粒处在韧窝中；当 B/ZrO₂ 摩尔比增加至 1.0 时，如图 5-60 (c) 所示，块状
Al₃Zr 减少，韧窝明显增加；当 B/ZrO₂ 摩尔比增加至 2.0 时，如图 5-60 (d) 所示，几乎全
部为细小的韧窝，伸长率显著提高。

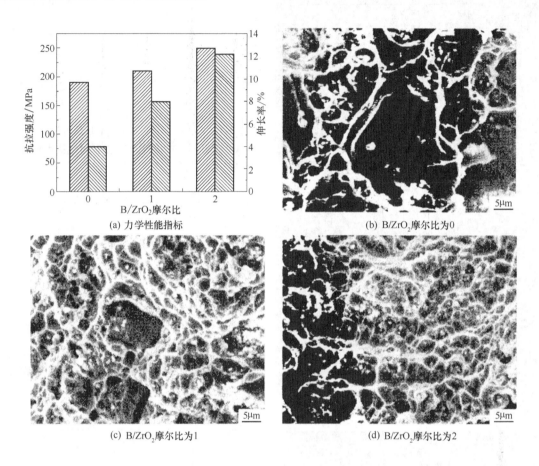

图 5-60　不同 B/ZrO₂ 摩尔比的铝基复合材料的拉伸性能及断口形貌

　　采用 Al 粉、TiO₂ 粉、C 粉也可利用原位合成法制备 Al₂O₃ 颗粒增强的铝基复合材料，
不加 C 粉时，生成棒状 Al₃Ti 和 α-Al₂O₃ 颗粒，由于棒状 Al₃Ti 容易开裂，其增强作用有
限。随着 C/TiO₂ 摩尔比增加，棒状 Al₃Ti 减少，同时生成新相 TiC，当为 C/TiO₂ 摩尔比
1.0 时，TiC 和 α-Al₂O₃ 颗粒增强体弥散均匀分布在基体中，力学性能显著提高，抗拉强度
由 239MPa 上升至 352MPa，伸长率由 4.1% 上升至 5.6%。

　　④ 纳米颗粒增强铝基复合材料　颗粒增强铝基复合材料成为 21 世纪新材料开发应用
的热点方向，其中纳米颗粒增强铝基体复合材料因其出色的强化效果备受关注，但是颗
粒的团聚成为制约纳米颗粒增强铝基复合材料发展的瓶颈。图 5-61 为不同 SiC 颗粒含量
和粒径的复合材料扫描照片，由图 5-61 (a)、图 5-61 (c)、图 5-61 (e) 可以看出，纳米
级 SiC/Al 复合材料的 SiC 颗粒非均匀地镶嵌在 Al 基体中，由图 5-61 (b)、图 5-61 (d)、
图 5-61 (f) 可以看出，微米级 SiC/Al 复合材料的 SiC 颗粒分布相对均匀，但是 SiC 颗粒
上有大量裂纹和缺口，SiC 颗粒含量越多，最终保留在复合材料中的 SiC 破裂情况也就
越多。

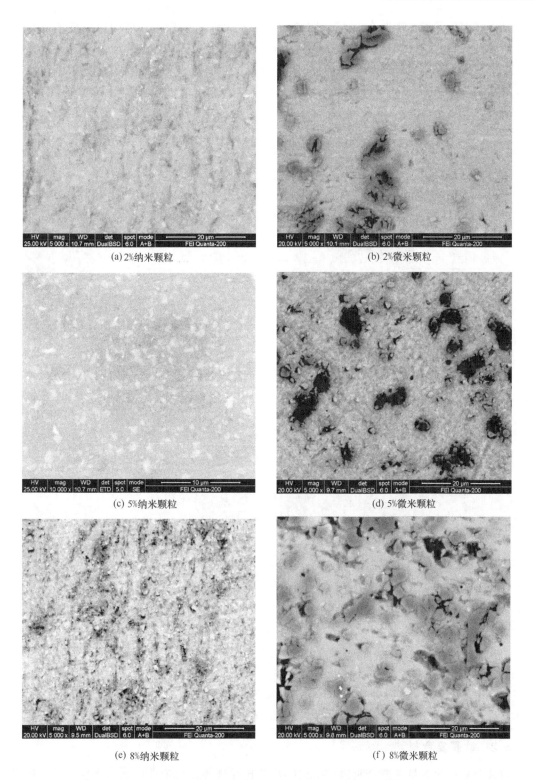

(a) 2%纳米颗粒   (b) 2%微米颗粒

(c) 5%纳米颗粒   (d) 5%微米颗粒

(e) 8%纳米颗粒   (f) 8%微米颗粒

图 5-61 不同颗粒粒径和含量的 SiC/Al 复合材料的微观组织（SEM）

图 5-62 为 5％nano-SiC/Al 复合材料的透射照片。由图 5-62（a）和图 5-62（b）可以

看出，存在 SiC 颗粒分布均匀区域，颗粒间距比较相近，颗粒与基体间界面清晰，有明显衬度的薄区界面层存在，说明 SiC 颗粒与基体之间以扩散方式形成界面，结合紧密。当 SiC 颗粒发生团聚时，如图 5-62（c）和图 5-62（d）所示，SiC 颗粒与基体之间以物理机械咬合联结为主，可观察到极少量 SiC 颗粒脱落区域，表明 SiC 颗粒与 Al 基之间结合强度不高。

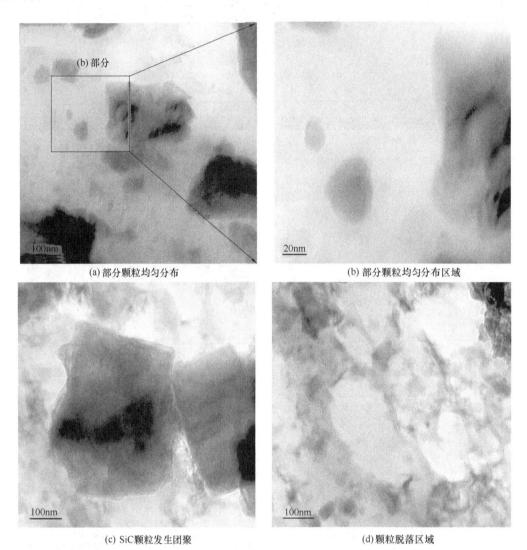

(a) 部分颗粒均匀分布

(b) 部分颗粒均匀分布区域

(c) SiC颗粒发生团聚

(d) 颗粒脱落区域

图 5-62　5％ nano-SiC/Al 复合材料的微观组织（TEM）

5.4.3.2　钛基复合材料

与钛合金相比，钛基复合材料（TiMCs）的比强度和热稳定性更高，弹性模量、抗蠕变性能、耐热性能、耐磨性能更好，如 10％TiC/TiMCs 的耐磨性能比钛合金高 3 倍。图 5-63 为不同材料的比强度与温度的关系，在服役温度较高的结构中，钛基复合材料具有显著的优越性。

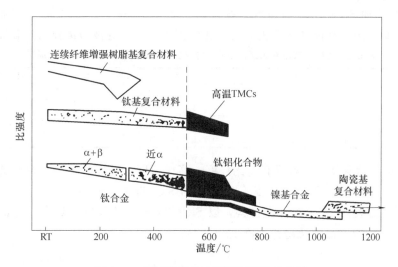

图 5-63　不同材料的比强度与温度的关系

随着飞行速度的进一步加快，飞机将采用更细长的机身和机翼结构，同时结构质量需要进一步降低，纤维增强钛基复合材料可以满足其对材料比刚度、比强度的要求，在未来具有较大的发展潜力。

（1）增强体与基体

在钛基复合材料中，要求增强体具有高熔点、高硬度，与基体的热膨胀系数差异小，界面化学相容性好，热力学稳定。在增强体中，SiC、Al_2O_3、Si_3N_4 容易与 Ti 发生较严重的界面反应，B_4C、TiB_2、ZrB_2 在钛基体中不稳定，在制备过程中会生成 TiC、TiB。TiC、TiB 的熔点高，在钛基体中稳定，与钛的相容性好，不发生界面反应，泊松比相近，密度差不大，热膨胀系数差控制在 50% 以下，可以显著降低制备产生的残余热应力，同时，TiC、TiB 的弹性模量为 Ti 的 4～5 倍，是较为理想的增强体。添加 La、Nd、Y、Ce、Er、Gd 等稀土元素的稀土氧化物被视为极富潜力的增强体，熔点高、稳定，在基体中呈弥散分布，能细化基体晶粒，提高热稳定性，显著提高基体的高温瞬时强度和持久强度。

目前所用基体主要包括工业纯钛、Ti-6Al-4V、Ti-24Al-23Nb、Ti-32Mo 合金等，其中 Ti-6Al-4V 合金用量最大、综合性能最好。在航空航天领域，要求 TiMCs 具有良好的高温强度和抗蠕变性能，常选近 α 型、α+β 型合金作为基体材料。

（2）纤维增强钛基复合材料

SiC 纤维是钛基复合材料最常用的纤维增强体。表 5-25 为美国和德国研制的典型 SiC_f/Ti 复合材料的性能，德国研制的 SCS-6 SiC/IMI834 的抗拉强度达 2300MPa，模量达 220GPa。

表 5-25　美国和德国研制的典型 SiC_f/Ti 复合材料的性能

国家	纤维	基体	弹性模量/GPa	抗拉强度/MPa
美国	SCS-6 SiC	Ti-15-3	206～244	1758～1903
	SCS-6 SiC	Ti-6-4	215	1832
德国	SCS-6 SiC	Ti_2AlNb	190	1900
	SCS-6 SiC	IMI834	220	2300

表 5-26 为几种 SCS-6SiC/Ti 复合材料分别在 23℃、538℃、650℃测得的抗拉强度、弹性模量、伸长率，力学性能随温度提高的变化幅度不大，具有极为优异的高温性能。

表 5-26　几种 SCS-6SiC/Ti 复合材料在不同温度的纵向拉伸性能指标

基体合金	弹性模量/GPa			抗拉强度/MPa			伸长率/%		
	23℃	538℃	650℃	23℃	538℃	650℃	23℃	538℃	650℃
TC4	202	183	167	1932	1370	1221	1.09	0.87	0.86
Ti-1100	198	178	166	1291	1004	971	0.73	0.65	0.68
Ti-25-10-3-1	217	200	188	1517	1472	1360	0.79	0.85	0.82

SiC 纤维增强钛基复合材料具有高比强度、高比刚度，良好的耐高温及抗蠕变、疲劳性能，能够适用于 700~900℃服役温度。图 5-64 为 SiC/Ti 复合材料在发动机上的潜在应用部位，多个部件可以使用 SiC/Ti 复合材料，以 SiC_f/Ti 复合材料为主要代表的钛基复合材料在航空发动机上的应用潜力及趋势急剧上升。

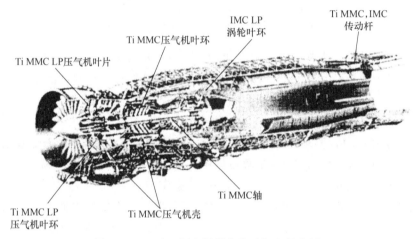

图 5-64　SiC/Ti 复合材料在发动机上的应用

全球知名的航空发动机设计与制造商针对 Ti MMCs，特别是连续纤维增强的 Ti MMCs 在航空发动机上的应用进行了广泛的探索和研究，如图 5-65、图 5-66 所示，未来发动机的低压压气机转子/静子叶片、机匣、压气机和涡轮的整体叶环、涡轮轴、排气喷管作动筒等零部件都是 Ti MMCs 的潜在用户。SiC_f/Ti 复合材料已成为研制新一代高推重比航空发动

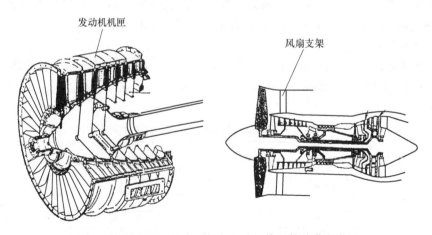

图 5-65　Ti MMC 复合材料在发动机静子件的潜在应用

机的关键材料，美国、英国等航空发动机工业强国均大力开展相关技术的研究，研制出了多个叶环类和轴类零部件，并进行了发动机考核试验。

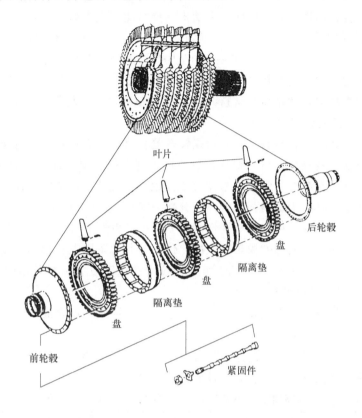

叶片

后轮毂

盘

隔离垫

盘

隔离垫

盘

前轮毂

紧固件

图 5-66　Ti MMC 复合材料在发动机转子件的潜在应用

用 SCS-6/Ti MMCs 做成压气机叶环结构的转子代替 Ni 基高温合金叶盘结构转子，可大幅减重。图 5-67 为 Rolls-Royce 公司制备的 SiC_f/IMI834 整体叶环，质量减少 37%，使用温度提高 10%，转速提高 15%。

由于其良好的高温性能，SiC_f/Ti 可使发动机的推重比大大提高，由于单向排布性能优异，其在环类转动件上的优势特别明显。GE 公司研制的 SiC_f/Ti 复合材料低压涡轮轴，通过 SiC 纤维沿轴向呈 45° 缠绕，可以使低压涡轮轴承受非常高的扭矩，代替钢制涡轮轴可以大幅度降低结构质量。

图 5-67　SiC_f/IMI834 复合材料整体叶环

在"集成高性能涡轮发动机技术"（IHPTET）计划的核心机压气机上，采用高温钛合金 Ti1100 代替 TC4 制造 SiC_f/Ti 整体叶环，TiAl 金属间化合物制造压气机叶片，可使压气机的耐热性能提高到 700～800℃，结构质量减轻 50%，阻燃性能大幅提高。在新一代高推重比（12～15）航空发动机上，利用 SiC_f/Ti 复合材料制造整体叶环代替压气机盘和叶片，减重效果达 70%，制造的低压涡轮轴减重 30%、刚度提高 40%，制造的风扇叶片减重 15%，且强度、刚度、韧性提高，因此，发动机的推重比大大提高。

以 TiAl 金属间化合物为基的 SiC 纤维增强复合材料，一般比基体材料的性能提高 50% 以上，工作温度可提高 100～200℃，可在 800～1000℃ 的高温服役，可用于发动机压气机热端叶片、叶环、涡轮、轴等高温构件，具有广阔的应用前景。据美国国家航空航天局预测，未来航空发动机的用材中，钛基复合材料约占 30%，钛铝基复合材料约占 15%。

（3）颗粒增强钛基复合材料

相比于纤维增强钛基复合材料，颗粒增强钛基复合材料具有较好的各向同性；相比于钛合金基体，颗粒增强钛基复合材料的硬度、耐磨性、刚度得到很大提高，塑性、断裂韧性、耐疲劳性能有所降低，室温抗拉强度与基体合金接近，高温性能比基体合金高很多。

颗粒增强钛基复合材料中的增强相的体积分数一般在 5%～20%，主要作用是提高材料的硬度、耐磨性能、耐高温性能、抗蠕变性能。TiC 在热力学上与钛及钛合金相容，密度比钛稍高，泊松比与钛相近，而弹性模量是钛的 4 倍，与其他陶瓷颗粒相比，其与钛的热膨胀系数最为接近，因此，目前主要采用 TiC 作为颗粒增强钛基复合材料的增强体。TiB_2 颗粒是 γ-TiAl 基复合材料的最佳颗粒增强体。

制备颗粒增强钛基复合材料主要采用粉末冶金法、自蔓延高温合成（SHS）法、放热扩散（XD™）法、快速凝固法、熔炼铸造法等，制备颗粒增强 TiAl 基复合材料通常采用 XD™ 法。表 5-27 列出了用不同制造方法制备的不同颗粒增强钛合金或 TiAl 的室温力学性能，可以看出，颗粒增强钛基复合材料的性能优势十分明显。

表 5-27 不同制造方法制备的不同颗粒增强钛合金的室温力学性能

增强体及基体	体积分数 /%	制备工艺	弹性模量 /GPa	屈服强度 /MPa	抗拉强度 /MPa	伸长率 /%
Ti	0	熔炼铸造	108	367	474	8.3
TiC/Ti	37	熔炼铸造	140	444	573	1.9
TiB_2/Ti62222	4.2	熔炼铸造	129	1200	1282	3.2
TiC+TiB_2/Ti	15	自蔓延高温合成	137	690	757	2.0
Ti-6Al-4V	0	快速凝固	110	930	986	1.1
	0	热压	—	868	950	9.4
TiC/Ti-6Al-4V	10	热压	—	944	999	2.0
	20	冷压、热压	139	943	959	0.3
TiB_2/Ti-6Al-4V	3.1	快速凝固	121	1000	1107	7.0
	10	粉末冶金	134	1004	1124	1.97
TiB+TiC/Ti6264 (TiB∶TiC=4∶1)	8	原位合成	130	1161	1234	1.35
TiB+TiC/Ti6264 (TiB∶TiC=1∶1)	8	原位合成	131	1244	1330	2.74
TiB_2/TiAl	7.5	XD™	—	793	862	0.5

钛合金非常活泼，几乎能与所有增强颗粒发生界面反应，传统方法制备钛基复合材料时，其界面反应很难控制，从而影响界面结合强度。原位反应合成法可克服传统方法的不足，以原位反应合成 TiB 颗粒增强钛基合金为例，将 Ti 粉、TiB_2 粉球磨混合，冷压成型，当温度升到 1250℃ 时，$Ti + TiB_2 \longrightarrow 2TiB$，形成的复合材料界面干净、结合强度高且热力

学稳定。采用传统的熔炼工艺，直接将所需的反应物和钛合金基体一起熔炼，发生反应原位生成增强相，在不改变钛合金设备条件下制备钛基复合材料，可以大大降低成本。

美国已成功制备 TiC 颗粒增强的 Ti-6V-4V 复合材料，并用于导弹壳体、尾翼、发动机部件，取得了良好的减重效果。

随着飞行器对材料性能的要求越来越高，金属基复合材料具有更大的发展潜力和应用前景。金属基复合材料的主流发展趋势主要有如下四个方面：一是重视复合构型设计，通过结构功能一体化、多功能化满足航空航天构件不断提高的要求；二是发展混杂增强金属基复合材料，增强体多元化、超细化、高体积化，通过调控增强体的空间分布实现高性能化；三是通过优化工艺和规模化生产来降低制备成本；四是建立通用的数据库，使得金属基复合材料的研究成果、设计准则得到更为广泛的传播，实现大范围应用。

5.5　陶瓷基复合材料

陶瓷基复合材料（ceramic matrix composites，CMCs）是以陶瓷材料为基体，以高强度纤维、晶须、晶片和颗粒为增强体，通过适当的复合工艺所制成的复合材料，通常也称为复相陶瓷材料（multiphase ceramics）或多相复合陶瓷材料（multiphase composite ceramics）。与其他复合材料相比，陶瓷基复合材料发展相对滞后，主要因为高温增强材料出现较晚，而且陶瓷基复合材料的制备工艺复杂。在航天领域，陶瓷基复合材料逐渐引起人们的关注并得到应用，如 C_f/SiC 复合材料、SiC_f/SiC 复合材料应用于液体推进火箭发动机及航天飞机的热结构件等高温部件。在航空领域，陶瓷基复合材料主要应用于战斗机、喷气发动机的高温部件，如 C/SiC 复合材料用于"狂风"战斗机的发动机喷嘴瓣，采用碳化硅纤维增强陶瓷基复合材料制造了涡轮风扇发动机的喷管内调节片。目前，连续纤维增韧陶瓷基复合材料已在推重比 9～10 一级的多种型号发动机的中等载荷静止件上试验成功。陶瓷基复合材料优异的高温性能可显著降低发动机燃油消耗，提高运行效率，具有良好的应用前景。

5.5.1　陶瓷基复合材料的基体和增强体

陶瓷材料具有强度高、硬度大、耐高温、抗氧化、高温磨损性能好、耐化学侵蚀性好、热膨胀系数和相对密度较小等优点，但也存在断裂韧性低、断裂应变小、抗冷热交变和冲击载荷性能差的固有缺点。向陶瓷基体中加入增强体能够改善陶瓷材料固有的脆性，提高其韧性和抗脆性断裂能力。

5.5.1.1　陶瓷复合材料的基体

根据组成元素，陶瓷基复合材料的基体可分为氧化物陶瓷和非氧化物陶瓷，前者主要包括氧化铝陶瓷和氧化锆陶瓷，后者主要包括碳化物陶瓷、氮化物陶瓷、硼化物陶瓷、硅化物陶瓷等，这类陶瓷既可以用作陶瓷基体，也可制成不同形状的增强体，但在自然界中存在较少，大多需要人工合成。

（1）氧化物陶瓷

氧化铝陶瓷的主成分是氧化铝（Al_2O_3），根据组织结构，分为刚玉瓷（主相为 α-Al_2O_3）、刚玉-莫来石瓷（主相为 α-Al_2O_3、$Al_2O_3 \cdot 2SiO_2$）、莫来石瓷（主相为 $Al_2O_3 \cdot 2SiO_2$）；根据氧化铝含量，又可分为 75 瓷、85 瓷、95 瓷、99 瓷、高纯瓷，对应的氧化铝含量（质量分数）分别为 75%、85%、95%、99%、99.9%。氧化铝的硬度仅次于金刚石、氮化硼和碳化硅，耐磨性良好，并且具有很好的电绝缘性和很强的耐蚀性能。由氧化铝制备的氧化铝陶瓷具有耐高温（熔点可达 2000℃）、化学稳定性高、介电性能好等优点，但也具有高温强度差（温度达到 800～1000℃时，强度急剧下降）、脆性大、抗热振性差等缺点。陶瓷中氧化铝的含量越高，制造工艺越复杂，成本越高。

氧化锆陶瓷的主成分是氧化锆（ZrO_2），主要特点是耐高温，最高使用温度达到 2000～2200℃，通常用作高温绝缘材料。氧化锆具有立方、四方、单斜三种晶型，氧化锆从熔点凝固结晶形成立方相，大约在 2300℃时转变为四方相，温度降至 1000～1200℃时转变为单斜相。四方相和单斜相之间的转变存在体积变化，加热时单斜相变为四方相，体积收缩，转变温度约为 1200℃，冷却时四方相转变为单斜相，体积膨胀，转变温度约为 1000℃。晶型转变造成的体积变化，极易使氧化锆陶瓷在烧结过程中发生开裂，一般加入 CaO、MgO、Y_2O_3、CeO_2 或 La_2O_3 等烧结稳定剂，形成稳定立方、四方结构的氧化锆，减少稳定剂的添加量，则会获得部分稳定的氧化锆。稳定氧化锆陶瓷韧性好，比热和热导率小，化学性质稳定，高温时具有良好的耐酸碱性。

（2）非氧化物陶瓷

① 碳化物陶瓷　常见的碳化物陶瓷包括碳化硅陶瓷、碳化硼陶瓷。

碳化硅陶瓷的主成分为碳化硅（SiC），具有 α-SiC（六方晶型）和 β-SiC（立方晶型）两种结构。通常将石英、碳和木屑等原料在 1900～2000℃高温合成碳化硅粉，然后经反应烧结或热压烧结工艺制成碳化硅陶瓷。碳化硅陶瓷具有优良的力学性能、高抗弯强度、高硬度、良好的抗氧化性和抗腐蚀性能，耐磨性好，并且在高温下强度较高，抗蠕变性能好；缺点是脆性大、断裂韧性低。

碳化硼陶瓷的主成分为碳化硼（B_4C），具有六方结构，密度为 $2.52g/cm^3$，在 2350℃发生分解。碳化硼的热膨胀系数低，热稳定性良好，具有良好的耐酸、耐碱性，能抵抗多数熔融金属的侵蚀。碳化硼陶瓷具有低密度、高熔点、高硬度、高耐冲击等性能，同时具有较好的热导性能，可用来制作高温半导体元器件。碳化硼陶瓷的烧结温度范围窄，难于烧结，温度低时，烧结不致密，温度高时，碳化硼会发生分解，通常采用无压烧结、热压烧结等技术获得致密的碳化硼陶瓷。

② 氮化物陶瓷　常见的氮化物陶瓷包括氮化硅陶瓷、氮化硼陶瓷。

氮化硅陶瓷的主成分为氮化硅（Si_3N_4），有 α-Si_3N_4、β-Si_3N_4 两种晶型，均属于六方晶系。氮化硅具有很高的室温和高温强度（在 1200℃下不发生氧化且强度不下降），并具有优良的耐化学腐蚀性能，几乎能耐所有的无机酸及多种有机酸和烧碱溶液。由氮化硅制得的氮化硅陶瓷还具有热膨胀系数低（$2.75 \times 10^{-6} K^{-1}$）、模量高、透微波性能和介电性能良好等优点。通常采用反应烧结和热压烧结的方法来制备氮化硅陶瓷。

氮化硼陶瓷的主成分为氮化硼（BN），为共价键化合物，具有六方晶型和立方晶型两种晶体结构，前者具有类似石墨的层状结构，也被称为"白色石墨"，后者具有与金刚石类似的结构以及相当的硬度，立方晶型氮化硼可由六方晶型氮化硼经高温（1800℃）、高压（800MPa）处理获得。氮化硼具有优良的抗氧化性能，可在 900℃的氧化气氛中和 2800℃的氮气和惰性气氛中使用,并具有低的热膨胀系数($5\times10^{-6}\sim7\times10^{-6}\,\mathrm{K}^{-1}$)和高的热稳定性。可通过向含硼化合物中引入氨基获得六方晶型氮化硼粉末,然后通过气相合成、等离子流合成或气固相合成等方法制备六方晶型陶瓷。

5.5.1.2 增强体

陶瓷基复合材料的增强体通常也称为增韧体,增强体的添加主要提高陶瓷材料的韧性,因此在选择增强体时,应保证增强体与陶瓷基体具有良好的化学相容性、无明显的不良化学反应、热膨胀系数和弹性模量相匹配。用于陶瓷基复合材料的增强体一般有纤维(长、短)、晶须和颗粒三种,通常采用连续(长)纤维,纤维种类主要包括碳纤维、玻璃纤维和硼纤维等,其中碳纤维的应用最多,常用的晶须包括 SiC、Al_2O_3、Si_3N_4 等,常用的颗粒有 SiC、Si_3N_4 等,但增韧效果不如纤维和晶须。

5.5.2 陶瓷基复合材料的增韧机理

陶瓷基复合材料的增韧效果取决于增强体的尺寸大小、形状、基体与增强体的界面结合情况,以及二者的力学性能、热膨胀性能和相变情况。对于给定的陶瓷基复合材料,通常存在多种增韧机理,其中的一种起主要作用。陶瓷基复合材料的基体和增强体不同,其增韧机理不同,对于某些复杂的复合材料,很难确定主要由哪种增韧机理起作用。根据增强体的长径比,增韧方式分为颗粒增韧、晶须增韧、连续纤维增韧三种。

5.5.2.1 颗粒增韧

颗粒增韧是陶瓷基复合材料最简单的增韧方法,具有同时提高材料强度和韧性的优点,包括非相变第二相颗粒增韧和相变第二相颗粒增韧。

(1)非相变第二相颗粒增韧

非相变第二相颗粒增韧机制主要包括热膨胀适配增韧、裂纹偏转增韧、裂纹桥联增韧。

① 热膨胀适配增韧　热膨胀适配增韧是陶瓷基复合材料颗粒增韧的重要机制。假设第二相颗粒与陶瓷基体不存在界面化学反应,但存在热膨胀系数失配,由于冷却收缩的不同,颗粒和基体都会受到应力作用,当应力足够大时,会在颗粒周围产生微裂纹,微裂纹的产生能够吸收能量,起到增韧的效果。已有研究表明,当基体与颗粒的弹性模量相当时,均能产生增韧效果。

② 裂纹偏转增韧　对于单相细晶陶瓷材料,断裂方式主要是裂纹沿晶界扩展,增韧机制主要是裂纹偏转,引入第二相颗粒后,将产生更大的裂纹偏转并消耗更多的断裂能,从而产生增韧效果。

当颗粒的热膨胀系数大于基体时,裂纹扩展的路径如图 5-68 所示,当裂纹遇到第二相颗粒时,并不直接朝向第二相颗粒扩展,而是会偏离原来的方向环绕颗粒扩展,绕过第二相颗粒后,再沿原来的方向扩展,从而增加了裂纹扩展的路径,增

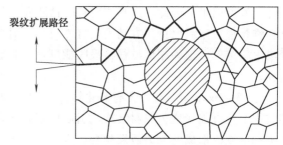

图 5-68　裂纹在颗粒周围扩展

大了裂纹扩展的阻力，起到了增韧作用。

当颗粒的热膨胀系数小于基体时，裂纹扩展的路径如图 5-69 所示，裂纹向裂纹方向上的颗粒直接扩展，当裂纹扩展至颗粒与基体的界面时，若外加应力不再增加，裂纹在此终止，若外力继续增大，裂纹扩展会穿过第二相颗粒导致颗粒开裂，如图 5-69（a）所示，也可能沿颗粒与基体之间的界面扩展如图 5-69（b）所示。裂纹的扩展路径受到颗粒的表面能、颗粒的大小、形状、颗粒所处的微观环境以及基体与界面的结合状态等多种因素的影响。

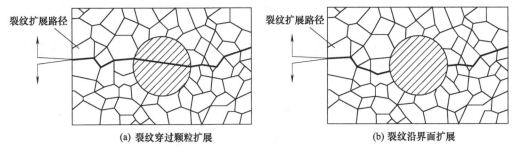

(a) 裂纹穿过颗粒扩展　　　　　　　　(b) 裂纹沿界面扩展

图 5-69　裂纹穿过颗粒和沿界面扩展

③ 裂纹桥联增韧　桥联体是连接裂纹两个表面的纤维状结构单元（包括纤维、晶须、棒状晶粒或细长晶粒），提供一个使裂纹面相互靠近的闭合力，从而使应力强度因子随裂纹扩展而增加，使裂纹扩展困难，起到增韧效果。

脆性颗粒和延性颗粒均可作为桥联体连接裂纹面，起到阻碍裂纹扩展的作用。当裂纹扩展遇到脆性颗粒时，可能会穿过颗粒，发生穿晶破坏，也可能绕过颗粒沿界面扩展，无论哪种方式，都会使裂纹扩展受到阻碍，扩展路径延长，增加了材料的韧性。延性颗粒主要是一些金属颗粒，其增韧机理主要是其本身的塑性，当裂纹扩展遇到延性颗粒时，颗粒会产生塑性变形，阻碍裂纹的扩展，达到增韧效果。当基体与延性颗粒的线膨胀系数和弹性模量相当时，利用延性桥联可达到最佳增韧效果。

(2) 相变第二相颗粒增韧

相变第二相颗粒增韧是陶瓷材料强韧化的有效途径，主要包括相变增韧和微裂纹增韧。

① 相变增韧　相变增韧是利用氧化锆陶瓷分子结构中的相变来改善陶瓷脆性，即利用相变过程中的体积变化达到增韧目的。当氧化锆颗粒弥散分布于陶瓷基体中时，由于两者具有不同的热膨胀系数，在烧结后的冷却过程中，氧化锆受到周围基体的压制，其由四方结构转变为单斜结构的相变相应受到压制，当氧化锆颗粒尺寸减小时，其相变温度随之降低，甚至降至室温以下。因此，当基体对氧化锆颗粒有足够的压应力和/或氧化锆的颗粒足够小时，氧化锆颗粒在室温保持四方结构，有外力作用时，氧化锆晶型转变的约束解除，四方结构转变成单斜结构，这种相变过程将吸收能量，在微裂纹尖端产生应力松弛，阻碍裂纹扩展实现增韧。

② 微裂纹增韧　对于含有氧化锆弥散相的陶瓷材料，四方结构的氧化锆陶瓷在烧结冷却过程中有可能转变为单斜结构，引起体积膨胀，从而诱发微裂纹，此外，裂纹扩展过程中其尖端区域内形成的应力诱发相变，也会产生微裂纹。微裂纹的存在会导致主裂纹分叉或改变方向，增加主裂纹扩展的断裂能，裂纹尖端应力集中区内微裂纹的扩展也起着分散主裂纹尖端能量的作用，从而抑制主裂纹的快速扩展，起到增韧作用。

5.5.2.2 晶须增韧

晶须增韧的机制包括裂纹偏转、晶须桥联和晶须拔出。裂纹偏转增韧是指裂纹扩展至晶须与基体的界面时，由于高强度晶须的存在，阻止了某些裂纹的扩展，如图 5-70（a）所示，裂纹绕过晶须沿相对较弱的界面方向扩展，导致裂纹扩展路径加长，消耗更多的能量，从而起到增韧作用。图 5-70（b）为晶须桥联增韧示意图，在基体出现裂纹后，晶须承受外界载荷并在基体裂纹相对的两边之间架桥，桥联晶须产生一个使基体闭合的力，消耗外加载荷做功，起到增韧作用。靠近裂纹尖端的晶须在应力作用下沿界面滑出的现象称为晶须拔出，发生晶须拔出的前提是晶须脱黏，晶须的拔出会使裂纹尖端发生应力松弛，减缓裂纹扩展，起到增韧作用。

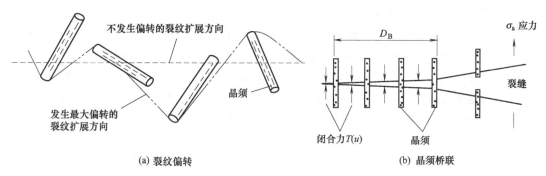

(a) 裂纹偏转　　　　　　　(b) 晶须桥联

图 5-70　晶须的增韧机制

5.5.2.3 连续纤维增韧

与晶须增韧的机制类似，纤维增韧陶瓷也具有脱黏、桥联和拔出机制，其中纤维脱黏是纤维桥联和纤维拔出的前提，如图 5-71 所示。当基体主裂纹扩展到界面时，纤维和基体发生脱黏，造成主裂纹偏转，避免了主裂纹直接通过纤维产生过早的断裂。纤维拔出是纤维增强陶瓷复合材料的主要增韧机制，通过纤维拔出过程的摩擦耗能，使

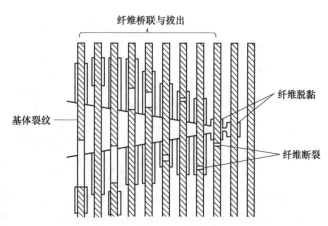

图 5-71　纤维增韧陶瓷基复合材料的增韧机制

复合材料的断裂能增大，起到增韧作用。纤维的引入不仅提高了陶瓷材料的韧性，也改变了陶瓷材料的断裂行为，使其由原来的脆性断裂变为了非脆性断裂。

5.5.3 陶瓷基复合材料的制备技术

不同体系的陶瓷基复合材料，其制备工艺不尽相同。通常，颗粒、晶须增强的陶瓷基复合材料采用与陶瓷粉末直接混合，然后加热固化的方法，如热压烧结法、热等静压烧结法等，纤维增强的陶瓷基复合材料采用液相浸渍预成型，然后热压烧结。对于部分难熔化合物基体的复合材料体系，通常采用先驱体转化法、溶胶-凝胶法、化学气相浸渗法等方法制备

复合材料。

5.5.3.1　热压烧结法

热压烧结是对松散的或成型的陶瓷基复合材料混合物在高温下纵向（单轴）加压使其致密化的方法。热压导致复合材料致密化的可能机制是基体颗粒重排、晶格扩散和包括黏滞变形的塑性流动，究竟哪种机制起主要作用，与复合材料体系及烧结的不同阶段有关。有效压应力的作用可促进陶瓷基体的致密化，从而获得接近理论密度的复合材料。

采用热压烧结法制备晶须增强陶瓷基复合材料时，由于同时存在高温和压力的作用，能够克服晶须的架桥效应，晶须含量可以达到60%，复合材料的致密化程度可以达到理论密度的95%以上。

采用热压烧结法制备纤维增韧陶瓷基复合材料时，如图5-72所示，先将纤维用陶瓷料浆浸渗处理，料浆由陶瓷粉末、载液（水、乙醇）和有机黏结剂组成，然后缠绕在轮毂上，经烘干制成无纬布，将无纬布切割成一定的尺寸，层叠在一起，最后经热压烧结制得复合材料。为了使纤维表面均匀黏附料浆，要求陶瓷粉体颗粒粒径小于纤维直径，且在料浆中均匀分布，并通过加入表面活化剂改善溶剂、陶瓷粉末以及纤维之间的润湿性。纤维应选用容易分散、捻数低的丝束，保持表面清洁，在操作过程中避免纤维损伤并排除气泡。

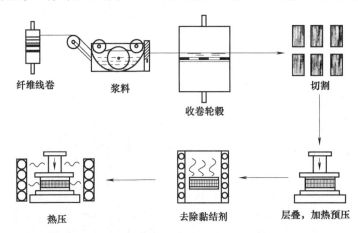

图 5-72　热压烧结法制备纤维增韧陶瓷基复合材料的工艺流程

与无压烧结相比，热压烧结法烧结时间短，烧结温度低，制造的复合材料致密度和性能高，尤其适合制备纤维增强的玻璃和玻璃陶瓷基复合材料。热压烧结法的缺点是制品的形状尺寸受限，模具消耗大，由于热压力的方向性，材料的性能具有明显各向异性，不能用于制备以难熔化合物为基体的复合材料，同时高温高压作用会使纤维受到严重损伤。

5.5.3.2　热等静压烧结法

热等静压烧结成形是指通过气体介质将高温和高压同时均匀地作用于陶瓷材料全部表面使之固结的工艺方法，分为包封烧结和无包封烧结。包封烧结工艺是将陶瓷粉料和增强材料制得的坯件先抽真空后加热，然后根据坯件材料选择包封材料（主要有石英玻璃、硼玻璃以及耐高温金属）对坯件进行包封，再对其进行升温、加压，通过软化的包封材料填充坯件周围空隙，传递压力来完成烧结。无包封工艺是先将陶瓷粉料和增强材料成型和预烧封顶，制得基本无开口气孔的烧结体，然后再进行热等静压烧结。

热等静压烧结基本上可以消除陶瓷材料内部的气孔，大大提高致密化速度和程度，有效阻止第二相（颗粒、晶须、纤维）的分解，避免基体或烧结助剂发生反应，可改善制品性能。与无压烧结相比，热等静压烧结降低了烧结温度、缩短了烧结时间，与热压烧结相比，制品的性能相当，但是，热等静压烧结消除了材料的各向异性。热等静压烧结的缺点是设备制造困难且成本高。

5.5.3.3 先驱体转化法

先驱体转化法又称为聚合物浸渗裂解法（即 PIP 法），是制备陶瓷及陶瓷基复合材料的新兴技术，首先合成先驱有机聚合物和浸渗纤维预制体，然后在一定温度下热解转化为无机陶瓷。采用先驱体转化法制备陶瓷及陶瓷基复合材料时，可以通过对有机先驱体聚合物的组成、结构进行优化和设计，实现对复合材料的设计，通过改变工艺条件及对不同转化阶段的检验和控制，可获得陶瓷基体与增强体之间的理想复合。此外，先驱体转化法还具有工艺性良好、烧结温度低等优点。

作为陶瓷先驱体的有机聚合物必须具备一些条件：一是具有可操作性，在常温下应为液态，或在常温下虽为固态，但可溶、可熔，在作为先驱体使用的工艺过程中具有适当的流动性；二是在室温下性质稳定，长期放置不交联变性，最好能在潮湿和氧化环境中保存；三是陶瓷转化率高，参加裂解的有机聚合物中获得陶瓷的比例要大，通常以大于80%为好，应不低于50%；四是单体容易获得且价格低廉，聚合物的合成简单，产率高，并且裂解产物和副产物均无毒，也不致有其他危险性。

图 5-73（a）为先驱体转化法制备颗粒增强陶瓷基复合材料的示意图，先将陶瓷粉体、先驱有机聚合物、交联剂等均匀分散混合，通过模压、注射、热压等工艺制得坯体，干燥或交联固化后通过高温处理使先驱体有机聚合物裂解，并通过重复浸渗或烧结使材料致密化，制得复合材料成品。图 5-73（b）为先驱体转化法制备二维或三维编织物增强陶瓷基复合材料的示意图，先将纤维编织物（预制坯体）作为骨架，抽真空排出预制坯体中的空气，在溶液或熔融的先驱有机聚合物中浸渗，交联固化后，置于惰性气体保护下高温裂解，重复进行浸渗-裂解过程使材料致密化，最后在较高温度下烧成。为了提高浸渗效率和减少气孔率，浸渗也可以借用聚合物基复合材料的树脂传递模塑技术和设备，先驱高聚物还可利用微波辐射热源实现交联固化。

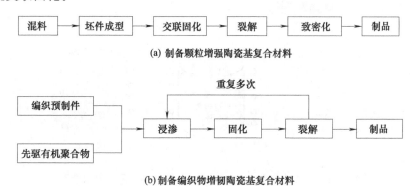

(a) 制备颗粒增强陶瓷基复合材料

(b) 制备编织物增韧陶瓷基复合材料

图 5-73　先驱体转化法制备陶瓷基复合材料

先驱体转化法也存在一些缺点，比如在先驱体聚合物裂解过程中，由于溶剂和低分子组分的挥发造成基体收缩率很大、孔隙率高，产生的微裂纹和内应力会造成制品性能降低，为了弥补这些缺陷，必须反复进行浸渗裂解，工艺成本高，并且高聚物先驱体本身的合成过程就比较复杂、价格昂贵，不利于推广。

5.5.3.4 溶胶-凝胶法

溶胶-凝胶法（Sol-Gel 法）是采用胶体化学原理制备陶瓷基复合材料的工艺方法，被广泛应用于制备玻璃和玻璃陶瓷。将含有多种组分的溶液浸渗纤维编织预制坯体，通过物理和化学方法使分子或离子成核形成溶胶，在一定条件下经过凝胶化处理获得多组分凝胶体，经热解、烧结获得陶瓷基复合材料。与先驱体转化法不同，溶胶-凝胶法的先驱体是在溶液浸渗纤维编织坯体后原位生成的。

溶胶-凝胶法的反应条件温和，通常不需要高温和高压，对设备要求不高，获得的复合相纯度高、分散性好，制得的陶瓷基复合材料性能良好，广泛用于制备颗粒/陶瓷、（纤维-颗粒）/陶瓷复合材料。但是，该工艺过程较复杂，致密化周期较长，不适合部分非氧化物陶瓷基复合材料的制备。

5.5.3.5 化学气相浸渗法

化学气相浸渗（CVI）法是在化学气相沉积（CVD）基础上发展而来的工艺，主要用于生产连续纤维（编织物）增强的陶瓷基复合材料。由于制得的产品外形和尺寸主要取决于预制坯体的形状和尺寸，因此通过 CVI 法可以实现复合材料的净成形，不需要对产品进行二次机械加工。

图 5-74 为 CVI 法制备 SiC 基复合材料的工艺过程，通过反应物气体在一定条件下发生化学反应，并在多孔纤维预制体的孔壁上发生固相沉积，使多孔体不断致密化，最终得到陶瓷基复合材料。

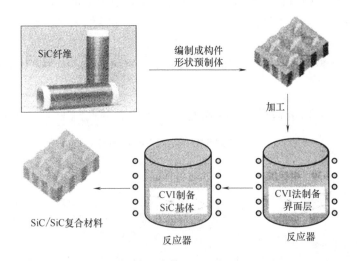

图 5-74　CVI 法制备 SiC/SiC 基复合材料的工艺过程示意图

化学气相浸渗法的制备温度低，无须施加外力，对纤维损伤小，制品具有良好的力学性能，可以制备高纤维体积分数的陶瓷基复合材料，适用于碳化物、氮化物、氧化物、硼化物陶瓷基体的形成，具有广泛的适用性。但是，多孔体在致密化过程中不可避免地会产生气孔，使复合材料的致密度不高，较慢的气相沉积速率使制备周期较长。

制备陶瓷基复合材料的方法还有很多，比如反应烧结法、直接氧化沉积法、反应性熔体浸渗法（RMI 法）、自蔓延高温合成法（SHS 法）、电泳沉积法（EPD 法）、原位生成工艺等，每种制备方法均存在优点和不足。为了能够获得性能优异、性价比高的产品，将不同制备工艺取长补短进行组合，取得了很好的效果，如将化学气相浸渗法与反应性熔体浸渗法结合（CVI ＋ RMI），能够同时兼顾两种工艺的优点，获得内部残余应力小、纤维损伤小、致密度高、生产周期短及成本低的陶瓷基复合材料。其他的组合方法还有化学气相浸渗法与先驱体转化法结合（CVI ＋ PIP）、化学气相浸渗法与热压烧结法结合、热压烧结法与溶胶-凝胶法结合等。

5.6 碳/碳复合材料

碳/碳复合材料是以碳或石墨纤维为增强材料，碳或石墨为基体复合而成的材料。碳/碳复合材料几乎完全由碳元素组成，碳原子间为共价键结合，能够承受极高的温度和极快的加热速率，在惰性气氛中，碳/碳复合材料可以在 2000℃高温下长时间服役，是目前高温力学性能最好的材料。

5.6.1 碳/碳复合材料的特点

碳/碳复合材料的基体和增强体均为脆性材料，但在承受载荷时却表现为非脆性断裂的失效形式，一般认为碳/碳复合材料在一定载荷下，呈现"假塑性"破坏行为，这一现象在高温下尤为明显。碳/碳复合材料具有密度低、热膨胀系数小的特点，随着温度升高，热导率略有下降，而强度不降低，甚至高于室温强度。碳/碳复合材料还具有良好的耐烧蚀性能和抗热震性能（抗热震因子很高，为各类石墨制品的 1～40 倍），以及优异的耐摩擦、耐磨损性能。

5.6.1.1 密度低

表 5-28 列出了美国报道的几种碳/碳复合材料的性能数据，密度均小于 2.0g/cm³，仅为镍基高温合金的 1/4、陶瓷材料的 1/2。

表 5-28 几种美国碳/碳复合材料的性能

牌号	纤维编织方式	密度 /(g/cm³)	抗拉强度 /MPa	弹性模量 /GPa	热膨胀系数 /$10^{-6}K^{-1}$
3Dmod3	3D	1.65	103	41.3	1.9
T50-221-44	3D	1.9	137	57.9	1.45
G. E. 2-2-3	3D	1.88	302	96.1	2.69
AS4	4D	1.92	208	79.9	—
AS4	2D	1.65	255		—

5.6.1.2 热膨胀系数小

碳/碳复合材料的热膨胀系数仅为金属材料的 1/5～1/10，可以根据构件需要设计和调控热膨胀系数，采用碳/碳复合材料制备的构件具有良好的尺寸稳定性，高温热应力小。

5.6.1.3 力学性能特点

表 5-29 示出了部分碳/碳复合材料的力学性能，碳/碳复合材料的强度与碳纤维方向和含量密切相关，平行纤维轴向方向，其抗拉强度和拉伸模量较高，偏离纤维轴向方向，其抗拉强度和拉伸模量较低。

表 5-29　碳/碳复合材料的力学性能

性能	PAN 基 单向纤维		PAN 基 纤维编织体		PAN 基 3D-碳/碳石墨化		Rayon 基纤维 编织体
	碳化	石墨化	碳化	石墨化	Z 方向	X、Y 方向	碳化
抗拉强度/MPa	850	—	350	—	300		60~65
拉伸模量/GPa	180	—	105	—	140	100	15
抗弯强度/MPa	1350	1100	350	250	—		190~200
弯曲模量/GPa	140	270	55	65	—		20~25
抗压强度/MPa	400	375	160		120		180~190
压缩模量/GPa	—		140		140		30~35
断裂功/(kJ/m²)	80	40	20	13	—		5
密度/(g/cm³)	1.55	1.75	1.5	1.6	1.9	1.9	1.4

碳/碳复合材料的强度还与碳纤维和碳基体之间的界面结合有关，界面结合过强时，碳/碳复合材料在载荷作用下发生脆性断裂，抗拉强度偏低，抗剪强度较好；界面结合过弱时，碳纤维容易从基体中拔出，抗拉强度和抗剪强度均较低。因此，适中的界面结合强度能够使碳/碳复合材料获得较高的抗拉强度和抗剪强度。

由于碳/碳复合材料制造工艺复杂并要经过高温处理，碳纤维在制备过程中损伤变化较大，导致碳纤维在碳/碳复合材料中的强度保持率较低。

5.6.1.4 抗氧化性差

碳/碳复合材料的化学稳定性和普通碳素材料类似，具有优良的耐化学腐蚀能力，最大缺点是在高温下的抗氧化性能差，在空气中，温度高于 400℃ 就开始发生氧化，而且温度越高，氧化越严重。为了提高抗氧化性，可以在浸渍树脂或气相沉积过程中加入抗氧化元素，或者采用碳化硅涂层提高其抗氧化能力。

5.6.1.5 好的耐烧蚀性

碳/碳复合材料是一种升华-辐射型烧蚀材料，具有较高的烧蚀热、较大的辐射系数，在高温和快速加热环境中，由于蒸发升华和热化学氧化，其表面发生烧蚀，并带走大量的热，能降低热流对内部结构的损坏，并且在碳/碳复合材料发生烧蚀时，其表面产生的凹陷浅，能较好保持其外形，且烧蚀均匀和对称，因此，被广泛用作耐烧蚀材料。表 5-30 为不同材料的有效烧蚀热，与其他材料相比，碳/碳复合材料具有高得多的有效烧蚀热。

表 5-30　不同材料的有效烧蚀热比较

材料	碳/碳	聚丙乙烯	尼龙/酚醛	高硅氧/酚醛
有效烧蚀热/(J/g)	11000~14000	1730	2490	4180

表 5-31 为碳/碳复合材料在不同驻点压力下的线烧蚀率，即使在高的驻点压力下，碳/碳复合材料仍能保持较低的线烧蚀率。

表 5-31　碳/碳复合材料的线烧蚀率

驻点压力/atm[①]	25	75	100	168
线烧蚀率/(cm/s)	0.1～0.15	0.4～0.45	0.7～0.8	0.9～1.1

① 1atm＝101325Pa。

5.6.1.6　好的摩擦制动性能

碳/碳复合材料的摩擦因数大于石墨，在高温下仍能保持平稳的摩擦性能，因此，碳/碳复合材料已被广泛用作新一代航空制动材料。碳/碳复合材料作为摩擦制动材料具有质量轻、寿命长、刹车过程平稳、热容高、高温稳定性好、可超载使用等优点。但是，碳/碳复合材料的制备工艺、纤维含量及排布、摩擦方向均会对摩擦磨损性能产生影响，对碳/碳复合材料的设计及制备技术提出了较高要求。

5.6.2　碳/碳复合材料的制备

碳/碳复合材料由增强碳纤维和碳基体组成，不能采用普通无机材料或金属基复合材料的制备技术，图 5-75 为碳/碳复合材料制备示意图，主要包括碳纤维材料的选择、坯体的预成型、浸渍、碳化、致密化、石墨化和抗氧化涂层等工序。

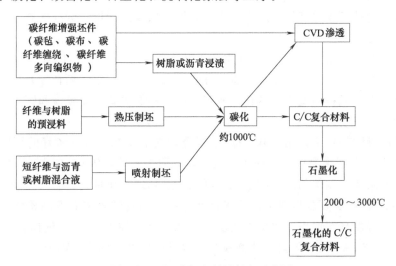

图 5-75　碳/碳复合材料制备示意图

5.6.2.1　碳纤维的选择

碳/碳复合材料的性能首先取决于碳纤维的质量，目前，可选用的碳纤维种类包括黏胶基碳纤维、聚丙烯腈（PAN）基碳纤维、沥青基碳纤维，其中 PAN 基高强度碳纤维（如 T300）的强度、模量适中，价格相对低廉而被广泛使用。通常根据材料的用途及使用环境选择碳纤维，当碳/碳复合材料用作结构件时，可选用高模量、高强度的碳纤维，当要求制品的热导率低时，则选用低模量的碳纤维，如黏胶基碳纤维。

对碳纤维进行表面活化处理可以改善纤维和基体的相容性，但是，活性过高的碳纤维会使纤维与基体的结合过好，使碳/碳复合材料呈现脆性断裂特征，降低强度。因此，要选择合适的上胶胶料及合适的纤维织物的预处理制度，以确保碳纤维表面活性合适。

5.6.2.2 碳纤维预制体的制备

选定碳纤维后，按照产品的形状和性能要求把碳纤维制成毛坯，制坯工序不仅决定碳/碳复合材料中碳纤维的体积分数和纤维方向，还决定碳纤维坯体孔隙的几何形状和分布，直接影响复合材料的致密度和最终性能。

按照增强方式，预制体可分为单向（1D）纤维增强、双向（2D）织物增强、多向织物增强。1D增强可获得在一个方向具有最高抗拉强度的碳/碳复合材料。2D织物常采用正交平纹碳布和缎纹碳布，形成的复合材料在平行于布层的方向上抗拉强度高，提高了抗热应力性能和断裂韧性，容易制造大尺寸、形状复杂的部件，生产成本较低，主要缺点是垂直于布层方向的抗拉强度较低，层间抗剪强度不高，容易产生分层。为了解决分层问题，发展了多向织物，其中三向（3D）织物结构是最简单的多向编织结构，通过将纤维从经向、纬向、纵向3个方向正交编织，提高了纤维的抗剪强度。为了获得各向同性的织物结构，在基本的3D正交结构的基础上发展了4D、5D、6D、7D以至11D的增强织物结构。

5.6.2.3 致密化处理

碳/碳复合材料通常采用液相浸渍（LPI）法和化学气相浸渗（CVI）法进行致密化处理，致密化过程就是形成碳基体的过程，实质是用高质量的碳填满碳纤维周围的空隙，以获得结构、性能优良的碳/碳复合材料。

液相浸渍法是制造碳/碳复合材料的主要工艺，将制备好的预制体置于浸渍罐中，抽真空后向浸渍罐中充入惰性气体，通过加压的方式使浸渍剂（树脂、沥青等有机物）向预制体内部渗透，然后固化或在高温进行碳化。液相浸渍法一般需要重复浸渍和固化多次才能完成致密化过程，生产周期较长。

化学气相浸渗法是最早采用的制备碳/碳复合材料的工艺，将制备好的预制体放入专用的CVI炉中，加热至要求温度后，通入碳氢气体（丙烯、甲烷等），在高温下气体发生热分解，产生的热解碳在预制体的表面和空隙中沉积，达到致密化目的。与液相浸渍法相比，化学气相浸渗法制备碳/碳复合材料可以精确控制过程，制备的材料具有结构均匀、完整、致密性好、石墨化程度高等优点。化学气相浸渗工艺包括等温CVI法、热梯度CVI法、脉冲压力CVI法、微波CVI法、等离子体增强等温（或热梯度）低压CVI法等。

5.6.2.4 石墨化处理

根据使用要求，经过致密化的碳/碳复合材料要在热解炉中以70～100℃/h的速率升温至2000～3000℃进行高温处理并保温2h以上，使N、H、O、K、Na、Ca等杂质元素逸出，碳发生晶格结构的转变，即石墨化处理。经过石墨化处理，碳/碳复合材料的强度和热膨胀系数均降低，热导率、热稳定性、抗氧化性、纯度都有所提高，可显著增加开孔空隙率，因此，在最终石墨化后对碳/碳复合材料进行再次浸渍和CVI处理可以获得更加致密的材料。

通常采用晶面间距d_{002}表征石墨化程度的高低（对于理想石墨结构，$d_{002}=0.3354nm$），致密化的碳/碳复合材料经石墨化处理获得的碳结构与理想石墨结构越接近，表明石墨化程度越高。沥青碳的石墨化较容易发生，在2600℃进行热处理，无定形碳结构（$d_{002}=0.3440nm$）就可以转化为石墨结构。酚醛树脂碳化后往往形成玻璃碳，石墨化困难，可通过提高温度（2800℃以上）和减慢升温速率，提高石墨化程度。沉积形成的热解碳，其石墨化的难易程度与沉积条件和微观结构有关，通常粗糙层状结构的沉积碳更容易石墨化。

5.6.2.5 抗氧化处理

对碳/碳复合材料进行抗氧化处理是其作为高温结构材料应用的关键，目前，碳/碳复合材料主要从材料改性和涂层保护两方面进行。

材料改性包括纤维改性和基体改性。其中纤维改性是指在纤维表面制备涂层，不仅能防止纤维的氧化，而且能改变纤维与基体之间的界面特性，提高界面的抗氧化能力，但也会降低纤维强度，影响纤维的柔性，不利于纤维的编织。基体改性是在碳源前驱体中加入阻氧成分，使碳/碳复合材料本身具有抗氧化能力，但是氧化抑制剂的加入会降低材料的力学性能，通常只能在低于1000℃的环境中使用。目前主要的基体改性技术包括液相氧化、固相复合、液相浸渍、化学气相浸渗四种。

在碳/碳复合材料表面涂覆抗氧化涂层，可以阻止氧与碳/碳复合材料接触，阻挡氧气在材料内部的扩散，起到高温抗氧化作用，被抗氧化层涂覆的碳/碳复合材料可以在高于1000℃的环境下服役。目前采用的涂层主要有氧化铝、镁铝尖晶石、二硅化钼、二硅化钨莫来石及其复合体系。按温度可分为低温（<1000℃）涂层和高温（1000~1800℃）涂层，前者主要是 B_2O_3 系，后者主要是 SiC 和 $MoSi_2$ 系。按涂层结构又可分为单一涂层（低温短时抗氧化）和多层梯度涂层（高温长时抗氧化）。

5.6.3 碳/碳复合材料在航空航天领域的应用

在航天领域，碳/碳复合材料主要用作烧蚀材料和热结构材料，如作为洲际导弹弹头的盖头帽（鼻锥）、固体火箭喷管、航天飞机的鼻锥和机翼前缘等。表5-32是碳/碳复合材料在导弹上的应用部位。

表 5-32 碳/碳复合材料在导弹上的应用部位

序号	材料结构	导弹型号	使用部位
1	4D C/C	战斧巡航导弹	助推器喷管
2	3D C/C、4D C/C	近程攻击导弹	助推器喷管
3	4D C/C	希神导弹	助推器喷管
4	4D C/C	反潜艇导弹	助推器喷管
5	4D C/C	ASAT 导弹	助推器喷管
6	4D C/C	RECOM 导弹	助推器喷管
7	细编穿刺 C/C	民兵Ⅲ导弹	鼻锥
8	细编穿刺 C/C 或 3D C/C	MX 导弹	鼻锥
9	细编穿刺 C/C 或 3D C/C	SICBM 导弹	鼻锥
10	3D C/C	三叉戟导弹	鼻锥
11	3D C/C	SDI 导弹	鼻锥
12	3D C/C	卫兵导弹	鼻锥

碳/碳复合材料也可用于人造卫星的结构体。中南大学肖鹏教授团队在国家973项目、总装重大预研项目支持下，通过高模量碳纤维表面微结构调控、改性和防静电技术等，显著提高了碳基复合材料的力学性能、导热性能、消光性能和尺寸稳定性，成功研制了薄壁（≤3mm）异型、大尺寸、高精度的碳基复合材料抗杂散光主次镜光栏（约 $\phi500mm×$

1000mm）和遮阳罩（约800mm×800mm×1000mm），具有密度低、稳定性好、耐高温、杂散光吸收抑制性能优异等特点，相比于传统材料单件减重7kg，减重达40%，现已成功应用于我国第二代地球静止轨道气象卫星"风云四号"。碳基复合材料用于卫星探测系统抗杂散光主次镜光栏和遮阳罩为国内外首次。

图5-76　A320系列飞机
碳/碳刹车盘实物

在航空领域，碳/碳复合材料最成功范例是作为飞机刹车盘，图5-76为A320系列飞机碳/碳刹车盘实物。1973年，英国首次将碳/碳刹车装置用于麦道VC-10飞机，1976年又在"协和号"超声速飞机上成功使用，到20世纪80年代中后期已广泛用于高速军用飞机和大型民用客机，形成了成熟的市场，用于刹车盘的碳/碳复合材料占到碳/碳复合材料的60%以上。目前全球已有60余种飞机采用了碳/碳刹车装置，欧美公司生产的民航飞机的刹车系统已基本用碳/碳盘取代了钢盘。中南大学黄伯云院士领导的团队在2003年率先获得中国民航总局适航司颁发的B757-200型飞机国产碳刹车盘零部件制造人批准书（PMA），填补了国内在碳/碳刹车盘制造上的技术空白，为我国高性能碳/碳航空制动材料的研究和发展做出了重大贡献，其成果荣获2004年度国家技术发明奖一等奖。

碳/碳复合材料在航空领域的应用目标是航空发动机的热端部件，如涡轮盘和叶片、燃烧室、喷油杆、内锥体和尾喷管调节片等。当航空发动机推重比达到15～20时，其工作温度高达2000℃，要求材料的比强度比目前高5倍，而发动机的质量在推重比10的基础上再降低50%。如此苛刻的条件，目前除碳/碳复合材料外的其他材料都已无能为力，因此世界各发达国家在发展新一代高推重比航空发动机中，无一不把碳/碳复合材料作为关键材料来竞相发展，国际上称之为"黑色争夺战"。

⊚ 参考文献

［1］　刘万辉．复合材料．哈尔滨：哈尔滨工业大学出版社，2017．

［2］　尹洪峰，魏剑．复合材料．北京：冶金工业出版社，2010．

［3］　陈平，于祺．双马树脂基复合材料空间损伤与界面改性．北京：化学工业出版社，2017．

［4］　边吾一，石川隆司．先进复合材料工学．王荣国，等译．北京：国防工业出版社，2014．

［5］　赵玉涛，戴起勋，陈刚．金属基复合材料．北京：机械工业出版社，2007．

［6］　徐竹．复合材料成型工艺及应用．北京：国防工业出版社，2017．

［7］　坎贝尔．先进复合材料的制造工艺．戴棣，朱月琴，译．上海：上海交通大学出版社，2016．

［8］　沈建中，林俊明．现代复合材料无损检测技术．北京：国防工业出版社，2016．

［9］　崔红，王晓洁，闫联生．固体火箭发动机复合材料与工艺．西安：西北工业大学出版社，2016．

［10］　成来飞，殷小玮，张立同．复合材料原理．西安：西北工业大学出版社，2016．

［11］　刘卫平．民用飞机复合材料结构制造技术．上海：上海交通大学出版社，2016．

［12］　邢丽英．先进树脂基复合材料自动化制造技术．北京：航空工业出版社，2014．

［13］　中国航空工业集团公司复合材料技术中心．航空复合材料技术．北京：航空工业出版社，2013．

［14］ 徐吉林 . 航空材料概论 . 哈尔滨：哈尔滨工业大学出版社，2013.

［15］ 益小苏 . 航空复合材料科学与技术 . 北京：航空工业出版社，2013.

［16］ 朱和国，张爱文 . 复合材料原理 . 北京：国防工业出版社，2013.

［17］ 王立军，胡满红 . 航空工程材料与成形工艺基础 . 北京：北京航空航天大学出版社，2010.

［18］ 益小苏，杜善义，张立同 . 复合材料手册 . 北京：化学工业出版社，2009.

［19］ 徐国财，张立德 . 纳米复合材料 . 北京：化学工业出版社，2002.

［20］ 曲选辉 . 粉末冶金原理与工艺 . 北京：冶金工业出版社，2016.

［21］ 易建宏 . 粉末冶金材料 . 长沙：中南大学出版社，2016.

［22］ Campbell F C. Structural Composite Materials. Ohio：ASM International,2010.

［23］ Mallick P K. Fiber-reinforced composites：materials, manufacturing, and design. Boca Raton：CRC Press,2007.

［24］ Chawla K K. Composite Materials Science and Engineering. Berlin：Springer,2012.

［25］ Mazumdar K S. Composites Manufacturing-Materials, Product, and Process. Boca Raton：CRC Press,2001.

［26］ Park S J, Kim B J. Carbon Fibers and Their Composites. Berlin：Springer,2015.

［27］ 高磊 . 原位 Al-TiB_2 复合材料制备及组织性能研究 . 大连：大连理工大学，2013.

［28］ 赵火平 . 原位合成 TiB_2/Al-4Cu 复合材料组织和性能的研究 . 南昌：南昌航空大学，2010.

［29］ 焦雷 . 原位颗粒增强铝基复合材料的塑性变形行为及性能研究 . 南京：江苏大学，2014.

［30］ 欧阳勋 . TiB_2/SiC 颗粒增强 Al-4.5Cu 复合材料的制备及组织性能研究 . 长沙：中南大学，2016.

［31］ 李红英，欧阳勋，赖永秋 . 一种含高体积分数 SiC 的金属基复合电子封装件的制备方法：ZL201410816993. X.

［32］ 李红英，欧阳勋 . 一种放电等离子烧结制备硼化钛颗粒增强铝基复合材料的方法：ZL201610099212. 9.

［33］ 北京太阳谷咨询有限公司 . 高性能铝合金及铝基复合材料研究及应用调研报告，2017.

［34］ 北京太阳谷咨询有限公司 . 航空航天用钛合金研究发展及应用调研报告，2017.

［35］ 张荻，张国定，李志强 . 金属基复合材料的现状与发展趋势 . 中国材料进展，2010, 29（4）：1-7.

［36］ 邱辉，张磊，尧军平 . 原位 TiB_2/Al-5Cu 复合材料的固溶时效行为 . 特种铸造及有色合金，2011, 31(3)：263-266.

［37］ 武高辉 . 金属基复合材料发展的挑战与机遇 . 复合材料学报，2014, 31(5)：1228-1237.

［38］ Morteza A, Hossein A B, Mohammad G, et al. Properties of high specific strength Al-4 wt. % Al_2O_3/B_4C nano-composite produced by accumulative roll bonding process. Materials and Design, 2013 (50)：427-432.

［39］ Akbari M K, Baharvandi H R, Shirvanimoghaddamc K. Tensile and fracture behavior of nano/micro TiB_2 particle reinforcedcasting A356 aluminum alloy composites. Materials and Design, 2015 (66)：150-161.

［40］ Wu C D,Fang P,Luo G Q, et al. Effect of plasma activated sintering parameters on microstructureand mechanical properties of Al-7075/B_4C composites. Journal of Alloys and Compounds, 2014 (615)：276-282.

［41］ daoush W, Francis A, Lin Y, et al. An exploratory investigation on the in-situ synthesis of SiC/AlN/Al composites by spark plasma sintering. Journal of Alloys and Compounds, 2015 (622)：458-462.